"十四五"时期
国家重点出版物出版专项规划项目

航天先进技术
研究与应用系列

王子才　总主编

远程火箭弹道学及优化方法

Ballistics and Optimization Algorithm for Long-Range Rocket

王小刚　周宏宇　崔乃刚　白瑜亮　

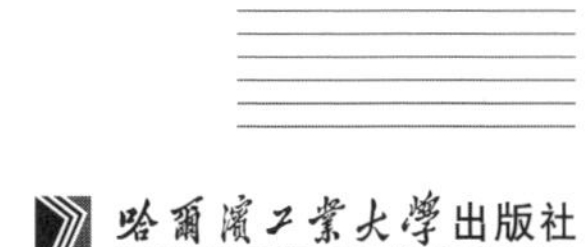

内容简介

本书共包含6章。第1章为绪论，主要介绍常见的及新型的远程火箭，并引出弹道优化问题；第2、3章主要介绍远程火箭弹道学的基础知识，包括坐标系构建及火箭受力分析；第4章着重介绍了弹道设计的基础，主要包括远程火箭弹道微分方程推导及弹道数值解算方法；第5、6章是远程火箭弹道学的关键部分，详细介绍了几种典型远程火箭的弹道设计方法及弹道优化方法，并通过实例描述了如何对远程火箭的各阶段弹道进行设计及优化。

本书适合从事弹道设计和总体设计的科研与工程技术人员，以及高校相关专业的教师、本科生、硕士生和博士生阅读。

图书在版编目(CIP)数据

远程火箭弹道学及优化方法/王小刚等编著. —哈尔滨：哈尔滨工业大学出版社，2022.5
(航天先进技术研究与应用系列)
ISBN 978-7-5603-9065-9

Ⅰ.①远… Ⅱ.①王… Ⅲ.①火箭弹道-弹道学-高等学校-教材 ②火箭弹道-导弹制导-高等学校-教材 Ⅳ.①TJ013

中国版本图书馆CIP数据核字(2020)第171122号

远程火箭弹道学及优化方法
YUANCHENG HUOJIAN DANDAOXUE JI YOUHUA FANGFA

策划编辑 杜 燕
责任编辑 李长波 李 鹏 周轩毅 鹿 峰
出版发行 哈尔滨工业大学出版社
社 址 哈尔滨市南岗区复华四道街10号 邮编150006
传 真 0451-86414749
网 址 http://hitpress.hit.edu.cn
印 刷 哈尔滨博奇印刷有限公司
开 本 720 mm×1 000 mm 1/16 印张17.5 字数343千字
版 次 2022年5月第1版 2022年5月第1次印刷
书 号 ISBN 978-7-5603-9065-9
定 价 78.00元

前言

远程火箭是航天科学和制造工业的结晶，是发展空间技术、确保空间安全的重要保障，是国民经济发展的重要推动力量，是一个国家或地区科技和经济实力的高级表现形式。自1970年“长征一号”运载火箭将我国首颗人造卫星“东方红一号”送入太空起至今，我国长征系列运载火箭已完成超过400次发射任务。远程火箭技术的研究不仅能够服务于航天飞船、深空探测器、卫星、空间站、战略导弹以及可重复使用飞行器，还能够促进多领域多学科共同发展。弹道学及优化设计作为远程火箭完成飞行任务的基础，是远程火箭技术中不可或缺的一部分，是火箭总体设计人员必须掌握的科学知识和工程技能。

远程火箭弹道学以理论力学为基础，描述火箭在上升段、自由段及再入段等阶段中的受力情况和运动规律。不同于研究巡航弹、空空弹、火箭弹等对象的飞行力学，火箭弹道学需要考虑更多的环境因素（地球曲率、引力摄动、垂线偏差以及大气环境等），建立描述空域更大、射程更远、阶段更复杂的运动学和动力学方程。以弹道学为基础，火箭弹道优化方法能够帮助设计人员针对具体发射活动，在满足任务要求和总体能力的前提下寻求某一项或几项设计指标，达到最优或近优的飞行程序，从而达到提高运载能力、降低成本、提高射程等目的。

随着航空航天任务的多元化和智能化，多种新型飞行器（如组合动力运载器、空天往返飞行器、临近空间飞行器以及空射运载火箭等）的飞行轨迹同样需要借助远程火箭弹道学及优化理论来设计。但不同于传统火箭，这些新型飞行器的轨迹设计问题更加复杂，包括更复杂的约束条件、更强的耦合关系、更多的干扰和不确定因素以及更高水平的在线自主智能求解需求，给弹道优化的理论研究和工程实践带来了新的机遇和挑战。

基于多年的教学经验和科研成果,本书系统地介绍了远程火箭的运动学和动力学建模过程,给出了远程火箭各阶段飞行弹道的设计步骤,介绍了多种常见的弹道优化方法。在撰写过程中,作者参考了大量国内外文献,反复对比推敲了不同文献的优缺点与侧重点。同时,面向当前航天领域的研究热点以及未来航天科技的发展方向,作者将大量科研成果和工程经验融入本书,力求提高学生解决弹道学工程问题的能力和拓展学生的创新性思维,令其更好地理解弹道学及优化方法的本质和意义。

本书共包含 6 章。第 1 章为绪论,主要介绍常见的及新型的远程火箭,并引出弹道优化问题;第 2、3 章主要介绍远程火箭弹道学中的基础知识,包括坐标系构建及火箭受力分析;第 4 章着重介绍了弹道设计的基础,主要包括远程火箭弹道微分方程推导及弹道数值解算方法;第 5、6 章是远程火箭弹道学的关键部分,详细介绍了几种典型远程火箭的弹道设计方法及弹道优化方法,并通过实例描述了如何对远程火箭的各阶段弹道进行设计及优化。相比诸多弹道学文献,本书对火箭弹道学基本理论的描述更加简洁,摒弃了与弹道学无关的相关描述,力求用最少的篇幅完整地描述火箭的受力特点和运动规律。

由于作者水平有限且成书过程较为仓促,书中难免存在一些疏漏和不足之处,欢迎各位读者提出宝贵意见。

作　者
2022 年 1 月

目录

第1章 绪 论

1.1 远程火箭的定义

传统的远程火箭包括运载火箭和弹道导弹两类对象,其飞行特点是自身携带氧化剂和燃烧剂,依靠火箭发动机高速喷射高温工质产生的喷气反作用力将有效载荷送入预定轨道或投送到目标区域。

随着航天科技的不断进步,近年来涌现了诸如助推滑翔飞行器(如美国HTV-2)、水平起降可重复使用飞行器(如英国“云霄塔”)、垂直起降运载器(如美国“猎鹰”火箭)等新型航天飞行器,这些飞行器的弹道模式、设计方法、约束条件等与传统远程火箭截然不同,需要从弹道学和优化的角度对其开展深入研究。针对上述问题,本书立足于经典弹道学知识,将最新的弹道学发展融入其中,形成一套更加完善的弹道学体系。为便于统一描述,后续统称远程火箭或火箭。

1.2 远程火箭的分类

由上述远程火箭的定义可知,本书研究的远程火箭主要包括四类:运载火箭、弹道导弹、滑翔飞行器和水平起降可重复使用飞行器,如图1-1所示。现针对这四类飞行器分别进行总体介绍,包括总体构型、弹道模式等。

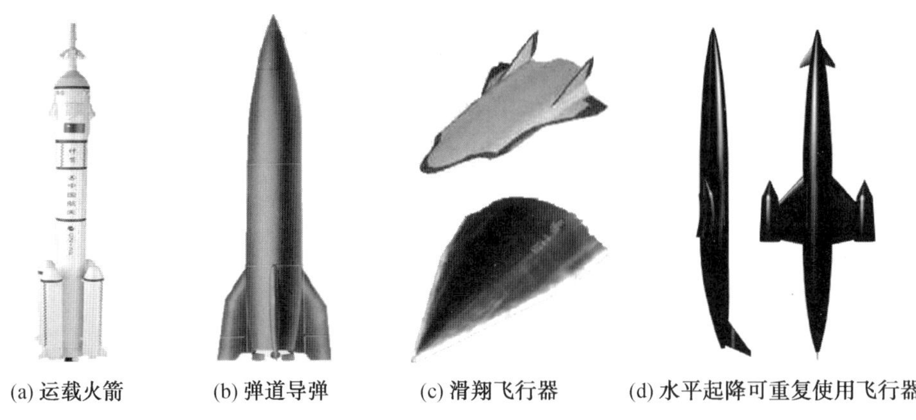
(a) 运载火箭　(b) 弹道导弹　(c) 滑翔飞行器　(d) 水平起降可重复使用飞行器

图 1－1　远程火箭的类别

1.2.1 运载火箭

1. 基本结构

运载火箭通常采用多级串联式结构，并根据运载能力需求决定是否在底部四周捆绑助推器；同时根据有效载荷的类型，火箭顶端载荷舱的形状和结构也有所不同。在此以我国的 CZ－2F 火箭为例，给出运载火箭的基本结构，如图 1－2 所示。

CZ－2F 火箭于 1999 年首次发射并成功将我国第一艘试验飞船“神舟一号”送入太空，是我国首次采用垂直总装、垂直测试和垂直运输的“三垂”测试发射模式的运载火箭。CZ－2F 火箭起飞质量 479.8 t，LEO 运载能力达 9 t。如图 1－2 所示，以 CZ－2F 火箭为例，运载火箭的组成结构如下：

（1）一级主发动机。

芯一级采用一台由四台 75 t 推力液发动机并联而成的 DaFY10－1 型发动机，推进剂为偏二甲肼＋四氧化二氮。

（2）助推器。

CZ－2F 火箭上装有四台助推器，安装在一级发动机四周。每个助推器装有一台 75 t 推力的 DaFY5－2 型发动机，推进剂为偏二甲肼＋四氧化二氮。火箭上配备的助推器数量通常为零个、两个或四个，也有一些型号的火箭助推器数量较多。

（3）稳定尾翼。

稳定尾翼安装在火箭尾部，用于稳定火箭的飞行姿态。

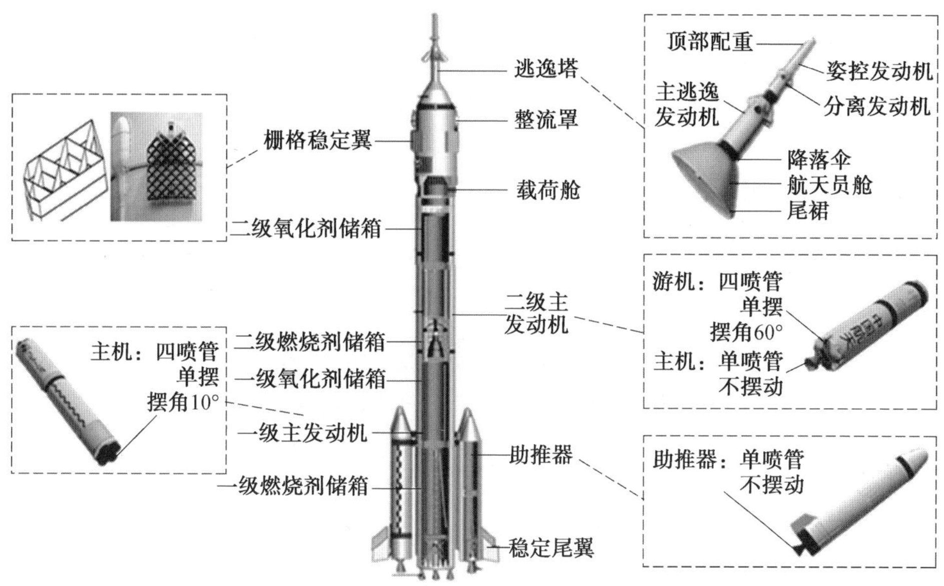

图 1－2　我国的 CZ－2F 火箭的基本结构

(4) 一级燃烧剂储箱。

一级燃烧剂储箱用于存放一级发动机的燃烧剂。

(5) 一级氧化剂储箱。

一级氧化剂储箱用于存放一级发动机的氧化剂。

(6) 二级主发动机。

芯二级采用一台 75 t 推力的 DaFY21－2 型液体发动机(主机) 和一台 4.8 t 推力的 DaFY21－1 型液体发动机(游机,主要用于姿控),推进剂为偏二甲肼＋四氧化二氮。

(7) 二级燃烧剂储箱。

二级燃烧剂储箱用于存放二级发动机的燃烧剂。

(8) 二级氧化剂储箱。

二级氧化剂储箱用于存放二级发动机的氧化剂。

(9) 载荷舱。

对于 CZ－2F 火箭来说,载荷舱主要指宇宙飞船或空间站部件。

(10) 栅格稳定翼。

栅格稳定翼是一种气动面形式,由众多薄的栅格壁镶嵌在边框内形成,可增强飞行器的操控特性。

(11) 整流罩。

有效载荷的结构及其在载荷舱中的布局都不是规则的,如果直接将它们安装在火箭顶部,那么火箭的气动特性将变得非常复杂甚至不稳定。因此整流罩可简单理解为载荷上方的“盖子”,它使整个火箭头部呈锥体形式,起到改善气动特性的作用。当火箭飞出稠密大气层后便可忽略气动力,此时抛掉整流罩不仅可以露出内部的传感设备,还可以减轻质量。

(12) 逃逸塔。

为发射失败时保证航天员安全而设计,可以依靠发动机携带航天员快速驶离失效的火箭并返回地面。CZ－2F 火箭的逃逸塔全长 8.35 m,含有 4 台姿控发动机、1 台分离发动机和 1 台主逃逸发动机,其工作流程如图 1－3 所示。

图 1－3　逃逸塔工作流程

2. 弹道模式

如表 1－1 和图 1－4 所示,以 CZ－2F 火箭为例,运载火箭的飞行时序与流程大致如下:

表 1－1　CZ－2F 火箭飞行时序

序号	时间/s	动作	备注
1	－3	点火	一级发动机和助推器均点火
2	0	起飞	垂直起飞
3	12	转弯结束	跨声速
4	120	逃逸塔分离	仅限载人任务
5	155	助推器分离	四个捆绑助推器均分离
6	159	一级发动机关机	
7	159.5	一二级分离	冷分离
8	212.5	抛整流罩	
9	463	二级主机关机	
10	582	二级游机关机	
11	585	二级发动机分离	

(a) 垂直起飞

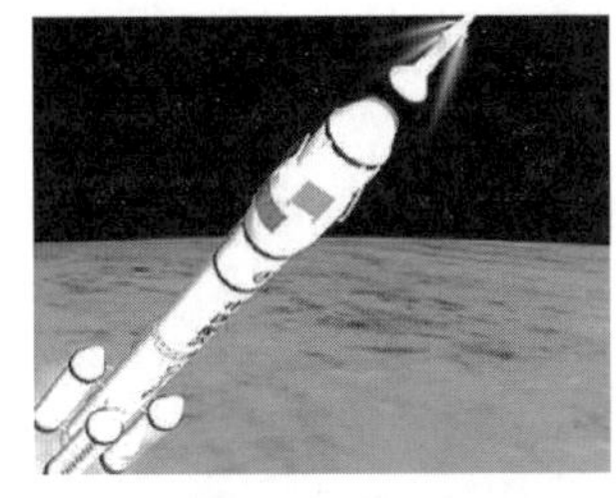
(b) 逃逸塔分离

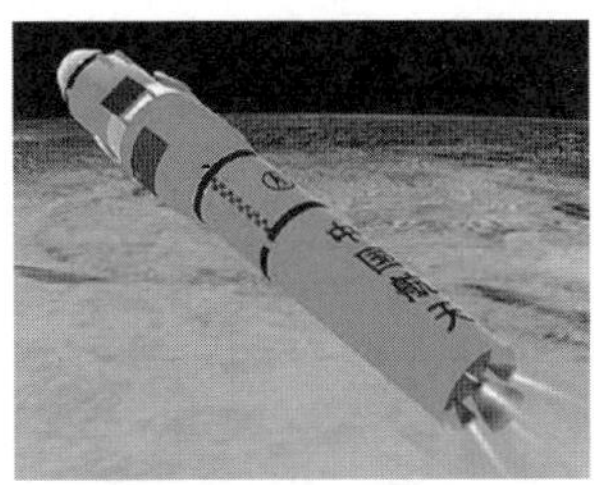

(c) 一级分离

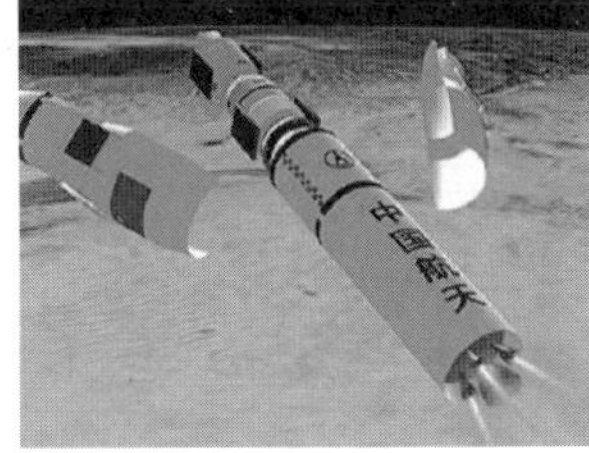

(d) 整流罩分离

(e) 二级分离

(f) 二级关机/入轨

图 1－4　运载火箭飞行流程

(1) 垂直起飞(一级发动机和助推器均点火工作)；

(2) 程序转弯(通过改变姿态调整推力方向并借助重力控制高度变化率)；

(3) 一级剩余段飞行；

(4) 逃逸塔分离；

(5) 助推器分离；

(6) 一级发动机关机,级间分离；

(7) 二级发动机点火；

(8) 整流罩分离；

(9) 二级剩余段飞行；

(10) 二级发动机关机并分离。

需要注意的是,对于上述飞行过程中的残骸(助推器、一子级、逃逸塔等),其下落弹道及落点在发射前已规划好。许多火箭存在级间分离段,即下一级在与上一级分离后并不是直接点火,而是在进行一段无动力有控滑翔后再开启发动机。上述飞行过程并非适用于所有运载火箭,例如一些火箭没有逃逸塔、一些火箭没有助推器、一些火箭有三级甚至四级发动机。

除上述垂直起飞模式外,一些运载火箭还可以由飞机搭载从空中发射,以近水平状态完成起飞。美国空军于 1974 年使用“C－5 银河”运输机成功发射了“民兵－3”洲际导弹,首次验证了空射火箭的可能性。

1990 年 4 月 5 日,美国“飞马座”固体火箭发射成功,成为世界上首枚成功发射的空射火箭;“飞马座”(图 1 – 5) 是成熟的空射运载火箭,可将 450 kg 载荷送入近地轨道,至今为止已执行 30 余次发射任务,累计将 70 余颗卫星送入太空。在此以“飞马座 XL” 为例,简单给出空射火箭的飞行过程,如图 1 – 6 所示。

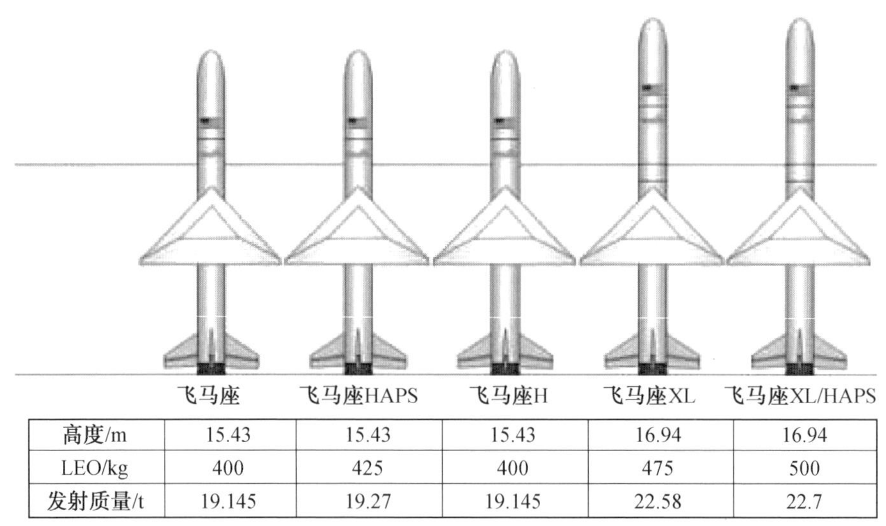

	飞马座	飞马座HAPS	飞马座H	飞马座XL	飞马座XL/HAPS
高度/m	15.43	15.43	15.43	16.94	16.94
LEO/kg	400	425	400	475	500
发射质量/t	19.145	19.27	19.145	22.58	22.7

图 1 – 5　美国“飞马座” 空射火箭

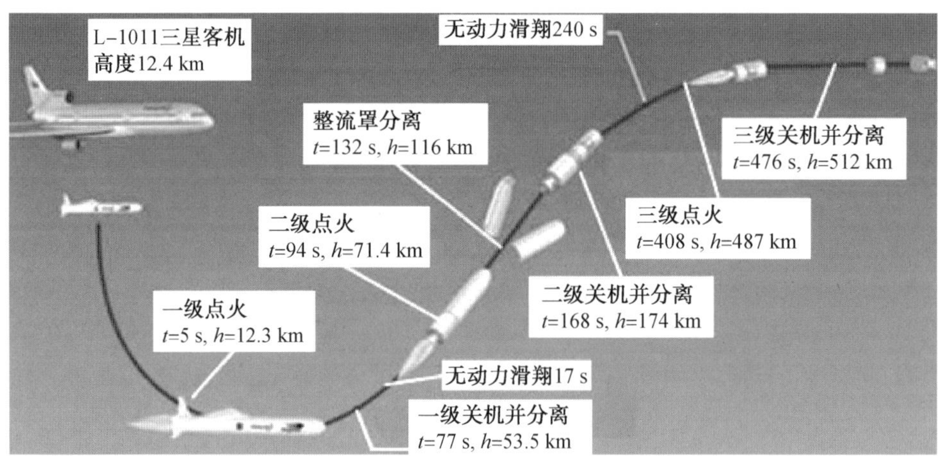

图 1 – 6　空射火箭飞行过程

另外,随着可重复使用技术的发展,助推器在分离后可在主动控制力的作用下回收,而不再是单纯的无控飞行。2014 年 10 月 7 日,美国太空探索技术公司的“草蜢” 试验火箭在飞至 744 m 高后垂直降落至发射台。

2015 年 12 月 21 日,SpaceX 首次完成了“猎鹰 9” 发射 / 回收全过程,实现了人类首次回收一级火箭的壮举。2018 年 10 月 7 日,SpaceX 用一枚“猎鹰 9” 火箭

成功将阿根廷一颗地球观测卫星送入太空，并在美国西海岸成功实现火箭第一级的陆地回收。在不预留回收火箭第一级所需燃料的情况下，“猎鹰9”火箭的LEO运载能力达22.8 t，GTO运载能力达8.3 t。在此以“猎鹰9”为例，简单给出垂直起降火箭的飞行过程，如图1－7所示。

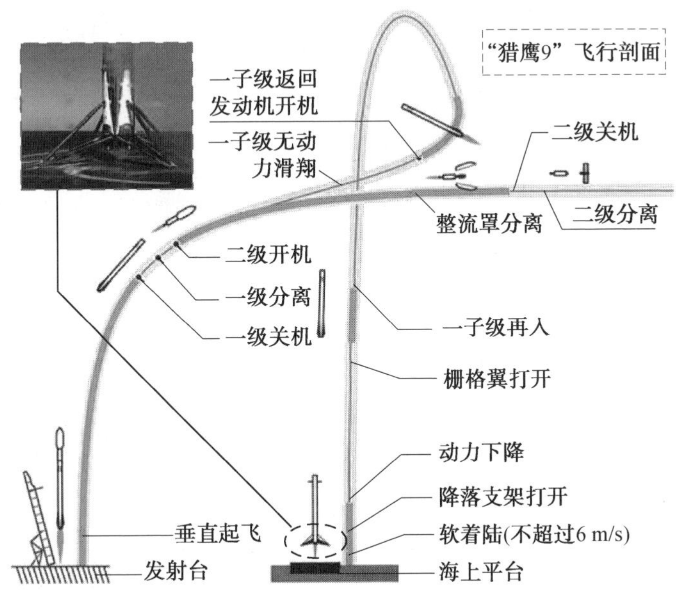

图1－7　垂直起降火箭的飞行过程

1.2.2　弹道导弹

1. 基本结构

弹道导弹的结构与运载火箭类似，但有些导弹上并没有捆绑助推器、稳定尾翼、栅格稳定翼等结构，且导弹上不安装逃逸塔。有些导弹直接将单弹头安装在头部，与整个弹身融为一体，故没有整流罩；而带有分导式多弹头的导弹和一些带有滑翔弹头的导弹则需要安装整流罩。在此以美国“民兵－3”为例，简要给出弹道导弹的组成结构，如图1－8和图1－9所示。

“民兵－3”弹道导弹是美国于20世纪60年代研制、现列唯一陆基洲际弹道导弹，射程达12 000 km，装备分导式多弹头。“民兵－3”型导弹前三级采用固体发动机，末修级采用液体发动机；该型导弹长18.26 m，起飞质量34.5 t，携带3个分导式多弹头。

2. 弹道模式

在此以美国“民兵－3”为例介绍传统弹道导弹的飞行模式。2020年2月5

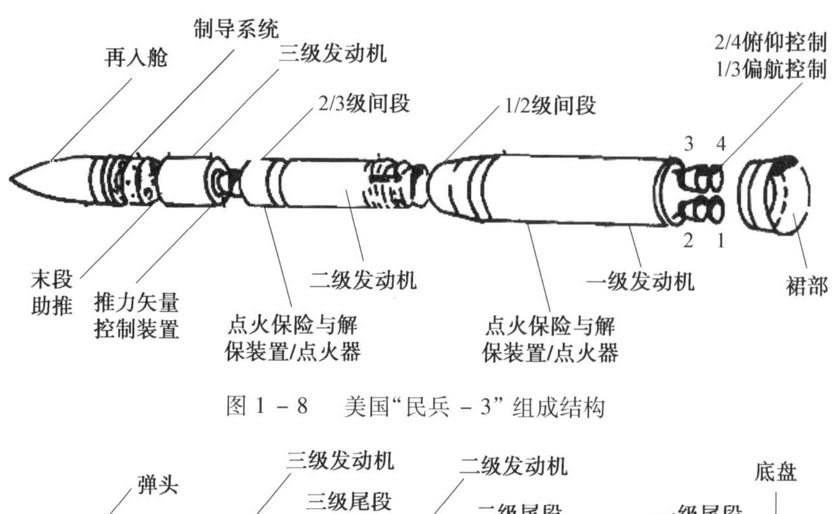

图 1－8　美国“民兵－3”组成结构

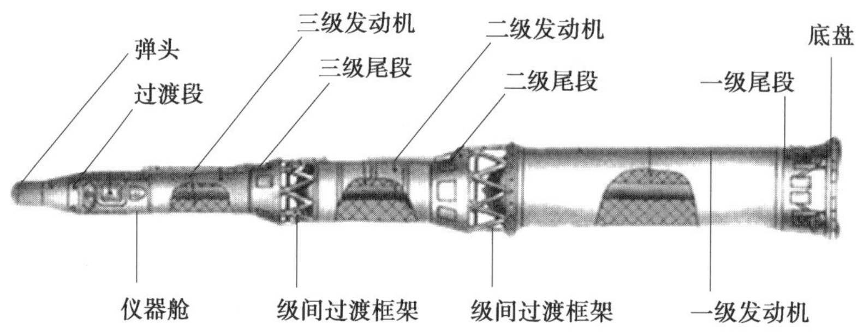

图 1－9　美国“民兵－3”弹道导弹

日,美国空军从范登堡空军基地向 6 000 km 外的大西洋海域成功发射了一枚“民兵－3”导弹,如图 1－10 所示,其飞行过程如下:

(1) 垂直起飞(地下井内发射);

(2) 程序转弯;

(3) 一级剩余段飞行(一级共 61.6 s);

(4) 一级发动机关机,级间分离;

(5) 二级发动机点火;

(6) 整流罩分离;

(7) 二级剩余段飞行;

(8) 二级发动机关机,级间分离(二级共 65.2 s);

(9) 三级发动机点火;

(10) 三级发动机关机并与弹头分离(三级共 59.6 s);

(11) 弹头无动力飞行;

(12) 弹头开启发动机向地面目标制导—释放弹头—无动力飞行—制导—释放弹头—无动力飞行……(共 3 枚弹头);

(13) 母舱无控再入大气层(烧毁或落地);

(14) 弹头再入大气层并最终落至目标点。

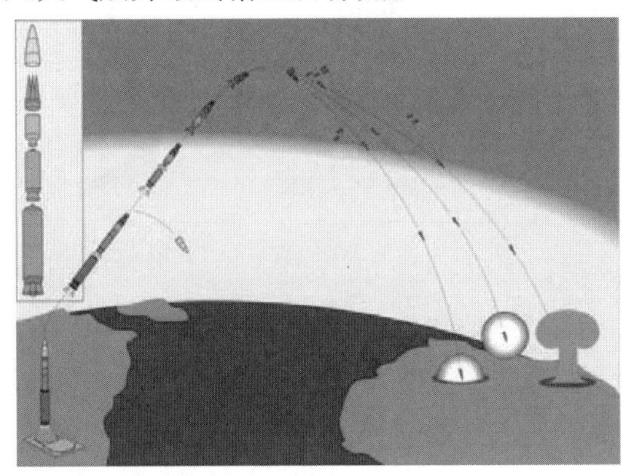

图 1 - 10　典型弹道导弹飞行过程

一般来说,弹道导弹的残骸将无控飞行直至落地;类似于运载火箭,弹道导弹也可能存在级间分离段。需要注意的是,并非所有的弹道导弹都装有分导式多弹头,有些导弹上还同时安装了弹头和诱饵;同时,为了提高导弹的命中精度,弹头在再入大气层后能够在制导控制系统的作用下调整落点,如最新型的"民兵 - 3"导弹和我国的"DF - 41"导弹。此外,为了避免在大气层外被敌方拦截,有些导弹的弹头上装有小型火箭发动机,能够完成机动变轨或针对拦截弹头进行躲避机动。

1.2.3　滑翔飞行器

1. 基本结构

这里的高超声速滑翔飞行器主要指在临近空间中以 5*Ma*(马赫,1*Ma* = 340 m/s) 以上速度进行无动力滑行的飞行器,包括助推滑翔弹、航天飞机、轨道飞行器等。

美国的"猎鹰 HTV - 2 号"是最具代表性的一种助推滑翔弹,由美国军方于 2003 年提出,美国空军和 DARPA 共同研制。HTV - 2 是高超声速技术飞行器 (Hypersonic Technology Vehicle) 第二方案的简称,源于知名的"军力运用和本土发射"的 FALCON (Force Application and Launch from Continental United States) 计划。

如图 1 - 11 所示,HTV - 2 是一种无动力再入滑翔的高超声速飞行器,采用升力体构型,由"牛头怪 - 4"火箭发射,然后以 20*Ma* 以上的速度穿越大气层。2007 年 8 月,洛马公司基本完成了 HTV - 2 飞行器所有子系统的鉴定和测试,HTV - 2 正式转入第三阶段的飞行验证阶段。

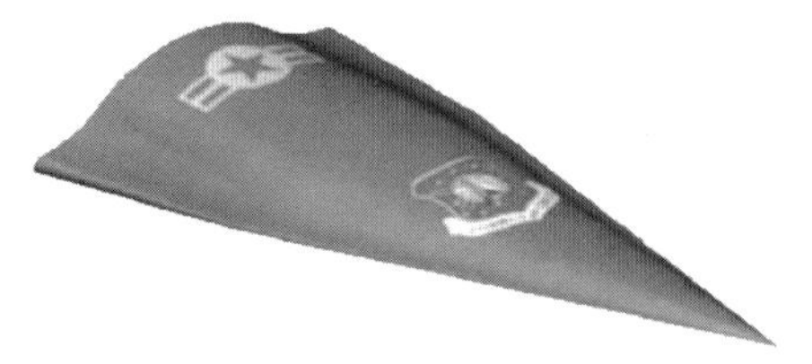

图 1 - 11　美国 HTV - 2 飞行器

2. 弹道模式

为充分验证HTV - 2的各项性能，洛马公司为HTV - 2飞行试验设计了两条优化轨迹，用以验证HTV - 2的高温耐热材料、高升阻比气动布局、防热和先进制导、导航与控制等关键技术。在此以美国HTV - 2为例介绍助推滑翔导弹的飞行模式。HTV - 2的飞行过程大致如下：

(1) 垂直起飞；

(2) 程序转弯；

(3) 一级剩余段飞行(一级共56 s)；

(4) 一级发动机关机，级间分离；

(5) 二级发动机点火；

(6) 整流罩分离；

(7) 二级剩余段飞行；

(8) 二级发动机关机，级间分离(二级共57 s)；

(9) 三级发动机点火；

(10) 三级发动机关机并与弹头分离(三级共73 s)；

(11) 弹头在大气层外无动力飞行；

(12) 初始下降段，弹头再入大气层，依靠尾部RCS发动机和气动力调整姿态进而控制法向过载，最终将弹道倾角调整至零附近，同时高度降低至预设值(50 ~ 60 km)；

(13) 平衡滑翔段，弹头仅通过气动力控制飞行弹道，完成纵向和侧向机动，直至到达距目标点100 ~ 200 km处；在滑翔段终点，飞行器的速度指向目标点，同时速度、高度和弹道倾角均满足预定约束值；

(14) 末端俯冲段，弹头在制导控制系统的作用下快速俯冲，最终到达目标点。

常见的两种滑翔模式如图1 - 12所示。类似于运载火箭，助推滑翔弹也可能存在级间分离段。需要注意的是，现有滑翔弹在滑翔段均采用“钱学森弹道”，整个滑翔过程中弹道倾角基本保持在0°左右(不跳跃)；相对几千甚至上万千米的射程来说，高度的变化非常平缓，故称该阶段为末端俯冲段。

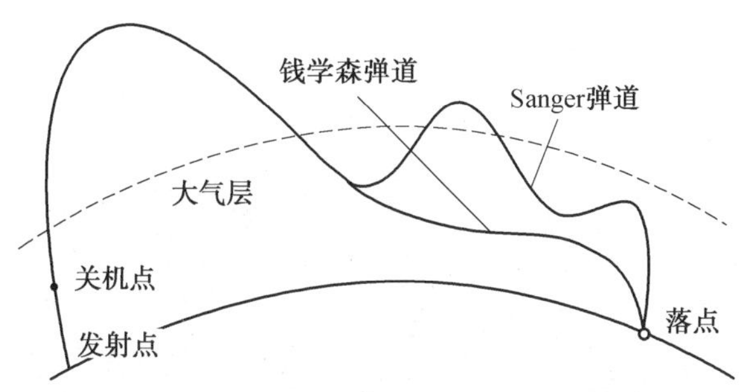

图 1 - 12 助推滑翔弹飞行过程

实际上,助推滑翔弹的弹道模式和传统弹道导弹相比已大不相同,“纯弹道式”飞行并不是其主要特点,但为了便于描述,仍称其为弹道导弹。一些滑翔段中并不存在初始再入段,而是由助推器直接送入临近空间后开始滑翔;另外,一些助推滑翔弹可由飞机搭载从空中发射。

1.2.4 水平起降可重复使用飞行器

随着空天往返技术的进步,运载器的完全可重复使用指日可待,其中比较有代表性的即为水平起降可重复使用飞行器。它可以像飞机一样从跑道上水平起飞和降落。20 世纪60 年代初,人类便进行了一些探索性研究,但最终由于经济和技术等因素终止。1986 年,美国提出研制“国家航空航天飞机”,代号 X - 30,采用组合式超燃烧冲压发动机和机身 / 发动机一体化设计;1988 年,德国率先提出了一种最具可行性的水平起降天地往返方案,代号“桑格尔”,是一种两级有翼飞行器,一级采用吸气式动力,二级采用火箭动力。而在各种水平起降可重复使用方案中,最具代表性的则是英国提出的“云霄塔”。

1. 基本结构

以“云霄塔”为例,简要给出水平起降飞行器的总体结构。“云霄塔”是一种单级入轨航天器,其外形与普通飞机类似。与其他水平起降飞行器不同,“云霄塔”无须助推火箭,而是采用一种独特的名为“佩刀”(协同吸气式火箭发动机, SABRE)的混合动力发动机飞行,如图 1 - 13 所示。

“佩刀”发动机以氢气为燃料,在飞行的最初阶段就像涡轮喷气机一样工作,依靠从大气中吸入的氧气助燃;到达一定高度和速度后,“佩刀”发动机将转变成传统火箭模式,即消耗随机携带的氢气和氧气继续爬升加速,直至入轨。“云霄塔”的单次飞行成本约 945 万美元,而相同条件下传统运载火箭的单次飞行成本约为 1.4 亿美元,由此可见这类飞行器具有很好的应用前景。

如图1 - 14 所示,“云霄塔”在机身中部装有三角下单翼和发动机,推进剂储箱分为前后两部分,分别位于机身前后部,前后储箱之间为载荷舱。通过调整前

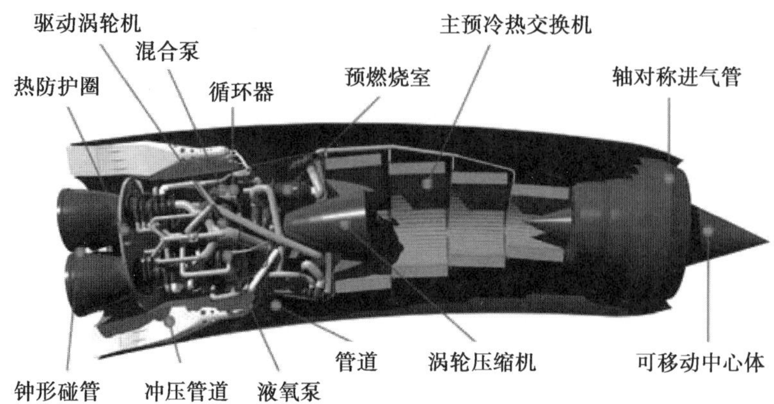

图 1 - 13 “佩刀”发动机结构图

后储箱向发动机供给的推进剂流量,可以改善飞行稳定性。

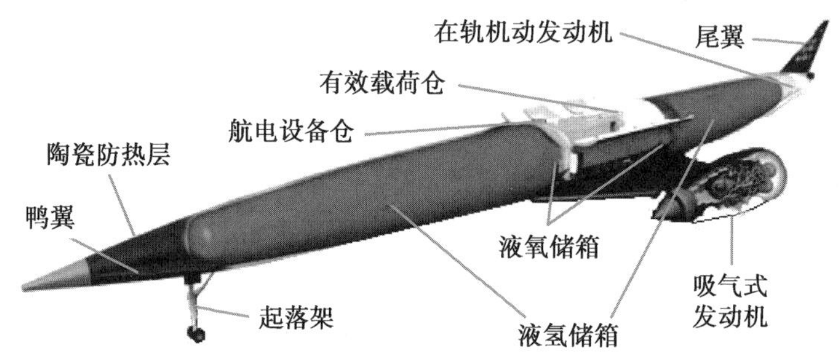

图 1 - 14 “云霄塔”结构图

“云霄塔”的机身前段装有鸭翼,尾端装有垂直尾翼;再入时主翼面处于飞行器头部弓形激波之外,热环境恶劣,因此主翼面上装有主动冷却设备。“云霄塔”的发动机位于翼尖位置,避免了喷气对机身后段气动特性的影响;每台发动机的四个喷管可进行双向3°摆动,同时发动机舱前段有一定程度的下弯,主要是为了在上升段大俯仰姿态下吸入更多的空气。总体来讲,“云霄塔”呈鸭式大长细比布局。

“云霄塔”的飞行姿态控制方案如下:在大气层内吸气式模态时,俯仰由鸭翼控制,滚转由副翼控制,偏航由尾部方向舵控制;火箭模态上升时偏航由两台发动机差分调节实现。在上升段中,随着动压的减小,主发动机将逐步移交俯仰控制给姿控发动机。再入后,姿控发动机保留控制权限,并逐步将控制移交回鸭翼、副翼和方向舵。

2016 年 9 月,美国同时公布了两套基于“佩刀”的两级入轨方案,如图 1 - 15 所示。方案一为部分可重复使用,包含可重复使用的下面级和一次性使用的上

面级,起飞质量159 t,能够将2 t载荷送入近地轨道;方案二为完全可重复使用,起飞质量590 t,能够将9 t载荷送入近地轨道。

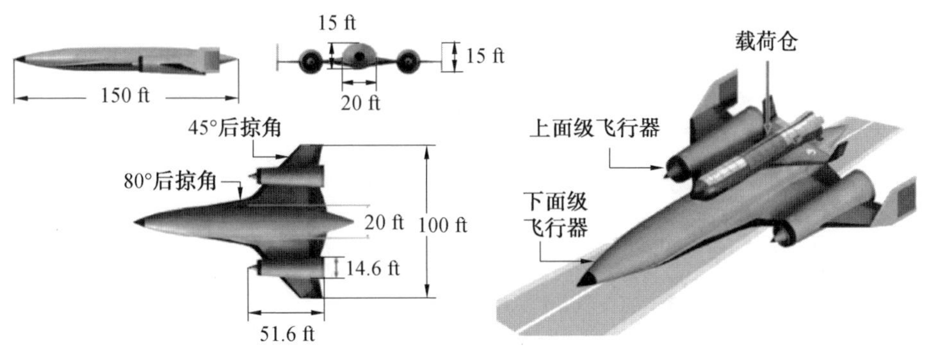

图1－15 基于"佩刀"发动机的部分可重复使用运载器方案(ft为英尺,1 ft = 1.304 8 m)

2. 弹道模式

一般来说,水平起降飞行器在上升段将跨越几十千米的空域和十几马赫的速域。此外,不同飞行任务对推进装置的要求也大不相同,如巡航飞行要求高比冲,宜采用涡轮发动机;而加速飞行要求推重比大,宜采用火箭发动机。不同类型的动力形式具有不同的最佳工作环境和工作区间,仅靠一种动力形式是无法单独完成上升段飞行的,必须将几种动力组合搭配使用。以日本提出的"将变循环涡扇发动机和冲压发动机组合"方案为例,水平起降飞行器的下面级动力系统可采用内并联式涡轮基组合循环(Turbine-Based Combined Cycle,TBCC)发动机与火箭基组合循环(Rocket-Based Combined Cycle,RBCC)发动机组成的组合动力系统;而由于大气层外吸气式发动机无法工作,上面级将采用氢氧液体火箭发动机。

如图1－16所示,两级完全可重复使用飞行器的飞行过程大致如下:

(1)飞行器从常规跑道上水平起飞(TBCC涡轮工作模态);

(2)切换至TBCC冲压工作模态;

(3)切换至RBCC亚燃冲压工作模态;

(4)切换至RBCC超燃冲压工作模态;

(5)切换至RBCC纯火箭工作模态;

(6)上下级分离,下面级重返稠密大气层并无动力滑翔至跑道附近;

(7)下面级在制导控制系统的作用下水平降落;

(8)上面级开启火箭发动机入轨;

(9)上面级进行在轨服务、停泊;

(10)上面级制动离轨,再入大气层并无动力滑翔至跑道附近;

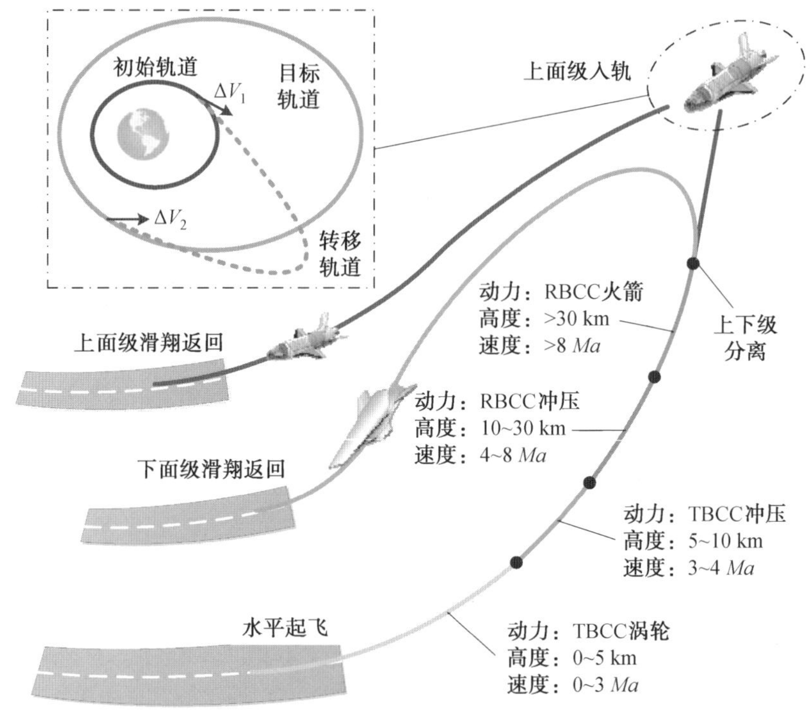

图 1 - 16　水平起降飞行器飞行过程

(11) 上面级在制导控制系统的作用下水平降落。

1.2.5　远程火箭的弹道分段

针对上述远程火箭弹道模式和推力作用情况，可将全程弹道大致分为如下两段：

1. 动力飞行段

该阶段又称主动段，而主动段终点称为主动段关机点，相应的弹道参数（速度、速度倾角、高度等）称为关机点参数。关机点参数对火箭的后续飞行至关重要。根据飞行器类型和发射方式的不同，动力飞行段的设计方式和设计约束也有所差异，在此主要考虑垂直发射、空中发射和水平起飞等三种模式。各种发射方式的特点如下：

(1) 垂直发射。

这种发射方式最为普遍，常见于陆基、海基和潜基（出水时近似垂直）等发射方式。相对其他两种方式，垂直发射具有以下特点：

① 气动力较发动机推力而言对飞行轨迹的影响更小；

② 弹道设计约束更少、设计难度更低；

③ 飞行弹道受发射点的影响,且发射准备时间较长。

(2) 空中发射。

空中发射具有以下特点:

① 隐蔽性好和发射灵活;

② 火箭具有一定的初速度(一般为亚声速);

③ 需考虑分离方式、空中避碰、姿态稳定等问题。

(3) 水平起飞。

新一代可重复使用运载器便是用水平起飞方式。相比其他两种发射方式,这种发射方式具有以下特点:

① 依靠吸气式发动机吸入氧气,无须携带或只需携带少量氧化剂;

② 可以借助气动力产生横向机动过载,从而拓展发射窗口;

③ 运载器可从常规跑道上起飞和降落,并且能够重复使用;

④ 发动机性能受飞行环境(攻角、高度、速度等)影响,需要多种动力模式相结合才能完成主动段飞行;

⑤ 约束条件更苛刻,主动段弹道设计难度更大;

⑥ 由于依靠气动力和吸气式动力飞行,下面级只能进入亚轨道。

2. 无动力飞行段

顾名思义,该阶段意味着飞行器不受发动机推力的作用,仅在引力和气动力的作用下飞行。无动力飞行段的弹道主要由初始运动状态决定,即关机点参数(对应上面级)或分离点参数(对应助推器、抛级、整流罩等)。由于不使用发动机推力或借助气动力来主动改变飞行弹道,因此该阶段又称被动段;而根据是否受到气动力作用,被动段又被分为自由段和再入段。

但随着运载需求的变化和航天技术的发展,在主动段后完全无控的飞行器越来越少,因此自由段和再入段概念得以拓展,如表1-2所示。例如助推器或芯级发动机通过主动控制返回降落,导弹弹头在大气层外变轨改变再入状态,再入弹头借助气动力完成机动或落点调整,可重复使用飞行器或滑翔弹在滑翔段进行三维机动;另外,由于初始再入段的大气较为稀薄,有时需要借助姿控发动机来稳定姿态,因此会受到发动机推力作用。

表1-2　各种远程火箭的弹道分段

分段	传统运载火箭	传统弹道导弹	助推滑翔弹	水平起降飞行器
主动段	垂直发射	垂直发射	垂直发射	水平起飞
	空中发射	空中发射	空中发射	水平起飞

续表

分段	传统运载火箭	传统弹道导弹	助推滑翔弹	水平起降飞行器
自由段	无动力飞行 有动力下降	无动力飞行 制导、机动	无动力飞行	在轨有控运行
再入段	无控下降 有动力下降 有控伞降	无控飞行 制导飞行 躲避机动	初始下降 平衡滑翔 俯冲下压	初始下降 平衡滑翔 水平降落
设计变量	俯仰角	俯仰角(主动段) 攻角、侧滑角/侧滑角(再入段)	俯仰角(主动段) 攻角、倾侧角(滑翔段)	攻角、倾侧角

1.3 弹道优化问题简介

弹道优化设计是远程火箭设计、研发与制造过程中的核心步骤,是完成飞行任务并获得最佳飞行指标的关键环节;它要求设计者在给定总体参数、过程约束、终端约束的情况下计算出使某项性能指标达到最优的飞行轨迹。这实际上相当于一个最优控制问题,可用数值优化方法解决。

由上文中关于运载火箭的基本介绍可知,航天器的功能越来越细化、入轨精度要求越来越高,同时各阶段飞行约束又大不相同。若要将诸多总体参数、约束条件、弹道形式、设计参数和设计指标整合起来,仅靠设计经验、简单迭代和人工计算是远远不够的;而最优控制理论的出现和弹道优化方法的发展,给远程火箭弹道设计和总体优化设计带来了新的契机。

1.3.1 弹道优化的基本步骤

弹道优化的求解是一个非常复杂的过程,为了便于理解,在此将其简单分为两个步骤:

1. 问题转化

优化问题实际上是一个在既定初始条件、约束条件和系统固有演变规律的条件下,使某一项或几项性能指标达到最优的数学问题。因此,弹道优化技术的发展离不开数学方法的进步。然而很大一部分数学优化方法并不是仅仅为了求解某一种优化问题而提出的,为了借助成熟的数学方法来求解弹道优化问题,必须将弹道优化问题转化为数学优化方法能够求解的标准形式,包括动力学方程、运动学方程、约束条件和性能指标等。

2. 问题求解

问题求解过程主要用来解决飞行器弹道优化问题中的梯度求解、迭代方向确定、迭代步长计算、收敛判断、约束处理等问题，涉及时域变换、小波理论、偏微分方程、数值算法等多个领域。问题求解方法影响着初值选取难度、计算效率、计算精度和收敛性，对弹道优化问题而言十分重要。

综上，问题转化是求解弹道优化问题的关键，好的问题转化方法能够使解决弹道优化问题事半功倍；同时相对更注重基础数学理论的问题求解过程而言，问题转化过程更能发挥航空航天专业设计者在弹道学和飞行力学方面的优势，因此也是本书的介绍重点。

1.3.2 常见的弹道优化算法

上文指出，将弹道优化问题转化为一般的最优控制问题是求解最优飞行弹道的重要步骤之一，因此研究最优控制问题是解决火箭弹道优化问题的前提。最优控制理论是现代控制理论的一个主要分支，着重研究在某种约束条件下使某系统的性能指标达到最优化的基本条件和综合方法，是从一切可能方案中寻找最优解的一门学科。

1. 最优控制问题的起源

20世纪50年代是最优控制理论迅速起步的时代，古典变分法、极大值原理和动态规划是这一时期最具代表性的三个研究成果，它们为后续弹道优化问题的研究奠定了理论基础。

古典变分法是求泛函极值的方法，是17世纪末发展起来的一门数学分支。1733年，欧拉在其著作《变分原理》中首次以“变分法”命名这一领域。欧拉的变分法十分复杂，需要借助大量几何与分析来完成；而此后拉格朗日提出了一种新的变分法，这种新变分法最终演化为标准古典变分法。

20世纪50年代，苏联学者庞特里亚金推广了古典变分法，推导了最优性必要条件，提出了极大(小)值原理，奠定了最优控制理论的基础。

1957年，美国数学家理查德·贝尔曼采用哈密顿－雅可比－贝尔曼(Hamilton－Jacobi－Bellman，HJB)方程推导了最优性充分条件，提出了一种解决数值优化问题的新方法——动态规划法，并撰写了世界上第一本关于动态规划的著作《动态规划》。

2. 常见的弹道优化问题转化方法

除火箭弹道优化问题之外，其他领域的最优化问题(材料加工、车辆控制、无人机设计、食品加工、控制系统设计等)也可以采用“先转化、后求解”的方式解决。因此，随着最优控制理论的广泛应用，逐渐形成了许多具有一定通用性的优化算法。这些优化算法的问题转化方式各不相同,而在最优控制问题求解方面,这些算法可能采用相同(类似)的数值求解算法或采用单独与之配套的数值算法。正如上文所述,问题转化是求解最优化问题的关键,因此诸多优化算法的特点主要体现在问题转化过程上。根据问题转化方式的不同,可将优化算法简单分为间接法、直接法和随机搜索法。

(1) 间接法。

间接法是基于庞特里亚金极大值原理和变分法中拉格朗日乘子法的优化方法,它构造两点边值问题(Two-point Boundary Value Problem,TBVP)并根据极大值原理推导最优解的一阶必要条件,最终得到控制量和状态量间的解析关系以及最优解。由于该方法不对性能指标直接寻优,故称间接法。实际最优控制问题的非线性通常会很强,因此很难直接获得解析解,必须进一步借助数值方法来求解 TBVP,进而得到最优解。

由于间接法的基础是极大值原理,因此它能够满足最优性条件;即使采用数值解法,通过间接法获得的结果也十分贴近最优解,故精度高是间接法的主要优势之一。但间接法在实际应用中存在很多问题,影响了其求解效率:①TBVP 推导过程十分麻烦,经常需要借助数值方法;② 协变量的引入提高了微分方程的维数;③ 数值求解的前提是对未知量初值和控制量变化趋势的准确猜测,但前者因协变量缺乏明显的物理意义而难以实现,而后者需要最优解的先验知识,因此初值猜测会衍生出另一个复杂问题;④ 间接法的收敛域很小,当初值猜测不当时无法保证算法收敛。

虽然拥有诸多缺点,但间接法的最优性和收敛速度仍使其具有很大的吸引力,多年来一直受到不断关注并广泛应用于各种弹道优化问题。许多基于间接法的弹道优化软件也使得弹道优化设计更加简单方便,如 ADIFOR、OCCAL 等。

(2) 直接法。

直接法比间接法早出现约 100 年,但受计算方法和工具的限制并未获得快速发展。相比间接法,直接法的敏感初值度更低、收敛域更大,能够处理更复杂的约束条件。直接法首先将优化问题离散为典型非线性规划(Nonlinear Programming,NLP) 问题,然后借助数值算法求解 NLP 问题得到最优解。

从离散方法上来看,可将直接法分为仅离散控制量、同时离散控制量和状态量和仅离散状态量三种方法。

① 仅离散控制量。直接打靶法是这类方法的典型。它将时间区间等分并在每个节点上将控制量离散并参数化,是最常见的弹道优化方法之一,洛马公司和 NASA 共同研制的轨迹优化软件 POST(Program to Optimize Simulated Trajectories) 便是基于直接打靶法开发的。直接打靶法的精度受节点密度影响,适合解决飞行时间短、优化模型简单且控制指令连续的弹道优化问题。

为克服直接打靶法的缺点，多重打靶法将时间区间分段并在每个时间段内执行直接打靶法。虽然这样做会增加设计变量的数量，但多重打靶法可以缩小打靶区间的长度，能够提高精度并处理控制量不连续的优化问题。

② 同时离散控制量和状态量。配点法是这类方法的典型。它利用多项式逼近控制量和状态量，并将微分方程转化为等式约束。由配点法得到的 NLP 规模远大于打靶法，但它能够降低目标函数的病态程度，收敛性、精度和初值敏感度更优。

与配点法类似，伪谱法将时间区间分段并在一系列节点上近似状态量和控制量；但与配点法不同的是，伪谱法采用全局差值多项式近似状态量和控制量，大大减少了优化变量的总数，故又称全局配点法。研究证明，伪谱法较配点法而言初值敏感度更低、收敛性更好、优化参量更少、精度更高，更适合解决实际优化问题。

根据配点选取方法和差值基函数的不同，伪谱法又可进一步分为勒让德伪谱法（Legendre Pseudospectral Method，LPM）、切比雪夫伪谱法（Chebyshev Pseudospectral Method，CPM）、拉道伪谱法（Radau Pseudospectral Method，RPM）和高斯伪谱法（Gauss Pseudospectral Method，GPM）等。

a. 勒让德伪谱法。勒让德伪谱法以 Legendre – Gauss – Lobatto 点为配点，由 Elnagar 于 1995 年提出；轨迹优化软件 DIDO、OTIS 和 PSOPT 便是基于勒让德伪谱法开发的，其中 OTIS 第一个采用直接法的轨迹优化软件包，并在航天航空领域中被广泛应用。勒让德伪谱法是最早应用于航空航天领域的伪谱法。2003 年，美国使用勒让德伪谱法完成了国际空间站的运行轨迹优化；2006 年 11 月和 2007 年 3 月，美国又利用 DIDO 软件分别完成了国际空间站的最优机动轨道设计和最优大角度姿态机动方案设计。

b. 切比雪夫伪谱法。切比雪夫伪谱法以 Chebyshev – Gauss – Lobatto 点为配点，曾在 2002 年用于设计深空探测飞行器的最速降落弹道。

c. 拉道伪谱法。拉道伪谱法以 Legendre – Gauss – Radau 点作为配点，最初应用于化工领域，后来逐渐应用于航天领域。

d. 高斯伪谱法。目前最为常用的便是以 Legendre – Gauss 点为配点的高斯伪谱法。高斯伪谱法较其他伪谱法而言具有很多优势，其中最重要的一点就是它能够满足协态映射定理，因此解的最优性能够保证；另外它结合了直接法和间接法的优势，收敛性和计算精度更优。

伪谱法是用于求解弹道优化问题的最经典算法之一，许多研究者付出了大量努力用以提高伪谱法的计算性能，其中最具代表性的则是基于分段应用伪谱法的 hp 自适应伪谱法。该方法将拉道伪谱法（仅拉道伪谱法满足端点处的连续性条件，因此能够实现伪谱法的分段应用）与有限元法结合，能够对某区间内的配点数(h)和全局插值多项式阶次(p)进行自适应调整,有效地降低了NLP规模,在提高收敛速度的同时降低了初值敏感度。GPOPS便是基于hp自适应伪谱法的开发优化软件,现已广泛应用于各种弹道优化问题中。

③ 仅离散状态量。动态逆方法是这类方法的典型。它首先设定期望的最优状态量形式(如多项式函数),然后通过反向求出控制量。动态逆法具有优化变量较少、无须初值猜测、收敛快等特点,但这种方法只有在给定状态量形式贴近最优解时才能保证精度,因此难以处理一些控制量突变或状态量变化剧烈的问题。

微分包含法是对配点法的改进,是一种基于隐式积分的离散化方法;较配点法而言,通过微分包含法得到的NLP问题规模更小,更具实现在线轨迹优化的潜力。但由于需要抵消控制量,微分包含法只能解决较为简单的优化问题,现已鲜有使用。

3. 常见的最优控制问题求解方法

(1) 基于梯度信息的求解方法。

上文指出,间接法和直接法是完成最优控制问题转化的主要方法,其中间接法将优化问题转化为TBVP,而直接法将优化问题转化为NLP。

对于简单的TBVP,可通过性能指标、优化变量和终端约束的函数关系通过数学推导直接得到最优控制量的解析表达式,同时能够获得相应状态变量的变化规律。但对于复杂的TBVP来说解析表达式的推导是难以实现的,此时则需要将TBVP由直接法进一步转化为NLP后进行求解。

常见的NLP求解算法包括罚函数法、拟牛顿法、内点法和序列二次规划(SQP)法等。其中,SQP算法在收敛性和初值敏感性上的优势使其成为应用最广泛的NLP求解器,著名的轨迹优化软件SNOPT便是基于SQP开发的。由于这些NLP求解算法中涉及大量梯度求解过程(如性能指标对优化变量的梯度、约束条件对优化变量的梯度、约束条件对状态变量的梯度等),因此本书称之为基于梯度信息的求解方法。

实际上,许多优化方法(如高斯伪谱法、多重打靶法和hp自适应伪谱法)已经涵盖了对NLP问题的求解过程,最优弹道的求解往往是经常按照"转化—求解—再转化—再求解"的步骤完成的。因此为了便于描述弹道优化问题的求解方式,上文中仅从问题转化的角度对优化算法进行了简单分类,不代表hp自适应伪谱法等方法只具有问题转化能力而不具备独自求解弹道优化问题的能力。

(2) 基于搜索方向的求解方法。

之前提到的优化算法多数依托于严格的数学推导或假设,属于纯数学方法。这些方法往往依赖于梯度求解,但梯度信息在许多复杂问题中是难以获取

的,而基于数值算法的梯度逼近方法可能会获得错误的梯度信息,导致收敛慢甚至不收敛;同时,基于梯度信息的优化算法对初值猜测的准确度要求较高,当优化问题的非线性很强时不易得到最优解。

快速搜索随机树法是一种简单的优化算法,它能够处理不同形式的约束条件,常用于求解弹道优化问题。该方法首先建立两个状态树:一个以初始状态为起点进行前向积分,另一个以终端状态为起点进行反向积分;一旦两个树足够接近,便将两段连接起来作为可行解。当优化问题较为复杂时,随机树法将面临收敛判断困难、积分计算量大等问题,因此这种方法只适合求解简单的弹道优化问题。

自20世纪90年代起,一些基于自然现象和统计物理为基础的现代启发式算法(智能算法)开始逐渐受到关注并应用到弹道优化问题中,如遗传算法(Genetic Algorithm,GA)、粒子群优化算法(Particle Swarm Optimization,PSO)、A搜寻算法、模拟退火算法(Simulated Annealing Algorithm,SAA)和蚁群算法(Ant Algorithm,AO)等,方法原理涉及数学、物理学、生物学、神经科学、统计学等。智能算法不依赖于梯度信息,而是改变搜索方向来确定最优解在数值空间中对应的位置。智能算法在初始化和迭代过程中加入了随机过程从而提高发现最优解的概率;相对而言,之前提到的诸多基于梯度信息的优化算法基本不会受到随机数的影响,因此又被称为确定性方法。由于算法中存在的随机性,由智能算法得到的结果经常在某一区间内随机变化,因此智能算法的求解精度一般不如确定性方法;但智能算法能够避免许多复杂的数学推导,具有初值敏感性更低(甚至无须初值猜测)、收敛性更好、适用性更广等优势,为解决复杂优化问题提供了新的思路和方法,因此受到了广泛关注和深入研究。

此外,不同算法构成的混合算法也常用于求解弹道优化问题——如将智能算法和直接法结合用于初值猜测,将间接法、直接法和智能算法结合用于改善计算精度和计算效率,以及直接用智能算法求解转化后的NLP问题等。混合算法能够解决梯度求解、初值猜测、快速收敛等难题,能够适应更复杂、更多类型的弹道优化问题。

本章小结

本章从远程火箭的定义出发,介绍了几种常见的远程火箭以及远程火箭弹道设计及优化方法。需要注意的是,本章中的一些定义和分类是从弹道学知识展开的角度提出的,随着航天科技的快速发展和不断进步,上述分类及定义已经有了新的变化或更为详细的划分。

第 2 章

坐标系及其转换关系

物理学和哲学中都曾指出，运动是绝对的、静止是相对的，关键在于参照系选择不同。为了描述远程火箭的运动，首先要建立参考坐标系。在不同的参考坐标系下，火箭的运动形式和规律都不同，运动方程的复杂程度也不同，因此描述远程火箭的运动需要选择合适的参考坐标系。此外，火箭所受的力、力矩以及运动状态（主要包括位置、速度和姿态）均需在适当的坐标系中描述，求解火箭弹道方程时需将不同坐标系中的物理量统一到同一坐标系下，这就需要建立不同坐标系之间的转换关系。本节主要介绍远程火箭弹道学中所涉及的坐标系及其转换关系。

2.1　坐标系定义

1. 空间惯性坐标系

该坐标系记为 $o_I x_I y_I z_I$（下标“I”表示 inertia）。为了便于描述该坐标系，首先给出一些名词解释。

(1) 天球。一个以地球中心为中心的假想球体。

在宇宙中，太阳系外的天体到地球的距离通常以光年为单位计算，因此从地球上的角度来看，这些遥远的天体到地球的距离似乎是相等的，像是散布在以地球中心为中心的一个圆球面上。实际上，我们所看到的是这些天体在这个巨大圆球面上的投影，即天球；显然天球的半径是远大于地球赤道半径的。

（2）黄道。地球公转轨道平面与天球的交线。

（3）天赤道。地球赤道面与天球的交线。

（4）春分点。太阳沿黄道从南向北通过天赤道的点。由定义可知，黄道与天赤道存在两个交点，一个称为春分点，另一个则称为秋分点。

如图2－1所示，空间惯性坐标系定义为：坐标原点 o_1 位于地球中心；o_1z_1 轴垂直于赤道面指向北极；o_1x_1 轴与赤道面和春分点所在子午面的交线重合，指向春分点；o_1y_1 轴与 o_1x_1 轴和 o_1z_1 轴构成右手坐标系。

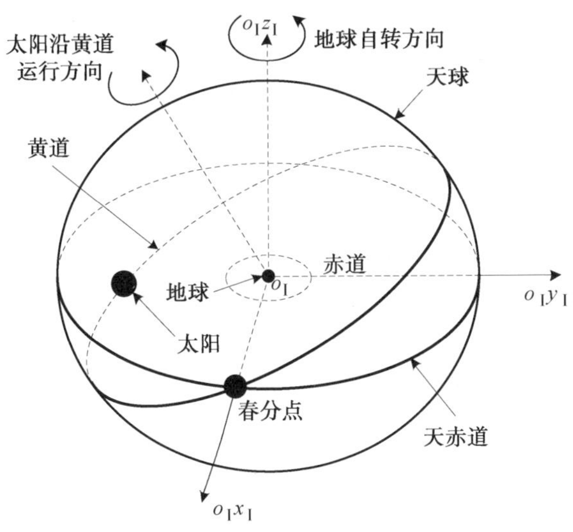

图2－1　春分点示意图

实际上由于地球运动的复杂性，黄道和天赤道在宇宙中的方位是不断变化的，因此春分点具有进动性。国际上以UTC时间2000年1月1日11时58分55秒时刻的春分点为基准来建立惯性坐标系。相比从地球到春分点的距离，地球在宇宙中的运动幅度很小乃至可以忽略，因此可以认为基于地心和春分点建立的坐标系在惯性空间中是静止的，坐标系 $o_1x_1y_1z_1$ 也因此在弹道学中被称为空间惯性坐标系，成为确定某坐标系是静系还是动系的基准。

2. 地球固联坐标系

该坐标系又称为地心坐标系，简称为地心系，记为 $o_ex_ey_ez_e$（下标"e" 表示earth）。如图2－2所示，坐标原点 o_e 位于地心；o_ez_e 轴垂直于赤道指向北极；o_ex_e 轴在赤道面内指向格林尼治子午线；o_ey_e 轴与 o_ex_e 轴和 o_ez_e 轴构成右手坐标系。图2－2中，$\boldsymbol{\omega}_e$ 表示地球自转角速度矢量。

由于固联于地球，地心系常用来计算地球引力或描述火箭的三维地理位置（如经纬度和高度）；由其定义可知，地心系随地球一同自转，因此是一个动系。

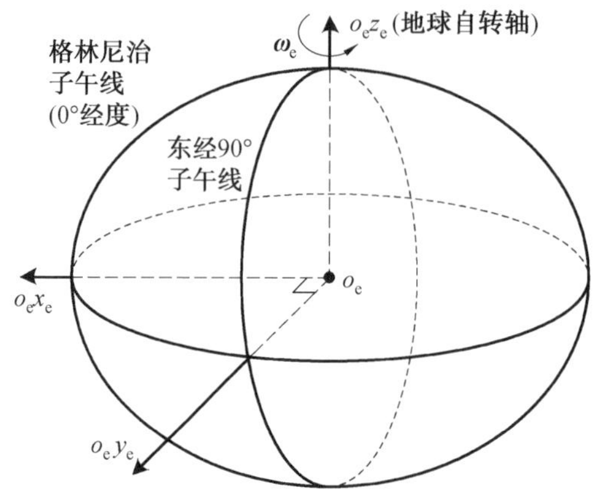

图 2-2　地心坐标系示意图

3. 发射坐标系

该坐标系简称为发射系，记为$o_L x_L y_L z_L$(下标“L”表示launch)。如图2-3所示，坐标原点o_L位于发射点；$o_L y_L$轴沿发射点铅垂线指向天；$o_L x_L$轴垂直于$o_L y_L$轴并指向发射方向，$o_L z_L$轴与$o_L x_L$轴和$o_L y_L$轴构成右手坐标系。

如图2-3所示，发射系直观地给出了发射点、目标点和发射方向间的关系，有利于描述火箭在发射、起飞和上升过程中的运动状态(包括位置、速度、姿态和角速度等)；因此发射系是建立火箭动力学和运动学方程以及完成弹道解算的常用坐标系。

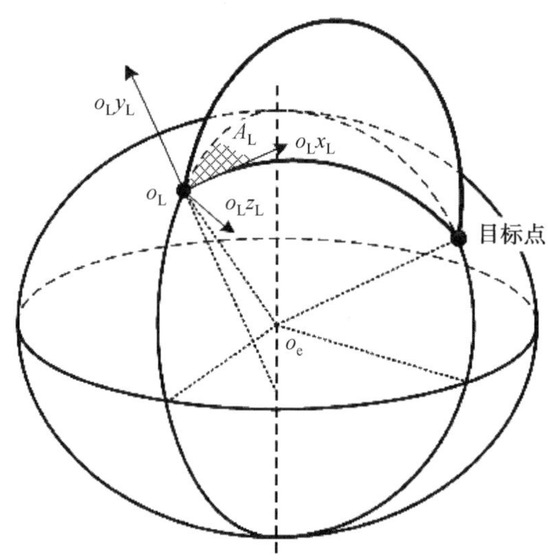

图 2-3　发射坐标系示意图

为了确定 o_Lx_L 轴,在此给出发射方位角的定义。发射系 o_Lx_L 轴与发射点所在的天文子午面正北方向之间的夹角即为天文瞄准方位角,又称发射方位角,记为 A_L;当 o_Lx_L 轴指向发射点所在子午面的东侧时为正。在弹道学中,发射方位角可根据发射点和目标点的位置计算得出。对于传统弹道导弹和助推滑翔弹而言,目标点即落点;对于运载火箭和水平起降运载器而言,目标点即主动段关机点;此外,发射方位角的计算还需考虑地球自转的影响。

需要注意的是,定义中 o_Ly_L 轴与发射点铅垂线重合,因此当考虑地球为椭球体时,o_Ly_L 轴并不通过地心(圆球体时通过),这一点将在后面说明。

4. 发射惯性坐标系

该坐标系简称为发惯系,记为 $o_Ax_Ay_Az_A$(下标"A"用来区分"L")。发惯系在发射瞬时与发射系重合,发射后则在惯性空间中保持不动。由于发惯系是一个惯性系(静系),而发射系是一个非惯性系(动系),因此在描述火箭运动规律时,由发惯系和发射系得到的结果是不同的,这一点将在后面解释。

5. 位置坐标系

该坐标系简称为位置系,记为 $o_px_py_pz_p$(下标"p"表示position)。位置系的坐标原点 o_p 位于地球中心;o_px_p 轴由地心指向火箭质心;o_py_p 轴在赤道面内垂直于 o_px_p 轴,沿 o_px_p 轴方向看,当 o_py_p 轴指向右侧时为正;o_pz_p 轴与 o_px_p 轴和 o_py_p 轴构成右手坐标系,如图2-4所示。

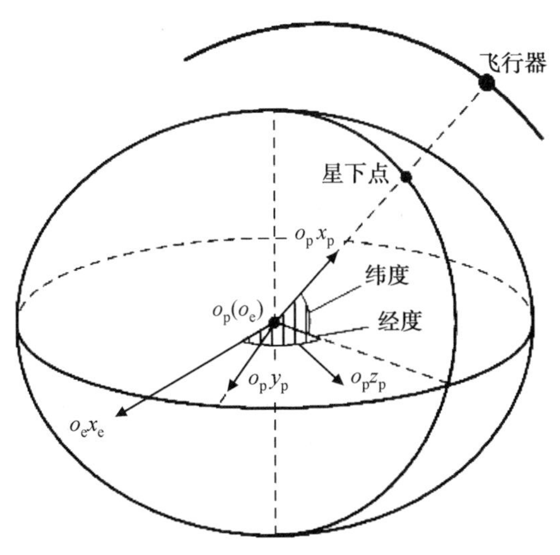

图2-4　位置坐标系示意图

根据定义可知,位置系是一个随火箭飞行而不断变化的动坐标系。同时,根据位置系的 o_px_p 轴可以直接确定火箭星下点(飞行器在地球表面上的投影)的位置，即经度和纬度；因此，位置系常用于描述远程火箭的三维运动，特别是侧向机动范围更广的滑翔段运动。

6. 体坐标系

该坐标系记为 $o_b x_b y_b z_b$（下标“b”表示 body）。坐标原点 o_b 位于火箭质心；$o_b x_b$ 轴与火箭纵向对称轴重合并指向头部；$o_b y_b$ 轴在纵向对称面内，垂直于 $o_b x_b$ 轴并指向上方；$o_b z_b$ 轴与 $o_b x_b$ 轴和 $o_b y_b$ 轴构成右手坐标系。图 2－5 中，正视图为从火箭头部向尾部看的视图。

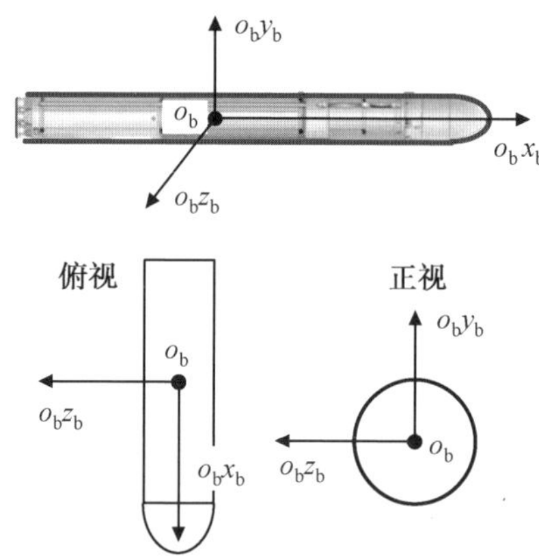

图 2－5　体坐标系示意图

由于始终固联在火箭上，体坐标系和发射系间的转换关系可以用来描述火箭的飞行姿态。体坐标系常用来描述推力对火箭的作用，包括力和力矩；此外，火箭的气动特性也可以在体坐标系下表示，称为轴向力、法向力和横向力，因此体坐标系还可以用来计算作用在火箭上的轴向力和法向力。

7. 弹道坐标系

该坐标系简称为弹道系，记为 $o_d x_d y_d z_d$（下标“d”表示弹道）。弹道系的坐标原点 o_d 位于火箭质心；$o_d x_d$ 轴与速度矢量重合；$o_d y_d$ 轴垂直于 $o_d x_d$ 轴并指向上方，且 $o_d y_d$ 轴和 $o_d x_d$ 轴构成的平面始终垂直于发射系的 $x_L o_L z_L$ 平面；$o_d z_d$ 轴与 $o_d x_d$ 轴和 $o_d y_d$ 轴构成右手坐标系，如图 2－6 所示。

由定义可知，弹道系始终垂直于发射点所在水平面，$o_d x_d$ 轴始终指向速度方向；而弹道系与发射系之间的转换关系反映了火箭在速度上的方向变化。

8. 速度坐标系

该坐标系简称为速度系，记为 $o_v x_v y_v z_v$（下标“v”表示 velocity）。速度系的坐标原点 o_v 位于火箭质心；$o_v x_v$ 轴与速度矢量重合；$o_v y_v$ 轴在火箭纵向对称面内，垂直于 $o_v x_v$ 轴并指向上方；$o_v z_v$ 轴与 $o_v x_v$ 轴和 $o_v y_v$ 轴构成右手坐标系，如图 2－7

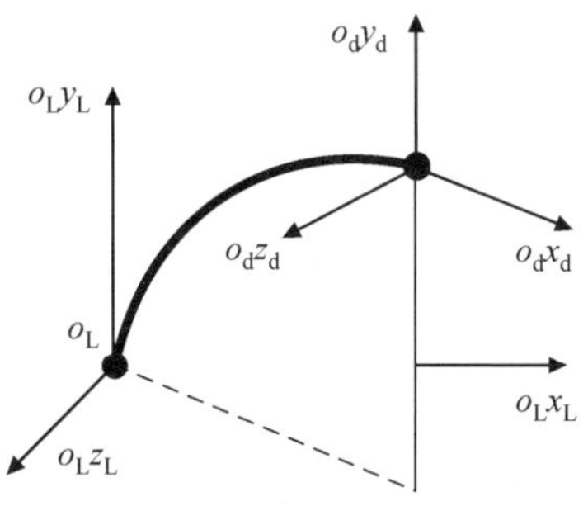

图 2－6　弹道坐标系示意图

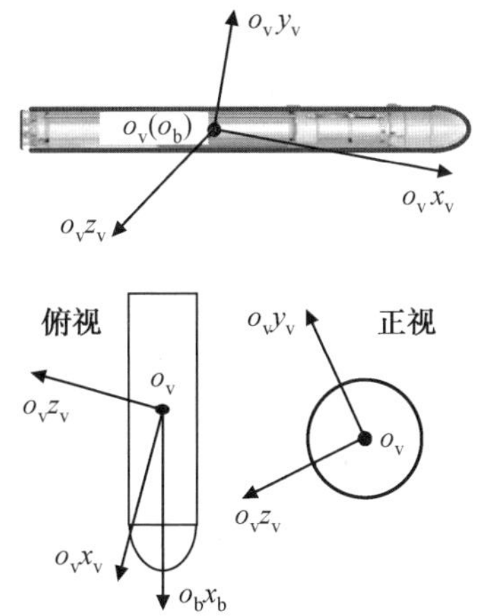

图 2－7　速度坐标系示意图

所示。

由定义可知，速度系与弹道系有相似之处，需加以区分。由于是以速度矢量和火箭纵对称面为基准建立起来的，因此速度系体现火箭速度和箭体姿态间的关系。在飞行过程中，火箭受到的气动力由箭体与大气摩擦产生，故飞行速度和箭体姿态间的关系可以直接用于计算气动力，因此速度系也是计算气动力最常用的坐标系。

9. 北天东坐标系

该坐标系简称为北东系，记为 $o_N x_N y_N z_N$（下标“N”表示 north）。北东系的坐标原点 o_N 位于火箭质心；$o_N y_N$ 轴由地心指向火箭质心；$o_N x_N$ 轴位于过 o_N 点的子午面内，垂直于 $o_N y_N$ 轴并指向北方；$o_N z_N$ 轴与 $o_N x_N$ 轴和 $o_N y_N$ 轴构成右手坐标系。北东系常用于计算地球引力和扰动引力，如图 2－8 所示。

最后指出，在坐标系定义中，X 轴、Y 轴和 Z 轴通常被表示为单位矢量，如将 X 轴表示为 $\hat{\boldsymbol{x}}=[1,0,0]$，对应的有 $\hat{\boldsymbol{y}}=[0,1,0]$ 和 $\hat{\boldsymbol{z}}=[0,0,1]$。

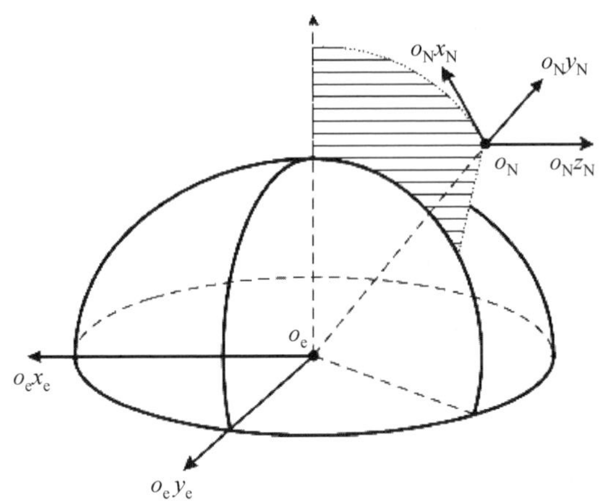

图 2－8　北天东坐标系示意图

2.2　坐标系转换关系

2.2.1　空间矢量旋转次序

在建立和求解弹道微分方程的过程中，经常需要将不同坐标系下表示的矢量统一到同一坐标系下，这就是坐标系之间的转换，如图 2－9 所示。

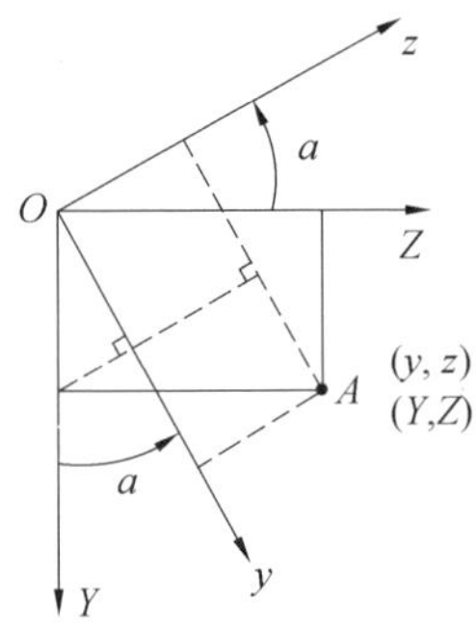

图 2－9　两个坐标系间的转换

坐标系转换是通过依次旋转坐标轴使两个坐标系的各轴重合的过程，即使一个坐标系与另一个坐标系的 X 轴、Y 轴和 Z 轴重合。坐标转换矩阵是一个3×3 的矩阵，记为 $\boldsymbol{C}$；根据旋转轴的不同，$\boldsymbol{C}$ 的计算方式如下。

假设两个坐标系的 X 轴已经重合，则坐标系 XYZ 只需绕 X 轴旋转一个角度即可与坐标系 xyz 重合。设需要转动的角度为 a，则根据点 A 在两个坐标系下的

位置分量,可得两个坐标系间有如下关系:

$$\begin{cases} x = X \\ y = Y\cos a + Z\sin a \\ z = -Y\sin a + Z\cos a \end{cases} \tag{2-1}$$

上式可改写为

$$\begin{cases} x = 1\cdot X + 0\cdot Y + 0\cdot Z \\ y = 0\cdot X + Y\cos a + Z\sin a \\ z = 0\cdot X + (-Y\sin a) + Z\cos a \end{cases} \tag{2-2}$$

将上式进一步改写为

$$\begin{bmatrix} x \\ y \\ z \end{bmatrix} = \begin{bmatrix} 1 & 0 & 0 \\ 0 & \cos a & \sin a \\ 0 & -\sin a & \cos a \end{bmatrix} \begin{bmatrix} X \\ Y \\ Z \end{bmatrix} \tag{2-3}$$

因此

$$\begin{cases} C(1,1) = 1 \\ C(2,1) = \cos a \\ C(2,2) = \sin a \\ C(3,1) = -\sin a \\ C(3,2) = \cos a \end{cases} \Rightarrow \boldsymbol{C}_x = \begin{bmatrix} 1 & 0 & 0 \\ \boxed{\begin{matrix} \cos a & \sin a \\ -\sin a & \cos a \end{matrix}} & & \begin{matrix} 0 \\ 0 \end{matrix} \end{bmatrix} \tag{2-4}$$

同理,若两个坐标系的 Y 轴已经重合,则坐标系 XYZ 只需绕 Y 轴旋转一个角度即可与坐标系 xyz 重合。设需要转动的角度为 b,则

$$\begin{cases} C(1,1) = \cos b \\ C(1,3) = -\sin b \\ C(2,2) = 1 \\ C(3,1) = \sin b \\ C(3,3) = \cos b \end{cases} \Rightarrow \boldsymbol{C}_y = \begin{bmatrix} \boxed{\cos b} & 0 & \boxed{-\sin b} \\ 0 & 1 & 0 \\ \boxed{\sin b} & 0 & \boxed{\cos b} \end{bmatrix} \tag{2-5}$$

同理,若两个坐标系的 Z 轴已经重合,则坐标系 XYZ 只需绕 Z 轴旋转一个角度即可与坐标系 xyz 重合。设需要转动的角度为 c,则

$$\begin{cases} C(1,1) = \cos c \\ C(1,2) = \sin c \\ C(2,1) = -\sin c \\ C(2,2) = \cos c \\ C(3,3) = 1 \end{cases} \Rightarrow \boldsymbol{C}_z = \begin{bmatrix} \boxed{\begin{matrix} \cos c & \sin c \\ -\sin c & \cos c \end{matrix}} & \begin{matrix} 0 \\ 0 \end{matrix} \\ \begin{matrix} 0 & \quad 0 \end{matrix} & 1 \end{bmatrix} \tag{2-6}$$

根据式(2-4)~(2-6),可以总结出绕单轴旋转时坐标转换矩阵的基本形式,从而避免上述推导过程并直接写出坐标转换矩阵:

(1) 设定 X 轴 $\to 1$,Y 轴 $\to 2$,Z 轴 $\to 3$;

(2) 绕哪轴旋转，则令 $C(i,i)=1$，同时第 i 行和第 i 列中的其他元素均为 0；其中 $i=1,2,3$，分别对应 x,y,z；

(3) 其余元素均为旋转角度的正弦函数或余弦函数，呈“cos 位于正对角，sin 位于斜对角”状排布，如式(2-4)~(2-6)所示；其中位于元素 $C(i,i)=1$“上方”的正弦函数取负号(若 $C(i,i)=1$ 位于第一行，则将 $-\sin$ 顺延至第三行)。

式(2-4)~(2-6)是在两个坐标系间已经有一个坐标轴重合的条件下得到的，此时只需旋转一次即可完成坐标转换；但很多情况下两个坐标系的坐标轴是各不重合的，此时便需要进行多次单轴旋转。

如图 2-10(a)所示，两个坐标系的坐标轴各不重合。将坐标系 xyz 转换至坐标系 XYZ 相当于将一个立方体按照规定方向放置在坐标系 XYZ 中，并且每次都必须沿着 Ox 轴、Oy 轴或 Oz 轴中的一条对立方体进行旋转。按照上述规则在三维空间中对立方体进行旋转，每次只能使立方体的 4 条边与 OX 轴、OY 轴或 OZ 轴平行，而若要使立方体的 12 条边分别与 OX 轴、OY 轴和 OZ 轴平行则需要三次旋转。

同理，若两个坐标系间已经有一个坐标轴重合，如图 2-10(b)所示，说明立方体的两个面已经指向规定的方向，此时只需一次旋转即可。

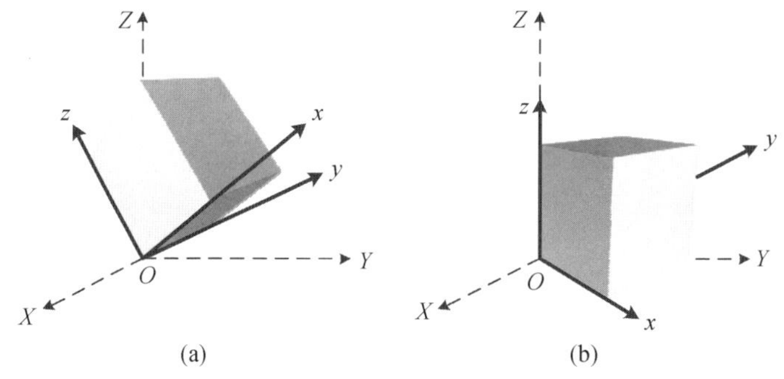

图 2-10　两坐标系间的关系

由图 2-10 可知，若不受上述旋转规则的限制，则经过一次旋转便能够将立方体以规定的方向放置在坐标系 XYZ 中，但这样一来便难以写出坐标转换矩阵的形式，因此通常不予采用。

综上，对于坐标原点重合的两个坐标系，若不限制单次旋转的角度及方向，则一个坐标系绕其坐标轴最多需要三次旋转即可与另一个坐标系重合：

(1) 三轴各不重合，需要三次；

(2) 一轴已经重合，需要一次；

(3) 三轴各不重合，但 Ox 轴、Oy 轴或 Oz 轴中一条已经在平面 OXY、OXZ 或 OYZ 内，需要两次。

如表2－1所示，根据选择的旋转轴以及旋转次序的不同，共有12(3×2×2)种可能的旋转次序；其中至少有一种能够实现从 xyz 到 XYZ 的转换。

表 2－1　坐标轴旋转次序

序号	旋转 1	旋转 2	旋转 3
1	x	y	z
2	x	y	x
3	x	z	y
4	x	z	x
5	y	x	z
6	y	x	y
7	y	z	x
8	y	z	y
9	z	x	y
10	z	x	z
11	z	y	x
12	z	y	z

有时为了更直观、更方便地完成坐标转换，可能需要多于三次旋转才能获得坐标转换关系；这是由于坐标转换需要借助某些角度的定义，因此限制了单次转换的幅度或方向。

最后指出，在计算坐标转换矩阵时，应按照“后转在前，先转在后”的原则，即当按照 $x \rightarrow y \rightarrow z$ 这种旋转次序时，得到的转换矩阵为 $\boldsymbol{C}=\boldsymbol{C}_z\boldsymbol{C}_y\boldsymbol{C}_x$：

$$\boldsymbol{C}=\begin{bmatrix}\cos c & \sin c & 0\\ -\sin c & \cos c & 0\\ 0 & 0 & 1\end{bmatrix}\begin{bmatrix}\cos b & 0 & -\sin b\\ 0 & 1 & 0\\ \sin b & 0 & \cos b\end{bmatrix}\begin{bmatrix}1 & 0 & 0\\ 0 & \cos a & \sin a\\ 0 & -\sin a & \cos a\end{bmatrix}$$

$$=\begin{bmatrix}\cos b\cos c & -\cos a\sin c+\sin a\sin b\cos c & \sin a\sin c-\cos a\sin b\cos c\\ -\cos b\sin c & \cos a\cos c-\sin a\sin b\sin c & \sin a\cos c+\cos a\sin b\sin c\\ \sin b & -\sin a\cos b & \cos a\cos b\end{bmatrix} \tag{2-7}$$

此外，后续的坐标转换多以 $z \rightarrow y \rightarrow x$ 的旋转次序给出，而相应的坐标转换矩阵应为 $\boldsymbol{C}=\boldsymbol{C}_x\boldsymbol{C}_y\boldsymbol{C}_z$：

$$
\boldsymbol{C}=\begin{bmatrix}1 & 0 & 0\\0 & \cos a & \sin a\\0 & -\sin a & \cos a\end{bmatrix}\begin{bmatrix}\cos b & 0 & -\sin b\\0 & 1 & 0\\\sin b & 0 & \cos b\end{bmatrix}\begin{bmatrix}\cos c & \sin c & 0\\-\sin c & \cos c & 0\\0 & 0 & 1\end{bmatrix}
$$

$$
=\begin{bmatrix}\cos b\cos c & \cos b\sin c & -\sin b\\-\cos a\sin c+\sin a\sin b\cos c & \cos a\cos c+\sin a\sin b\sin c & \sin a\cos b\\\sin a\sin c+\cos a\sin b\cos c & \sin a\cos c+\cos a\sin b\sin c & \cos a\cos b\end{bmatrix} \tag{2-8}
$$

显然,不同的旋转次序得到的坐标转换矩阵是不同的。

2.2.2 坐标系的转换关系

1. 从发射系 $o_Lx_Ly_Lz_L$ 到体坐标系 $o_bx_by_bz_b$

如图2-11所示,发射系经过$\boldsymbol{R}_z(\varphi_m)\rightarrow\boldsymbol{R}_y(\psi_m)\rightarrow\boldsymbol{R}_x(\gamma_m)$三次旋转便可以转换到体坐标系。坐标转换矩阵(记为$\boldsymbol{C}_L^b$)如下:

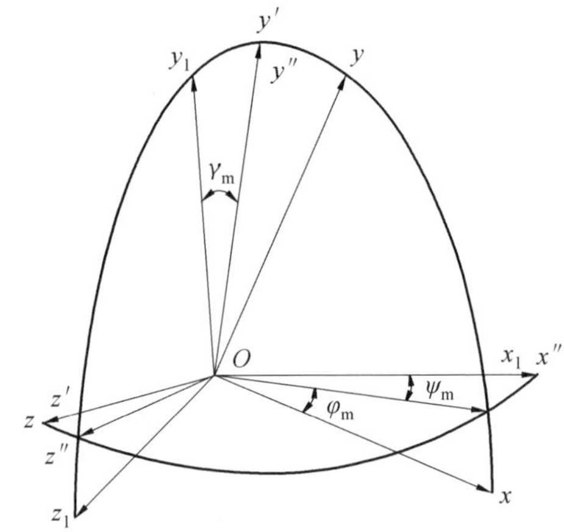

图2-11 发射系和体坐标系间的坐标转换方式

$$
\boldsymbol{C}_L^b=\boldsymbol{C}_x(\gamma_m)\boldsymbol{C}_y(\psi_m)\boldsymbol{C}_z(\phi_m)
$$

$$
=\begin{bmatrix}1 & 0 & 0\\0 & \cos\gamma_m & \sin\gamma_m\\0 & -\sin\gamma_m & \cos\gamma_m\end{bmatrix}_x\begin{bmatrix}\cos\psi_m & 0 & -\sin\psi_m\\0 & 1 & 0\\\sin\psi_m & 0 & \cos\psi_m\end{bmatrix}_y\begin{bmatrix}\cos\varphi_m & \sin\varphi_m & 0\\-\sin\varphi_m & \cos\varphi_m & 0\\0 & 0 & 1\end{bmatrix}_z \tag{2-9}
$$

式中,φ_m、ψ_m和γ_m分别为俯仰角、偏航角和滚转角。经整理得

$$C_L^b = \begin{bmatrix} \cos\varphi_m\cos\psi_m & \cos\varphi_m\sin\psi_m\sin\gamma_m - \sin\varphi_m\cos\gamma_m & \cos\varphi_m\sin\psi_m\cos\gamma_m + \sin\varphi_m\sin\gamma_m \\ \sin\varphi_m\cos\psi_m & \sin\varphi_m\sin\psi_m\sin\gamma_m + \cos\varphi_m\cos\gamma_m & \sin\varphi_m\sin\psi_m\cos\gamma_m - \cos\varphi_m\sin\gamma_m \\ -\sin\psi_m & \cos\psi_m\sin\gamma_m & \cos\psi_m\cos\gamma_m \end{bmatrix} \tag{2-10}$$

如图 2 - 12 和图 2 - 13 所示,各角度的定义如下:

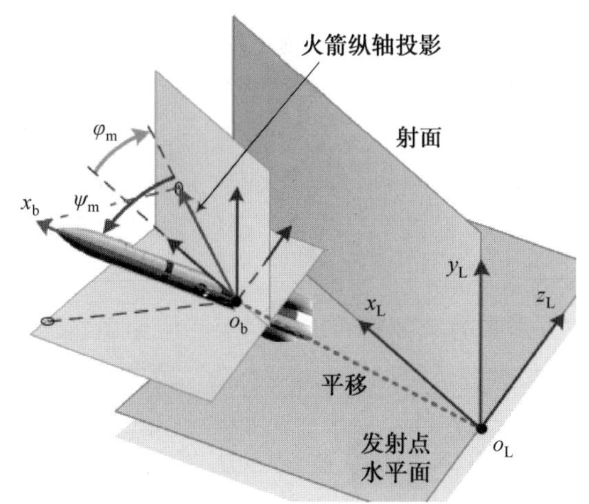

图 2 - 12　俯仰角和偏航角的定义

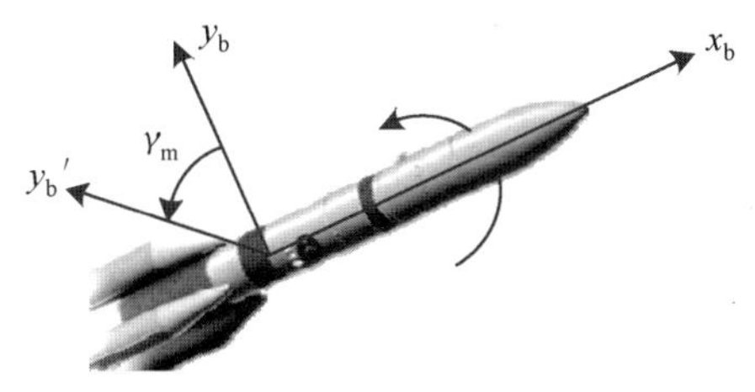

图 2 - 13　滚转角的定义

体坐标系经平移使 o_L 与 o_b 重合后,火箭体纵轴在射面上的投影(记为 $o_b x_b^L$)与发射系 x 轴正向的夹角定义为俯仰角,从 $o_L x_L$ 轴逆时针旋转到 $o_b x_b^L$ 轴时为正。

体坐标系经平移使 o_L 与 o_b 重合后,火箭体纵轴与射面的夹角即为偏航角;定义当火箭体纵轴在射面左侧(沿 $o_L x_L$ 方向看去)时偏航角为正。

体坐标系经平移使 o_L 与 o_b 重合后绕体纵轴旋转的角度即为滚转角;定义当旋转角速度矢量与 $o_b x_b$ 轴指向一致时滚转角为正。

需要注意的是,上述坐标转换关系是按照俯仰、偏航、滚转的旋转次序得到的,但实际上这三次转动是同时进行的,因此体坐标系下的旋转角速度矢量并非 $\boldsymbol{\omega}_b = [\dot{\varphi}_m, \dot{\psi}_m, \dot{\gamma}_m]^T$。根据图 2 - 12,$\boldsymbol{\omega}_b$ 的计算方式为

$$\boldsymbol{\omega}_{\mathrm{b}}=\begin{bmatrix}-\dot{\varphi}_{\mathrm{m}}\sin\psi_{\mathrm{m}}+\dot{\gamma}_{\mathrm{m}}\\ \dot{\varphi}_{\mathrm{m}}\cos\psi_{\mathrm{m}}\sin\gamma_{\mathrm{m}}+\dot{\psi}_{\mathrm{m}}\cos\gamma_{\mathrm{m}}\\ \dot{\varphi}_{\mathrm{m}}\cos\psi_{\mathrm{m}}\cos\gamma_{\mathrm{m}}-\dot{\psi}_{\mathrm{m}}\sin\gamma_{\mathrm{m}}\end{bmatrix} \tag{2-11}$$

另外,上述旋转次序并不是得到坐标转换关系的唯一方式,其他旋转次序也能够实现坐标转换。不同旋转次序下的欧拉角不同,相应的坐标转换矩阵也不同。例如当采用偏航 → 俯仰 → 滚转的旋转次序时,坐标转换矩阵变为

$$\tilde{\boldsymbol{C}}_{\mathrm{L}}^{\mathrm{b}}=\begin{bmatrix}\cos\tilde{\varphi}_{\mathrm{m}}\cos\tilde{\psi}_{\mathrm{m}} & \sin\tilde{\varphi}_{\mathrm{m}} & -\cos\tilde{\varphi}_{\mathrm{m}}\sin\tilde{\psi}_{\mathrm{m}}\\ \sin\tilde{\psi}_{\mathrm{m}}\sin\tilde{\gamma}_{\mathrm{m}}-\sin\tilde{\varphi}_{\mathrm{m}}\cos\tilde{\psi}_{\mathrm{m}}\cos\tilde{\gamma}_{\mathrm{m}} & \cos\tilde{\varphi}_{\mathrm{m}}\cos\tilde{\gamma}_{\mathrm{m}} & \cos\tilde{\psi}_{\mathrm{m}}\sin\tilde{\gamma}_{\mathrm{m}}+\sin\tilde{\varphi}_{\mathrm{m}}\sin\tilde{\psi}_{\mathrm{m}}\cos\tilde{\gamma}_{\mathrm{m}}\\ \sin\tilde{\psi}_{\mathrm{m}}\cos\tilde{\gamma}_{\mathrm{m}}+\sin\tilde{\varphi}_{\mathrm{m}}\cos\tilde{\psi}_{\mathrm{m}}\sin\tilde{\gamma}_{\mathrm{m}} & -\cos\tilde{\psi}_{\mathrm{m}}\sin\tilde{\gamma}_{\mathrm{m}} & \cos\tilde{\psi}_{\mathrm{m}}\sin\tilde{\gamma}_{\mathrm{m}}-\sin\tilde{\varphi}_{\mathrm{m}}\sin\tilde{\psi}_{\mathrm{m}}\sin\tilde{\gamma}_{\mathrm{m}}\end{bmatrix} \tag{2-12}$$

式中,$\tilde{\varphi}_{\mathrm{m}}$、$\tilde{\psi}_{\mathrm{m}}$ 和 $\tilde{\gamma}_{\mathrm{m}}$ 分别为另一种旋转次序对应的俯仰角、偏航角和滚转角,显然 $\tilde{\varphi}_{\mathrm{m}}\neq\varphi_{\mathrm{m}}$。由于空间矢量在某时刻是"固定不变"的,故 $\tilde{\boldsymbol{C}}_{\mathrm{A}}^{\mathrm{b}}$ 和 $\boldsymbol{C}_{\mathrm{A}}^{\mathrm{b}}$ 应该是相同的,这样才能保证空间矢量经不同旋转次序的转换后在某坐标系下的表示保持一致。显然 $\tilde{\boldsymbol{C}}_{\mathrm{A}}^{\mathrm{b}}$ 中的姿态角并不等价于 $\boldsymbol{C}_{\mathrm{A}}^{\mathrm{b}}$ 中的姿态角。

在弹道学中,通常采用 $\boldsymbol{C}_{\mathrm{A}}^{\mathrm{b}}$ 对应的旋转次序来完成坐标转换,而相应的姿态角定义也是在这种旋转次序下得到的。

2. 从发射系 $o_{\mathrm{L}}x_{\mathrm{L}}y_{\mathrm{L}}z_{\mathrm{L}}$ 到速度系 $o_{\mathrm{v}}x_{\mathrm{v}}y_{\mathrm{v}}z_{\mathrm{v}}$

发射系经过 $\boldsymbol{R}_z(\theta_{\mathrm{v}})\to\boldsymbol{R}_y(\psi_{\mathrm{v}})\to\boldsymbol{R}_x(\sigma)$ 三次旋转便可以转换到速度坐标系。坐标转换矩阵(记为 $\boldsymbol{C}_{\mathrm{L}}^{\mathrm{v}}$)如下:

$$\begin{aligned}\boldsymbol{C}_{\mathrm{L}}^{\mathrm{v}}&=\boldsymbol{C}_x(\sigma)\boldsymbol{C}_y(\psi_{\mathrm{v}})\boldsymbol{C}_z(\theta_{\mathrm{v}})\\&=\begin{bmatrix}1&0&0\\0&\cos\sigma&\sin\sigma\\0&-\sin\sigma&\cos\sigma\end{bmatrix}_x\begin{bmatrix}\cos\psi_{\mathrm{v}}&0&-\sin\psi_{\mathrm{v}}\\0&1&0\\\sin\psi_{\mathrm{v}}&0&\cos\psi_{\mathrm{v}}\end{bmatrix}_y\begin{bmatrix}\cos\theta_{\mathrm{v}}&\sin\theta_{\mathrm{v}}&0\\-\sin\theta_{\mathrm{v}}&\cos\theta_{\mathrm{v}}&0\\0&0&1\end{bmatrix}_z\end{aligned} \tag{2-13}$$

式中,θ_{v}、ψ_{v} 和 σ 分别为弹道倾角、弹道偏角和倾侧角。经整理得

$$\boldsymbol{C}_{\mathrm{L}}^{\mathrm{v}}=\begin{bmatrix}\cos\theta_{\mathrm{v}}\cos\psi_{\mathrm{v}}&\sin\theta_{\mathrm{v}}\cos\psi_{\mathrm{v}}&-\sin\psi_{\mathrm{v}}\\\cos\theta_{\mathrm{v}}\sin\psi_{\mathrm{v}}\sin\sigma-\sin\theta_{\mathrm{v}}\cos\sigma&\sin\theta_{\mathrm{v}}\sin\psi_{\mathrm{v}}\sin\sigma+\cos\theta_{\mathrm{v}}\cos\sigma&\cos\psi_{\mathrm{v}}\sin\sigma\\\cos\theta_{\mathrm{v}}\sin\psi_{\mathrm{v}}\cos\sigma+\sin\theta_{\mathrm{v}}\sin\sigma&\sin\theta_{\mathrm{v}}\sin\psi_{\mathrm{v}}\cos\sigma-\cos\theta_{\mathrm{v}}\sin\sigma&\cos\psi_{\mathrm{v}}\cos\sigma\end{bmatrix} \tag{2-14}$$

如图 2 - 14 所示,各角度的定义如下:

速度系经平移使 o_{L} 与 o_{v} 重合后,$o_{\mathrm{v}}x_{\mathrm{v}}$ 轴在射面上的投影(记为 $o_{\mathrm{b}}x_{\mathrm{v}}^{\mathrm{L}}$)与 $o_{\mathrm{L}}x_{\mathrm{L}}$

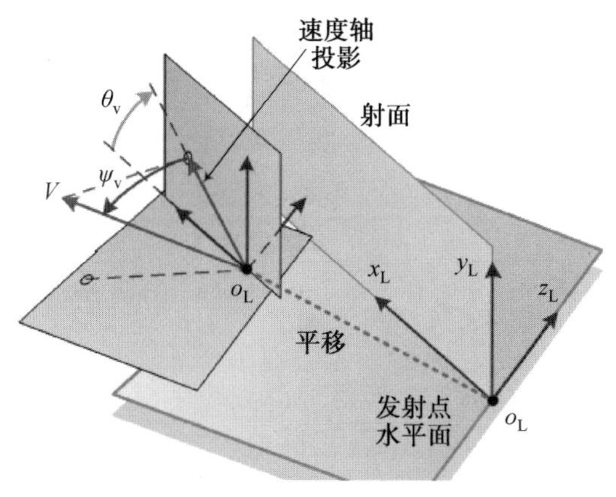

图 2－14　弹道倾角和弹道偏角的定义

轴的夹角即为弹道倾角；定义当从 o_Lx_L 轴逆时针旋转到 $o_bx_v^L$ 轴时，弹道倾角为正。

速度系经平移使 o_L 与 o_v 重合后，o_vx_v 轴与射面的夹角即为弹道偏角；定义当 o_vx_v 在射面左侧（沿 o_Lx_L 方向看去）时，弹道偏角为正。

速度系经平移使 o_L 与 o_v 重合后绕 o_vx_v 轴旋转的角度即为倾侧角；定义当倾侧角的角速度矢量与 o_vx_v 轴指向一致时，倾侧角为正。

另外，定义速度矢量与当地水平面间的夹角为当地弹道倾角 Φ_v，当速度矢量在当地水平面间之上时为正。由定义可知，当地弹道倾角不等于弹道倾角。

从发射系到体坐标系的旋转方式类似于从发射系到速度系的旋转方式，如图2－15 所示。图中 $x_0y_0z_0$ 表示原坐标系，$x_1y_1z_1$ 表示第一次转动得到的坐标系，$x_2y_2z_2$ 表示第二次转动得到的坐标系，$x_3y_3z_3$ 表示第三次转动得到的坐标系即新坐标系。

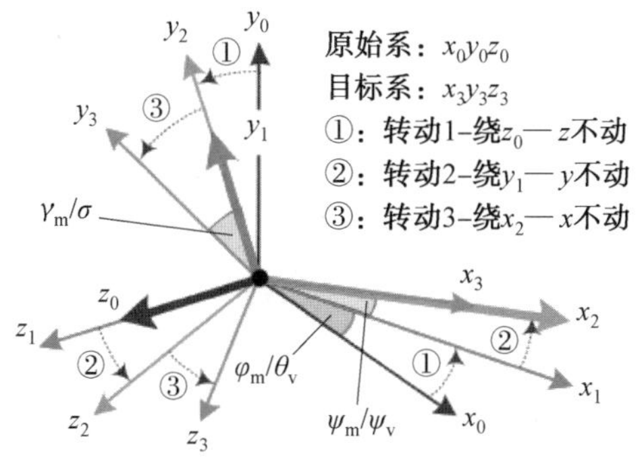

图 2－15　各角度定义与坐标转换方式

3. 从速度系 $o_v x_v y_v z_v$ 到体坐标系 $o_b x_b y_b z_b$

速度系经过 $R_y(\beta) \to R_z(\alpha)$ 两次旋转便可以转换到体坐标系。坐标转换矩阵（记为 $\boldsymbol{C}_v^b$）如下：

$$\boldsymbol{C}_v^b = \boldsymbol{C}_z(\alpha)\boldsymbol{C}_y(\beta) = \begin{bmatrix} \cos\alpha & \sin\alpha & 0 \\ -\sin\alpha & \cos\alpha & 0 \\ 0 & 0 & 1 \end{bmatrix}_z \begin{bmatrix} \cos\beta & 0 & -\sin\beta \\ 0 & 1 & 0 \\ \sin\beta & 0 & \cos\beta \end{bmatrix}_y \tag{2-15}$$

式中，α 表示攻角；β 表示侧滑角。经整理得

$$\boldsymbol{C}_v^b = \begin{bmatrix} \cos\beta\cos\alpha & \sin\alpha & -\sin\beta\cos\alpha \\ -\cos\beta\sin\alpha & \cos\alpha & \sin\beta\sin\alpha \\ \sin\beta & 0 & \cos\beta \end{bmatrix} \tag{2-16}$$

从速度系到体坐标系的坐标旋转方式如图 2 - 16 所示。图中 $x_0y_0z_0$ 表示原坐标系，$x_1y_1z_1$ 为第一次转动得到的坐标系，$x_2y_2z_2$ 为第二次转动得到的坐标系即新坐标系。

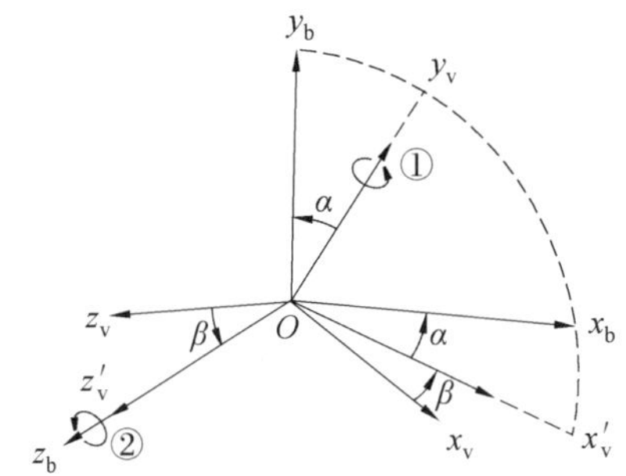

图 2 - 16　各角度定义与坐标转换方式

如图 2 - 17 所示，各角度的定义如下：

定义速度系 $o_v x_v$ 轴在火箭纵向对称面内的投影（记为 $o_v x_v^b$）与体坐标系 $o_b x_b$ 轴的夹角为攻角，当 $o_v x_v^b$ 轴在 $o_b x_b$ 轴下方时攻角为正。

定义速度系 $o_v x_v$ 轴与火箭纵向对称面的夹角为侧滑角，当 $o_v x_v$ 轴在火箭纵对称面右侧（沿 $o_b x_b$ 方向看去）时侧滑角为正。

定义速度矢量（即 $o_v x_v$ 轴）与火箭体纵轴（即 $o_b x_b$ 轴）间的夹角为总攻角（记为 α_{tot}），当速度矢量沿 $o_b y_b$ 轴的分量为负时 α_{tot} 为正。

定义火箭纵对称面 $x_b o_b y_b$ 与 $x_b o_b x_v$ 平面（称为速度平面）间的夹角为气动滚转角（记为 σ_V），当从 $x_b o_b y_b$ 到 $x_b o_b x_v$ 的旋转角速度指向 $o_v x_v$ 方向时 σ_V 为正。

根据球面三角形边角余弦定理，欧拉角间的关系如下：

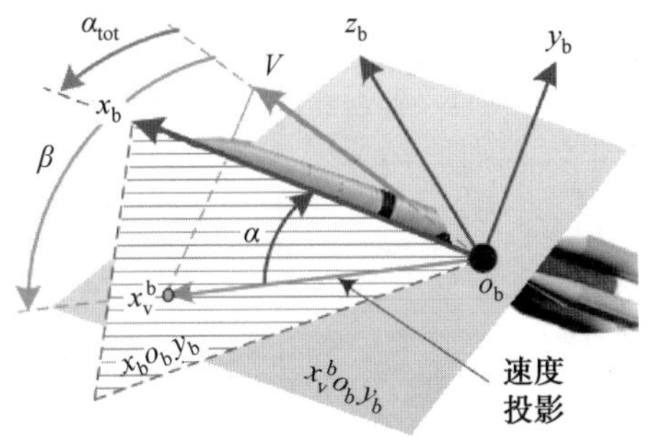

图 2－17　攻角、侧滑角和总攻角的定义

$$\begin{cases}\cos\alpha_{\text{tot}}=\cos\alpha\cos\beta\\ \sin\sigma_{\text{V}}=\sin\beta/\sin\alpha_{\text{tot}}\\ \cos\sigma_{\text{V}}=\cos\beta\sin\alpha/\sin\alpha_{\text{tot}}\end{cases}\tag{2-17}$$

整理上式可得

$$\begin{cases}\cos\alpha_{\text{tot}}=\cos\alpha\cos\beta\\ \tan\sigma_{\text{V}}=\tan\beta/\sin\alpha\end{cases}\tag{2-18}$$

$$\begin{cases}\tan\alpha=\tan\alpha_{\text{tot}}\cos\sigma_{\text{V}}\\ \sin\beta=\sin\alpha_{\text{tot}}\sin\sigma_{\text{V}}\end{cases}\tag{2-19}$$

因此只要知道攻角和侧滑角，便可以由式(2－18)直接求出总攻角和气动滚转角，反之亦然。另外根据定义可知，倾侧角 σ、滚转角 γ_{m} 和气动滚转角 σ_{V} 是三个不同的概念，需要加以区分。

4. 从地心系 $o_e x_e y_e z_e$ 到位置系 $o_p x_p y_p z_p$

如图 2－18 所示，地心系经过 $\boldsymbol{R}_z(\theta)\rightarrow\boldsymbol{R}_y(-\phi)$ 两次旋转便可转换到位置系。坐标转换矩阵(记为 $\boldsymbol{C}_e^p$)如下：

$$\boldsymbol{C}_e^p=\boldsymbol{C}_y(-\phi)\boldsymbol{C}_z(\theta)=\begin{bmatrix}\cos\phi & 0 & \sin\phi\\ 0 & 1 & 0\\ -\sin\phi & 0 & \cos\phi\end{bmatrix}_y\begin{bmatrix}\cos\theta & \sin\theta & 0\\ -\sin\theta & \cos\theta & 0\\ 0 & 0 & 1\end{bmatrix}_z\tag{2-20}$$

式中，θ 和 ϕ 分别为火箭的地心经度和地心纬度。经整理得

$$\boldsymbol{C}_e^p=\begin{bmatrix}\cos\theta\cos\phi & \sin\theta\cos\phi & \sin\phi\\ -\sin\theta & \cos\theta & 0\\ -\cos\theta\sin\phi & -\sin\theta\sin\phi & \cos\phi\end{bmatrix}\tag{2-21}$$

5. 从弹道系 $o_d x_d y_d z_d$ 到位置系 $o_p x_p y_p z_p$

弹道系经过 $\boldsymbol{R}_z(-\gamma)\rightarrow\boldsymbol{R}_y(-(\pi/2-\psi))\rightarrow\boldsymbol{R}_z(-\pi/2)\rightarrow\boldsymbol{R}_y(\pi)$ 四次旋转，

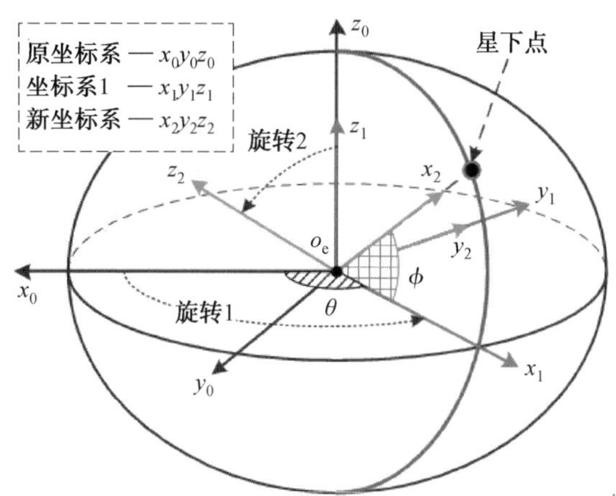

图 2－18　地心系和位置系间的坐标转换方式

便可以转换到位置坐标系。坐标转换矩阵(记为 $\boldsymbol{C}_{\mathrm{d}}^{\mathrm{p}}$)如下：

$$\begin{aligned}\boldsymbol{C}_{\mathrm{d}}^{\mathrm{p}} &= \boldsymbol{C}_y(\pi)\boldsymbol{C}_z(-\pi/2)\boldsymbol{C}_y(-(\pi/2-\psi))\boldsymbol{C}_z(-\gamma)\\ &= \begin{bmatrix}\cos\pi & 0 & -\sin\pi\\ 0 & 1 & 0\\ \sin\pi & 0 & \cos\pi\end{bmatrix}_y \begin{bmatrix}\cos\dfrac{\pi}{2} & -\sin\dfrac{\pi}{2} & 0\\ \sin\dfrac{\pi}{2} & \cos\dfrac{\pi}{2} & 0\\ 0 & 0 & 1\end{bmatrix}_z \begin{bmatrix}\sin\psi & 0 & \cos\psi\\ 0 & 1 & 0\\ -\cos\psi & 0 & \sin\psi\end{bmatrix}_y \begin{bmatrix}\cos\gamma & -\sin\gamma & 0\\ \sin\gamma & \cos\gamma & 0\\ 0 & 0 & 1\end{bmatrix}_z\end{aligned} \tag{2-22}$$

式中，$\psi\in(-\pi,\pi]$ 为飞行航向角；γ 为飞行路径角。经整理得

$$\boldsymbol{C}_{\mathrm{d}}^{\mathrm{p}} = \begin{bmatrix}\sin\gamma & \cos\gamma & 0\\ \cos\gamma\sin\psi & -\sin\psi\sin\gamma & \cos\psi\\ \cos\gamma\cos\psi & -\sin\gamma\cos\psi & -\sin\psi\end{bmatrix} \tag{2-23}$$

定义速度矢量在当地水平面上的投影(记为 $o_{\mathrm{v}}\bar{x}_{\mathrm{v}}$)与当地子午线北向的夹角为航向角，当 $o_{\mathrm{v}}\bar{x}_{\mathrm{v}}$ 沿逆时针旋转至北向时为正。飞行路径角即当地弹道倾角。

6. 从弹道系 $o_{\mathrm{d}}x_{\mathrm{d}}y_{\mathrm{d}}z_{\mathrm{d}}$ 到速度系 $o_{\mathrm{v}}x_{\mathrm{v}}y_{\mathrm{v}}z_{\mathrm{v}}$

弹道系经 $\boldsymbol{R}_x(\sigma)$ 一次旋转便可转换到速度系。坐标转换矩阵(记为 $\boldsymbol{C}_{\mathrm{d}}^{\mathrm{v}}$)为

$$\boldsymbol{C}_{\mathrm{d}}^{\mathrm{v}} = \boldsymbol{C}_x(\sigma) = \begin{bmatrix}1 & 0 & 0\\ 0 & \cos\sigma & \sin\sigma\\ 0 & -\sin\sigma & \cos\sigma\end{bmatrix} \tag{2-24}$$

7. 从发射系 $o_{\mathrm{L}}x_{\mathrm{L}}y_{\mathrm{L}}z_{\mathrm{L}}$ 到地心系 $o_{\mathrm{e}}x_{\mathrm{e}}y_{\mathrm{e}}z_{\mathrm{e}}$

发射系经 $\boldsymbol{R}_y(\pi/2+A_{\mathrm{L}})\rightarrow\boldsymbol{R}_x(-\phi_{\mathrm{T}})\rightarrow\boldsymbol{R}_z(\pi/2-\theta_{\mathrm{T}})$ 三次旋转便可转换到地心系。坐标转换矩阵(记为 $\boldsymbol{C}_{\mathrm{L}}^{\mathrm{e}}$)为

$$
\begin{aligned}
\boldsymbol{C}_{\mathrm{L}}^{\mathrm{e}} &= \boldsymbol{C}_z(\pi/2-\theta_{\mathrm{T}})\boldsymbol{C}_x(-\phi_{\mathrm{T}})\boldsymbol{C}_y(\pi/2+A_{\mathrm{L}}) \\
&= \begin{bmatrix} \sin\theta_{\mathrm{T}} & \cos\theta_{\mathrm{T}} & 0 \\ -\cos\theta_{\mathrm{T}} & \sin\theta_{\mathrm{T}} & 0 \\ 0 & 0 & 1 \end{bmatrix}_y \begin{bmatrix} 1 & 0 & 0 \\ 0 & \cos\phi_{\mathrm{T}} & -\sin\phi_{\mathrm{T}} \\ 0 & \sin\phi_{\mathrm{T}} & \cos\phi_{\mathrm{T}} \end{bmatrix}_z \begin{bmatrix} -\sin A_{\mathrm{L}} & 0 & -\cos A_{\mathrm{L}} \\ 0 & 1 & 0 \\ \cos A_{\mathrm{L}} & 0 & -\sin A_{\mathrm{L}} \end{bmatrix}_y
\end{aligned} \tag{2-25}
$$

式中，A_{L} 为发射方位角；θ_{T} 为天文经度；ϕ_{T} 为天文纬度。

发射系 y_{L} 轴与赤道面的夹角为天文纬度，位于格林尼治子午线东侧时为正；y_{L} 轴所在的天文子午面与格林尼治子午面间的夹角为天文经度，位于赤道北侧时为正。

一般常用于表示某地点地理位置的"经纬度"指的是地心经纬度，又称地理经纬度。若无特别说明，后续提到的"经纬度"即为地心经纬度。

将式(2-25)整理可得

$$
\boldsymbol{C}_{\mathrm{L}}^{\mathrm{e}} = \begin{bmatrix} -\sin\theta_{\mathrm{T}}\sin A_{\mathrm{L}} - \cos\theta_{\mathrm{T}}\sin\phi_{\mathrm{T}}\cos A_{\mathrm{L}} & \cos\theta_{\mathrm{T}}\cos\phi_{\mathrm{T}} & -\sin\theta_{\mathrm{T}}\cos A_{\mathrm{L}} + \cos\theta_{\mathrm{T}}\sin\phi_{\mathrm{T}}\sin A_{\mathrm{L}} \\ \cos\theta_{\mathrm{T}}\sin A_{\mathrm{L}} - \sin\theta_{\mathrm{T}}\sin\phi_{\mathrm{T}}\cos A_{\mathrm{L}} & \sin\theta_{\mathrm{T}}\cos\phi_{\mathrm{T}} & \cos\theta_{\mathrm{T}}\cos A_{\mathrm{L}} + \sin\theta_{\mathrm{T}}\sin\phi_{\mathrm{T}}\sin A_{\mathrm{L}} \\ \cos\phi_{\mathrm{T}}\cos A_{\mathrm{L}} & \sin\phi_{\mathrm{T}} & -\cos\phi_{\mathrm{T}}\sin A_{\mathrm{L}} \end{bmatrix} \tag{2-26}
$$

定义从地心指向火箭质心的矢量为地心矢径。记地心矢径为 $\boldsymbol{r}$，发射点处的地心矢径为 $\boldsymbol{R}_0$，由发射点指向火箭质心的矢量为 $\boldsymbol{r}_0$，则

$$
\boldsymbol{r} = \boldsymbol{R}_0 + \boldsymbol{r}_0 \tag{2-27}
$$

在地心坐标系下，发射点地心矢径（记为 $\boldsymbol{R}_0^{\mathrm{e}}$）的计算方式如下：

$$
\boldsymbol{R}_0^{\mathrm{e}} = R_{\mathrm{e0}} \begin{bmatrix} \cos\phi_{\mathrm{L}}\cos\theta_{\mathrm{L}} \\ \cos\phi_{\mathrm{L}}\sin\theta_{\mathrm{L}} \\ \sin\phi_{\mathrm{L}} \end{bmatrix} \tag{2-28}
$$

式中，R_{e0} 为发射点到地心的距离，与发射点纬度有关；θ_{L} 和 ϕ_{L} 为发射点经纬度。

$$
R_{\mathrm{e0}} = \frac{a_{\mathrm{e}}(1-e_{\mathrm{E}})}{\sqrt{\sin^2\phi_{\mathrm{L}} + (1-e_{\mathrm{E}})^2\cos^2\phi_{\mathrm{L}}}} \tag{2-29}
$$

当考虑地球为椭球体时，a_{e} 为地球长半轴，e_{E} 为地球扁率。

因此，当飞行器在空间中的位置在发射系下的分量为 x_{L}、y_{L}、z_{L} 时，它在地心系下的位置矢量可表示为

$$
\boldsymbol{r} = \begin{bmatrix} x_{\mathrm{e}} \\ y_{\mathrm{e}} \\ z_{\mathrm{e}} \end{bmatrix} = \boldsymbol{C}_{\mathrm{L}}^{\mathrm{e}} \begin{bmatrix} x_{\mathrm{L}} \\ y_{\mathrm{L}} \\ z_{\mathrm{L}} \end{bmatrix} + R_{\mathrm{e0}} \begin{bmatrix} \cos\phi_{\mathrm{L}}\cos\theta_{\mathrm{L}} \\ \cos\phi_{\mathrm{L}}\sin\theta_{\mathrm{L}} \\ \sin\phi_{\mathrm{L}} \end{bmatrix} \tag{2-30}
$$

注意，x_{e}、y_{e}、z_{e} 以及 x_{L}、y_{L}、z_{L} 分别表示不同的空间矢量，但它们描述的是同一

个空间点。同理，如图 2 - 19 所示，从地心系到发射系的转换方式为

$$\begin{bmatrix} x_L \\ y_L \\ z_L \end{bmatrix} = (\boldsymbol{C}_L^e)^{-1}\left(\begin{bmatrix} x_e \\ y_e \\ z_e \end{bmatrix} - R_{e0}\begin{bmatrix} \cos\phi_L\cos\theta_L \\ \cos\phi_L\sin\theta_L \\ \sin\phi_L \end{bmatrix}\right) \tag{2-31}$$

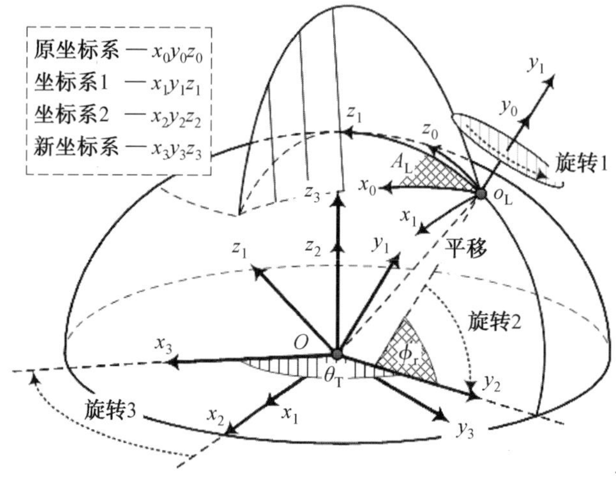

图 2 - 19　地心系和发射系间的坐标转换方式

另外，根据$[x_e, y_e, z_e]$便可直接求出火箭的地心距和经纬度，即

$$\begin{cases} r = \sqrt{x_e^2 + y_e^2 + z_e^2} \\ \phi = \arcsin\dfrac{z_e}{r} \\ \theta = \dfrac{y_e}{|y_e|}\left(\dfrac{\pi}{2} - \arcsin\dfrac{x_e}{\sqrt{x_e^2 + y_e^2}}\right) \end{cases} \tag{2-32}$$

8. 从发惯系 $o_Ax_Ay_Az_A$ 到发射系 $o_Lx_Ly_Lz_L$

假设地球为一圆球，记从发射时刻到当前时刻经过的时间为 t_L，设地球自转角速度为 ω_e。由于发射系和发惯系的原点均位于地球表面，不便于采用直接平移的方式完成坐标转换。

如图 2 - 20 所示，首先在发射系原点所在的子午面内建立地心系，称为当地地心系，记为 $o_ex_e^Ly_e^Lz_e^L$；同样，称发惯系对应的当地地心系为当地惯性地心系，记为 $o_ex_e^Ay_e^Az_e^A$。然后，通过 $o_Ax_Ay_Az_A \to o_ex_e^Ay_e^Az_e^A \to o_ex_e^Ly_e^Lz_e^L \to o_Lx_Ly_Lz_L$ 的方式实现由发惯系到发射系的转换。将坐标原点 o_e 平移至 o_A 后，令式(2 - 26)中的天文经度等于零，则能够得到从 $o_Ax_Ay_Az_A$ 到 $o_ex_e^Ay_e^Az_e^A$ 的转换矩阵（记为 $\boldsymbol{C}_A^{eA}$）为

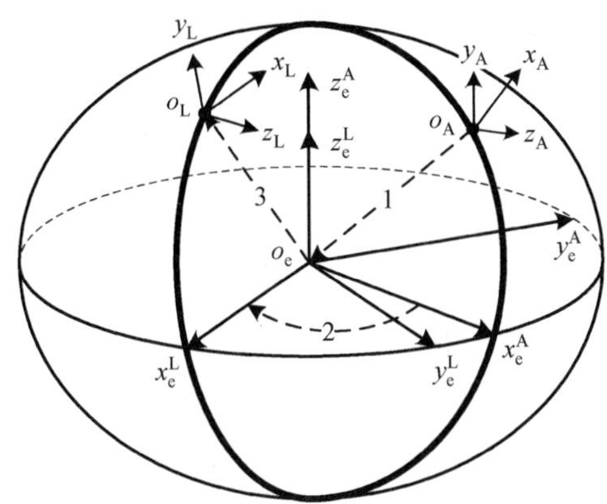

图 2 - 20　从发惯系到发射系的坐标转换方式

$$\boldsymbol{C}_{A}^{eA}=\begin{bmatrix}-\sin\phi_T\cos A_L & \cos\phi_T & \sin\phi_T\sin A_L\\ \sin A_L & 0 & \cos A_L\\ \cos\phi_T\cos A_L & \sin\phi_T & -\cos\phi_T\sin A_L\end{bmatrix}\tag{2-33}$$

坐标系 $o_e x_e^A y_e^A z_e^A$ 沿 $o_e z_e^A$ 轴旋转角度($\omega_e t_L$) 后便可以转换到坐标系 $o_e x_e^L y_e^L z_e^L$,相应的坐标转换矩阵(记为 $\boldsymbol{C}_{eA}^{eL}$) 为

$$\boldsymbol{C}_{eA}^{eL}=\begin{bmatrix}\cos\omega_e t_L & \sin\omega_e t_L & 0\\ -\sin\omega_e t_L & \cos\omega_e t_L & 0\\ 0 & 0 & 1\end{bmatrix}\tag{2-34}$$

综上所述,从发惯系到发射系的转换矩阵(记为 $\boldsymbol{C}_A^L$) 为

$$\boldsymbol{C}_A^L=(\boldsymbol{C}_A^{eA})^{-1}\boldsymbol{C}_{eA}^{eL}\boldsymbol{C}_A^{eA}\tag{2-35}$$

记发射点的天文纬度为 ϕ_{LT},地球自转角速度在发射系下的分量为

$$\boldsymbol{\omega}_{eL}=\omega_e\begin{bmatrix}\cos\phi_{LT}\cos A_L\\ \sin\phi_{LT}\\ -\cos\phi_{LT}\sin A_L\end{bmatrix}\tag{2-36}$$

由于远程火箭的飞行时间一般不超过 1 h,因此可以假设($\omega_e t_L$) 为小量,令 $\cos\omega_e t_L=1$ 且 $\sin\omega_e t_L=\omega_e t_L$。因此从发惯系到发射系的转换矩阵变成

$$\boldsymbol{C}_A^L=\begin{bmatrix}1 & -\omega_z t_L & \omega_y t_L\\ \omega_z t_L & 1 & -\omega_x t_L\\ -\omega_y t_L & \omega_x t_L & 1\end{bmatrix}\tag{2-37}$$

根据定义可知,姿态角在发射系和发惯系下的表示形式是不同的。设发惯系下的姿态角分别为 ϕ_m^A、ψ_m^A、γ_m^A,则由式(2 - 10) 可得,从发惯系到体坐标系的转换矩阵为

$$\boldsymbol{C}_{\mathrm{A}}^{\mathrm{b}}=\begin{bmatrix}\cos\phi\cos\psi & \cos\phi\sin\psi\sin\gamma-\sin\phi\cos\gamma & \cos\phi\sin\psi\cos\gamma+\sin\phi\sin\gamma\\ \sin\phi\cos\psi & \sin\phi\sin\psi\sin\gamma+\cos\phi\cos\gamma & \sin\phi\sin\psi\cos\gamma-\cos\phi\sin\gamma\\ -\sin\psi & \cos\psi\sin\gamma & \cos\psi\cos\gamma\end{bmatrix} \tag{2-38}$$

上式中省略了变量的上下标。显然

$$\boldsymbol{C}_{\mathrm{A}}^{\mathrm{b}}=\boldsymbol{C}_{\mathrm{L}}^{\mathrm{b}}\boldsymbol{C}_{\mathrm{A}}^{\mathrm{L}} \tag{2-39}$$

对比式(2－10)、式(2－37)和式(2－38),可得如下角度关系:

$$\begin{cases}\psi_{\mathrm{m}}^{\mathrm{A}}=\psi_{\mathrm{m}}+\omega_y t_{\mathrm{L}}\cos\phi_{\mathrm{m}}-\omega_x t_{\mathrm{L}}\sin\phi_{\mathrm{m}}\\ \phi_{\mathrm{m}}^{\mathrm{A}}=\arccos(\cos\phi_{\mathrm{m}}-\omega_z t_{\mathrm{L}}\sin\phi_{\mathrm{m}})\\ \gamma_{\mathrm{m}}^{\mathrm{A}}=\gamma_{\mathrm{m}}+\omega_y t_{\mathrm{L}}\sin\phi_{\mathrm{m}}+\omega_x t_{\mathrm{L}}\cos\phi_{\mathrm{m}}\end{cases} \tag{2-40}$$

最后需要注意的是,上述从发射系和发惯系间的坐标转换方式只适用于位置矢量,而不能直接用于速度矢量。由于发惯系是惯性系而发射系是动坐标系,因此发射系相对于发惯系有一个附加速度,即

$$\boldsymbol{V}_{\mathrm{apd}}=\omega_{\mathrm{e}}[-y_{\mathrm{eL}},x_{\mathrm{eL}},0]^{\mathrm{T}} \tag{2-41}$$

在进行速度矢量转换时需减去 $\boldsymbol{V}_{\mathrm{apd}}$,因此

$$\begin{bmatrix}v_{x,\mathrm{eL}}\\ v_{y,\mathrm{eL}}\\ v_{z,\mathrm{eL}}\end{bmatrix}=\boldsymbol{C}_{\mathrm{eA}}^{\mathrm{eL}}\begin{bmatrix}v_{x,\mathrm{eA}}\\ v_{y,\mathrm{eA}}\\ v_{z,\mathrm{eA}}\end{bmatrix}-\boldsymbol{V}_{\mathrm{apd}} \tag{2-42}$$

将速度矢量从发惯系到发射系的转换方式为

$$\begin{bmatrix}v_{x\mathrm{L}}\\ v_{y\mathrm{L}}\\ v_{z\mathrm{L}}\end{bmatrix}=(\boldsymbol{C}_{\mathrm{A}}^{\mathrm{eA}})^{-1}\left(\boldsymbol{C}_{\mathrm{eA}}^{\mathrm{eL}}\boldsymbol{C}_{\mathrm{A}}^{\mathrm{eA}}\begin{bmatrix}v_{x\mathrm{A}}\\ v_{y\mathrm{A}}\\ v_{z\mathrm{A}}\end{bmatrix}-V_{\mathrm{apd}}\right) \tag{2-43}$$

9. 从北东系 $o_{\mathrm{N}}x_{\mathrm{N}}y_{\mathrm{N}}z_{\mathrm{N}}$ 到发射系 $o_{\mathrm{L}}x_{\mathrm{L}}y_{\mathrm{L}}z_{\mathrm{L}}$

首先,北天东坐标系经过 $\boldsymbol{R}_z(\phi)\rightarrow\boldsymbol{R}_x(\pi/2-\theta)\rightarrow\boldsymbol{R}_y(\pi/2)$ 三次旋转便可以转换到地心系。坐标转换矩阵(记为 $\boldsymbol{C}_{\mathrm{N}}^{\mathrm{e}}$)如下:

$$\boldsymbol{C}_{\mathrm{N}}^{\mathrm{e}}=\begin{bmatrix}-\sin\phi\cos\theta & \cos\phi\cos\theta & -\sin\theta\\ -\sin\phi\sin\theta & \cos\phi\sin\theta & \cos\theta\\ \cos\phi & \sin\theta & 0\end{bmatrix} \tag{2-44}$$

而从地心系到发射系的转换方式如式(2－31)所示,因此从北天东坐标系到发射系的转换方式为

$$\begin{bmatrix}x_{\mathrm{L}}\\ y_{\mathrm{L}}\\ z_{\mathrm{L}}\end{bmatrix}=(\boldsymbol{C}_{\mathrm{L}}^{\mathrm{e}})^{-1}\left(\boldsymbol{C}_{\mathrm{N}}^{\mathrm{e}}\begin{bmatrix}x_{\mathrm{N}}\\ y_{\mathrm{N}}\\ z_{\mathrm{N}}\end{bmatrix}-R_{\mathrm{e0}}\begin{bmatrix}\cos\phi_{\mathrm{L}}\cos\theta_{\mathrm{L}}\\ \cos\phi_{\mathrm{L}}\sin\theta_{\mathrm{L}}\\ \sin\phi_{\mathrm{L}}\end{bmatrix}\right) \tag{2-45}$$

例：经过天文测量得知，火箭发射点的天文经度为60°，天文纬度为20°。设发射方位角为10°，发射60 s后火箭在发射系下的俯仰角为15°，偏航角为5°，滚转角为−1°。计算从地心系到体坐标系的坐标转换矩阵。

解：根据式(2−26)，求得从发射系到地心系的坐标转换矩阵为

$$\boldsymbol{C}_{\mathrm{L}}^{\mathrm{e}}=\begin{bmatrix}-0.3188 & 0.4698 & -0.8231\\ -0.2049 & 0.8138 & 0.5438\\ 0.9254 & 0.3420 & -0.1632\end{bmatrix}$$

根据式(2−10)，求得从发射系到体坐标系的坐标转换矩阵为

$$\boldsymbol{C}_{\mathrm{L}}^{\mathrm{b}}=\begin{bmatrix}0.9622 & -0.2602 & 0.0797\\ 0.2578 & 0.9653 & 0.0394\\ -0.0871 & -0.0174 & 0.9960\end{bmatrix}$$

因此从地心系到体坐标系的坐标转换矩阵为

$$\boldsymbol{C}_{\mathrm{e}}^{\mathrm{b}}=\boldsymbol{C}_{\mathrm{L}}^{\mathrm{b}}(\boldsymbol{C}_{\mathrm{L}}^{\mathrm{e}})^{-1}=\begin{bmatrix}-0.4402 & -0.1309 & 0.8883\\ 0.6321 & 0.6574 & 0.4102\\ -0.6377 & 0.7421 & -0.2067\end{bmatrix}$$

2.2.3　坐标系间的四元数转换法

根据式(2−11)可得

$$\begin{cases}\dot{\varphi}_{\mathrm{m}}=(\omega_{y1}\sin\gamma_{\mathrm{m}}+\omega_{z1}\cos\gamma_{\mathrm{m}})/\cos\psi_{\mathrm{m}}\\ \dot{\psi}_{\mathrm{m}}=\omega_{y1}\cos\gamma_{\mathrm{m}}-\omega_{z1}\sin\gamma_{\mathrm{m}}\\ \dot{\gamma}_{\mathrm{m}}=\omega_{z1}+(\omega_{y1}\sin\gamma_{\mathrm{m}}+\omega_{z1}\cos\gamma_{\mathrm{m}})\tan\psi_{\mathrm{m}}\end{cases}\tag{2-46}$$

由上式可以发现，当$\psi_{\mathrm{m}}=\pi/2$时$\tan\psi_{\mathrm{m}}$将趋于无穷大，此时会产生歧义。使用六参数或九参数法解算坐标系间的转换关系能够解决上述歧义问题，但在求解欧拉角关系时，六参数或九参数法需要满足六个非线性约束方程，因此计算量较大。四元数法是一种常用于求解欧拉角关系的方法，具有如下优点：

(1) 四元数方程是线性微分方程，只有一个约束条件，计算量小；

(2) 四元数计算精度高于欧拉方程，且不会出现歧义现象；

(3) 四元数可直接作为捷联系统的控制量，便于系统设计和分析。

在同一坐标系内，用四元数表示的空间矢量绕定点连续旋转三次，便可得到两个空间直角坐标系间的关系。以从发射系到体坐标系为例，令

$$
\boldsymbol{C}_{\mathrm{L}}^{\mathrm{b}}=\begin{bmatrix} q_0^2+q_1^2-q_2^2-q_3^2 & 2(q_1q_2-q_0q_3) & 2(q_1q_3+q_0q_2) \\ 2(q_1q_2+q_0q_3) & q_0^2-q_1^2+q_2^2-q_3^2 & 2(q_2q_3-q_0q_1) \\ 2(q_1q_3-q_0q_2) & 2(q_2q_3+q_0q_1) & q_0^2-q_1^2-q_2^2+q_3^2 \end{bmatrix} \tag{2-47}
$$

对比式(2 - 10)可得

$$
\begin{cases} \tan\varphi_{\mathrm{m}}=\dfrac{2(q_1q_2+q_0q_3)}{q_0^2+q_1^2-q_2^2-q_3^2} \\ \sin\psi_{\mathrm{m}}=-2(q_1q_3-q_0q_2) \\ \tan\gamma_{\mathrm{m}}=\dfrac{2(q_2q_3+q_0q_1)}{q_0^2-q_1^2-q_2^2+q_3^2} \end{cases} \tag{2-48}
$$

唯一一个约束条件为

$$
q_0^2+q_1^2+q_2^2+q_3^2=1 \tag{2-49}
$$

本章小结

坐标系在弹道学中的地位十分重要,准确理解坐标系的定义及其相互转换关系是掌握弹道设计及优化方法的首要步骤。本章介绍了弹道学中常用的几种坐标系,并给出了坐标系间的相互转换关系;这些坐标系将在后面的受力分析和弹道设计等部分内容中频繁出现,因此需要读者着重学习。

课后习题

经过天文测量得知,火箭发射点的天文经度为110°,天文纬度为30°。设发射方位角为20°,发射100 s后火箭在发射系下的俯仰角为35°,偏航角为1°,滚转角为0°。计算从地心系到体坐标系的坐标转换矩阵。

第3章

远程火箭受力分析

以弹道导弹为例，远程火箭的弹道基本可分为两段，即主动段和被动段，被动段又可以分为自由段和再入段。在主动段，远程火箭在发动机推力作用下克服地球引力和空气阻力，不断加速爬升直至头体分离，此时主动段飞行结束。在自由段，不考虑稀薄大气的作用时弹头仅受地球引力作用，其受力特点与人造卫星相同；同时在地球为圆球体的假设下，其弹道即为经典椭圆弹道。在再入段，弹头高速进入大气层与大气进行摩擦，产生强烈的空气动力（主要是气动阻力，通常可达几十个g）。综上，如图3－1所示，远程火箭主要受地球引力、空气动力和发动机推力的作用，且不同飞行阶段的主导力不同。其中主动段的主导力是发动机推力，自由段的主导力是地球引力，再入段的主导力则是空气动力。本章主要给出三种力的产生原理和计算模型。

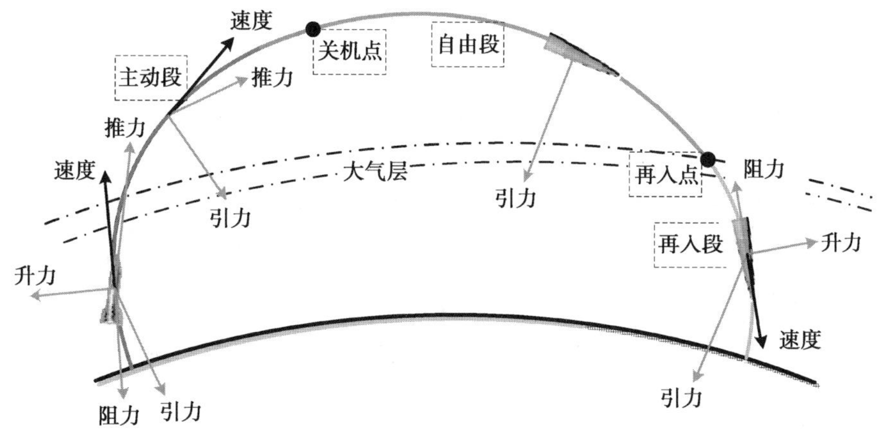

图3－1　远程火箭的全程弹道剖面图

3.1 火箭受力分析

以传统弹道导弹为例,远程火箭在飞行中的受力情况如图3－2所示。可以看出,远程火箭在飞行中受发动机推力、气动力和地球引力的作用。实际上,远程火箭在飞行中还会受到其他外力,如地磁力、潮汐力以及月球、太阳、火星等天体的引力,但相对而言这些力对弹道的影响非常小,一般不予考虑。

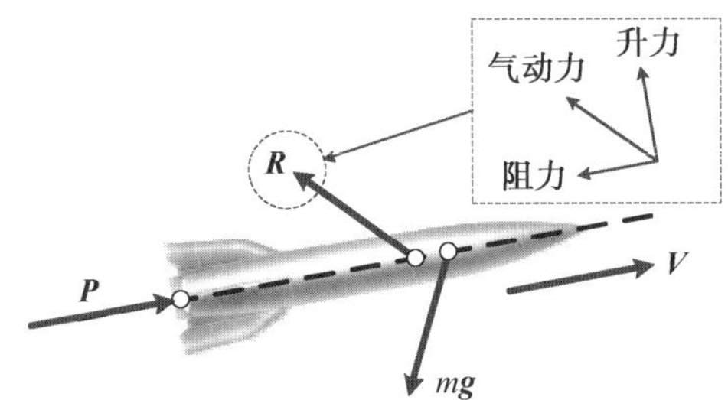

图3－2　远程火箭的受力情况

在惯性系下,根据牛顿第二定律建立火箭运动状态和受力之间的关系,即

$$\frac{\mathrm{d}^2\boldsymbol{r}}{\mathrm{d}t^2}=\frac{\mathrm{d}\boldsymbol{V}}{\mathrm{d}t}=\boldsymbol{g}+\frac{\boldsymbol{R}}{m}+\frac{\boldsymbol{P}}{m} \tag{3-1}$$

式中,m为火箭质量;$\boldsymbol{V}$为飞行速度;$\boldsymbol{r}$为火箭地心矢径;$\boldsymbol{g}$为地球引力加速度矢量;$\boldsymbol{R}$为气动力矢量;$\boldsymbol{P}$为发动机推力矢量;t为飞行时间。

为便于分析火箭的动力学特性并直观地了解远程火箭的运动规律,通常选择发射系来建立远程火箭的运动模型。由于发射系为动坐标系,因此根据矢量求导法则可得

$$\frac{\mathrm{d}^2\boldsymbol{r}}{\mathrm{d}t^2}=\frac{\delta^2\boldsymbol{r}}{\delta t^2}+2\boldsymbol{\omega}_{\mathrm{e}}\times\frac{\delta\boldsymbol{r}}{\delta t}+\boldsymbol{\omega}_{\mathrm{e}}\times(\boldsymbol{\omega}_{\mathrm{e}}\times\boldsymbol{r}) \tag{3-2}$$

式中,$\boldsymbol{\omega}_{\mathrm{e}}$为动坐标系下的地球自转角速度矢量;$\delta\boldsymbol{r}/\delta t$为火箭地心矢径相对动坐标系的变化率,故发射系下的速度矢量可记为$\boldsymbol{V}=\delta\boldsymbol{r}/\delta t$。式(3－2)的基本原理和推导过程将在下一章中详细说明。

结合式(3－1)和式(3－2)可得

$$m\frac{\delta\boldsymbol{V}}{\delta t}=m\boldsymbol{g}+\boldsymbol{R}+\boldsymbol{P}-2m\boldsymbol{\omega}_{\mathrm{e}}\times\boldsymbol{V}-m\boldsymbol{\omega}_{\mathrm{e}}\times(\boldsymbol{\omega}_{\mathrm{e}}\times\boldsymbol{r}) \tag{3-3}$$

式(3－3)中的后两项分别为科氏惯性力和离心惯性力。由式(3－3)可知,若要建立火箭的运动模型,首先要解算出火箭在飞行中所受到的各种力,包括发动机推力、空气动力和地球引力等。后面将详细描述这些力的计算方式。

最后指出，地球引力和惯性力均作用在火箭质心上，发动机推力作用在火箭尾部，而气动力作用在火箭压心上，如图3－2所示。在主动段，质心位置会随着推进剂的消耗而不断移动，而压心位置随气动特性动态变化。在进行三自由度弹道计算时，一般不需要考虑火箭的绕质心运动规律，认为在式(3－3)中的各个力均作用在质点上。

3.2　地球引力

地球引力是远程火箭飞行中全程都起作用的力，对弹道的影响非常大，建立准确的地球引力模型对提高弹道设计和解算的精度、改善制导系统性能具有重要意义。此外，地球自身的运动也会影响远程火箭的弹道解算。

3.2.1　地球的物理参数

为了完成地球引力的计算，首先要给出一些必要的地球物理参数，包括地球形状、地球自转等。这些物理参数的准确程度直接影响了引力的计算精度，对远程火箭的弹道设计十分重要。

1. 地球的运动

波兰天文学家哥白尼在《天体运行论》一书中提出了地球自转和公转的概念。地球绕其自转轴自西向东旋转，自转周期为23 h56′4.100 5″，自转角速度为0.004 17(°)/s。地球绕太阳的公转轨道是一个椭圆，轨道半长轴长为149 597 870 km，偏心率为0.016 7，平均运行速度为29.89 km/s。

如图3－3所示，除自转和公转外，地球还存在进动。受太阳和月球的引力作用，地球自转轴在惯性空间中并非指向不变，而是绕着地球公转轴旋转，亦称进动。这种进动以约25 700年的周期在空间描绘出一个圆锥面，锥面顶角等于黄赤交角23.5°；进动还会使春分点每25 700年沿黄道反向旋转一周，即每年西移50.3″。由于其他行星与地球间的万有引力作用，地球的公转轨道也在不断变化，因此黄赤交角也会发生改变，并造成春分点东移(约0.13(″)/年)。

如图3－4所示，地球章动也是典型的地球运动。章动是地球自转轴相对公转轴产生的一种摆动，即两轴之间的夹角呈周期性变化，主要由太阳和月球的引力、地球质量分布等因素产生。以地球为参照物，每年太阳经过赤道2次，月球经过24次，因此月球引力是造成地球章动的主要因素。受太阳引力作用，白道面与黄道面的交线以360°/18.6年的角速度西移，即月球沿垂直于黄道面做周期性运动，这种运动导致地球自转轴产生振幅为9.21″、周期为18.6年的章动。

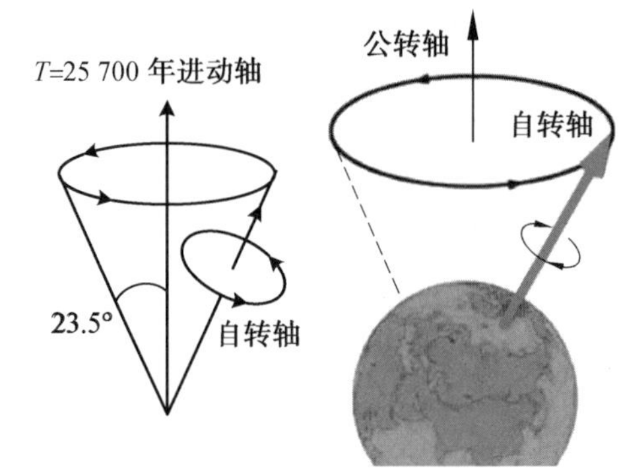

图 3 - 3　地球自转轴的进动

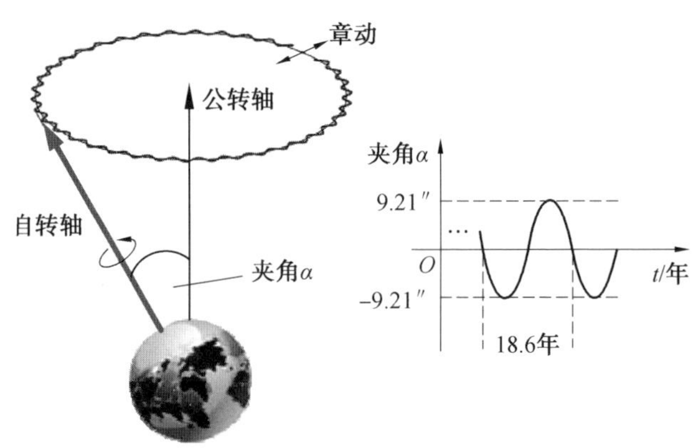

图 3 - 4　地球自转轴的章动

同时,地球的自转角速度也不是恒定的。天文测量结果表明,地球自转速度春天慢、秋天快、冬夏适中,即以半年为周期呈季节性变化,自转周期的变化振幅约为 22 ms。除周期性变化外,地球自转周期还存在着不规则变化。

此外,地球还存在极移现象,即地球自转轴相对地球本体的位置不断变化,看起来像是地极在地面上移动,如图3 - 5 所示。数学家欧拉早在17 世纪便预言地球存在极移;1888 年,德国科学家屈斯特纳在观测纬度变化时首次发现了极移。现有的观测和研究结果表明,极移不仅会使经纬度发生变化,还会影响地质地貌。

需要注意的是,在进行初步弹道计算时,通常只需考虑地球的自转,且认为地球自转角速度矢量是不变的,即自转轴的指向和自转角速度恒定。而对于长期运行的卫星、空间站和深空探测器等,则需要更加深入地研究地球运动对飞行器飞行轨迹的影响。

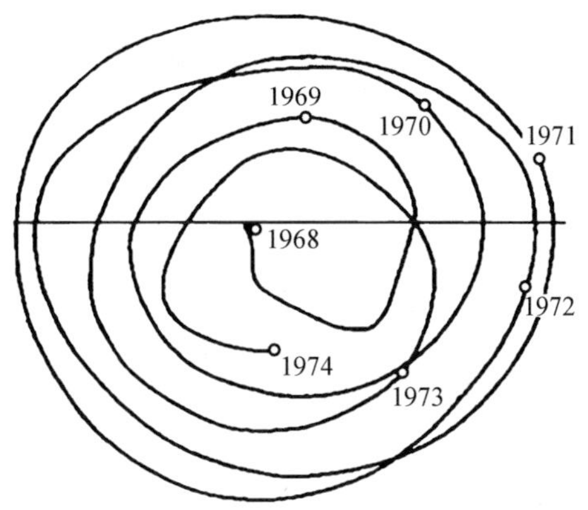

图 3－5　北极点移动示意图

2. 地球的形状

地球的真实形状、成分和质量分布是非常复杂的,获得准确的地球物理参数并不容易,主要原因如下:

(1) 地球表面的 70% 被水覆盖,且地球的物理状态并非一成不变;

(2) 虽然地球引力是连续变化的,但引力的强弱分布并不均匀①;

(3) 地球形状十分复杂,地球表面上的法线经常不与重力线重合。

鉴于上述原因,人们常采用一个几何体来近似真实地球,其中最典型的便是"大地水准面包围几何体",简称大地体。大地水准面是指与静止海平面重合、始终垂直于重力线、不受潮汐和海浪影响的连续光滑封闭曲面,而它内部包围的几何体即为大地体。虽然比真实地球更加理想化,但大地体依然复杂到难以用简单数学模型描述,因此人们提出用一个更简单的椭球体来近似大地体,这个椭球体被称为总椭球体。然而总椭球体反映地球的整体物理特性,不适用于所有局部地区,因此人们又在各局部地区引入参考椭球体,如苏联提出的克拉索夫斯基椭球体。正常椭球体②(IAG－75③) 是国际通用且精度较高的总椭球体,目前已代替诸多参考椭球体。

建立正常椭球体模型后,便可以用椭球体的相关参数来描述地球形状,包括扁率、长半轴、短半轴、赤道半径、平均半径和质量参数等;同时,基于正常椭球体模型,可以开展后续受力分析、动力学模型建立以及弹道计算等内容。正常椭球

① 南北极以及金属矿丰富地区引力更强;以地球表面为例,引力最强处位于南极查尔斯王子山脉南部的鲁克尔山特大铁磁矿,最弱处在赤道附近的海洋上。

② 实际上,所有质量与地球相等、与地球同步自转的规则椭球体都可称作正常椭球体。

③ 国际大地测量协会(International Association of Geodesy,IGA) 于 1975 年提出。

体下的典型地球物理参数如表 3 - 1 所示。

表 3 - 1　常见地球物理参数

名称	符号	数值	单位
地球引力常数	μ_E	3.986×10^5	km^3/s^2
二阶主球谐函数系数	J_2	1.08263×10^{-3}	—
地球表面重力加速度	g_0	9.806 65	m/s^2
地球扁率	e_E	1/298.257(0.003 353)	—
地球长半轴	a_e	6 378 140	m
地球平均半径	R_e	6 371 004	m
地球自转角速度	ω_e	7.292115×10^{-5}	rad/s

3.2.2　理想圆球体下的引力计算

考虑到实际地球的复杂性，要精确计算地球引力是十分困难的，需根据实际情况建立简化计算模型。根据物理学中关于万有引力的定义可知，火箭在飞行中受到的地球引力仅与其所在的具体位置有关，因此人们常使用位函数来计算地球引力。

由位函数的性质可知，引力位①对任意方向的偏导数等于引力在该方向上的分量；设地球外部某单位质量质点的地心距为 r，定义引力位函数 U，则在某空间直角坐标系下有

$$\boldsymbol{g}=-\frac{\partial U}{\partial \boldsymbol{r}}\Rightarrow[g_x,g_y,g_z]^{\mathrm{T}}=\left[-\frac{\partial U}{\partial x},\ -\frac{\partial U}{\partial y},\ -\frac{\partial U}{\partial z}\right]^{\mathrm{T}} \tag{3-4}$$

式中负号表明位置矢量和引力加速度矢量方向相反，当地心距增大时引力做负功。因此只要知道位置矢量 $\boldsymbol{r}$ 和位函数 U，便可求出引力加速度。

如果将地球当作一个质量分布均匀的圆球体，它可以等效为一个质点，相当于质量全部集中于地心上，此时引力位函数可表示为

$$U=\frac{fM_E}{r}=\frac{\mu_E}{r} \tag{3-5}$$

式中，f 表示万有引力常量；M_E 表示地球质量。

根据式(3 - 4) 和式(3 - 5)，地球引力加速度的大小为

$$g=\left|\frac{\partial U}{\partial \boldsymbol{r}}\right|=\frac{\mu_E}{r^2} \tag{3-6}$$

① 引力位即单位质量质点在引力场中的势能，等于将该质点从无穷远处移动到当前位置处引力做的功。

引力加速度方向由火箭质心指向地心。显然引力加速度 g 随着地心距 r 的增大而减小。当取式(3-6)中的 r 为地球平均半径时,得到的结果即为圆球表面处的引力加速度大小,记为 g_0;经计算得 $g_0 \approx 9.807\ \mathrm{m/s^2}$。因此当已知火箭到地心的距离时,便可以快速求出引力加速度的大小,即

$$g = g_0\left(\frac{R_e}{r}\right)^2 \tag{3-7}$$

例:设一枚弹道导弹在发射系下的关机点坐标为[100,200,50]km,弹道最高点坐标为[200,400,70]km。认为地球是一个半径为 6 371 km 的均匀圆球体,地球表面处的引力加速度大小为 $g_0 = 9.8\ \mathrm{m/s^2}$,计算导弹在关机点和最高点处受到的引力加速度矢量在发射系下的表示形式。

解:根据发射系下的位置坐标,可以求出关机点和最高点到地心的距离为

$$\begin{cases} r_1 = \sqrt{100^2 + (6\,371 + 200)^2 + 50^2} = 6\,571.95(\mathrm{km}) \\ r_2 = \sqrt{200^2 + (6\,371 + 400)^2 + 70^2} = 6\,774.31(\mathrm{km}) \end{cases}$$

关机点和最高点处的引力加速度大小为

$$\begin{cases} g_1 = \left(\dfrac{6\,371}{6\,571.95}\right)^2 \times 9.8 = 9.21\ (\mathrm{m/s^2}) \\ g_2 = \left(\dfrac{6\,371}{6\,774.31}\right)^2 \times 9.8 = 8.67\ (\mathrm{m/s^2}) \end{cases}$$

根据发射系下的位置矢量,求出发射系下的引力加速度矢量为

$$\begin{cases} \boldsymbol{g}_{L1} = -\dfrac{[100, 200 + 6\,371, 50]^{\mathrm{T}}}{6\,571.95} \times 9.21 = -[0.140\,1, 9.208\,7, 0.070\,1]^{\mathrm{T}}(\mathrm{m/s^2}) \\ \boldsymbol{g}_{L2} = -\dfrac{[200, 400 + 6\,371, 70]^{\mathrm{T}}}{6\,774.31} \times 8.67 = -[0.255\,9, 8.665\,7, 0.089\,6]^{\mathrm{T}}(\mathrm{m/s^2}) \end{cases}$$

3.2.3　正常椭球体下的引力计算

1. 引力位函数计算

实际上,地球的真实形状、结构、成分和质量分布是十分复杂的,为了保证计算精度通常不能采用上述圆球模型,即无法把地球当作一个质点。为解决这一问题,在建立实际地球引力位函数时,可将真实地球分解成许多个质量元 $\mathrm{d}m$。此时认为每个质量元像上述圆球体模型一样质量均布、外形圆滑,可以被视作一个质点并使用式(3-5)来表示其引力位函数。使用此方法,整个地球的引力位函数便可由各质量元位函数的积分得到

$$U = f\int_{M_E} \frac{1}{r}\mathrm{d}m \tag{3-8}$$

由于地球的外形和自转规律并不均匀,因此质量元 $\mathrm{d}m$ 对地球外部某单位质量质

点的引力位函数是随时间变化的。

为解决这一问题，如图3－6所示，一般在地心系中用地心距r、地心经度θ和地心纬度ϕ来表示引力位函数，即

$$U(r,\phi,\theta)=f\iiint_{r\,\phi\,\theta}\frac{\mathrm{d}m}{r} \tag{3-9}$$

通常采用球谐函数展开法来确定式(3－9)的具体形式，其主要思想为：将真实地球引力位函数用球谐函数级数表示。依据球谐函数展开法，真实地球引力位函数(记为U_{real})为

$$U_{\mathrm{real}}=\sum_{i=0}U_i=\sum_{i=0}\frac{1}{r^{i+1}}\left\{A_iC_i+\sum_{j=1}^{i}\{C_{ij}[A_{ij}\cos(j\theta)+B_{ij}\sin(j\theta)]\}\right\} \tag{3-10}$$

式中，i和j分别为展开式中的阶数和级数；θ为地心经度；A_i、A_{ij}、B_{ij}为球谐函数系数(又称斯托克斯常数)；C_i为勒让德主球谐系数(又称带球函数)；C_{ij}为缔合勒让德系数(又称伴随函数)。

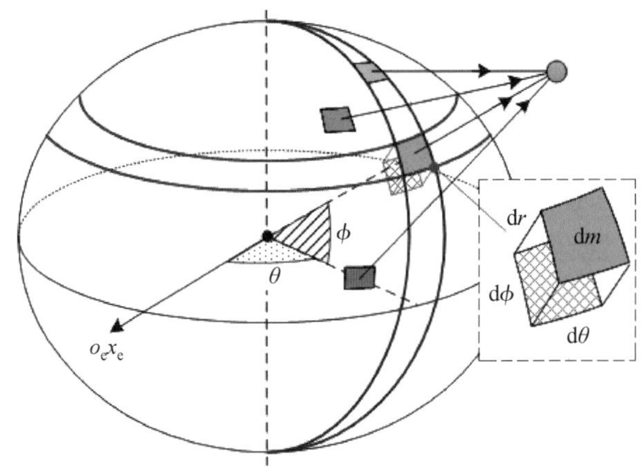

图3－6　采用质量元计算地球引力位函数

C_i和C_{ij}是与$\sin\phi$(ϕ为地心纬度)有关的函数；记$\tilde{\phi}=\pi/2-\phi$，有

$$C_i(\sin\phi)=C_i(\cos\tilde{\phi})=\frac{1}{2^i i!}\frac{\mathrm{d}^i[(\cos^2\tilde{\phi}-1)^i]}{\mathrm{d}(\cos\tilde{\phi})^i} \tag{3-11}$$

$$C_{ij}=C_{ij}(\sin\phi)=C_{ij}(\cos\tilde{\phi})=\sin^j\tilde{\phi}\cdot\frac{\mathrm{d}C_i^j}{\mathrm{d}(\cos\tilde{\phi})^j} \tag{3-12}$$

根据谐系数的不同，式(3－10)可改写为

$$U_{\text{real}} = \frac{\mu_{\text{E}}}{r} + \frac{\mu_{\text{E}}}{r}\sum_{i=2}\left[A_{i,0}C_{i,0}\left(\frac{a_{\text{e}}}{r}\right)^{i}\right] + \frac{\mu_{\text{E}}}{r}\sum_{i=2}\left\{\left(\frac{a_{\text{e}}}{r}\right)^{i}\left[A_{ii}\cos(j\theta) + B_{ii}\sin(i\theta)\right]\cdot C_{ii}\right\} + \frac{\mu_{\text{E}}}{r}\sum_{i=2}\sum_{i}\left\{\left(\frac{a_{\text{e}}}{r}\right)^{i}\left[A_{ij}\cos(j\theta) + B_{ij}\sin(j\theta)\right]\cdot C_{ij}\right\} \tag{3-13}$$

上式说明真实的地球引力位函数包括球形引力位(右侧第一项)和由形状不规则、质量不均匀引起的异常引力位(右侧后三项)。定义式(3 - 13)中有:

(1)带谐系数。球谐函数展开式中级数为零($j=0$)的系数,而带谐函数对应的项称为带谐项(式(3 - 13)的右侧第二项)。

(2)扇谐系数。球谐函数展开式中级数等于阶数($i=j\neq 0$)的系数,而扇谐函数对应的项称为扇谐项(式(3 - 13)的右侧第三项)。

(3)田谐系数。球谐函数展开式中级数不等于阶数($i\neq j\neq 0$)的系数,而田谐函数对应的项称为田谐项(式(3 - 13)的右侧第四项)。

$$\begin{cases} \text{带谐项} & \sum\limits_{i=2}^{\infty}\left[A_{i,0}C_{i,0}\left(\frac{a_{\text{e}}}{r}\right)^{i}\right] \\ \text{扇谐项} & \sum\limits_{i=2}^{\infty}\left\{\left(\frac{a_{\text{e}}}{r}\right)^{i}\left[A_{ii}\cos(j\theta) + B_{ii}\sin(i\theta)\right]\cdot C_{ii}\right\} \\ \text{田谐项} & \sum\limits_{i=2}^{\infty}\sum\limits_{\substack{j=1 \\ i\neq j}}^{i}\left\{\left(\frac{a_{\text{e}}}{r}\right)^{i}\left[A_{ij}\cos(j\theta) + B_{ij}\sin(j\theta)\right]\cdot C_{ij}\right\} \end{cases} \tag{3-14}$$

如图 3 - 7 所示,带谐项将椭球体分为若干个“带”来描述引力位,田谐项将椭球体分为若干个“格”来描述引力位,而扇谐项将椭球体分为若干个“扇”来描述引力位。显然随着 i 的增大,谐系数将越来越多,椭球体上各个位置的引力参数也会越来越精细,一般质量分布越不均匀的星体,在描述其引力位函数时需要的谐系数越多。故 i 越大,精度越高,计算量越大。

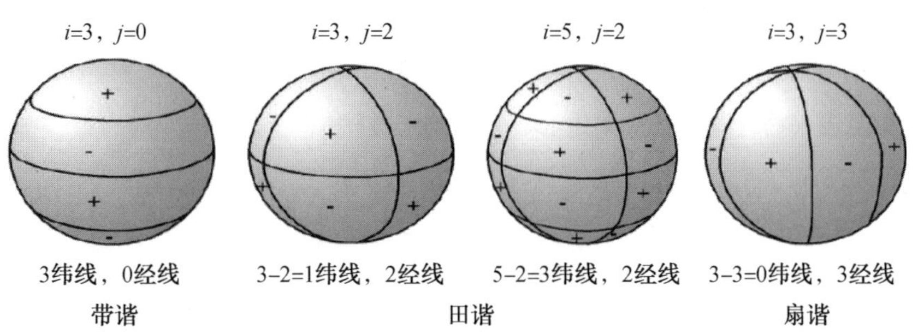

图 3 - 7　带谐项、扇谐项和田谐项示意图

当取 U_{real} 展开式的右侧前三项时($i=0,1,2$),相应结果称为正常引力位函数,对应的椭球体为正常椭球体,相应的引力位函数称为正常引力位。

对于正常椭球体,在地心系下有

$$\begin{cases} A_0=\mu_{\mathrm{E}} \\ A_1=A_{11}=A_{21}=A_{22}=0 \\ B_{11}=B_{21}=B_{22}=0 \end{cases} \tag{3-15}$$

由式(3-10)和式(3-15)可得正常引力位函数为

$$\begin{aligned} U &= \sum_{i=0}^{2}\frac{1}{r^{i+1}}\left\{A_iC_i+\sum_{j=1}^{i}\{C_{ij}[A_{ij}\cos(j\theta)+B_{ij}\sin(j\theta)]\}\right\} \\ &= \frac{A_0C_0}{r}+\frac{A_1C_1+C_{11}[A_{11}\cos\theta+B_{11}\sin\theta]}{r^2}+ \\ &\quad \frac{A_2C_2+C_{21}[A_{21}\cos\theta+B_{21}\sin\theta]+C_{22}[A_{22}\cos(2\theta)+B_{22}\sin(2\theta)]}{r^3} \end{aligned} \tag{3-16}$$

结合式(3-15),式(3-16)变为

$$U=\frac{A_0C_0}{r}+\frac{A_2C_2}{r^3} \tag{3-17}$$

根据式(3-11)可得

$$C_0=\frac{1}{2^{00}!}\frac{\mathrm{d}^0(\cos^2\tilde{\phi}-1)^0}{\mathrm{d}(\cos\tilde{\phi})^0}=1 \tag{3-18}$$

$$C_2=\frac{1}{2^22!}\frac{\mathrm{d}^2(\cos^2\tilde{\phi}-1)^2}{\mathrm{d}(\cos\tilde{\phi})^2}=\frac{1}{8}\frac{\mathrm{d}^2[(\cos\tilde{\phi})^4-2(\cos\tilde{\phi})^2+1]}{\mathrm{d}(\cos\tilde{\phi})^2}=\frac{3\cos^2\tilde{\phi}-1}{2} \tag{3-19}$$

因此 U 中仅 A_2 是未知的。定义二阶主球谐函数系数

$$J_2=\frac{A_2}{\mu_{\mathrm{E}}a_{\mathrm{e}}^2} \tag{3-20}$$

在实际使用中,J_2 可由卫星测量获得。因此式(3-17)变为

$$U=\frac{\mu_{\mathrm{E}}}{r}+\frac{A_2}{r^3}\frac{3\cos^2\tilde{\phi}-1}{2}=\frac{\mu_{\mathrm{E}}}{r}\left(1+\frac{A_2}{\mu_{\mathrm{E}}a_{\mathrm{e}}^2}\frac{a_{\mathrm{e}}^2}{r^2}\frac{3\cos^2\tilde{\phi}-1}{2}\right) \tag{3-21}$$

经整理得

$$U=\frac{\mu_{\mathrm{E}}}{r}-\frac{\mu_{\mathrm{E}}}{r}J_2\left(\frac{a_{\mathrm{e}}}{r}\right)^2\frac{3\sin^2\phi-1}{2} \tag{3-22}$$

由式(3-22)可知,根据 J_2、r 和 ϕ 便可得到正常椭球体下的引力位函数。由

于 J_2 的数值很小,在简单计算中可采用圆球模型,此时式(3 - 22) 便变成了圆球模型下的地球引力位函数,即式(3 - 5)。

比较式(3 - 5) 和式(3 - 22) 可知,J_2 实际上是考虑地球实际形状而引入的引力位修正系数;又因为 J_2 决定了圆球体引力场和二阶正常椭球体引力场之间的差距,故称之为二阶主球谐函数系数;而式(3 - 22) 中的右侧第二项也被称为 J_2 项。相应地,在更高精度的模型中还会有 J_3 项、J_4 项等。在初步弹道设计时,一般考虑到 J_2 即可,而在高精度弹道计算时必须使用更高阶的引力场模型。

2. 引力加速度计算

如图3 - 8 所示,在北天东坐标系下,地球引力对火箭做的功与火箭在北天东坐标系中沿各方向的移动距离有关。

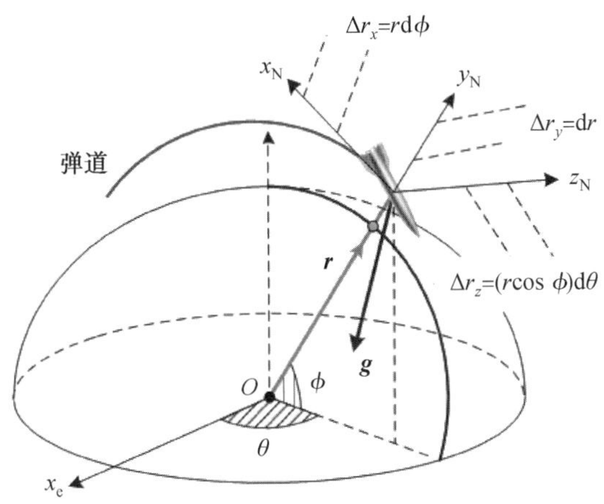

图 3 - 8　引力加速度在北天东坐标系下的投影

根据角度和弧长的关系可知,火箭地心矢径 $\boldsymbol{r}$ 的变化可分解为经纬度以及地心距的变化,它们在北天东坐标系下可表示为 $r\Delta\phi$、Δr 以及 $r\cos\phi\Delta\theta$。由式(3 - 4) 可知,火箭受到的引力加速度矢量等于引力位函数对某坐标系下各位置分量的导数,因此,引力加速度矢量在北天东系下可表示为

$$\boldsymbol{g}_{\mathrm{N}} = -\left[\frac{1}{r}\frac{\partial U}{\partial \phi}, \frac{\partial U}{\partial r}, \frac{1}{r\cos\phi}\frac{\partial U}{\partial \theta}\right]^{\mathrm{T}} \tag{3 - 23}$$

根据正常椭球体下的引力位函数式(3 - 22),可将式(3 - 23) 展开为

$$\begin{cases} g_{\mathrm{N},x} = -\dfrac{\mu_{\mathrm{E}}}{r^2}J_2\left(\dfrac{a_{\mathrm{e}}}{r}\right)^2\dfrac{3}{2}\sin(2\phi) \\ g_{\mathrm{N},y} = -\dfrac{\mu_{\mathrm{E}}}{r^2}\left[1 - 3J_2\left(\dfrac{a_{\mathrm{e}}}{r}\right)^2\dfrac{3\sin^2\phi - 1}{2}\right] \\ g_{\mathrm{N},z} = 0 \end{cases} \tag{3 - 24}$$

式中，由于地心距不小于地球半径（$a_e < r$）且 J_2 的值很小，因此 $g_{N,y} < 0$；由北天东坐标系的定义可知，$g_{N,y}$ 分量由火箭质心指向地心。$g_{N,x}$ 的存在说明引力矢量并非始终由火箭质心指向地心（$\phi = 0$ 时除外），它的符号取决于纬度 ϕ。

一般更习惯使用沿地心矢径方向和地球自转角速度矢量方向的引力加速度分量，分别记为 g_r 和 g_ω；由图3－9可知，g_r 和 g_ω 与 $g_{N,x}$ 和 $g_{N,y}$（$g_{N,z}=0$）之间的关系为

$$\begin{cases} g_{N,x} = g_\omega \cos\phi \\ g_{N,y} = g_r + g_\omega \sin\phi \end{cases} \tag{3-25}$$

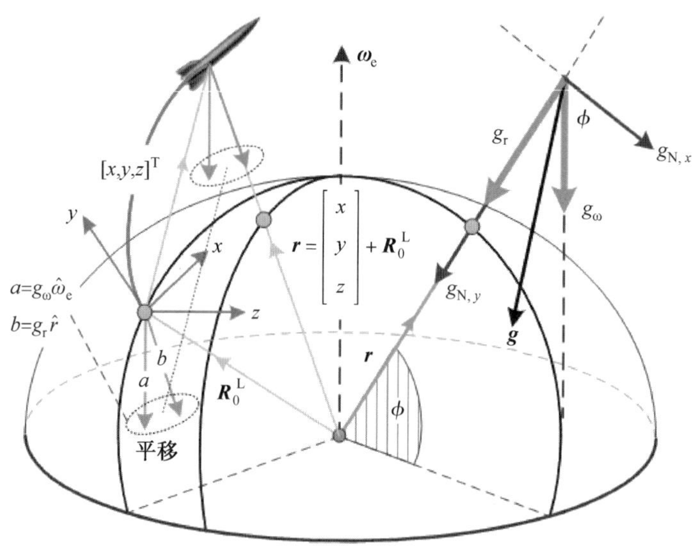

图3－9　引力加速度在发射系下的投影

如图3－9所示，可以将求出的北天东坐标系下的引力加速度分解至 g_r 和 g_ω，即

$$\begin{cases} g_r = g_{N,y} - g_{N,x}\tan\phi \\ g_\omega = g_{N,x}/\cos\phi \end{cases} \tag{3-26}$$

根据式（3－24），式（3－26）可展开为

$$\begin{cases} g_r = -\dfrac{\mu_E}{r^2}\left[1 + \dfrac{3}{2}J_2\left(\dfrac{a_e}{r}\right)^2(1 - 5\sin^2\phi)\right] \\ g_\omega = -3\dfrac{\mu_E}{r^2}J_2\left(\dfrac{a_e}{r}\right)^2\sin\phi \end{cases} \tag{3-27}$$

此时地球外部某一点处的引力加速度可以根据该点的地心矢径以及地球自转角速度矢量计算得出。以发射系为例，g_r 和 g_ω 对应的引力加速度矢量分别为

$\boldsymbol{g}_1 = g_r \boldsymbol{r}/r$ 和 $g_\omega \boldsymbol{\omega}_{eL}/\omega_e$，其中 $\boldsymbol{r}$ 为地心矢径在发射系下的表示形式，r 为质心到地心的距离；$\boldsymbol{\omega}_{eL}$ 为发射系下表示的地球自转角速度矢量，可由式（2 – 36）求得。

如图 3 – 9 所示，发射系下的地球引力加速度为

$$\boldsymbol{g}_L = \begin{bmatrix} g_{xL} \\ g_{yL} \\ g_{zL} \end{bmatrix} = \frac{g_r}{r}\left(\begin{bmatrix} x_L \\ y_L \\ z_L \end{bmatrix} + \boldsymbol{R}_0^L\right) + g_\omega \frac{\boldsymbol{\omega}_{eL}}{\omega_e} \tag{3 - 28}$$

式中，$\boldsymbol{R}_0^L$ 为发射系下的发射点地心矢径，可由式（2 – 28）经过坐标转换求得。

最后指出，由于只取展开式中的前几项，正常引力位函数 U 和真实引力位函数 U_{real} 之间一定会存在偏差；但由于只忽略了高阶项，正常引力位函数 U 能够在保证计算精度的前提下用更加简单的模型来描述地球引力场。

3. 重力加速度计算

需要指出的是，我们平时所说的“重力”不等价于“引力”，它们是两个不同的概念。如图 3 – 10 所示，图中 $\boldsymbol{g}'$、$\boldsymbol{g}$ 和 $\boldsymbol{g}''$ 分别表示重力加速度、引力加速度和由地球自转引起的离心加速度。μ_{g1} 为 $\boldsymbol{g}$ 和地心矢径 $\boldsymbol{r}$ 间的夹角，μ_{g2} 为 $\boldsymbol{g}'$ 和 $\boldsymbol{g}$ 间的夹角，它们和北天东坐标系下的引力加速度分量有如下关系：

$$\mu_{g1} = \arctan \frac{g_{N,x}}{g_{N,y}} \tag{3 - 29}$$

$$\mu_{g2} = \left[\frac{3}{2}J_2\left(\frac{a_e}{r}\right)^2 + \frac{\omega_e^2 r^3}{2\mu_E}\right]\sin(2\phi) \tag{3 - 30}$$

实际上，重力加速度 $\boldsymbol{g}'$ 是引力加速度矢量 $\boldsymbol{g}$ 和离心加速度矢量 $\boldsymbol{g}''$ 之和，重力线、引力线和地心连线各不重合，因此引力加速度实际上是重力加速度的分量①。在弹道学中，在建立远程火箭的弹道微分方程时使用的是引力，而由地球自转引起的那部分重力分量则作为惯性力考虑到弹道方程中。

在正常椭球体表面上一点设 $a_e = r$，此时式（3 – 30）中括号里面的部分即为正常椭球体的扁率；因此

$$\begin{cases} e_E = \dfrac{3}{2}J_2 + \dfrac{1}{2}\dfrac{\omega_e^2 a_e^3}{\mu_E} = \dfrac{1}{298.257} \\ \mu_{g2} = \left[\dfrac{3}{2}J_2 + \dfrac{\omega_e^2 r^3}{2\mu_E}\right]\sin(2\phi) = e_E \sin(2\phi) \end{cases} \tag{3 - 31}$$

由发射系的定义可知，发射系 y 轴与发射点处的铅垂线重合，即沿重力反方向；在正常椭球体下，y 轴既不经过地心，也不垂直于当地水平面，它和发射点地心矢径的夹角为 μ_{g2}，如图 3 – 10 所示。

---

① 重力线与铅垂线和法线重合，垂直于正常椭球体表面；引力线由引力位函数决定。

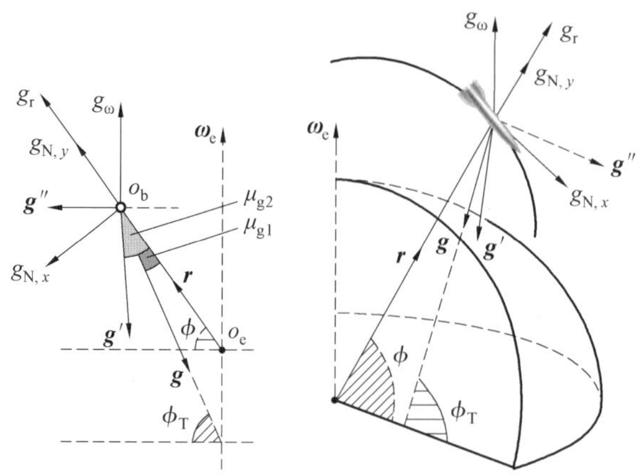

图 3-10　地球引力和重力的区别

μ_{g2} 还反映了天文坐标和地心坐标的区别。天文经纬度是通过测量获得的，但在实际计算时可以近似认为地心经度等于天文经度，而地心纬度和天文纬度间为

$$\phi_T = \phi + e_E \sin(2\phi) = \phi + \mu_{g2} \tag{3-32}$$

因此地心纬度和天文纬度之间相差 μ_{g2}，主要由地球扁率造成。

根据赫尔默特正常重力公式，地球表面上某一点处的重力加速度的大小可根据其天文纬度求出，即

$$g = g' = 9.780\,3 \times [1 + 0.005\,302\sin^2\phi_T - 0.000\,007\sin^2(2\phi_T)] \tag{3-33}$$

国际上常以天文纬度 45°32′33″ 处的地表重力加速度作为重力计算基准，即

$$g_0 = 9.806\,65 \text{ m/s}^2 \tag{3-34}$$

为了简化计算，通常认为地表处重力加速度大小等于引力加速度大小，即引力加速度也采用 $g_0 = 9.806\,65 \text{ m/s}^2$ 作为计算基准。

类似于引力加速度，重力加速度 g' 在北天东坐标系下可表示为

$$\begin{cases} g'_{N,x} = -\dfrac{\mu_E}{2r^2}\left[3J_2\left(\dfrac{a_e}{r}\right)^2 + \dfrac{\omega_e^2 r^3}{\mu_E}\right]\sin(2\phi) \\ g'_{N,y} = -\dfrac{\mu_E}{r^2}\left[1 - 3J_2\left(\dfrac{a_e}{r}\right)^2 \dfrac{3\sin^2\phi - 1}{2} - \dfrac{\omega_e^2 r^3}{\mu_E}\cos^2\phi\right] \end{cases} \tag{3-35}$$

例：设某时刻一枚弹道导弹在发射系下的坐标为[100,200,50]km，发射点位于(E80°,N30°)，发射方位角为50°。使用正常引力位函数并参考表3-1中的参数，计算当前时刻导弹受到的引力加速度矢量在发射系下的表示形式。

解：根据式(2-29)，发射点到地心的距离为

$$R_{e0} = \frac{a_e(1 - e_E)}{\sqrt{\sin^2\varphi_L + (1 - e_E)^2\cos^2\varphi_L}} = 6\ 372.77\ \text{km}$$

根据式(2 - 28),在地心系下表示的发射点地心矢径为

$$\begin{aligned}\boldsymbol{R}_0^e &= R_{e0}[\cos\varphi_L\cos\theta_L, \cos\varphi_L\sin\theta_L, \sin\varphi_L]^T \\ &= [958.36, 5\ 435.13, 3\ 186.38]^T\ \text{km}\end{aligned}$$

根据式(3 - 32),发射点对应的天文纬度为30.166 4°,而天文经度等于80°;因此根据式(2 - 26),从发射系到地心系的坐标转换矩阵为

$$\boldsymbol{C}_L^e = \begin{bmatrix} -0.810\ 5 & 0.150\ 1 & -0.566\ 2 \\ -0.185\ 1 & 0.851\ 4 & 0.490\ 7 \\ 0.555\ 7 & 0.502\ 5 & -0.662\ 3 \end{bmatrix}$$

在发射系下表示的发射点地心矢径为

$$\boldsymbol{R}_0^L = (\boldsymbol{C}_L^e)^{-1}\boldsymbol{R}_0^e = [-11.89, 6372.74, 14.17]^T\ \text{km}$$

在发射系下表示的导弹地心矢径为

$$\boldsymbol{r} = [-11.89, 6\ 372.74, 14.17]^T + [100, 200, 50]^T = [88.11, 6\ 572.64.17]^T(\text{km})$$

导弹质心到地球中心的距离为 $r = |\boldsymbol{r}| = 6\ 573.65$ km。

将 $\boldsymbol{r}$ 转换到地心系下:

$$\boldsymbol{r}_e = \boldsymbol{C}_L^e\boldsymbol{r} = [879.03, 5\ 611.45, 3\ 309.35]^T$$

求得导弹地心纬度为30.229 4°;由式(3 - 27) 可得

$$\begin{cases} g_r = -9.220\ 3\ \text{m/s}^2 \\ g_\omega = -0.014\ 2\ \text{m/s}^2 \end{cases}$$

根据式(2 - 36),计算发射系下的地球自转角速度单位矢量为

$$\frac{\boldsymbol{\omega}_{eL}}{\omega_e} = \begin{bmatrix} \cos\varphi_{LT}\cos A_L \\ \sin\varphi_{LT} \\ -\cos\varphi_{LT}\sin A_L \end{bmatrix} = \begin{bmatrix} 0.555\ 7 \\ 0.502\ 5 \\ -0.662\ 2 \end{bmatrix}$$

最后使用式(3 - 28),计算发射系下的引力加速度矢量,即

$$\boldsymbol{g}_L = \frac{g_r}{r}\boldsymbol{r} + g_\omega\frac{\boldsymbol{\omega}_{eL}}{\omega_e} = \begin{bmatrix} -0.131\ 4 \\ -9.226\ 2 \\ -0.080\ 6 \end{bmatrix}\text{m/s}^2$$

显然,该结果和圆球模型下得到的结果($\boldsymbol{g}_L = -[0.140\ 1, 9.208\ 7, 0.070\ 1]^T\ \text{m/s}^2$)不同,这是由地球扁率、$J_2$ 项和地球自转等因素共同造成的。

3.2.4　扰动引力加速度计算

需要指出,上述正常引力位是在进行弹道设计和初步论证阶段为方便而对地球引力位进行的一种简化处理,利于实现引力加速度的快速计算。但由于只

使用了部分谐系数来描述地球引力场,正常引力位函数 U 和真实引力位函数 U_{real} 之间一定会存在偏差(记为 U_δ)。从数值上来讲,真实引力加速度和正常引力加速度之间的偏差较正常引力加速度而言是一个小量,因此由 U_δ 造成的引力加速度计算偏差可视作施加在正常引力加速度上的扰动项,称为扰动引力或引力异常。

在进行高精度弹道计算时,尤其是当远程火箭的射程或射高较大时,偏差 U_δ 对弹道的影响是不能忽略的,必须使用更高精度的引力场模型。提高地球引力场模型精度的最直接方式便是增加球谐函数展开式的阶数 i,但随着阶数 i 的增大,求解高阶引力位函数的计算量会急剧增加,因此需要寻找一种同时满足计算精度和计算效率的方法。

相比提高阶次而言,人们常使用另一种更为简便的高精度引力位计算方式:先计算扰动引力,然后将其附加在正常引力上。许多精确地球引力场模型便是采用这种思路获得的,其中最具代表性的便是美国戈达德宇航中心于 1996 年发布的大地水准面模型(EGM96) 和 2008 年发布的 EGM2008 模型。EGM96 提供 360 阶谐系数,空间分辨率为为 55 km;EGM2008 提供 2 159 阶谐系数,空间分辨率为 9 km。实际上 EGM2008 精度(尤其是高程) 远高于 EGM96,在地形起伏地区尤为明显。

设地球外部某一点处的单位质量质点受到的实际引力加速度为 $\boldsymbol{g}_a$,实际引力位为 U_a,实际重力位为 G_a,实际离心力位为 W_a;而该点处的正常引力加速度为 $\boldsymbol{g}$,正常引力位为 U,正常重力位为 G,正常离心力位为 W。记该点处的扰动引力位、扰动重力位和扰动引力分别为 U_δ、G_δ 和 $\boldsymbol{g}_\delta$,则

$$\boldsymbol{g}_a = \boldsymbol{g} + \boldsymbol{g}_\delta \tag{3-36}$$

$$\begin{cases} U_a = U + U_\delta \\ G_a = G + G_\delta \end{cases} \tag{3-37}$$

$$\begin{cases} G_a = U_a + W_a \\ G = U + W \end{cases} \tag{3-38}$$

由于直接计算实际地球引力位函数是非常困难的,而扰动引力为计算高精度引力加速度提供了更方便的途径(见式(3 - 37)),因此正确计算扰动引力便成为保证弹道计算精度的重要步骤和前提。

一般实际离心力位和正常离心力位相差很小,因此式(3 - 37) 可简化为

$$\begin{cases} \boldsymbol{g}_\delta = \boldsymbol{g}_a - \boldsymbol{g} \\ U_\delta = U_a - U = G_a - G = G_\delta \end{cases} \tag{3-39}$$

上式表明扰动重力位等于扰动引力位。目前常用于计算地球扰动引力的方法有梯度法、斯托克斯积分法、球谐函数展开法和点质量法等;另外表层法、向上

延伸法、残差表层法等也可用于特定场景下的扰动引力计算。为保持与正常地球引力位函数一致，在此仅介绍基于球谐函数展开法的计算方法。

当考虑实际地球时，式(3－15)中的A_{21}、A_{22}、B_{21}和B_{22}均不为零。根据式(3－10)、式(3－18)和式(3－19)，实际地球引力位函数可表示为

$$U_{\mathrm{real}}=\frac{\mu_{\mathrm{E}}}{r}+\frac{A_2}{\mu_{\mathrm{E}}a_{\mathrm{e}}^2}\frac{C_2}{r^3}a_{\mathrm{e}}^2\mu_{\mathrm{E}}+\sum_{i=3}\frac{1}{r^{i+1}}\left\{A_iC_i+\sum_{j=1}^{i}C_{ij}\left[A_{ij}\cos(j\theta)+B_{ij}\sin(j\theta)\right]\right\}+\frac{C_{21}\left[A_{21}\cos\theta+B_{21}\sin\theta\right]+C_{22}\left[A_{22}\cos(2\theta)+B_{22}\sin(2\theta)\right]}{r^3}\tag{3-40}$$

根据正常引力位函数(3－21)，结合式(3－20)可得扰动引力位函数为

$$U_\delta=U_{\mathrm{real}}-U=f_{\mathrm{U}}(\mu_{\mathrm{E}})+f_{\mathrm{U}}(C)+f_{\mathrm{U}}(r)\tag{3-41}$$

其中

$$\begin{cases}f_{\mathrm{U}}(\mu_{\mathrm{E}})=\dfrac{\mu_{\mathrm{E}}}{r}\left[1+J_2C_2\left(\dfrac{a_{\mathrm{e}}}{r}\right)^2\right]-\dfrac{\mu_{\mathrm{E}}}{r}\left[1+C_2J_2\left(\dfrac{a_{\mathrm{e}}}{r}\right)^2\right]\\ f_{\mathrm{U}}(C)=\dfrac{C_{21}\left[A_{21}\cos\theta+B_{21}\sin\theta\right]+C_{22}\left[A_{22}\cos(2\theta)+B_{22}\sin(2\theta)\right]}{r^3}\\ f_{\mathrm{U}}(r)=\sum\limits_{i=3}\dfrac{1}{r^{i+1}}\left\{A_iC_i+\sum\limits_{j=1}^{i}C_{ij}\left[A_{ij}\cos(j\theta)+B_{ij}\sin(j\theta)\right]\right\}\end{cases}\tag{3-42}$$

因此

$$U_\delta=\frac{C_{21}\left[A_{21}\cos\theta+B_{21}\sin\theta\right]+C_{22}\left[A_{22}\cos(2\theta)+B_{22}\sin(2\theta)\right]}{r^3}+\sum_{i=3}\frac{1}{r^{i+1}}\left\{A_iC_i+\sum_{j=1}^{i}C_{ij}\left[A_{ij}\cos(j\theta)+B_{ij}\sin(j\theta)\right]\right\}\tag{3-43}$$

当$j=0$时有

$$A_iC_i=(A_{i0}\cos 0+B_{i0}\sin 0)C_{i0}=A_{i0}C_{i0}\tag{3-44}$$

此时扰动引力位函数变为

$$
\begin{aligned}
U_\delta &= \frac{1}{r^3}\left\{\sum_{j=1}^{2} C_{ij}\left[A_{ij}\cos(j\theta) + B_{ij}\sin(j\theta)\right]\right\} + \\
&\quad \sum_{i=3}^{\infty} \frac{\sum\limits_{j=0}^{0} C_{ij}\left[A_{ij}\cos(j\theta) + B_{ij}\sin(j\theta)\right] + \sum\limits_{j=1}^{i} C_{ij}\left[A_{ij}\cos(j\theta) + B_{ij}\sin(j\theta)\right]}{r^{i+1}} \\
&= \sum_{i=2}^{\infty} \frac{1}{r^{i+1}} \sum_{j=0}^{i} C_{ij}\left[A_{ij}\cos(j\theta) + B_{ij}\sin(j\theta)\right]
\end{aligned}
\tag{3-45}
$$

定义

$$
\begin{cases}
A'_{ij} = \dfrac{A_{ij}}{\mu_E a_e^i} \\
B'_{ij} = \dfrac{B_{ij}}{\mu_E a_e^i} \\
A_{20} = 0
\end{cases}
\tag{3-46}
$$

则有

$$
U_\delta = \frac{\mu_E}{r}\sum_{i=2}^{\infty}\left\{\left(\frac{a_e}{r}\right)^i \sum_{j=0}^{i} C_{ij}\left[A'_{ij}\cos(j\theta) + B'_{ij}\sin(j\theta)\right]\right\}
\tag{3-47}
$$

在不同阶或级下，谐系数的值可能相差很大（如 C_{81} 比 C_{21} 大700 倍以上），因此需要对谐系数进行正常化[①]处理。取 i 的最大值为 N，正常化后的扰动引力位函数为

$$
U_\delta = \frac{\mu_E}{r}\sum_{i=2}^{N}\left\{\left(\frac{a_e}{r}\right)^i \sum_{j=0}^{i} \bar{C}_{ij}\left[\bar{A}_{ij}\cos(j\theta) + \bar{B}_{ij}\sin(j\theta)\right]\right\}
\tag{3-48}
$$

式中，$\bar{A}_{ij}$ 和 $\bar{B}_{ij}$ 为完全正常化勒让德函数系数，满足如下关系：

$$
\begin{cases}
\bar{A}_{ij} = A'_{ij}\sqrt{\dfrac{(i+j)!}{(2i+1)\cdot(i-j)!}\dfrac{1}{k}} \\
\bar{B}_{ij} = B'_{ij}\sqrt{\dfrac{(i+j)!}{(2i+1)\cdot(i-j)!}\dfrac{1}{k}} \\
\bar{C}_{ij} = C_{ij}\sqrt{\dfrac{(i+j)!}{(2i+1)\cdot(i-j)!}k}
\end{cases}
\tag{3-49}
$$

式中，当 $i=0$ 时，$k=1$；否则 $k=2$。实际使用时，$\bar{A}_{ij}$ 和 $\bar{B}_{ij}$ 通常以地心纬度为自变量，从正常化谐系数表中查表获得；而 $\bar{C}_{ij}$ 可通过递推获得

① 任意阶或级的谐系数的平方在单位球面上的平均值为 1。

$$\bar{C}_{ij}=\begin{cases}0, & i<j\\ \sqrt{\dfrac{2i+1}{2i}}\cos\phi\cdot\bar{C}_{i-1,i-1}, & i=j\\ -\sqrt{\dfrac{2i+1}{2i-3}}\dfrac{(i-1)^2-j^2}{i^2-j^2}\bar{C}_{i-2,j}, & i>j\end{cases}\tag{3-50}$$

其中

$$\begin{cases}\bar{C}_{00}=1\\ \bar{C}_{10}=\sqrt{3}\sin\phi\\ \bar{C}_{11}=\sqrt{3}\cos\phi\end{cases}\tag{3-51}$$

另外，$\bar{C}_{ij}$ 的导数为

$$\frac{\mathrm{d}\bar{C}_{ij}}{\mathrm{d}\phi}=\sqrt{\frac{2i+1}{2i-1}(i^2-j^2)}\frac{1}{\cos\phi}\bar{C}_{i-1,j}-i\cdot\tan\phi\cdot\bar{C}_{ij}\tag{3-52}$$

根据位函数特性，北天东坐标系下表示的扰动引力分量为

$$\begin{cases}g_{\delta x}^{\mathrm{E}}=\dfrac{1}{r}\dfrac{\partial U_\delta}{\partial\phi}\\ g_{\delta y}^{\mathrm{E}}=\dfrac{\partial U_\delta}{\partial r}\\ g_{\delta z}^{\mathrm{E}}=\dfrac{1}{r\cos\phi}\dfrac{\partial U_\delta}{\partial\theta}\end{cases}\tag{3-53}$$

式(3－48)分别对 r、θ 和 ϕ 求偏导数可得

$$\begin{cases}\dfrac{\partial U_\delta}{\partial r}=-\dfrac{\mu_{\mathrm{E}}}{r^2}\sum\limits_{i=2}^{N}\left\{(i+1)\left(\dfrac{a_{\mathrm{e}}}{r}\right)^i\sum\limits_{j=0}^{i}\left[\bar{C}_{ij}(\bar{A}_{ij}\cos(j\theta)+\bar{B}_{ij}\sin(j\theta))\right]\right\}\\ \dfrac{\partial U_\delta}{\partial\theta}=-\dfrac{\mu_{\mathrm{E}}}{r}\sum\limits_{i=2}^{N}\left\{\left(\dfrac{a_{\mathrm{e}}}{r}\right)^i\sum\limits_{j=0}^{i}\left[j\bar{C}_{ij}(\bar{A}_{ij}\sin(j\theta)-\bar{B}_{ij}\cos(j\theta))\right]\right\}\\ \dfrac{\partial U_\delta}{\partial\phi}=-\dfrac{\mu_{\mathrm{E}}}{r}\sum\limits_{i=2}^{N}\left\{\left(\dfrac{a_{\mathrm{e}}}{r}\right)^i\sum\limits_{j=0}^{i}\left(\dfrac{\mathrm{d}\bar{C}_{ij}}{\mathrm{d}\phi}\bar{C}_{ij}(\bar{A}_{ij}\cos(j\theta)+\bar{B}_{ij}\sin(j\theta))\right)\right\}\end{cases}\tag{3-54}$$

将式(3－54)代入式(3－53)可得

$$
\begin{cases}
g_{\delta x}^{\mathrm{E}}=-\dfrac{\mu_{\mathrm{E}}}{r^{2}}\displaystyle\sum_{i=2}^{N}\left\{\left(\frac{a_{\mathrm{e}}}{r}\right)^{i}\sum_{j=0}^{i}\left(\frac{\mathrm{d}\bar{C}_{ij}}{\mathrm{d}\phi}\bar{C}_{ij}(\bar{A}_{ij}\cos(j\theta)+\bar{B}_{ij}\sin(j\theta))\right)\right\}\\
g_{\delta y}^{\mathrm{E}}=-\dfrac{\mu_{\mathrm{E}}}{r^{2}}\displaystyle\sum_{i=2}^{N}\left\{(i+1)\left(\frac{a_{\mathrm{e}}}{r}\right)^{i}\sum_{j=0}^{i}\left[\bar{C}_{ij}(\bar{A}_{ij}\cos(j\theta)+\bar{B}_{ij}\sin(j\theta))\right]\right\}\\
g_{\delta z}^{\mathrm{E}}=-\dfrac{\mu_{\mathrm{E}}}{r^{2}\cos\phi}\displaystyle\sum_{i=2}^{N}\left\{\left(\frac{a_{\mathrm{e}}}{r}\right)^{i}\sum_{j=0}^{i}\left[j\bar{C}_{ij}(\bar{A}_{ij}\sin(j\theta)-\bar{B}_{ij}\cos(j\theta))\right]\right\}
\end{cases}
\tag{3-55}
$$

将式(3 - 55) 中求出的扰动引力分量由北天东系转换到发射系中并与正常引力加速度相加,便可以得到发射系下的实际引力加速度。

最后指出一点,式(3 - 55) 中的勒让德函数系数 $\bar{A}_{ij}$ 及 $\bar{B}_{ij}$ 是以 10^{-6} 为单位写入数据表中的,因此使用时应在式(3 - 55) 右端乘以 10^{-6}。

3.2.5 垂线偏差的影响

在弹道设计时通常假设地球为正常椭球体,并以椭球表面的铅垂线或法线为基准建立坐标系(如发射系);但在实际发射时,真实铅垂线或法线通常需要借助测量装置确定。显然实测铅垂线不能保证始终与理论值铅垂线一致(图 3 - 11),它们之间的夹角在大地测量学中被称为垂线偏差。

设垂线偏差在当地子午面和卯酉面内的分量分别为 ξ 和 η,当真实铅垂线偏向理想铅垂线的正北和正东时,ξ 和 η 为正值。

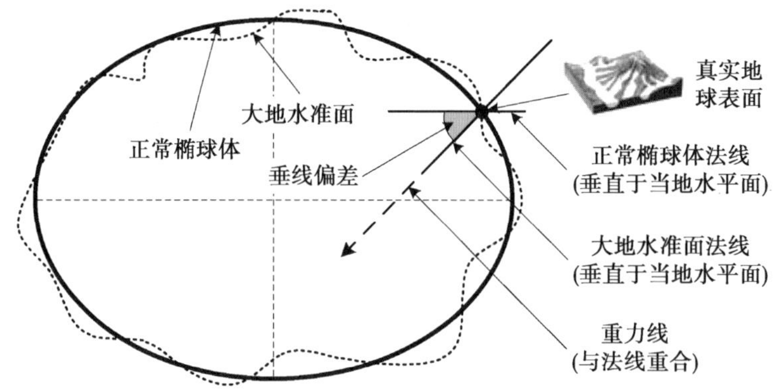

图 3 - 11　正常椭球体和大地水准面

地心坐标、天文坐标和垂线偏差之间的关系为

$$\begin{cases}\xi = \phi - \phi_{\mathrm{T}} \\ \eta = (\theta - \theta_{\mathrm{T}})\cos\phi \\ A_{\mathrm{L}} = \tilde{A}_{\mathrm{L}} - \eta\tan\phi\end{cases} \tag{3-56}$$

式中，$\tilde{A}_{\mathrm{L}}$ 为考虑垂线偏差时的发射方位角，由实际测量获得。

定义根据发射点实测垂线方向建立起的发射坐标系为天文发射坐标系（记为 $o_{\mathrm{L}}^{\mathrm{T}}x_{\mathrm{L}}^{\mathrm{T}}y_{\mathrm{L}}^{\mathrm{T}}z_{\mathrm{L}}^{\mathrm{T}}$），为便于区分，记第 2 章中定义的发射坐标系为正常椭球体发射系。当考虑垂线偏差时，在计算发动机推力、气动力、地球引力、惯性力、地球自转角速度等矢量时应引入角度 ξ 和 η，即将上述矢量在正常椭球体发射系下的分量进一步通过坐标转换投影到天文发射系下。

根据垂线偏差的定义，可以得到从天文发射系到正常椭球体发射系的坐标转换矩阵（记为 $\boldsymbol{C}_{\mathrm{M}}^{\mathrm{L}}$）为

$$\begin{aligned}\boldsymbol{C}_{\mathrm{M}}^{\mathrm{L}} &= \boldsymbol{C}_y(-A_{\mathrm{L}})\boldsymbol{C}_z(-\xi)\boldsymbol{C}_x(\eta)\boldsymbol{C}_y(\tilde{A}_{\mathrm{L}}) \\ &= \begin{bmatrix}\cos A_{\mathrm{L}} & 0 & \sin A_{\mathrm{L}} \\ 0 & 1 & 0 \\ -\sin A_{\mathrm{L}} & 0 & \cos A_{\mathrm{L}}\end{bmatrix}_y \begin{bmatrix}\cos\xi & -\sin\xi & 0 \\ \sin\xi & \cos\xi & 0 \\ 0 & 0 & 1\end{bmatrix}_z \cdot \\ &\quad \begin{bmatrix}1 & 0 & 0 \\ 0 & \cos\eta & \sin\eta \\ 0 & -\sin\eta & \cos\eta\end{bmatrix}_x \begin{bmatrix}\cos\tilde{A}_{\mathrm{L}} & 0 & -\sin\tilde{A}_{\mathrm{L}} \\ 0 & 1 & 0 \\ \sin\tilde{A}_{\mathrm{L}} & 0 & \cos\tilde{A}_{\mathrm{L}}\end{bmatrix}_y\end{aligned} \tag{3-57}$$

经整理得

$$\begin{cases}C_{\mathrm{M}}^{\mathrm{L}}(1,1) = \cos A_{\mathrm{L}}(\cos\xi\cos\tilde{A}_{\mathrm{L}} - \sin\xi\sin\eta\sin\tilde{A}_{\mathrm{L}}) + \sin A_{\mathrm{L}}\cos\eta\sin\tilde{A}_{\mathrm{L}} \\ C_{\mathrm{M}}^{\mathrm{L}}(1,2) = -\cos A_{\mathrm{L}}\sin\xi\cos\eta - \sin A_{\mathrm{L}}\sin\eta \\ C_{\mathrm{M}}^{\mathrm{L}}(1,3) = -\cos A_{\mathrm{L}}(\cos\xi\sin\tilde{A}_{\mathrm{L}} + \sin\xi\sin\eta\cos\tilde{A}_{\mathrm{L}}) + \sin A_{\mathrm{L}}\cos\eta\cos\tilde{A}_{\mathrm{L}} \\ C_{\mathrm{M}}^{\mathrm{L}}(2,1) = \sin\xi\cos\tilde{A}_{\mathrm{L}} + \cos\xi\sin\eta\sin\tilde{A}_{\mathrm{L}} \\ C_{\mathrm{M}}^{\mathrm{L}}(2,2) = \cos\xi\cos\eta \\ C_{\mathrm{M}}^{\mathrm{L}}(2,3) = -\sin\xi\sin\tilde{A}_{\mathrm{L}} + \cos\xi\sin\eta\cos\tilde{A}_{\mathrm{L}} \\ C_{\mathrm{M}}^{\mathrm{L}}(3,1) = -\sin A_{\mathrm{L}}(\cos\xi\cos\tilde{A}_{\mathrm{L}} - \sin\xi\sin\eta\sin\tilde{A}_{\mathrm{L}}) + \cos A_{\mathrm{L}}\cos\eta\sin\tilde{A}_{\mathrm{L}} \\ C_{\mathrm{M}}^{\mathrm{L}}(3,2) = \sin A_{\mathrm{L}}\sin\xi\cos\eta - \cos A_{\mathrm{L}}\sin\eta \\ C_{\mathrm{M}}^{\mathrm{L}}(3,3) = \sin A_{\mathrm{L}}(\cos\xi\sin\tilde{A}_{\mathrm{L}} + \sin\xi\sin\eta\cos\tilde{A}_{\mathrm{L}}) + \cos A_{\mathrm{L}}\cos\eta\cos\tilde{A}_{\mathrm{L}}\end{cases} \tag{3-58}$$

3.3 空气动力

空气动力就是空气与物体之间发生相对运动所产生的作用力。空气动力学是在航空航天事业牵引下快速发展起来的一门学科,主要研究物体与空气之间有相对运动时,空气的运动规律及(空气内部和空气与物体之间的)作用力所服从的规律。远程火箭在大气中飞行时,弹体表面的各个部分都受到空气动力的作用,其合力称为作用在远程火箭上的空气动力。

如图3-12所示,以运载火箭为例,空气动力可以在速度坐标系上进行分解,与速度方向相反的分量为阻力,垂直于速度方向的分量为升力;当弹体有偏航运动时,空气动力还会有侧向力。由空气动力定义可知,影响空气动力的因素包括地球大气、火箭外形、飞行状态等,下面分别介绍上述内容。

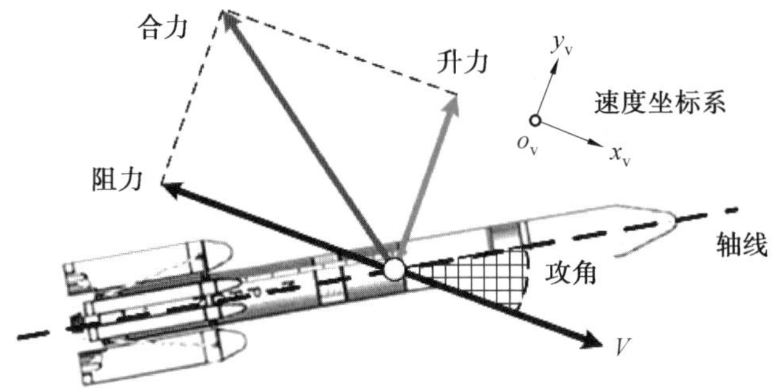

图 3-12　气动力作用方向

3.3.1 空气动力产生原理

人类对空气动力的研究有着悠久的历史。科学记载表明,亚里士多德在公元前350年提出了一种连续性模型描述空气,解释了物体在空气中运动会受到阻力的原因。1687年,英国科学家牛顿应用力学原理和科学演绎法推导得出作用于机翼上的升力和阻力正比于飞行速度的平方、机翼面积和空气密度的结论。1738年,瑞士科学家伯努利在一维不可压缩流假设下,应用动能定理推导出了著名的伯努利方程,即

$$p + \frac{\rho}{2}V^2 + \rho g h = C \tag{3-59}$$

式中,p、V 和 ρ 分别为流体的压强、速度和密度;C 表示常数;h 为流体的竖向高度。对于气体,h 一般可以忽略不计,此时伯努利方程变为

$$p + \frac{\rho}{2}V^2 \equiv C \tag{3 - 60}$$

伯努利方程表明速度和压强有直接关系，只需知道速度和压强中的一个便可求出另一个。同时，速度越大，压强越小；速度越小，压强越大。以空射火箭的弹翼为例，伯努利原理解释了弹翼获得升力的原因，即弹翼上表面气体流速快、压强小，下表面流速慢、压强大，上下表面形成压力差进而产生了升力，如图 3 - 13 所示。研究表明，伯努利原理不仅适用于同一条流线，还可扩展到同一涡线、势流流场、螺旋流等。

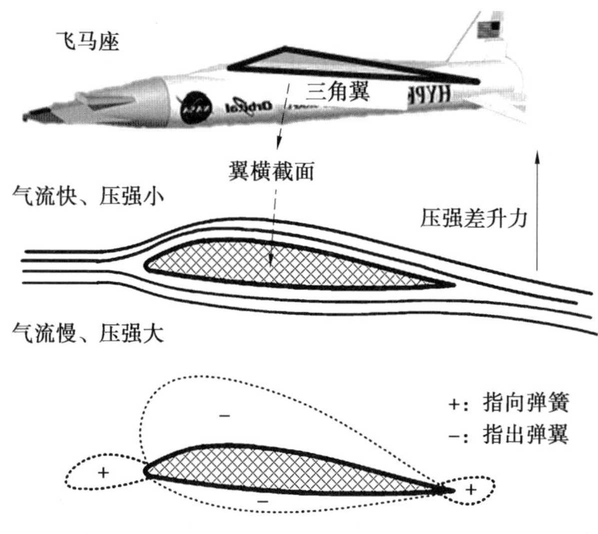

图 3 - 13　伯努利原理示意图

另外，库塔 - 茹科夫斯基环量定理①从定量的角度解释了升力原理。如图 3 - 14 所示，定理指出对于任意形状物体的绕流，只要存在速度环量就会产生升力，升力方向沿来流方向按反环量方向旋转 90°，即

$$L = \rho V \Gamma \tag{3 - 61}$$

式中，Γ 为绕流物体的速度环量，其计算公式为

$$\Gamma = \oint_s V \mathrm{d}s = \iint_S 2\omega_V \mathrm{d}S \tag{3 - 62}$$

式中，s 为绕流物体的周长；$\mathrm{d}s$ 为弧微元；S 为绕流物体的表面积；$\mathrm{d}S$ 为面积微元；ω_V 为流体微团的旋转角速度。

① 由德国科学家马丁·威廉·库塔及俄国科学家尼古拉·叶戈罗维奇·茹科夫斯基于 20 世纪初提出。

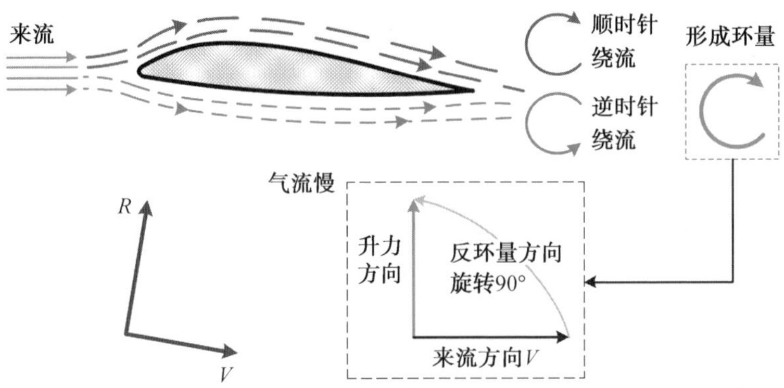

图 3 - 14　环量定理示意图

由伯努利原理和库塔 - 茹科夫斯环量定理可知,空气动力与物体表面流场分布(或压强分布)有关。如图3 - 14 所示,当飞行器相对大气产生运动时,飞行姿态和飞行速度(相对大气)间的相对关系,会导致经过飞行器上下表面的空气流速不同,进而使上下表面形成压力差并产生升力。

3.3.2　标准大气模型

运载火箭的飞行状态是随高度变化的连续函数,而地球大气状态参数(密度、温度、压强、声速、黏性和压缩性等)也与高度密切相关。实际上,大气参数还与经纬度、季节和天气等因素有关。为了便于使用,国际上通常将重点关注地区的大气参数经精心的测量和计算编成统一的表格,称为标准大气表。以福建 2013 年 11 月的实测数据为例,部分大气数据如表 3 - 2 所示。

表 3 - 2　福建地区大气数据表

序号	高度/m	大气压/kPa	温度/℃	序号	高度/m	大气压/kPa	温度/℃
1	162	100	20.60	8	10 940	25	-39.90
2	830	92.5	14.40	9	12 420	20	-52.50
3	1 542	85	11.20	10	14 220	15	-67.50
4	3 162	70	5.60	11	16 570	10	-76.50
5	5 860	50	-6.90	12	18 620	7	-75.50
6	7 580	40	-16.50	13	20 630	5	-64.90
7	9 670	30	-32.10	14	23 780	3	-56.30

弹道学中常用国际标准大气模型产生大气状态参数。国际上规定以地球中纬度地区(地理纬度 45°32′33″ 处的海平面)的全年实测大气参数的统计平均值作为标准大气参数,并认为大气是相对湿度为零的完全气体。国际标准大气模

型因各国或各机构的测量结果不同而略有差异，而目前国际上普遍使用的是1976年美国航空宇航局制定的美国标准大气(USSA－76)模型。USSA－76模型的适用高度范围为0～1 000 km，分为低层(0～91 km)和高层(91～1 000 km)两部分。

USSA－76模型的地面基准值如表3－3所示。设标准温度为T、压强为p、密度为ρ、高度为h；定义中间变量W。以高度为自变量，USSA－76模型的分段计算公式如下所示。

表3－3 USSA－76模型中与弹道学相关的基准值

名称	符号	数值	单位
大气压	p_0	101.325	kPa
标准温度	T_0	288.15	K
摄氏温度	C_0	15	℃
大气密度	ρ_0	1.225	kg/m^3
声速	a_{s0}	340.294	m/s

1. 低层部分(*h* 单位为 km)

(a)0～11.019 1 km

$$\begin{cases} W = 1 - h/44.330\,8 \\ T = 288.15W \\ p = p_0 W^{5.255\,9} \\ \rho = \rho_0 W^{4.255\,9} \end{cases} \tag{3-63}$$

(b)11.019 1～20.063 1 km

$$\begin{cases} W = \exp((14.964\,7 - h)/6.341\,6) \\ T = 216.65 \\ p = 0.119\,5 p_0 W \\ \rho = 0.159\,0 \rho_0 W \end{cases} \tag{3-64}$$

(c) 20.063 1～32.161 9 km

$$\begin{cases} W = 1 + (h - 24.902\,1)/221.552 \\ T = 221.552W \\ p = 2.515\,8 \times 10^{-2} p_0 W^{-34.162\,9} \\ \rho = 3.272\,2 \times 10^{-2} \rho_0 W^{-35.162\,9} \end{cases} \tag{3-65}$$

(d) 32.161 9～47.350 1 km

$$\begin{cases} W = 1 + (h - 39.749\,9)/89.410\,7 \\ T = 250.350W \\ p = 2.833\,8 \times 10^{-3} p_0 W^{-12.201\,1} \\ \rho = 3.261\,8 \times 10^{-3} \rho_0 W^{-13.201\,1} \end{cases} \tag{3-66}$$

(e) 47.350 1 ~ 51.412 5 km

$$\begin{cases} W = \exp((48.625\,2 - h)/7.922\,3) \\ T = 270.65 \\ p = 8.915\,5 \times 10^{-4} p_0 W \\ \rho = 9.492\,0 \times 10^{-4} \rho_0 W \end{cases} \tag{3-67}$$

(f) 51.412 5 ~ 71.802 0 km

$$\begin{cases} W = 1 - (h - 59.439\,0)/88.221\,8 \\ T = 247.021W \\ p = 2.167\,1 \times 10^{-4} p_0 W^{12.201\,1} \\ \rho = 2.528\,0 \times 10^{-4} \rho_0 W^{11.201\,1} \end{cases} \tag{3-68}$$

(g) 71.802 0 ~ 86.000 1 km

$$\begin{cases} W = 1 - (h - 78.030\,3)/100.295\,0 \\ T = 200.590W \\ p = 1.227\,4 \times 10^{-5} p_0 W^{17.081\,6} \\ \rho = 1.763\,2 \times 10^{-5} \rho_0 W^{16.081\,6} \end{cases} \tag{3-69}$$

(h) 86.000 1 ~ 91.000 1 km

$$\begin{cases} W = \exp((87.284\,8 - h)/5.470\,0) \\ T = 186.870\,0 \\ p = (2.273\,0 + 1.042h_{\mathrm{km}}) \times 10^{-6} p_0 W \\ \rho = 3.641\,1 \times 10^{-6} \rho_0 W \end{cases} \tag{3-70}$$

在0 ~ 91 km 内,声速的简化计算公式为

$$a_s = 20.046\,8\sqrt{T} \tag{3-71}$$

2. 高层部分(h 单位为 km)

(1) 大气热力学温度 T 的分段计算式如下:

(a)91 ~ 110 km

$$T = 263.190\,5 - 76.323\,2\sqrt{1 - \left(\frac{h - 91}{19.943}\right)^2} \tag{3-72}$$

(b)110 ~ 120 km

$$T = 240 - 12(h - 110) \tag{3-73}$$

(c) 120 ~ 1 000 km

$$\begin{cases} W = 1\,000(h - 120)\dfrac{a_e + 120\,000}{a_e + h} \\ T = 1\,000 - 640\exp(-1.875 \times 10^{-5}W) \end{cases} \tag{3-74}$$

(2) 大气密度拟合公式如下：

(a) 91 ~ 200 km

$$\rho = \exp(-3.412 \times 10^{-6}h^3 + 0.001\,82h^2 - 0.338h + 12.634) \tag{3-75}$$

(b) 200 ~ 600 km

$$\rho = \exp[-9.595 - 0.009\,79(h - 200) + 7.072 \times 10^{-6}(h - 200)(h - 400)] \tag{3-76}$$

(c) 600 ~ 1 000 km

$$\rho = \exp[-12.944 - 5 \times 10^{-3}(h - 600) + 6.207 \times 10^{-6}(h - 600)(h - 800)] \tag{3-77}$$

另外，在进行初步弹道设计的过程中，有时为了便于计算还可以使用更为简单的指数大气密度模型，即

$$\rho = \rho_0 e^{-\beta h} \tag{3-78}$$

式中，$\beta = 1.406 \times 10^{-4}\ \mathrm{m}^{-1}$ 为常系数。

以表 3 - 2 中的地区为例，分别根据实测数据（缺省数据采用线性差值）、标准大气模型和指数模型绘制大气压强和温度曲线（0 ~ 20 km），结果如图 3 - 15 和图 3 - 16 所示。

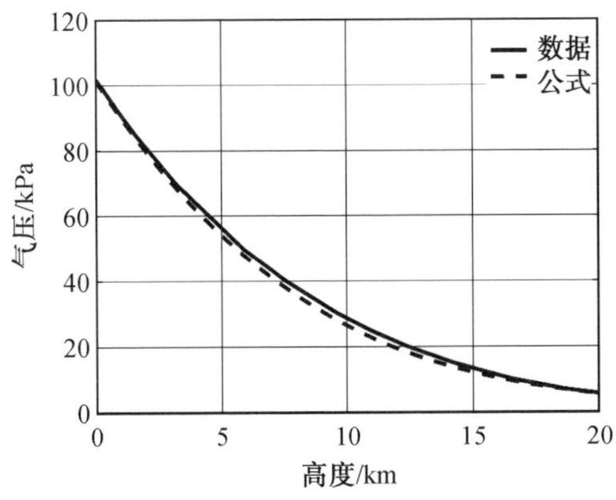

图 3 - 15　不同方法得到的大气压强

由国际标准大气的定义可知，利用标准大气所计算出的火箭弹道反映的是火箭在大气中的"平均"运动规律，这种"平均"运动规律对火箭弹道初步论证已经足够。如果关注某一地区大气影响，可参照其实际大气参数（例如表 3 - 2）进

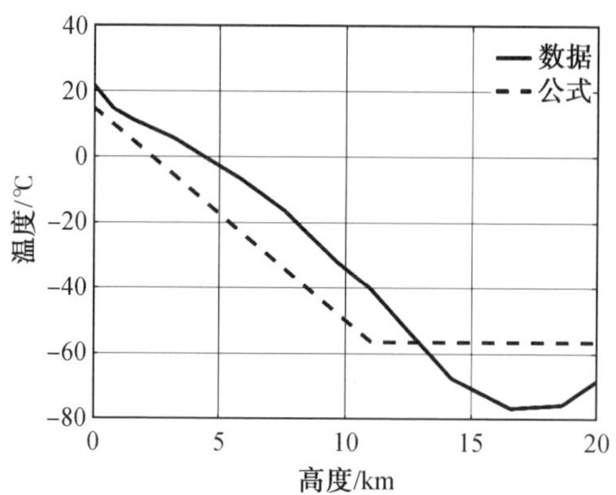

图 3－16　不同方法得到的大气温度

行修正。最后指出，在进行初步弹道设计或计算时，可认为高度大于 90 km 时环境为真空，即大气密度为零。

3.3.3　空气动力计算模型

远程火箭的空气动力学具有一定的特殊性和复杂性。从速度域的角度看，它涉及亚声速、超声速和高超声速三部分，从高度域的角度看它还包括稀薄气体力学部分。因此，研究远程火箭的空气动力学必须采用理论、仿真和风洞试验相结合的方式。本书着重给出在已获得空气动力系数的条件下，计算远程火箭空气动力的方法。

由气动力产生原理可知，获得流场或压强分布是计算气动力的前提。但火箭的结构外形一般比较复杂，其表面流场或压强分布受多种因素影响，一般很难解析推导出气动力计算公式。工程上采用风洞试验或数值仿真软件获得气动系数插值表，然后根据气动力与火箭飞行状态、气动力系数和总体参数间的关系计算气动力。

在速度坐标系下，气动力矢量可以表示为

$$\boldsymbol{R}_{\mathrm{v}} = [-D, L, Z]^{\mathrm{T}} \tag{3-79}$$

式中，D、L 和 Z 分别为气动阻力、升力和侧向力，可以表示为

$$\begin{cases} D = c_{\mathrm{D}} q S_{\mathrm{ref}} \\ L = c_{\mathrm{L}} q S_{\mathrm{ref}} \\ Z = c_{z} q S_{\mathrm{ref}} \end{cases} \tag{3-80}$$

式中，c_{D}、c_{L} 和 c_z 分别为速度系下的阻力系数、升力系数和侧向力系数；q 为飞行动压（或称速度头）；S_{ref} 为远程火箭的特征面积。

动压可通过相对速度和大气密度计算得出

$$q = \frac{1}{2}\rho V^2 \tag{3-81}$$

一般来说,气动系数可认为是高度、速度、攻角、侧滑角和舵偏角等参数的函数。远程火箭的气动系数一般通过风洞试验获得,在理论计算中则可以通过软件(如 Missile Datacom、Fluent 等)计算获得。

以某型弹道导弹为例,用 Missile Datecom 计算出的部分气动参数如表 3-4 和表 3-5 所示[①]。

表 3-4　某型导弹一级阻力系数(部分)

攻角/(°)	马赫数							
	0.1	1	2	3	4	5	6	7
-10	0.066	0.636	0.674	0.609	0.599	0.596	0.587	0.585
0	0.076	0.655	0.699	0.633	0.614	0.604	0.595	0.590
10	0.066	0.636	0.674	0.609	0.599	0.596	0.587	0.585
20	0.033	0.579	0.601	0.539	0.555	0.574	0.565	0.569
30	-0.013	0.491	0.489	0.433	0.489	0.539	0.531	0.546
40	-0.047	0.385	0.311	0.267	0.358	0.437	0.429	0.454

表 3-5　某型导弹一级升力系数(部分)

攻角/(°)	马赫数							
	0.1	1	2	3	4	5	6	7
-10	-0.455	-0.496	-0.654	-0.557	-0.563	-0.559	-0.535	-0.523
0	0	0	0	0	0	0	0	0
10	0.455	0.496	0.654	0.557	0.563	0.559	0.535	0.523
20	1.104	1.389	2.068	1.621	1.494	1.48	1.477	1.482
30	1.048	2.003	2.613	1.944	1.879	1.902	1.898	1.904
40	2.061	3.792	4.057	3.437	3.386	3.411	3.407	3.414

在具体应用时,需要按照远程火箭的实际飞行状态(高度、速度、姿态等)通过差值计算从气动数据表中得到升力系数和阻力系数。例如速度 3.5Ma、攻角 5°条件下的升力系数并未在表 3-5 中给出,当采用线性差值时,此时的升力系数可按如下方式计算得出:

① 简化后(零侧滑角、零尾舵舵偏)的结果,同时未考虑诱导阻力等因素。

$$\begin{cases} c_{L1} = c_L \Big|_{Ma=3}^{\alpha=0} + \left(c_L \Big|_{Ma=3}^{\alpha=0} - c_L \Big|_{Ma=3}^{\alpha=10}\right) \dfrac{\alpha - \alpha|_{\alpha=0}}{\alpha|_{\alpha=0} - \alpha|_{\alpha=10}} \\ \quad = 0 + (0 - 0.557) \times \dfrac{5-0}{0-10} = 0.278\,5 \\ c_{L2} = c_L \Big|_{Ma=4}^{\alpha=0} + \left(c_L \Big|_{Ma=4}^{\alpha=0} - c_L \Big|_{Ma=4}^{\alpha=10}\right) \dfrac{\alpha - \alpha|_{\alpha=0}}{\alpha|_{\alpha=0} - \alpha|_{\alpha=10}} \\ \quad = 0 + (0 - 0.563) \times \dfrac{5-0}{0-10} = 0.281\,5 \\ c_L = c_{L1} + (c_{L1} - c_{L2}) \dfrac{Ma - Ma|_{Ma=3}}{Ma|_{Ma=3} - Ma|_{Ma=4}} \\ \quad = 0.278\,5 + (0.278\,5 - 0.281\,5) \times \dfrac{3.5-3}{3-4} = 0.28 \end{cases}$$

3	4
−0.557	−0.563
0	0
0.557	0.563
1.621	1.494
1.944	1.879
3.437	3.386

有时为了简化计算过程，可以采用如下经验公式确定气动参数：

$$c_D = \begin{cases} 0.29, & 0.01 < Ma < 0.80 \\ Ma - 0.51, & 0.80 < Ma < 1.07 \\ 1.03 - 0.5/Ma, & 1.07 < Ma \end{cases} \tag{3-82}$$

式中，Ma 为飞行马赫数，是火箭相对大气的速度①与声速之比。

$$c_L^\alpha = \begin{cases} 2.80, & 0.01 < Ma < 0.25 \\ 2.80 + 0.447(Ma - 0.25), & 0.25 < Ma < 1.10 \\ 3.18 - 0.660(Ma - 1.10), & 1.10 < Ma < 1.60 \\ 2.85 - 0.350(Ma - 1.60), & 1.60 < Ma < 3.60 \\ 3.55, & 3.60 < Ma \end{cases} \tag{3-83}$$

式中，c_L^α 为升力系数对攻角的导数。根据 c_L^α 可求出升力系数和侧向力系数为

$$\begin{cases} c_L = \alpha c_L^\alpha \\ c_z = -\beta c_L^\alpha \end{cases} \tag{3-84}$$

参考表3-4、表3-5，在2Ma 状态下分别根据数据表②和经验公式绘制气动系数变化图，如图3-17和图3-18所示。结果表明，对于弹道导弹这种外形较为规则的飞行器来说，使用经验公式能够满足简单计算和初步设计的要求。

需要注意的是，很多时候由气动计算软件获得的气动参数是体坐标系下的，对应的气动力矢量为

$$\boldsymbol{R}_b = [-A_b, N_b, Z_b]^T \tag{3-85}$$

式中，A_b、N_b 和 Z_b 分别为轴向力、法向力和侧向力。类似于式(3-80)，它们对应

① 为便于计算，可以用绝对速度代替相对速度。

② 气动系数由攻角和马赫数通过二维线性差值获得。

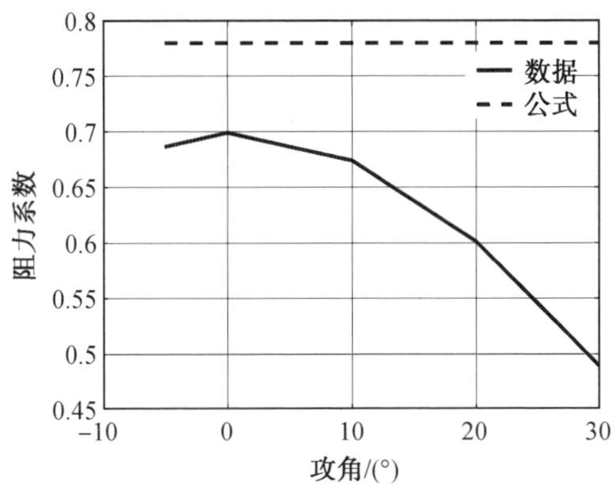

图 3 - 17　阻力系数随攻角变化情况

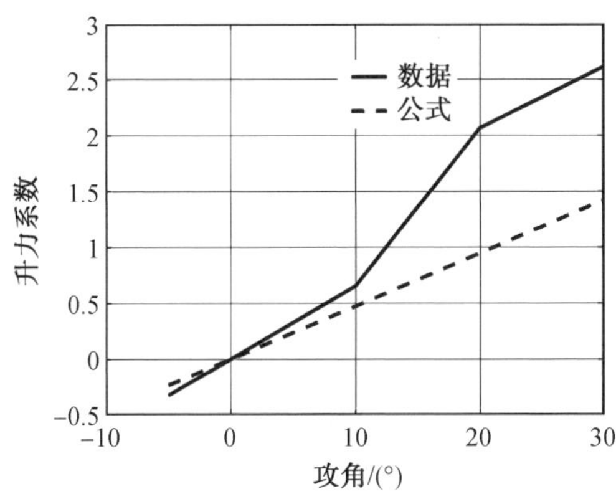

图 3 - 18　升力系数随攻角变化情况

的气动力系数分别为轴向力系数、法向力系数和侧向力系数。

由体坐标系和速度系间的转换矩阵，$\boldsymbol{R}_v$ 和 $\boldsymbol{R}_b$ 间存在如下关系：

$$\begin{cases} A_b = D\cos\beta\cos\alpha - L\sin\alpha + Z\sin\beta\cos\alpha \\ N_b = D\cos\beta\sin\alpha + L\cos\alpha + Z\sin\beta\sin\alpha \\ Z_b = D\sin\beta + Z\cos\beta \end{cases} \tag{3 - 86}$$

在本书中，若不加以说明，气动力指的便是速度系下的气动力 $\boldsymbol{R}_v$。需要注意的是，根据气动力的作用机理，阻力是沿速度反向施加于火箭的，因此 D 的值一定为正，矢量 $\boldsymbol{R}_v$ 的第一个分量 $(-D)$ 一定是负值。

相反，轴向力 A_b 的值不一定为正，矢量 $\boldsymbol{R}_b$ 的第一个分量 $(-A_b)$ 不一定是负值。如图 3 - 19 所示，原因如下：

（1）设侧滑角为零，则有 $A_b = D\cos\alpha - L\sin\alpha$；

（2）设攻角大于零则将产生的升力 L 为正值；

(3) 若 $\cot\alpha < L/D$，则 $A_b = D\cos\alpha - L\sin\alpha < 0$，其中 L/D 称为升阻比。

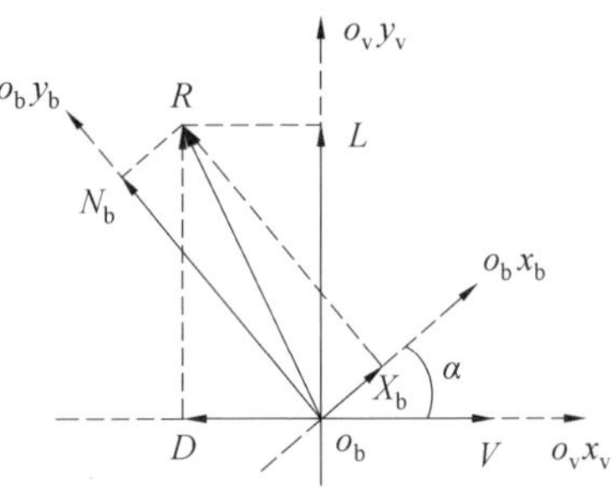

图 3－19　轴向力和阻力

滑翔式飞行器和水平起降飞行器常采用 BTT 控制方式来控制气动过载。此时$\beta=0$且$\sigma_V=0$，并且决定气动力的是攻角和倾侧角而不是攻角和侧滑角，同时气动力矢量在弹道系下表示为

$$\boldsymbol{R}=[-X, Y\cos\sigma, Y\sin\sigma]^{\mathrm{T}} \tag{3-87}$$

例：现有一枚运载火箭正处于主动段飞行阶段。火箭具有轴对称外形，特征面积为 1.1 m^2，此时相对大气的运动速度为 3.14Ma，高度 30 km，攻角和侧滑角分别为 12.3° 和－2.4°。采用指数模型计算大气密度，设声速为 330 m/s。在速度坐标系下，基于表 3－4
和表 3－5 计算此时火箭受到的气动力。

解：根据指数模型，此时的大气密度为$\rho=1.225\mathrm{e}^{-1.406\mathrm{e}-4\times 30\,000}=0.018\ \mathrm{kg/m^3}$；

火箭的速度为 $V=330\times 3.14=1\,036.2$（m/s）；采用线性差值，根据攻角计算阻力系数有

$$\begin{cases} c_{D1}=c_D\big|_{Ma=3}^{\alpha=10}+\left(c_L\big|_{Ma=3}^{\alpha=10}-c_L\big|_{Ma=3}^{\alpha=20}\right)\dfrac{\alpha-\alpha|_{\alpha=10}}{\alpha|_{\alpha=10}-\alpha|_{\alpha=20}}=0.592\,9 \\ c_{D2}=c_D\big|_{Ma=4}^{\alpha=10}+\left(c_L\big|_{Ma=4}^{\alpha=10}-c_L\big|_{Ma=4}^{\alpha=20}\right)\dfrac{\alpha-\alpha|_{\alpha=10}}{\alpha|_{\alpha=10}-\alpha|_{\alpha=20}}=0.588\,9 \\ c_D=c_{D1}+(c_{D1}-c_{D2})\dfrac{Ma-Ma|_{Ma=3}}{Ma|_{Ma=3}-Ma|_{Ma=4}}=0.592\,3 \end{cases}$$

采用线性差值，根据攻角计算升力系数有

$$\begin{cases} c_{L1}=c_L\big|_{Ma=3}^{\alpha=10}+\left(c_L\big|_{Ma=3}^{\alpha=10}-c_L\big|_{Ma=3}^{\alpha=20}\right)\dfrac{\alpha-\alpha|_{\alpha=10}}{\alpha|_{\alpha=10}-\alpha|_{\alpha=20}}=0.801\,7 \\ c_{L2}=c_L\big|_{Ma=4}^{\alpha=10}+\left(c_L\big|_{Ma=4}^{\alpha=10}-c_L\big|_{Ma=4}^{\alpha=20}\right)\dfrac{\alpha-\alpha|_{\alpha=10}}{\alpha|_{\alpha=10}-\alpha|_{\alpha=20}}=0.777\,1 \\ c_L=c_{L1}+(c_{L1}-c_{L2})\dfrac{Ma-Ma|_{Ma=3}}{Ma|_{Ma=3}-Ma|_{Ma=4}}=0.798\,3 \end{cases}$$

采用线性差值，根据侧滑角计算侧向力系数；注意轴对称条件下可使用升力系数表计算侧向力系数，同时正侧滑角产生负的侧向力为

$$\begin{cases} c_{Z1} = c_Z \big|_{Ma=3}^{\beta=0} + \left(c_Z \big|_{Ma=3}^{\beta=0} - c_Z \big|_{Ma=3}^{\beta=-10}\right) \dfrac{\beta - \beta\big|_{\beta=0}}{\beta\big|_{\beta=0} - \beta\big|_{\beta=-10}} = 0.133\,7 \\ c_{Z2} = c_Z \big|_{Ma=4}^{\beta=0} + \left(c_Z \big|_{Ma=4}^{\beta=0} - c_Z \big|_{Ma=4}^{\beta=-10}\right) \dfrac{\beta - \beta\big|_{\beta=0}}{\beta\big|_{\beta=0} - \beta\big|_{\beta=-10}} = 0.135\,1 \\ c_Z = c_{Z1} + (c_{Z1} - c_{Z2}) \dfrac{Ma - Ma\big|_{Ma=3}}{Ma\big|_{Ma=3} - Ma\big|_{Ma=4}} = 0.133\,9 \end{cases}$$

最终,速度系下的气动力矢量各分量为

$$\begin{cases} D = -0.592\,3 \times 1.1 \times (0.5 \times 1\,036.2^2 \times 0.018) = -6\,295.99(\text{N}) \\ L = 0.798\,3 \times 1.1 \times (0.5 \times 1\,036.2^2 \times 0.018) = 8\,485.71(\text{N}) \\ Z = 0.133\,9 \times 1.1 \times (0.5 \times 1\,036.2^2 \times 0.018) = 1\,423.32(\text{N}) \end{cases}$$

3.3.4　远程火箭的气动特性分析

以传统弹道导弹为例,其外形一般采用轴对称结构,且不安装弹翼。

如图3－20所示,导弹头部外形一般由某一曲线绕对称轴旋转而成(称为旋成体),该曲线被称为母线(顶点与地面圆周上任意一点的连线)。母线对导弹气动特性的影响很大,常见的母线线型包括锥形、圆弧形、抛物线形、指数形和冯卡门形等。下面将介绍这些线型的母线方程。

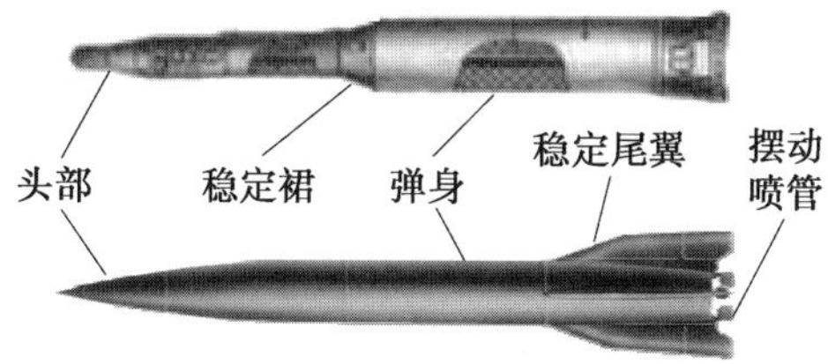

图3－20　典型弹道导弹外形

1. 典型头部母线线型

建立 $x-r$ 坐标系描述母线方程:坐标原点为弹头顶点,x 轴沿纵对称轴指向尾部,r 为坐标 x 处垂直于 x 轴的圆面(旋成体)半径。设弹头全长为 l,底面半径为 R,则各种母线方程如下:

(1)圆弧形(蛋形)头部。

$$r = \rho\left[\sqrt{1 - \left(\frac{l-x}{\rho}\right)^2} - 1\right] + R \tag{3-88}$$

式中,ρ 为圆弧曲率半径。圆锥形母线如图3－21所示。

(2)球锥形头部。

$$r = \frac{x}{l}R \tag{3-89}$$

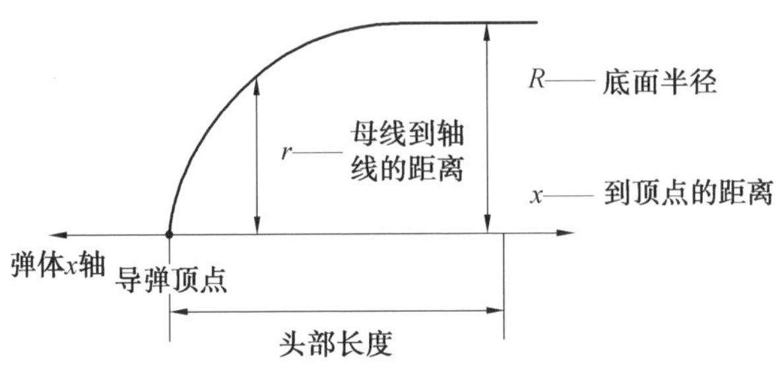

图 3－21　圆锥形母线示意图

球锥形母线如图 3－22 所示。

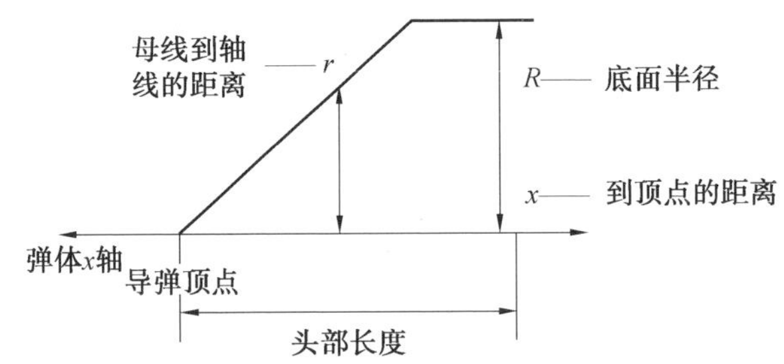

图 3－22　球锥形母线示意图

(3) 抛物线形头部。

$$r = \frac{R}{l}\left(2x - \frac{x^2}{l}\right) \tag{3-90}$$

(4) 指数型头部。

$$r = R\left(\frac{x}{l}\right)^n \tag{3-91}$$

式中，n 为指数，一般取 0.6 ~ 0.8。

(5) 冯卡门形头部。

$$\frac{r}{R} = \frac{1}{\sqrt{\pi}}\sqrt{\phi - \frac{1}{2}\sin 2\phi} \tag{3-92}$$

式中，$\phi = \arccos(1 - 2x/l)$。

远程火箭的头部外形对气动阻力的影响较大，主要体现在超声速飞行时的波阻。如图 3－23 所示，一般来说，头部锥角越大则阻力越大，同时升阻比越低。

2. 细长旋成体外形气动特性分析

根据伯努利方程，流场中某点处的压强系数与来流速度存在如下关系：

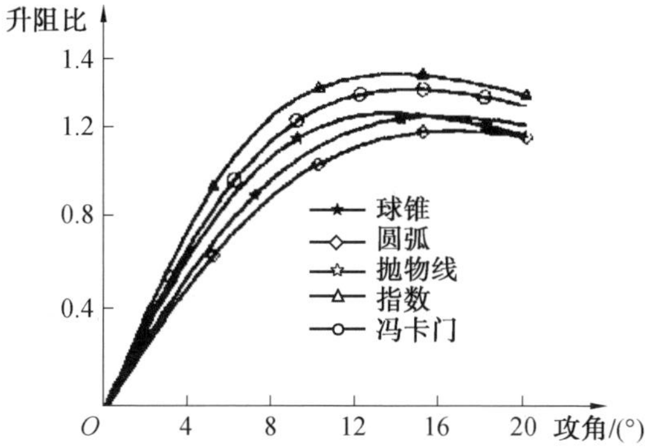

图 3-23　采用不同母线时弹头的升阻比特性

$$C_{p} = -\frac{2}{v_{\infty}}\varphi_{x} - \frac{\varphi_{x}^{2} + \varphi_{r}^{2} + \varphi_{\theta}^{2}/r^{2}}{v_{\infty}^{2}} \quad (3-93)$$

式中，C_p 为压强系数；下标"∞"表示来流；φ_x、φ_r 和 φ_θ 分别为 $x-r$ 坐标系下的扰动速度分量。系数 C_p 代表了来流作用在物体表面上的压强，已知 C_p 便可以通过对物体表面的压强分布积分来求出法向气动力。

(1) 轴向绕流产生的压强。

沿 x 轴方向绕过旋成体的气流称为轴向绕流。

亚声速条件下，轴向绕流产生的压强分布为

$$C_{p1} = -\frac{\ln r}{\pi}\frac{d^{2}S}{dx^{2}} - \left(\frac{dr}{dx}\right)^{2} + \frac{l-2x}{\pi 2x(l-x)}\frac{dS}{dx} + \frac{\ln 2\sqrt{x(l-x)\pi} - 1 - \ln\beta}{\pi}\frac{d^{2}S}{dx^{2}} \quad (3-94)$$

式中，$\beta = \sqrt{1 - Ma_{\infty}^{2}}$；$S$ 为旋成体横截面积；r 为母线长度；l 为旋成体长度。

超声速条件下，轴向绕流产生的扰动速度为

$$\begin{cases} \varphi_{x1} = -\dfrac{v_{\infty}}{2\pi}\ln\left(\dfrac{2}{\beta r}\right)\dfrac{d^{2}S}{dx^{2}} - \dfrac{v_{\infty}}{2\pi}\dfrac{d}{dx}\displaystyle\int_{0}^{x}\left[\dfrac{d^{2}S}{d\xi^{2}}\ln(x-\xi)\right]d\xi \\ \varphi_{r1} = -\dfrac{v_{\infty}}{2\pi r}\dfrac{dS}{dx} \end{cases} \quad (3-95)$$

经计算可知：轴向绕流不产生法向力，在亚声速时不产生轴向力，在超声速时产生轴向力（称为零升波阻）。

(2) 横向绕流产生的压强。

沿 x 轴侧向绕过旋成体的气流称为横向绕流。

横向绕流产生的压强分布为

$$C_{p2} = -4\alpha\cos\theta\frac{dr}{dx} + \alpha^{2}(1 - 4\sin^{2}\theta) \quad (3-96)$$

取面积微元为 $r\mathrm{d}\theta\mathrm{d}x$ 并忽略 α^2 二阶小量，对 C_{p2} 进行积分可得法向力为

$$N_{\mathrm{b}} = \rho_{\infty} v_{\infty}^{2} \alpha \int_{0}^{l} \frac{\mathrm{d}S}{\mathrm{d}x} \mathrm{d}x \tag{3-97}$$

因此，对于横向绕流产生的法向力，当 $\mathrm{d}S/\mathrm{d}x > 0$ 时法向力为正（如头部），当 $\mathrm{d}S/\mathrm{d}x < 0$ 时法向力为负（如收缩尾部），当 $\mathrm{d}S/\mathrm{d}x = 0$ 时法向力为零（如大部分圆柱弹身）。

最后，横向绕流产生的轴向力为

$$A_{\mathrm{b}} = \frac{1}{2}\rho_{\infty} v_{\infty} \cdot \int_{0}^{l}\left[\int_{0}^{2\pi}\left(C_{\mathrm{p2}} r \frac{\mathrm{d}r}{\mathrm{d}x}\right)\mathrm{d}\theta\right]\mathrm{d}x \tag{3-98}$$

虽然上述细长体理论较为简单，但根据上述推导可以快速获得某外形下的气动特性，相应结果可用于指导开展气动设计。

3.4　发动机推力

火箭发动机是远程火箭的重要组成部分，其主要作用是产生发动机推力，克服地球引力和空气阻力，使远程火箭不断获得速度增量，飞向目标。典型的双组元液体火箭发动机如图3－24所示。双组元液体火箭发动机中包括燃烧剂储箱、氧化剂储箱和燃烧室等。燃烧剂和氧化剂在燃烧室内混合燃烧，产生高温工质（可达2 500 ～4 000 ℃），从发动机高速（1 800 ～4 300 m/s）喷出后产生喷气反作用力。

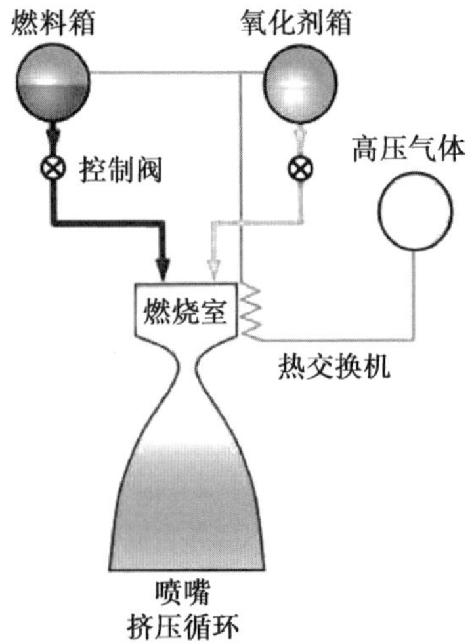

图 3－24　双组元液体火箭发动机

3.4.1　发动机推力计算模型

1. 密歇尔斯基方程

远程火箭飞行时，氧化剂和燃烧剂不断在发动机燃烧室内混合燃烧，喷射高温高压工质获得喷气反作用力。将远程火箭作为研究对象，它是一个固、液、气三相组成的变质量质点系，随着燃料不断消耗，质量不断减少。研究变质量质点系的动力学问题需应用变质量动力学理论，粗略研究时可将变质量的火箭当作可变质量的质点。这时，应做如下假设：

（1）不考虑火箭上各点的速度差异；

（2）不考虑火箭质心因工质消耗而产生的位移；

（3）作用于火箭上的力都通过质心，即不考虑火箭的绕质心运动；

（4）燃气为理想一维定常流，即垂直于燃气流方向上的参数一致且固定；

（5）推力室工作高度处的大气压强为常数。

现把火箭看作一个变质量质点，研究质点相对某一静止坐标系的运动。如图3－25所示，$m(t)$为质点在t时刻的质量，$\boldsymbol{V}$为质点在t时刻的绝对速度，$\boldsymbol{V}_r$为质量微元相对的质点排出速度，$\boldsymbol{V}'_r$为质量微元的绝对速度。

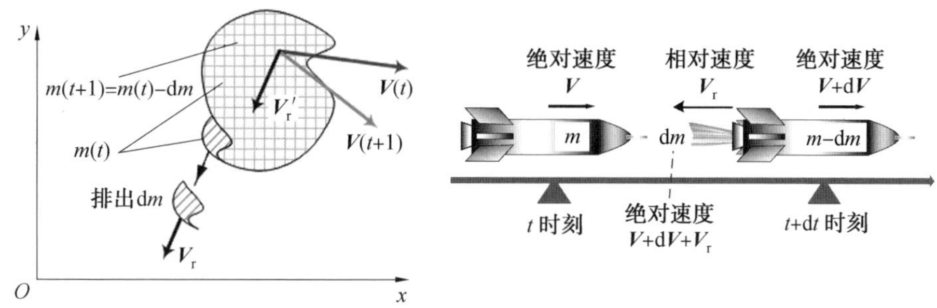

图3－25　变质量质点示意图

在t时刻质点的动量（记为$\boldsymbol{Q}$）为

$$\boldsymbol{Q}(t)=\boldsymbol{V}\cdot m(t) \tag{3-99}$$

设在时间段$\mathrm{d}t$内，外界作用在质点上的力为$\boldsymbol{F}_{out}$，同时质点在$\mathrm{d}t$内以相对速度$\boldsymbol{V}_r$喷出质量$\mathrm{d}m$；因此

$$-\mathrm{d}m=m(t)-m(t+\mathrm{d}t) \tag{3-100}$$

设质点在喷出质量后产生速度增量$\mathrm{d}\boldsymbol{V}$；则质点在$(t+\mathrm{d}t)$时刻的动量为

$$\boldsymbol{Q}(t+\mathrm{d}t)=[m(t)-(-\mathrm{d}m)](\boldsymbol{V}+\mathrm{d}\boldsymbol{V})+(-\mathrm{d}m)(\boldsymbol{V}+\boldsymbol{V}_r) \tag{3-101}$$

略去$\mathrm{d}m\mathrm{d}\boldsymbol{V}$，则有

$$\boldsymbol{Q}(t+\mathrm{d}t)=m(t)(\boldsymbol{V}+\mathrm{d}\boldsymbol{V})-\mathrm{d}m\boldsymbol{V}_r \tag{3-102}$$

比较式(3-99)和式(3-102)可得,质点在时间 dt 内的动量变化量为

$$\mathrm{d}\boldsymbol{Q}=\boldsymbol{Q}(t+\mathrm{d}t)-\boldsymbol{Q}(t)=m(t)\cdot\mathrm{d}\boldsymbol{V}-\mathrm{d}m(t)\cdot\boldsymbol{V}_{\mathrm{r}} \tag{3-103}$$

根据常质量动量定理可得

$$\mathrm{d}\boldsymbol{Q}=\boldsymbol{F}_{\mathrm{out}}\mathrm{d}t \tag{3-104}$$

结合式(3-99)、式(3-103)和式(3-104)可得

$$\frac{\mathrm{d}\boldsymbol{Q}}{\mathrm{d}t}=m(t)\frac{\mathrm{d}\boldsymbol{V}}{\mathrm{d}t}-\boldsymbol{V}_{\mathrm{r}}\frac{\mathrm{d}m(t)}{\mathrm{d}t}=\boldsymbol{F}_{\mathrm{out}} \tag{3-105}$$

因此

$$m(t)\frac{\mathrm{d}\boldsymbol{V}}{\mathrm{d}t}=\boldsymbol{F}_{\mathrm{out}}+\boldsymbol{V}_{\mathrm{r}}\frac{\mathrm{d}m(t)}{\mathrm{d}t} \tag{3-106}$$

上式即为变质量质点基本方程,又称密歇尔斯基方程或变质量质点动量定理。注意,$\boldsymbol{V}_{\mathrm{r}}$ 与 $\mathrm{d}\boldsymbol{V}/\mathrm{d}t$ 方向相反,而 $\boldsymbol{F}_{\mathrm{out}}$ 与 $\mathrm{d}\boldsymbol{V}/\mathrm{d}t$ 方向相同。

通过上述推导可以进一步得出如下结论:

(1) 质点的惯性力等于合外力、流出质量变化率与流出速度乘积的和;

(2) 除了施加外力,还可以通过向所需运动反向喷射物质来获得加速度;

(3) 如果将喷气反作用力视为外力,变质量质点力学可以按常质量问题处理;

(4) 对于不变质量质点($\mathrm{d}m/\mathrm{d}t=0$),密歇尔斯基方程则变为牛顿第二定律;

(5) 密歇尔斯基方程为推进剂研制和火箭发动机设计提供了方向,即可以依靠增加排气速度$|\boldsymbol{V}_{\mathrm{r}}|$或秒耗量($\mathrm{d}m/\mathrm{d}t$)来增加推力。

例:2016 年 11 月 3 日,“长征五号”运载火箭于我国海南文昌发射场成功发射。“长征五号”起飞时由芯一级发动机和四台助推器提供动力,其中芯一级发动机由两台 YF-77 氢氧发动机构成,每台助推器采用两台 YF-100 氢氧发动机。火箭起飞质量 880 t,YF-77 的秒耗量和比冲分别为 170 kg/s 和 300 s,YF-100 的秒耗量和比冲分别为 400 kg/s 和 290 s。计算“长征五号”的初始推重比。

解:YF-77 和 YF-100 的推力分别为

$$\begin{cases}P_{77}=I_{\mathrm{sp-77}}g\dot{m}_{77}=170\times300\times9.81=500.31\ (\mathrm{kN})\\ P_{100}=I_{\mathrm{sp-100}}g\dot{m}_{100}=400\times290\times9.81=1\ 137.96\ (\mathrm{kN})\end{cases}$$

则火箭的初始推力为

$$P=1\times2\times P_{77}+4\times2\times P_{100}=500.31\times2+1\ 137.96\times8=10\ 104.3\ (\mathrm{kN})$$

火箭的初始推重比为

$$\frac{P}{m}=\frac{10\ 104.3}{880\times9.81}=1.17$$

2. 齐奥尔柯夫斯基公式

假设发动机对远程火箭做的功以速度增量的形式完成,根据动量守恒定律,

火箭速度变化率与燃气喷出速率间有如下关系:

$$m(t)\frac{\mathrm{d}\boldsymbol{V}}{\mathrm{d}t}=\boldsymbol{V}_{\mathrm{r}}\frac{\mathrm{d}m(t)}{\mathrm{d}t} \tag{3-107}$$

由于 $\boldsymbol{V}_{\mathrm{r}}$ 与 $\mathrm{d}\boldsymbol{V}/\mathrm{d}t$ 方向相反,因此

$$m\frac{\mathrm{d}V}{\mathrm{d}t}=-u_{\mathrm{r}}\frac{\mathrm{d}m}{\mathrm{d}t} \tag{3-108}$$

设 V_{r} 为定值,对上式两端积分得

$$\int_{V_0}^{V_{\mathrm{f}}}\mathrm{d}V=-u_{\mathrm{r}}\int_{m_0}^{m_{\mathrm{f}}}\frac{\mathrm{d}m}{m} \tag{3-109}$$

式中,V_{f} 为脉冲结束后的火箭速度;m_{f} 为脉冲结束后的火箭质量;V_0 为脉冲施加前的火箭速度;m_0 为脉冲施加前的火箭质量。

由式(3 - 109) 可得

$$\Delta V=V_{\mathrm{f}}-V_0=u_{\mathrm{r}}\ln\frac{m_0}{m_{\mathrm{f}}} \tag{3-110}$$

显然 $m_{\mathrm{f}}<m_0$,因此 $\Delta V>0$。上式即为著名的齐奥尔柯夫斯基公式。由于忽略了发动机对火箭的加速过程以及地球引力、气动力等影响因素,实际上 V_{f} 是火箭的理想终端速度。

根据齐奥尔柯夫斯基公式,可以得出如下结论:

(1) 当发动机关机时,火箭的理想速度仅与燃气喷射速度和终端质量与起始质量之比(称为质量比) 有关;

(2) 增大燃气喷射速度或减少质量比,均可增加理想终端速度;前者取决于推进剂特性和发动机构造,而后者取决于火箭的结构设计。

当采用多级火箭(N 级) 时,火箭总的速度增量为

$$\Delta V_{\mathrm{N}}=\sum_{i=1}^{N}\Delta V_i=\sum_{i=1}^{N}u_{\mathrm{r},i}\ln\frac{m_{0,i}}{m_{\mathrm{f},i}} \tag{3-111}$$

设各级发动机排气速度相同,则式(3 - 111) 可改写为

$$\Delta V_{\mathrm{N}}=u_{\mathrm{r}}\left(\ln\frac{m_{0,1}}{m_{\mathrm{f},1}}+\ln\frac{m_{0,2}}{m_{\mathrm{f},2}}+\cdots+\ln\frac{m_{0,N}}{m_{\mathrm{f},N}}\right)=u_{\mathrm{r}}\ln\left(\frac{m_{0,1}}{m_{\mathrm{f},1}}\cdot\frac{m_{0,2}}{m_{\mathrm{f},2}}\cdot\cdots\cdot\frac{m_{0,N}}{m_{\mathrm{f},N}}\right) \tag{3-112}$$

设每一级中燃料(包括氧化剂和燃烧剂) 质量占该级质量比重为 $k_1^{(i)}$,对应的该子级结构占该级质量比重为 $k_2^{(i)}$,则有

$$\begin{cases} m_{\mathrm{f},1} = m_{0,1}(1 - k_1^{(1)}) \\ m_{0,2} = m_{0,1}(1 - k_1^{(1)} - k_2^{(1)}) \\ m_{\mathrm{f},2} = m_{0,2}(1 - k_1^{(2)}) \\ \qquad \cdots \\ m_{0,N} = m_{0,N-1}(1 - k_1^{(N-1)} - k_2^{(N-1)}) \\ m_{\mathrm{f},N} = m_{0,N}(1 - k_1^{(N)}) \end{cases} \tag{3-113}$$

因此,式(3-112)变为

$$\begin{aligned} \Delta V_{\mathrm{N}} &= u_{\mathrm{r}} \ln\left(\frac{m_{0,1}}{m_{0,1}(1 - k_1^{(1)})} \cdot \frac{m_{0,2}}{m_{0,2}(1 - k_1^{(2)})} \cdot \cdots \cdot \frac{m_{0,N}}{m_{0,N}(1 - k_1^{(N)})} \right) \\ &= u_{\mathrm{r}} \ln\left(\frac{1}{1 - k_1^{(1)}} \cdot \frac{1}{1 - k_1^{(2)}} \cdot \cdots \cdot \frac{1}{1 - k_1^{(N)}} \right) \end{aligned} \tag{3-114}$$

由于 $k_1^{(i)} < 1$,故 $1/(1 - k_1^{(i)}) > 1$。因此级数越多即 N 越大,则 ΔV_{N} 越大;这也是远程火箭均采用多级结构的原因。然而,当级数增多时,火箭将面临诸多难题,如结构设计、分离机构设计、弹性控制、晃动控制、防热设计和装配运输等。

3. 发动机推力

对于火箭来说,外界流体(大气)的压力会对发动机输出的推力产生附加影响,因此 F_{out} 实际上是由推力室内的燃气静压和外部大气压构成的。

图3-26简单给出了均匀作用在火箭发动机推力室内外的静压和大气压,其中箭头长度表示力的相对大小,可见室内静压的分布并不均匀。根据图3-26可知,沿轴向的推力可通过对作用在推力室内外表面的力进行积分得到。

设作用在尾喷管处的燃气静压为 p_{a},大气压为 p_{b},尾喷管出口面积为 S_{pg};则沿喷管出口方向有

$$F_{\mathrm{out}} = (p_{\mathrm{a}} - p_{\mathrm{b}}) S_{\mathrm{pg}} \tag{3-115}$$

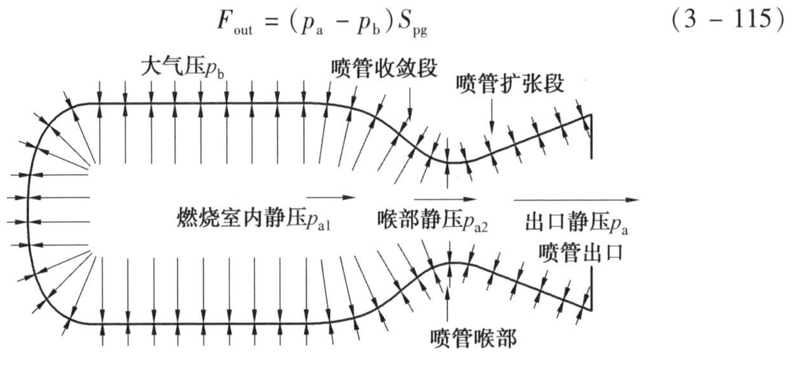

图3-26　推力室内外压力

因此,根据密歇尔斯基方程可知,火箭发动机推力大小可表示为

$$P = u_r \dot{m} + (p_a - p_b) S_{pg} \tag{3-116}$$

式中,$u_r = | \boldsymbol{V}_r |$ 为等效排气速度①,即工质由喷管喷出的速度;$\dot{m} = dm/dt$ 为推进剂质量秒耗量,表示单位时间内消耗的推进剂(含氧化剂和燃烧剂)质量。$u_r \dot{m}$ 称为动推力,表示发动机喷射工质获得的喷气反作用力;$(p_a - p_b) S_{pg}$ 称为静推力,由发动机喷口截面处的外压差产生。

由推力公式可知,推力大小主要受秒耗量和喷气速度的影响,秒耗量越大、单位时间喷射的工质越多,推力越大;同时,喷气速度越大则推力越大。静推力取决于发动机截面内外压差,其中 p_a 与发动机工作状态有关,在额定工作状态下一般保持不变;大气压强 p_b 随高度增加而不断减小,因此地面静推力最小,真空静推力最大。计算表明,发动机真空推力较地面推力大 10% ~ 30%。

由发动机推力公式可知,喷气速度 u_r 是影响发动机推力的关键要素,其大小取决于发动机的设计方案和工作状态。在理想状态下认为发动机工质:① 为均相气态,服从完全气体定律;② 与发动机室壁无传热和摩擦;③ 在喷管内流动时不存在无激波或不连续现象;④ 均匀膨胀且沿喷管喷出;⑤ 从燃烧室到喷管的过程属于等熵流动,温度和压力下降,同时热能转化为动能。

基于上述假设,喷气速度的计算公式为

$$u_r = \sqrt{\frac{2k}{k-1} R T_1 \left(1 - \left(\frac{p_a}{p_1}\right)^{(k-1)/k}\right)} \tag{3-117}$$

式中,T_1 为燃烧室绝对温度;p_1 为燃烧室压力;R 为气体常数;$k = c_p / c_V$ 为热容比,其中 c_p 为比定压热容,c_V 为比定容热容。

发动机推进剂秒耗量满足如下公式:

$$\dot{m} = \frac{A_t p_1 k}{\sqrt{kRT_1}} \sqrt{\left(\frac{2}{k+1}\right)^{\frac{k+1}{k-1}}} \tag{3-118}$$

式中,A_t 为喷管喉部面积。

综上,发动机推力可改写为

$$P = A_t p_1 \sqrt{\frac{2k^2}{k-1}\left(1 - \left(\frac{p_b}{p_1}\right)^{\frac{k-1}{k}}\right)\left(\frac{2}{k+1}\right)^{\frac{k+1}{k-1}}} + (p_a - p_b) S_{pg} \tag{3-119}$$

发动机内部的实际热能转化过程十分复杂,存在能量损失,不满足理想火箭发动机假设,因此理论值与真实值间一定会存在偏差。工程上常采用半经验修正系数对理论计算值进行修正,包括速度修正系数和流量修正系数。

① 出口截面处的排气速度并非沿一个方向,且分布不均、难以精确测量,故用平均轴向速度代替。

速度修正系数(记为ζ_v)是对喷气速度的修正,其定义为实际发动机喷气速度与理想发动机喷气速度的比值,即

$$\zeta_v = \frac{u_{rr}}{u_{re}} \tag{3-120}$$

式中,u_{rr}表示实际值;u_{re}表示理想值。实际喷气速度一般小于理想喷气速度,ζ_v的取值范围为0.85 ~ 0.99。

流量修正系数(记为ζ_m)是对发动机推进剂秒耗量的修正,其定义为实际发动机推进剂秒耗量与理想发动机推进剂秒耗量的比值,即

$$\zeta_m = \frac{\dot{m}_r}{\dot{m}_e} \tag{3-121}$$

式中,$\dot{m}_r$表示实际值;$\dot{m}_e$表示理想值。实际发动机秒耗量一般大于理想发动机秒耗量,ζ_m的取值范围为1.0 ~ 1.15。

综上所述,实际发动机推力为

$$F_r = \zeta_m \cdot \zeta_v \cdot F_I = \zeta_F \cdot F_I \tag{3-122}$$

式中,ζ_F为发动机推力修正系数,其取值范围为0.92 ~ 0.99;F_I为理想推力;F_r为实际推力。

例:一些常见的液体推进剂如表3-6所示。设喷管喉部面积为0.02 m^2,喷管出口面积为0.05 m^2;取速度修正系数为0.9,流量修正系数为1.05。计算采用液氢/液氧推进剂在燃烧室温度900 K时,在地面产生的推力和秒耗量。

表3-6 液体推进剂燃气发生器典型特性①

推进剂	燃烧室绝对温度/K	热容比	气体常数/(Pa·m^3·mol^{-1}·K^{-1})	氧化剂燃烧剂之比	比定压热容/(kcal·kg^{-1}·K^{-1})
液氢/液氧	900	1.370	421	0.919	1.99
	1 050	1.357	375	1.065	1.85
	1 200	1.338	347	1.208	1.78
液氧/煤油	900	1.101	45.5	0.322	0.639
	1 050	1.127	55.3	0.423	0.654
	1 200	1.148	64.0	0.516	0.662
四氧化二氮二甲基肼	1 050	1.420	87.8	0.126	0.386
	1 200	1.420	99.9	0.274	0.434

解:经查表可知,推进剂比热比为$k = 1.37$,气体常数$R = 421$,燃烧室压力

① 燃烧室压力1 000 psi(1 psi = 6 895 Pa),喷管出口压力14.7 psi;理想气体绝热燃烧、等熵膨胀。

p_1 = 6 895 kPa，喷管出口压力为 14.7 = 101.356 kPa，地面大气压取101.325 kPa。

根据式(3－118)可得发动机秒耗量为228.37 kg/s,乘以流量修正系数后得到秒耗量为239.79 kg/s;根据式(3－119)可得发动机推力为414.03 kN,乘以推力修正系数后得到推力为391.26 kN。

上述推力计算常用于初步弹道设计阶段,真实发动机的秒耗量和推力并不恒定。图3－27给出了液体发动机推力变化示意图,其中AB为启动段、BC为稳定工作段、CD为关机段。AB段推力和秒耗量快速增大,由于发动机输出不稳定,火箭在点火瞬时并不起飞(由机械装置固定在地面上),待推力稳定后(进入A点)再起飞。BC段推力和秒耗量近似为常值。CD段秒耗量和推力快速下降至零,该阶段存在的原因是关机过程无法瞬时完成。需要注意,由于许多火箭采用热分离方式,以两级火箭为例,为保证二级发动机稳定输出动力,其发动机应在一级发动机的关机过程中点火,即二级发动机的AB段和一级发动机的CD段有交点。对于存在级间滑翔段的远程火箭,在二级发动机稳定工作前,火箭还须依靠游机维持稳定飞行。实际发动机工作特性由大量试验获得,推力和秒耗量通常可以用插值表的形式给出,相应的推力曲线可能与图3－27有较大差距。

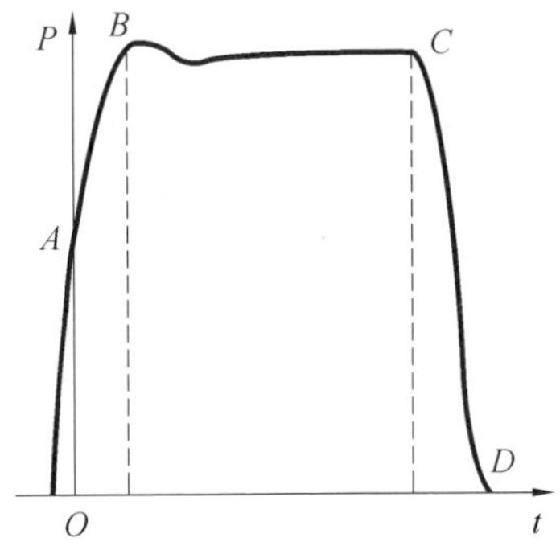

图3－27　发动机推力曲线示意图

3.4.2　发动机主要性能指标

一般来说,除推力外,用于表征发动机性能的参数有以下几种:

1. 比冲

单位时间内消耗单位质量推进剂产生的推力称为比冲,记为I_{sp}。比冲是衡量火箭推进效率的重要性能参数之一。设推力为定值,则有

$$I_{sp} = \frac{\int_0^t P(t)\,\mathrm{d}t}{g\int_0^t \dot{m}(t)\,\mathrm{d}t} = \frac{P}{\dot{m}g} \tag{3-123}$$

比冲的单位为 s。实际上,发动机比冲分为平衡比冲和冻结比冲。平衡比冲是在燃烧物平衡流动假设①下计算出的比冲,冻结比冲是在燃烧物冻结流动假设②下计算出的比冲。一般平衡比冲高于冻结比冲,实际比冲处于两者之间。

常见推进剂及其特性如表 3 - 7、表 3 - 8 所示。

表 3 - 7　常见固体推进剂及其特性

推进剂	类型	密度/(g·cm^{-3})	比冲/s
双铅	双基推进剂	1.61	199
双石		1.59	200
双芳镁		1.57	199
双钴		1.66	200
丁羟基	复合推进剂	1.75	235
丁羧基		1.80	240
聚硫		1.70	220
HTPB/HMX	高能推进剂	1.80	268
NEPE		1.88	270
FEFO		1.89	271

① 假设燃气在喷管等熵流动膨胀过程中,燃烧物处于化学平衡、热平衡和速度平衡状态。

② 假设燃气在喷管等熵流动膨胀过程中,燃烧物状态保持不变。

表 3－8　液体推进剂组合的理论性能

氧化剂	燃烧剂	混合比		燃烧温度/K	比冲	比热比
		质量	容积			
氧	甲烷	3.20	1.19	3 526	296	1.23
		3.00	1.11	3 526	311	
	肼	0.74	0.66	3 285	301	1.25
		0.90	0.80	3 404	313	
	氢	3.40	0.21	2 959	386	1.26
		4.02	0.25	2 999	390	
氟	肼	1.83	1.22	4 553	334	1.33
		2.30	1.54	4 713	365	
	氢	4.54	0.20	3 080	389	1.33
		7.60	0.35	3 900	410	
四氧化二氮	肼	1.08	0.75	3 258	283	1.26
		1.34	0.93	3 152	292	
	50% UDMH－50% 肼	1.62	1.01	3 242	278	1.24
		2.00	1.24	3 372	289	
	50% UDMH－50% 肼	1.73	1.00	2 997	272	1.22
		2.20	1.26	3 172	279	
过氧化氢(90%)	RP－1	7.0	4.01	2 760	297	1.19

2. 总冲

总冲(记为 I_t)是发动机推力对工作时间的积分。设推力为定值，则有

$$I_t = \int_0^t P(t)\,\mathrm{d}t = Pt \tag{3-124}$$

3. 比推力

单位时间内消耗单位质量推进剂产生的推力称为比推力，记为 P_{ratio}，可得

$$P_{ratio} = \frac{P}{\dot{m}} \tag{3-125}$$

4. 混合比

氧化剂秒耗量与燃烧剂秒耗量之比即为混合比。混合比与推进剂类型有关，它决定了燃速、比冲、热值等指标。

例：现有两台固体火箭发动机，发动机 1 采用丁羟基推进剂，发动机 2 采用双铅推进剂。假设固体燃料装填在底面半径为 0.2 m、长 3.0 m 的圆柱体内，认为

两台发动机的燃速①相等,为 5.0 cm/s。分别计算两台发动机能够产生的推力和总冲。

解:两台发动机的装药量可根据药柱体积和密度求得

$$\begin{cases} m_1 = \pi \times 0.2^2 \times 3 \times 1.75 \times 10^4 = 6\,597.34\ (\text{kg}) \\ m_2 = \pi \times 0.2^2 \times 3 \times 1.61 \times 10^4 = 6\,069.55\ (\text{kg}) \end{cases}$$

根据燃速,可得两台发动机的工作时间为

$$t_1 = t_2 = \frac{300}{5.0} = 60\ (\text{s})$$

因此两台发动机的秒耗量可以根据推进剂总质量和总工作时间求出,即

$$\begin{cases} \dot{m}_1 = \dfrac{m_1}{t_1} = \dfrac{6\,597.34}{60} = 109.96\ (\text{kg/s}) \\ \dot{m}_2 = \dfrac{m_2}{t_2} = \dfrac{6\,069.55}{60} = 101.16\ (\text{kg/s}) \end{cases}$$

根据式(3 - 123),可以求出两台发动机的推力为

$$\begin{cases} P_1 = I_{\text{sp1}}\dot{m}_1 g = 235 \times 109.96 \times 9.81 = 253.49\ (\text{kN}) \\ P_2 = I_{\text{sp2}}\dot{m}_2 g = 199 \times 101.16 \times 9.81 = 197.48\ (\text{kN}) \end{cases}$$

因此两台发动机的总冲分别为

$$\begin{cases} I_{\text{t1}} = P_1 t_1 = 253.49 \times 60 = 15\,209.4\ (\text{kN} \cdot \text{s}) \\ I_{\text{t2}} = P_2 t_2 = 197.48 \times 60 = 11\,848.8\ (\text{kN} \cdot \text{s}) \end{cases}$$

3.4.3 发动机控制力

本节介绍的发动机控制力仅针对远程火箭的主动段弹道控制,为使远程火箭按照预先设计的弹道飞行,需要对其姿态进行控制。

与飞航导弹常用气动舵进行姿态控制的方式不同,远程火箭的姿态控制主要由发动机提供转动力矩。这是因为远程火箭的弹道高度可达上千千米,而一般超过35 km 之后大气稀薄,气动控制效率急剧下降,发动机提供转动力矩的方式则不受该限制。按照执行机构不同,依靠发动机提供控制力矩有以下几种:燃气舵、摆动喷管和二次喷射等,如图 3 - 28 所示。下面给出具体介绍。

1. 燃气舵作用下的发动机控制力

燃气舵是较早使用的一种姿态控制执行机构,二战时期德国的 V - 2 导弹和海湾战争期间伊拉克使用的飞毛腿导弹便采用了石墨燃气舵进行姿态控制。燃

---

① 实际上燃速与推进剂密度、药柱厚度、燃烧室压力、喷管形状等多种因素相关。

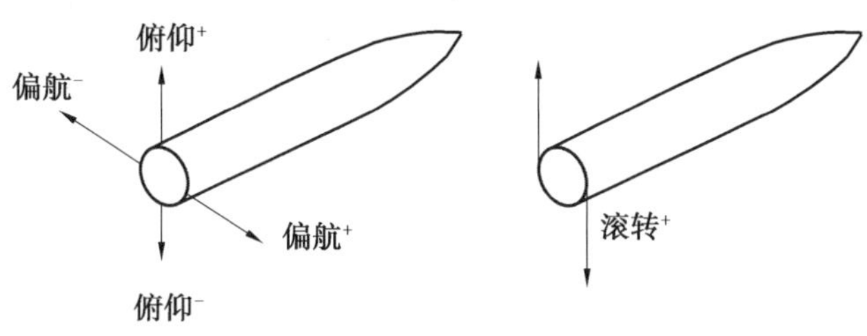

图 3 – 28　推力矢量示意图

气舵是安装在发动机喷管出口处的成对耐热气动翼型舵面，当舵面转动时，将改变高速工质喷出方向并产生沿箭体纵轴以外的分量，进而产生发动机控制力矩改变火箭姿态。

如图 3 – 29 所示，燃气舵通常为“+”型布局，四片舵按顺时针方向排序。在发射前，Ⅰ舵和Ⅲ舵、Ⅱ舵和Ⅳ舵分别位于发射系 $x_Lo_Ly_L$ 平面和 $y_Lo_Lz_L$ 平面内；其中Ⅰ舵沿 o_Lx_L 轴正向（体轴 y_b 负向），Ⅲ舵沿 o_Lx_L 轴负向（体轴 y_b 正向），Ⅱ舵沿 o_Lz_L 轴正向（体轴 z_b 正向），Ⅳ舵沿 o_Lz_L 轴负向（体轴 z_b 负向）。各舵面均垂直于喷管出口截面。

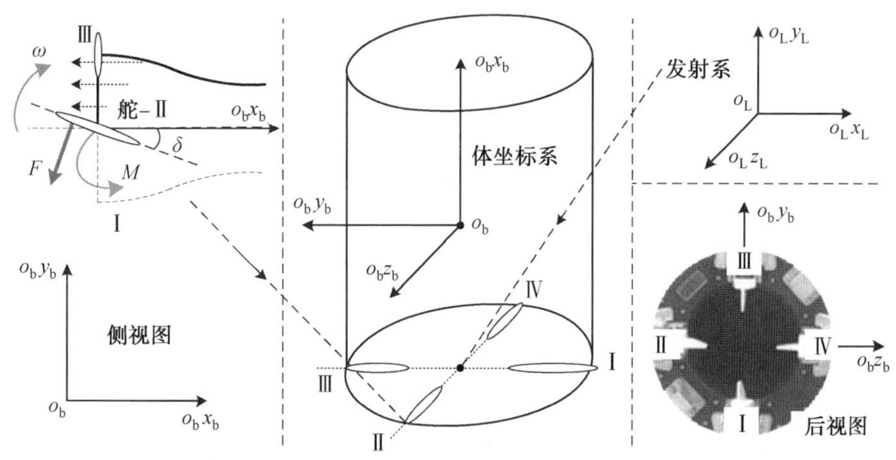

图 3 – 29　燃气舵示意图

当Ⅰ舵和Ⅲ舵同步偏转时，发动机推力将产生偏航力矩，控制偏航姿态，当Ⅱ舵和Ⅳ舵同步偏转时，发动机推力将产生俯仰力矩，控制俯仰姿态；当Ⅰ舵和Ⅲ舵（或Ⅱ舵和Ⅳ舵）差动偏转时，发动机推力将产生滚转力矩。一般来说，四个舵不会同时进行差动来产生滚转力矩。

设燃气舵的摆动角分别为 $\delta_{\text{Ⅰ}}$、$\delta_{\text{Ⅱ}}$、$\delta_{\text{Ⅲ}}$ 和 $\delta_{\text{Ⅳ}}$；定义正偏转角产生负的控制力矩。上文说明燃气舵的摆动会使发动机推力矢量发生改变，而当四个燃气舵同时摆动（包括偏转角为零）时，它们产生的合力可视为由三片相互独立的燃气舵产生,其"摆角"称为当量偏转角,分别用于控制俯仰、偏航和滚转。

设俯仰、偏航和滚转通道内的当量偏转角分别为 δ_ϕ、δ_ψ 和 δ_γ,则有

$$\begin{cases}\delta_\phi=(\delta_{\mathrm{II}}+\delta_{\mathrm{IV}})/2\\ \delta_\psi=(\delta_{\mathrm{I}}+\delta_{\mathrm{III}})/2\\ \delta_\gamma=(\delta_{\mathrm{III}}-\delta_{\mathrm{I}})/2\end{cases}\tag{3-126}$$

式(3-126)中认为仅Ⅰ舵和Ⅲ舵产生滚转力矩。相应地,当控制系统给出当量偏转角指令时,各燃气舵应当摆动的角度为

$$\begin{cases}\delta_{\mathrm{I}}=\delta_\psi-\delta_\gamma\\ \delta_{\mathrm{II}}=\delta_\phi\\ \delta_{\mathrm{III}}=\delta_\psi+\delta_\gamma\\ \delta_{\mathrm{IV}}=\delta_{\mathrm{IV}}\end{cases}\tag{3-127}$$

当燃气流通过燃气舵时,类似空气流作用在弹翼上,燃气流会在燃气舵上产生作用力。经验表明,在可用的舵偏角范围内,燃气动力系数与舵偏角近似呈线性关系,因此燃气舵产生的控制力在体坐标系上可表示为

$$\boldsymbol{P}_{\mathrm{r}}=q_{\mathrm{r}}S_{\mathrm{r}}\left[4C_{x\mathrm{r}},2C_{y\mathrm{r}}^{\phi}\delta_\phi,-2C_{z\mathrm{r}}^{\psi}\delta_\psi\right]^{\mathrm{T}}\tag{3-128}$$

式中,S_{r} 为燃气舵特征面积;$C_{x\mathrm{r}}$ 为燃气舵轴向力系数;$C_{y\mathrm{r}}^{\phi}$ 为燃气舵法向力系数对当量舵偏角的导数;$C_{z\mathrm{r}}^{\psi}$ 为燃气舵侧向力系数对当量舵偏角的导数,可认为 $C_{y\mathrm{r}}^{\phi}=C_{z\mathrm{r}}^{\psi}$。$q_{\mathrm{r}}$ 为燃气流动压,其计算公式如下:

$$q_{\mathrm{r}}=\frac{1}{2}\rho_{\mathrm{r}}u_{\mathrm{r}}^{2}\tag{3-129}$$

式中,ρ_{r} 为燃气流密度。

记 $R_{\mathrm{r}}=2C_{y\mathrm{r}}^{\phi}q_{\mathrm{r}}S_{\mathrm{r}}$ 为燃气舵控制梯度,则燃气舵产生的控制力矩为

$$\boldsymbol{M}_{\mathrm{r}}=-R_{\mathrm{r}}\left[(x_{\mathrm{rt}}-x_{\mathrm{ot}})\delta_\phi,(x_{\mathrm{rt}}-x_{\mathrm{ot}})\delta_\psi,x_{\mathrm{rx}}\delta_\gamma\right]^{\mathrm{T}}=\left[M_{z\mathrm{r}}^{\delta}\delta_\phi,M_{y\mathrm{r}}^{\delta}\delta_\psi,M_{x\mathrm{r}}^{\delta}\delta_\gamma\right]^{\mathrm{T}}\tag{3-130}$$

式中,x_{rt} 为燃气舵铰链轴到火箭头部顶点的距离;x_{ot} 为火箭质心到头部顶点的距离,x_{rx} 为燃气舵铰链轴到火箭纵轴的距离。类似于燃气动力系数,$M_{x\mathrm{r}}^{\delta}$、$M_{y\mathrm{r}}^{\delta}$ 和 $M_{z\mathrm{r}}^{\delta}$ 分别为滚转、俯仰和偏航力矩对当量舵偏角的导数,根据定义可知它们均为负值。

在实际使用中,$C_{x\mathrm{r}}$、$C_{y\mathrm{r}}^{\phi}$ 和 $C_{z\mathrm{r}}^{\psi}$ 可由试验获得,也可按照经验公式求得。一般可认为燃气舵系数与舵偏角、舵形状和排气速度等有关。当发动机处于稳定工作状态时,可认为排气速度为常值;对于给定形状的燃气舵,可认为燃气舵系数仅受舵偏角的影响。因此,燃气舵是一种较为稳定的控制方式。另外,受高温燃气流的影响,火箭将面临燃气舵烧蚀或变形的问题,实际上燃气舵系数的值是随时间而变化的,相应的变化规律可由试验或经验获得。

需要指出，燃气流在燃气舵上产生的阻力可视为推力损失，故实际推力应在输出推力的基础上减去 $4C_{xr}q_rS_r$。虽然燃气舵结构简单且工作效率不受大气环境影响，但燃气阻力造成的推力损失和烧蚀、变形造成的舵效下降等问题将不可避免地影响射程和精度，因此燃气舵主要用于低轨运载火箭或中程导弹上。

2. 二次喷射作用下的发动机控制力

二次喷射方式主要用于固体发动机，其主要原理为：通过喷管壁面的喷射孔向主气流喷射气体或液体，改变主气流的流动方向，产生垂直于轴线的分力，形成发动机控制力矩，改变远程火箭姿态。这种控制方式已经应用于大型固体火箭发动机，如美国大力神 - Ⅲ(C) 导弹和民兵导弹。

以“+”型布局为例，每个喷管两侧各有一个二次喷射口，所有喷口的规格和性能均相同；喷管布局和喷口编号如图 3 - 30 所示。对于某个喷管而言，其两侧的二次喷射口不能同时开启，否则不能起到改变射流方向的作用。当开启二次喷射时，认为侧向和法向控制力由二次射流产生，同时二次射流还有沿箭体 o_bx_b 轴反方向的分量，并在有效推力上增加一个附加值。

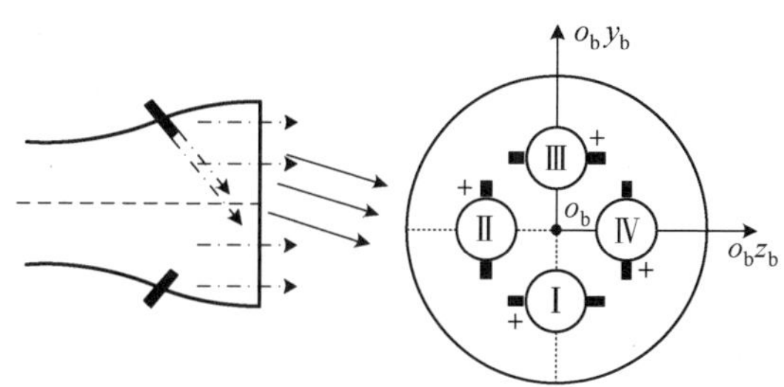

图 3 - 30　二次喷射口示意图

类似于燃气舵和摆动喷管，定义各喷管上二次喷射量分别为 χ_{I}、χ_{II}、χ_{III} 和 χ_{IV}，当量喷射量分别为 χ_ϕ、χ_ψ 和 χ_γ；认为仅 Ⅰ 和 Ⅲ 产生滚转力矩，则有

$$\begin{cases}\chi_\phi = (\chi_{\mathrm{II}} + \chi_{\mathrm{IV}})/2 \\ \chi_\psi = (\chi_{\mathrm{I}} + \chi_{\mathrm{III}})/2 \\ \chi_\gamma = (\chi_{\mathrm{III}} - \chi_{\mathrm{I}})/2\end{cases} \tag{3 - 131}$$

类似于式(3 - 127)，各喷管的二次喷射量可由当量喷射量获得，即

$$\begin{cases}\chi_{\mathrm{I}} = \chi_\psi - \chi_\gamma \\ \chi_{\mathrm{II}} = \chi_\phi - \chi_\gamma \\ \chi_{\mathrm{III}} = \chi_\psi + \chi_\gamma \\ \chi_{\mathrm{IV}} = \chi_\phi + \chi_\gamma\end{cases} \tag{3 - 132}$$

设 χ_{II} 和 χ_{IV} 产生法向控制力，力的大小分别为 $P^{\chi}_{y,\mathrm{II}}$ 和 $P^{\chi}_{y,\mathrm{IV}}$；χ_{I} 和 χ_{III} 产生侧向控制力，力的大小分别为 $P^{\chi}_{z,\mathrm{I}}$ 和 $P^{\chi}_{z,\mathrm{III}}$；同时设各喷管上的附加有效推力为 $P^{\chi}_{\mathrm{axis},i}$，

其中 $i = \mathrm{I}, \mathrm{II}, \mathrm{III}, \mathrm{IV}$。则二次射流条件下的发动机作用力在体坐标系上的分量为

$$\begin{cases} P_{\mathrm{b}x} = P + \sum_{i=1}^{\mathrm{IV}} P^{\chi}_{\mathrm{axis},i} \\ P_{\mathrm{b}y} = P^{\chi}_{y,\mathrm{II}} + P^{\chi}_{y,\mathrm{IV}} \\ P_{\mathrm{b}z} = P^{\chi}_{z,\mathrm{I}} + P^{\chi}_{z,\mathrm{III}} \end{cases} \tag{3-133}$$

3. 摆动喷管/发动机作用下的发动机控制力

摆动喷管和摆动发动机是远程火箭上最常用的推力矢量控制方式。较燃气舵而言,这两种方式不产生燃气阻力,不会显著降低推力和比冲,烧蚀和变形对推力性能的影响可忽略不计。

如图 3－31 所示,摆动发动机通常安装在尾部万向支架的铰链轴承上,可以产生摇摆动作。在发动机工作时,推进剂可以通过特殊软管从储箱输送到推力室。这样可以通过使发动机偏转一个角度来产生垂直于弹体纵轴的推力分量,进而改变远程火箭的姿态和运动方向。

摆动喷管则是推力室不摆动,只转动其喷管的喷口指向。喷管与推力室由活动关节连接,通过使喷管偏转一个角度来改变远程火箭的姿态和运动方向。

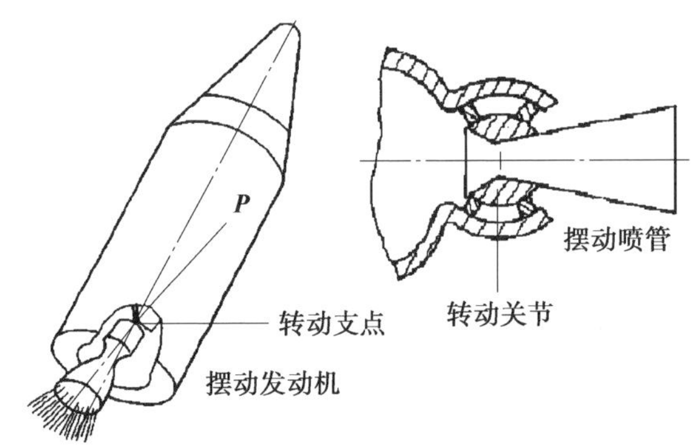

图 3－31　摆动发动机和摆动喷管

两种方式从控制力产生原理上看具有相似之处,但它们在结构和实际控制方案上并不相同。摆动喷管和摆动发动机的主要区别如下:

① 摆动喷管通过调整发动机尾喷管的角度来改变燃气喷出方向进而实现推力矢量控制;摆动发动机通过整台发动机或推力室绕转轴的摆动来实现推力矢量控制。

② 单个摆动喷管即可实现俯仰和偏航通道的推力矢量控制,但滚转控制需

借助姿控发动机或游动发动机[1]（图3－32）；双喷管同理。

图3－32　游动发动机示意图

③ 摆动喷管又分为单轴摆动喷管和全轴摆动喷管，可实现单向[2]或全向摆动；摆动发动机一般只能实现单向摆动。

④ 摆动发动机只能单向摆动，因此在进行推力矢量控制时需要至少四台并联组成机组，或由一台涡轮泵供应四台可摆动的推力室组成四推力室发动机。

⑤ 相对其他推力矢量控制方式而言，摆动喷管所需要的附加执行机构的质量和规模更具优势。

⑥ 摆动发动机能够产生更大的控制力，可用于重型运载火箭，但其缺点为整体结构较大。

随着科学技术的发展，出现了一种将摇摆装置后置的摆动发动机，称为泵后摆发动机，如图3－33所示。这种发动机能够用最小的摆动来控制推力矢量，结构更加紧凑、总体构型更加优化。2017年6月，航天科技六院研制的泵后摆发动机试车成功，使中国成为世界上第二个掌握泵后摆核心技术的国家。

由于摆动喷管和摆动发动机在推力矢量控制原理上基本相同，首先考虑多台单自由度运动的摆动发动机，介绍推力矢量控制原理。

（1）采用四台摆动发动机进行控制。

一般来说，四台发动机可以选择“X”型或“+”型布局，可以对俯仰、偏航和滚转三个通道同时进行控制。

①“X”型布局。从火箭尾部向头部看，“X”型发动机下四个喷管的布局如图3－34所示，其中a_1～a_4为各发动机的摆动轴。将体坐标系的$y_b o_b z_b$平面平移

① 成对安装在主发动机外侧，推力较小而摆角较大。游动发动机还能在主发动机关机后继续工作。

② 单向摆动包括正向摆动和负向摆动，正负号取决于具体定义。

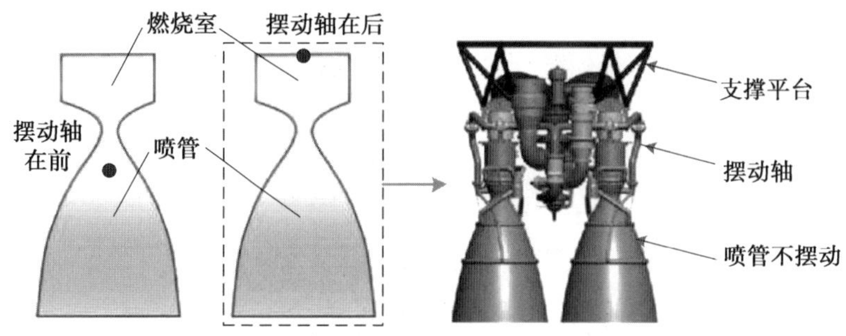

图 3 - 33　泵后摆发动机示意图

到发动机尾部得到 $y'_{\mathrm{b}}o'_{\mathrm{b}}z'_{\mathrm{b}}$ 平面，以 $o'_{\mathrm{b}}y'_{\mathrm{b}}$ 轴负方向为基准，按顺时针方向，a_1 ~ a_4 分别位于 45°、135°、225° 和 315° 方向，且 a_1 ~ a_4 到 o'_{b} 点的距离相等。

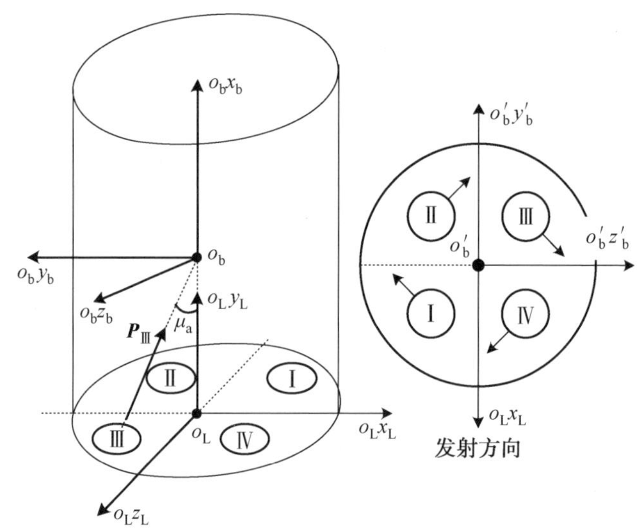

图 3 - 34　发动机“X”型布局示意图

首先做如下设定：

a. 设四台发动机产生的推力满足 $P_{\mathrm{I}} = P_{\mathrm{II}} = P_{\mathrm{III}} = P_{\mathrm{IV}}$ 且发动机总推力为 P，则有

$$P_{\mathrm{I}} = P_{\mathrm{II}} = P_{\mathrm{III}} = P_{\mathrm{IV}} = \frac{P}{4} \tag{3-134}$$

b. 设各发动机的摆动角分别为 δ_{I}、δ_{II}、δ_{III} 和 δ_{IV}，摆动方向均垂直于各摆动轴到 o'_{b} 的连线，并定义发动机在 $y'_{\mathrm{b}}o'_{\mathrm{b}}z'_{\mathrm{b}}$ 平面内顺时针摆动时摆角为正。

c. 定义四台发动机与火箭纵轴的夹角为安装角，记为 μ_{a}。

参考燃气舵控制方式引入当量摆角的概念，其与发动机摆角的关系如下：

$$\begin{cases}\delta_\gamma - \delta_\phi - \delta_\psi = \delta_{\mathrm{I}} \\ \delta_\gamma - \delta_\phi + \delta_\psi = \delta_{\mathrm{II}} \\ \delta_\gamma + \delta_\phi + \delta_\psi = \delta_{\mathrm{III}} \\ \delta_\gamma + \delta_\phi - \delta_\psi = \delta_{\mathrm{IV}}\end{cases} \tag{3-135}$$

上式可改写为如下形式：

$$\begin{cases}\delta_\phi = \dfrac{-\delta_{\mathrm{I}} - \delta_{\mathrm{II}} + \delta_{\mathrm{III}} + \delta_{\mathrm{IV}}}{4} \\ \delta_\psi = \dfrac{-\delta_{\mathrm{I}} + \delta_{\mathrm{II}} + \delta_{\mathrm{III}} - \delta_{\mathrm{IV}}}{4} \\ \delta_\gamma = \dfrac{\delta_{\mathrm{I}} + \delta_{\mathrm{II}} + \delta_{\mathrm{III}} + \delta_{\mathrm{IV}}}{4}\end{cases} \tag{3-136}$$

一般火箭在主动段中滚转角很小，可以认为 $\delta_\gamma = 0$；则式(3 - 135) 变为

$$\begin{cases}-\delta_\phi - \delta_\psi = \delta_{\mathrm{I}} \\ -\delta_\phi + \delta_\psi = \delta_{\mathrm{II}} \\ \delta_\phi + \delta_\psi = \delta_{\mathrm{III}} \\ \delta_\phi - \delta_\psi = \delta_{\mathrm{IV}}\end{cases} \tag{3-137}$$

当发动机产生摆动时，发动机推力将产生垂直于箭体纵轴 $o_b x_b$ 轴的分量。记推力沿 $o_b x_b$ 轴的分量为有效推力，沿 $o'_b y'_b$ 轴方向的分量为法向控制力，沿 $o'_b z'_b$ 轴方向的分量为侧向控制力。对于某个发动机，当其产生的推力方向过火箭质心时，推力分量会受到安装角 μ_a 和摆动角的影响。以发动机 Ⅰ 为例，其产生的推力在体坐标系上的分量为

$$\begin{cases}P_{bx,\mathrm{I}} = P'_{\mathrm{I}} \cos \mu_a \\ P_{by,\mathrm{I}} = \eta_X (P''_{\mathrm{I}} - P'_{\mathrm{I}} \sin \mu_a) \\ P_{bz,\mathrm{I}} = -\eta_X (P''_{\mathrm{I}} + P'_{\mathrm{I}} \sin \mu_a)\end{cases} \tag{3-138}$$

其中

$$\begin{cases}\eta_X = \cos(\pi/4) = 1/\sqrt{2} \\ P'_{\mathrm{I}} = P_{\mathrm{I}} \cos \delta_{\mathrm{I}} \\ P''_{\mathrm{I}} = P_{\mathrm{I}} \sin \delta_{\mathrm{I}}\end{cases} \tag{3-139}$$

同理，其他几个发动机产生的推力分量也可按如上方式求出，因此沿火箭纵轴方向的总推力(称为有效推力) 为

$$P_{bx} = (P_{\mathrm{I}} \cos \delta_{\mathrm{I}} + P_{\mathrm{II}} \cos \delta_{\mathrm{II}} + P_{\mathrm{III}} \cos \delta_{\mathrm{III}} + P_{\mathrm{IV}} \cos \delta_{\mathrm{IV}}) \cos \mu_a \tag{3-140}$$

结合式(3 - 134) 和式(3 - 137)，式(3 - 140) 变为

$$P_{bx}=\frac{P\cos\mu_a}{4}[\cos(\delta_\phi+\delta_\psi)+\cos(\delta_\psi-\delta_\phi)+\cos(\delta_\phi+\delta_\psi)+\cos(\delta_\phi-\delta_\psi)]$$
$$=P\cos\mu_a\cos\delta_\phi\cos\delta_\psi \tag{3-141}$$

另外,总的法向力和侧向力如下:

$$\begin{cases}P_{by}=\dfrac{P\eta_X}{4}[(\sin\delta_{\mathrm{I}}+\sin\delta_{\mathrm{II}}+\sin\delta_{\mathrm{III}}+\sin\delta_{\mathrm{IV}})-\\ \qquad \sin\mu_a(\cos\delta_{\mathrm{I}}+\cos\delta_{\mathrm{II}}+\cos\delta_{\mathrm{III}}+\cos\delta_{\mathrm{IV}})]\\ P_{bz}=-\dfrac{P\eta_X}{4}[(\sin\delta_{\mathrm{I}}+\sin\delta_{\mathrm{II}}+\sin\delta_{\mathrm{III}}+\sin\delta_{\mathrm{IV}})+\\ \qquad \sin\mu_a(\cos\delta_{\mathrm{I}}+\cos\delta_{\mathrm{II}}+\cos\delta_{\mathrm{III}}+\cos\delta_{\mathrm{IV}})]\end{cases} \tag{3-142}$$

类似于式(3-140)的推导方式,式(3-141)可改写为

$$\begin{cases}P_{by}=P\sin\delta_\phi\cos\delta_\psi/\sqrt{2}\\ P_{bz}=-P\cos\delta_\phi\sin\delta_\psi/\sqrt{2}\end{cases} \tag{3-143}$$

在实际应用中,发动机摆角一般为小量,故 $\sin\delta_\phi=\delta_\phi$, $\cos\delta_\psi=1$, $\sin\delta_\psi=\delta_\psi$ 且 $\cos\delta_\phi=1$。因此发动机推力在体坐标系下可表示为

$$\begin{cases}P_{bx}=P\cos\mu_a\\ P_{by}=P\delta_\phi/\sqrt{2}\\ P_{bz}=-P\delta_\psi/\sqrt{2}\end{cases} \tag{3-144}$$

②"+"型布局。采用"+"型布局时,各喷管的安装位置如图3-35所示。可以看出,"+"型布局和"X"型布局的相关定义和性质类似,故不予赘述。

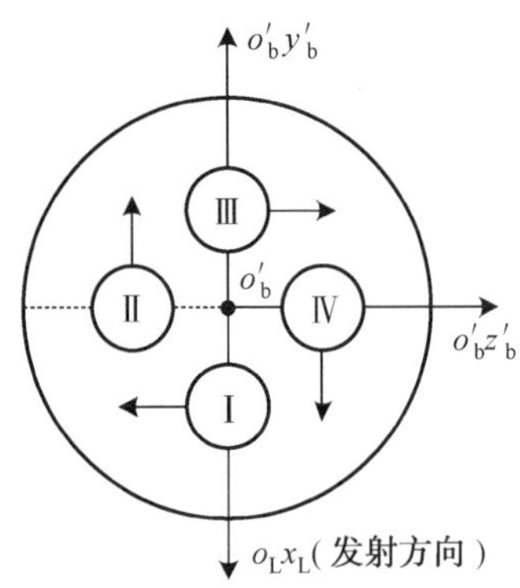

图3-35 发动机"+"型布局示意图

类似"X"型布局,"+"型布局下各发动机摆角和当量摆角的关系如下:

$$\begin{cases}\delta_\gamma - \delta_\psi = \delta_{\mathrm{I}} \\ \delta_\gamma - \delta_\varphi = \delta_{\mathrm{II}} \\ \delta_\gamma + \delta_\psi = \delta_{\mathrm{III}} \\ \delta_\gamma + \delta_\varphi = \delta_{\mathrm{IV}}\end{cases} \tag{3-145}$$

上式可改写为如下形式：

$$\begin{cases}\delta_\phi = \dfrac{-\delta_{\mathrm{II}} + \delta_{\mathrm{IV}}}{2} \\ \delta_\psi = \dfrac{-\delta_{\mathrm{I}} + \delta_{\mathrm{III}}}{2} \\ \delta_\gamma = \dfrac{\delta_{\mathrm{I}} + \delta_{\mathrm{II}} + \delta_{\mathrm{III}} + \delta_{\mathrm{IV}}}{4}\end{cases} \tag{3-146}$$

设四台发动机推力均为 $P/4$，“+”型布局下发动机推力体坐标系上的分量为

$$\begin{cases}P_{bx} = \dfrac{P}{2}\cos\mu_a\cos\delta_\gamma(\cos\delta_\phi + \cos\delta_\psi) \\ P_{by} = \dfrac{P}{2}(\sin\mu_a\sin\delta_\gamma\cos\delta_\psi + \cos\delta_\gamma\sin\delta_\phi) \\ P_{bz} = \dfrac{P}{2}(\sin\mu_a\sin\delta_\gamma\cos\delta_\phi - \cos\delta_\gamma\sin\delta_\psi)\end{cases} \tag{3-147}$$

同样的，认为发动机喷管摆角为小量，取 $\cos\delta_\gamma = 1$，$\sin\delta_\gamma = 0$，$\sin\delta_\phi = \delta_\phi$，$\cos\delta_\psi = 1$，$\sin\delta_\psi = \delta_\psi$ 且 $\cos\delta_\phi = 1$；此时式(3-147)变为

$$\begin{cases}P_{bx} = \dfrac{P}{2}\cos\mu_a \\ P_{by} = \dfrac{P}{2}\delta_\phi \\ P_{bz} = -\dfrac{P}{2}\delta_\psi\end{cases} \tag{3-148}$$

比较式(3-144)和式(3-148)可知，在摆角相同的情况下，以俯仰方向为例，采用“+”型布局时得到的法向力为 $P\delta_\phi/2$，而采用“X”型布局时得到的法向力为 $P\delta_\phi/\sqrt{2}$。因此，“X”型布局下获得的法向力更大，控制效率更高，常用于需要较大控制力和控制力矩的多级（主要是一级）火箭或重型火箭；而“+”型布局在控制逻辑上更加简单。对于多级火箭来说，各级可根据总体参数和实际使用需求而采用不同的布局方式。

（2）单喷管控制。

在有些情况下，远程火箭的尾部只有一个喷出工质的喷口。若要使用该喷口进行推力矢量控制，则应该使用摆动喷管的控制方式，这是因为摆动发动机一般只能单向摆动。显然采用单喷管控制时，安装角 μ_a 为 0。

单喷管安装在箭体纵轴向上，如图 3 - 36 所示。由于可以全向摆动，因此需要重新定义喷管摆角。记喷管排气方向(沿轴线)在 $y'_b o'_b z'_b$ 上的投影为 $o_b p_1$，体坐标系 $y_b o_b z_b$ 平面在尾部上的投影为 $y'_b o'_b z'_b$；此时喷管的摆动需要两个角度来定义。当喷管摆动时，定义喷管轴向与箭体纵轴的夹角为 δ_1，其值恒为正；同时定义 $o_b p_1$ 与 $o'_b y'_b$ 的夹角为 δ_2，以 $o'_b y'_b$ 为基准，δ_2 的取值范围为 0 ~ 360°(沿顺时针方向)。

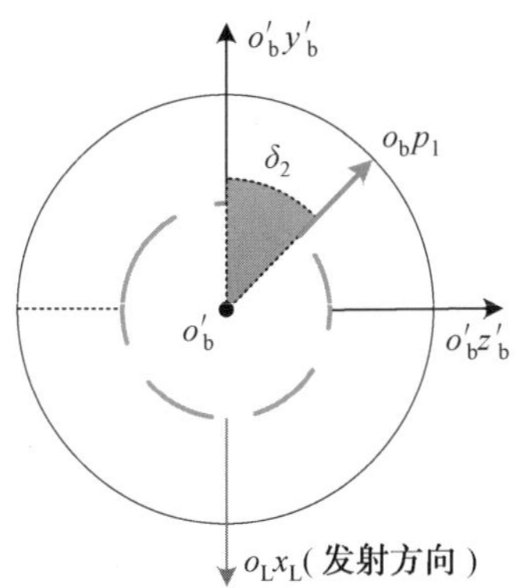

图 3 - 36　单喷管控制示意图

综上，发动机推力在体坐标系下的分量为

$$\begin{cases} P_{bx} = P\cos\delta_1 \\ P_{by} = P\sin\delta_1\cos\delta_2 \\ P_{bz} = P\sin\delta_1\sin\delta_2 \end{cases} \tag{3 - 149}$$

因此，P_{bx} 和 P_{by} 的符号完全取决于 δ_2 的象限。定义喷管在产生正的俯仰力矩或偏航力矩时摆角为正，则喷管摆角和当量摆角的关系如下：

$$\begin{cases} \sin\delta_\phi = \sin\delta_1\cos\delta_2 \\ \sin\delta_\psi = -P\sin\delta_1\sin\delta_2 \end{cases} \tag{3 - 150}$$

例：现有一枚运载火箭已飞出大气层，正向主动段预定关机点飞行。设四台呈"X"型布局的摆动发动机的推力均为 70 kN，根据飞行程序，箭载计算机求解出当前时刻火箭沿体坐标系 y 向和 z 向的控制力分别为 20 kN 和 5 kN，考虑滚转角始终保持为零，计算各个发动机的摆角。

解：由式(3 - 144)可得，发动机当量摆角为

$$\begin{cases} \delta_\phi = \sqrt{2}P_{by}/P = \sqrt{2}\times 20/(60\times 4) = 0.101 \\ \delta_\psi = -\sqrt{2}P_{bz}/P = \sqrt{2}\times 5/(60\times 4) = -0.025 \end{cases}$$

根据式(3 - 137)可得

$$\begin{cases}\delta_{\mathrm{I}} = -\delta_{\phi} - \delta_{\psi} = -0.10/ + 0.025 = -0.076 \\ \delta_{\mathrm{II}} = -\delta_{\phi} + \delta_{\psi} = -0.101 - 0.025 = -0.126 \\ \delta_{\mathrm{III}} = \delta_{\phi} + \delta_{\psi} = 0.101 - 0.025 = 0.076 \\ \delta_{\mathrm{IV}} = \delta_{\phi} - \delta_{\psi} = 0.101 + 0.025 = 0.126\end{cases}$$

因此,各个发动机的摆角约为 $-4.354°$、$-7.219°$、$4.354°$ 和 $7.219°$。

本章小结

在坐标系定义的基础上,本章分析了远程火箭在飞行中的基本受力情况,并针对推力、气动力和地球引力等展开了细致的推导和描述。受力分析是建立远程火箭运动方程以及完成弹道设计和优化计算的首要步骤,也是弹道学中最核心的内容之一。正确的受力分析和建模是成功设计远程火箭弹道的关键,因此需要读者认真学习并熟练掌握。

课后习题

1. 设一枚导弹在发射系下的关机点坐标为[200,300,10] km。认为地球是一个半径为 6 371 km 的均匀圆球体,地球表面处的引力加速度大小为 $g_0 = 9.8\ \mathrm{m/s^2}$,计算导弹在关机点处受到的引力加速度矢量在发射系下的表示形式。

2. 设某时刻一枚导弹在发射系下的坐标为[300,500,100] km,发射点位于(E70°,N50°),发射方位角为 110°。使用正常引力位函数并参考表 3－1 中的参数,计算当前时刻导弹受到的引力加速度矢量在发射系下的表示形式。

3. 现有一台固体火箭发动机采用丁羟基推进剂。假设固体燃料装填在底面半径为 0.1 m、长 4.0 m 的圆柱体内,认为发动机燃速为 10.0 cm/s。计算发动机产生的推力和总冲。

第4章

远程火箭弹道微分方程及解算

为了描述远程火箭的运动规律,需要在受力分析和力学建模的基础上,建立弹道微分方程组。考虑到远程火箭本质上是一个固、液、气三相变质量质点系,如图4－1所示,本章通过引入刚化原理,以发射系下弹道微分方程为重点,推导远程火箭的动力学方程、运动学方程和补充方程等,最终获得远程火箭弹道微分方程组。以弹道导弹为例,通过调整不同阶段受力,该微分方程可用于求解主动段、自由段和再入段的飞行弹道。最后,本章将给出弹道微分方程求解的常用数值方法。

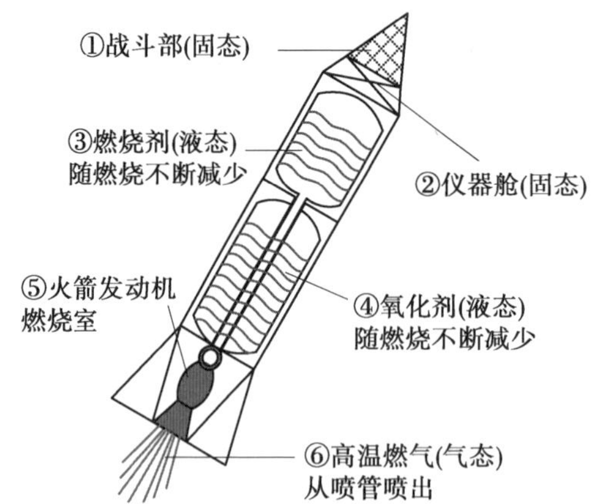

图4－1　三相变质量质点系描述下的远程火箭

4.1　连续质点系的质心微分方程

考虑研究对象为一般的连续质点系 S,即系统是由无数个具有无穷小质量的质点(质量微元)组成,此时连续质点系的质心动力学方程为

$$\boldsymbol{F} = \int_M \frac{\mathrm{d}^2 \boldsymbol{r}}{\mathrm{d}t^2} \mathrm{d}m \tag{4-1}$$

式中,$\boldsymbol{F}$ 为连续质点系所受的外力;$\mathrm{d}m$ 为组成质点系的任意质量微元;M 为质点系即研究对象的质量;$\boldsymbol{r}$ 为微元 $\mathrm{d}m$ 在惯性坐标系中的位置矢量。

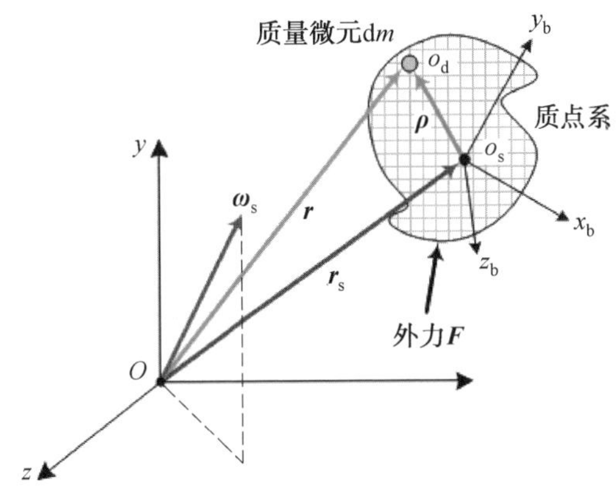

图 4-2　连续质点系示意图

如图4-2所示,设连续质点系的质心为 o_s,微元 $\mathrm{d}m$ 的质心为 o_d,记 o_s 在惯性空间中的位置矢量为 $\boldsymbol{r}_s$、质点系在惯性空间中的旋转角速度为 $\boldsymbol{\omega}_s$、o_d 相对 o_s 的位置矢量为 $\boldsymbol{\rho}$。$\boldsymbol{\rho}$、$\boldsymbol{r}_s$ 和 $\boldsymbol{r}$ 之间有如下关系:

$$\boldsymbol{r} = \boldsymbol{\rho} + \boldsymbol{r}_s \tag{4-2}$$

对上式进行微分有

$$\frac{\mathrm{d}^2 \boldsymbol{r}}{\mathrm{d}t^2} = \frac{\mathrm{d}^2 \boldsymbol{\rho}}{\mathrm{d}t^2} + \frac{\mathrm{d}^2 \boldsymbol{r}_s}{\mathrm{d}t^2} \tag{4-3}$$

在连续质点系的质心处构建体坐标系 $o_b x_b y_b z_b$,则体坐标系相对惯性坐标系的旋转角速度为 $\boldsymbol{\omega}_s$,根据矢量求导公式可知

$$\frac{\mathrm{d}\boldsymbol{\rho}}{\mathrm{d}t} = \frac{\delta \boldsymbol{\rho}}{\delta t} + \boldsymbol{\omega}_s \times \boldsymbol{\rho} \tag{4-4}$$

对上式求导有

$$\frac{\mathrm{d}^2 \boldsymbol{\rho}}{\mathrm{d}t^2} = \frac{\mathrm{d}}{\mathrm{d}}\left(\frac{\delta \boldsymbol{\rho}}{\delta t}\right) + \frac{\mathrm{d}}{\mathrm{d}}(\boldsymbol{\omega}_s \times \boldsymbol{\rho}) \tag{4-5}$$

其中

$$\frac{\mathrm{d}}{\mathrm{d}}\left(\frac{\delta \boldsymbol{\rho}}{\delta t}\right)=\frac{\delta^{2} \boldsymbol{\rho}}{\delta t^{2}}+\boldsymbol{\omega}_{\mathrm{s}} \times \frac{\delta \boldsymbol{\rho}}{\delta t} \tag{4-6}$$

$$\frac{\mathrm{d}}{\mathrm{d}}(\boldsymbol{\omega}_{\mathrm{s}} \times \boldsymbol{\rho})=\frac{\mathrm{d} \boldsymbol{\omega}_{\mathrm{s}}}{\mathrm{d} t} \times \boldsymbol{\rho}+\boldsymbol{\omega}_{\mathrm{s}} \times\left(\frac{\delta \boldsymbol{\rho}}{\delta t}+\boldsymbol{\omega}_{\mathrm{s}} \times \boldsymbol{\rho}\right) \tag{4-7}$$

因此式(4－5)变为

$$\frac{\mathrm{d}^{2} \boldsymbol{\rho}}{\mathrm{d} t^{2}}=\frac{\delta^{2} \boldsymbol{\rho}}{\delta t^{2}}+2 \boldsymbol{\omega}_{\mathrm{s}} \times \frac{\delta \boldsymbol{\rho}}{\delta t}+\frac{\mathrm{d} \boldsymbol{\omega}_{\mathrm{s}}}{\mathrm{d} t} \times \boldsymbol{\rho}+\boldsymbol{\omega}_{\mathrm{s}} \times(\boldsymbol{\omega}_{\mathrm{s}} \times \boldsymbol{\rho}) \tag{4-8}$$

将上式代入式(4－3)可得

$$\frac{\mathrm{d}^{2} \boldsymbol{r}}{\mathrm{d} t^{2}}=\frac{\mathrm{d}^{2} \boldsymbol{r}_{\mathrm{s}}}{\mathrm{d} t^{2}}+\frac{\delta^{2} \boldsymbol{\rho}}{\delta t^{2}}+2 \boldsymbol{\omega}_{\mathrm{s}} \times \frac{\delta \boldsymbol{\rho}}{\delta t}+\frac{\mathrm{d} \boldsymbol{\omega}_{\mathrm{s}}}{\mathrm{d} t} \times \boldsymbol{\rho}+\boldsymbol{\omega}_{\mathrm{s}} \times(\boldsymbol{\omega}_{\mathrm{s}} \times \boldsymbol{\rho}) \tag{4-9}$$

将上式代入连续质点系动力学方程,有

$$\boldsymbol{F}=m \frac{\mathrm{d}^{2} \boldsymbol{r}_{\mathrm{s}}}{\mathrm{d} t^{2}}+\int_{m} \frac{\delta^{2} \boldsymbol{\rho}}{\delta t^{2}} \mathrm{d} m+2 \boldsymbol{\omega}_{\mathrm{s}} \times \int_{m} \frac{\delta \boldsymbol{\rho}}{\delta t} \mathrm{d} m+\int_{m} \frac{\mathrm{d} \boldsymbol{\omega}_{\mathrm{s}}}{\mathrm{d} t} \times \boldsymbol{\rho} \mathrm{d} m+\int_{m} \boldsymbol{\omega}_{\mathrm{s}} \times(\boldsymbol{\omega}_{\mathrm{s}} \times \boldsymbol{\rho}) \mathrm{d} m \tag{4-10}$$

考虑到 o_{s} 为连续质点系的质心,则

$$\int_{m} \boldsymbol{\rho} \mathrm{d} m=\mathbf{0} \tag{4-11}$$

因此,式(4－10)可简化为

$$\boldsymbol{F}=m \frac{\mathrm{d}^{2} \boldsymbol{r}_{\mathrm{s}}}{\mathrm{d} t^{2}}+\int_{m} \frac{\delta^{2} \boldsymbol{\rho}}{\delta t^{2}} \mathrm{d} m+2 \boldsymbol{\omega}_{\mathrm{s}} \times \int_{m} \frac{\delta \boldsymbol{\rho}}{\delta t} \mathrm{d} m \tag{4-12}$$

由于常用质心运动代表连续质点系的平动,上式一般写为

$$m \frac{\mathrm{d}^{2} \boldsymbol{r}_{\mathrm{s}}}{\mathrm{d} t^{2}}=\boldsymbol{F}-\int_{m} \frac{\delta^{2} \boldsymbol{\rho}}{\delta t^{2}} \mathrm{d} m-2 \boldsymbol{\omega}_{\mathrm{s}} \times \int_{m} \frac{\delta \boldsymbol{\rho}}{\delta t} \mathrm{d} m \tag{4-13}$$

记

$$\boldsymbol{F}_{\mathrm{rel}}^{\prime}=-\int_{m} \frac{\delta^{2} \boldsymbol{\rho}}{\delta t^{2}} \mathrm{d} m \tag{4-14}$$

$$\boldsymbol{F}_{\mathrm{k}}^{\prime}=-2 \boldsymbol{\omega}_{\mathrm{s}} \times \int_{m} \frac{\delta \boldsymbol{\rho}}{\delta t} \mathrm{d} m \tag{4-15}$$

式中,$\boldsymbol{F}_{\mathrm{rel}}^{\prime}$ 为附加相对力;$\boldsymbol{F}_{\mathrm{k}}^{\prime}$ 为附加科氏力。

如果连续质点系为刚体,则有

$$\frac{\delta \boldsymbol{\rho}}{\delta t}=\mathbf{0} \tag{4-16}$$

$$\frac{\delta^{2} \boldsymbol{\rho}}{\delta t^{2}}=\mathbf{0} \tag{4-17}$$

此时连续质点系方程可简化为

$$\boldsymbol{F} = m\frac{\mathrm{d}^2\boldsymbol{r}_s}{\mathrm{d}t^2} \tag{4-18}$$

此时质点系的加速度仅与外力有关,不存在附加力。

4.2 连续质点系的附加力推导

由式(4-14)和式(4-15)可知,产生$\boldsymbol{F}'_{\mathrm{rel}}$和$\boldsymbol{F}'_{\mathrm{k}}$的前提是连续质点系中的质量微元相对质心有速度$\delta\boldsymbol{\rho}/\delta t$和加速度$\delta^2\boldsymbol{\rho}/\delta t^2$,具体到远程火箭则是由于火箭发动机高速喷射工质产生。

为推导$\boldsymbol{F}'_{\mathrm{rel}}$和$\boldsymbol{F}'_{\mathrm{k}}$的具体形式,首先给出雷诺迁移定理,即

$$\int_m \frac{\delta \boldsymbol{H}}{\delta t}\mathrm{d}m = \frac{\delta}{\delta t}\int_m \boldsymbol{H}\mathrm{d}m + \int_{S_e}\boldsymbol{H}(\boldsymbol{\rho}_{\mathrm{m}}\boldsymbol{V}_{\mathrm{rel}}\cdot\boldsymbol{n})\mathrm{d}S_e \tag{4-19}$$

式中,$\boldsymbol{H}$为某一矢量点函数;$\boldsymbol{\rho}_{\mathrm{m}}$为流体密度;$\boldsymbol{V}_{\mathrm{rel}}$为流体相对表面$S_e$的速度;$\boldsymbol{n}$为表面$S_e$外法向单位矢量。

图 4-3 为某一轴对称火箭发动机,喷口截面积为S_e,火箭的质心为o,相对于箭体的速度为$\boldsymbol{V}_{\mathrm{o}}$,发动机内某一质量微元相对箭体的速度为$\boldsymbol{V}_{\mathrm{b}}$,$\boldsymbol{\rho}$为质量微元到质心的矢量,则有

$$\frac{\delta\boldsymbol{\rho}}{\delta t} = \boldsymbol{V}_{\mathrm{b}} - \boldsymbol{V}_{\mathrm{o}} \tag{4-20}$$

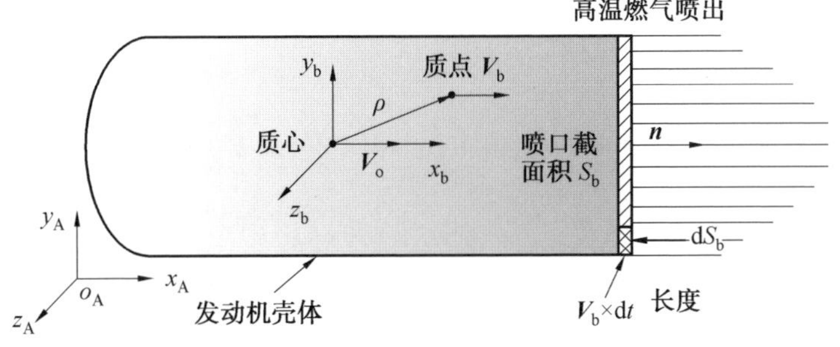

图 4-3　轴对称火箭发动机示意图

根据雷诺迁移定理,令

$$\boldsymbol{H} = \frac{\delta\boldsymbol{\rho}}{\delta t} \tag{4-21}$$

则有

$$\int_m \frac{\delta^2\boldsymbol{\rho}}{\delta t^2}\mathrm{d}m = \frac{\delta}{\delta t}\int_m \frac{\delta\boldsymbol{\rho}}{\delta t}\mathrm{d}m + \int_{S_e}\frac{\delta\boldsymbol{\rho}}{\delta t}(\rho_{\mathrm{m}}\boldsymbol{V}_{\mathrm{b}}\cdot\boldsymbol{n})\mathrm{d}S_e \tag{4-22}$$

为进一步开展公式推导，令上式中 $H=\rho$，应用雷诺迁移定理有

$$\int_m \frac{\delta \boldsymbol{\rho}}{\delta t}\mathrm{d}m = \frac{\delta}{\delta t}\int_m \boldsymbol{\rho}\,\mathrm{d}m + \int_{S_e}\rho(\rho_m \boldsymbol{V}_b \cdot \boldsymbol{n})\mathrm{d}S_e \tag{4-23}$$

令 $\rho=\rho_e+\rho_v$；如图4－4所示，如果过喷口截面 S_e 的速度 $\boldsymbol{V}_b$ 相同，考虑到喷口截面的对称性，有

$$\int_{S_e}\rho_v(\rho_m \boldsymbol{V}_b \cdot \boldsymbol{n})\mathrm{d}S_e = 0 \tag{4-24}$$

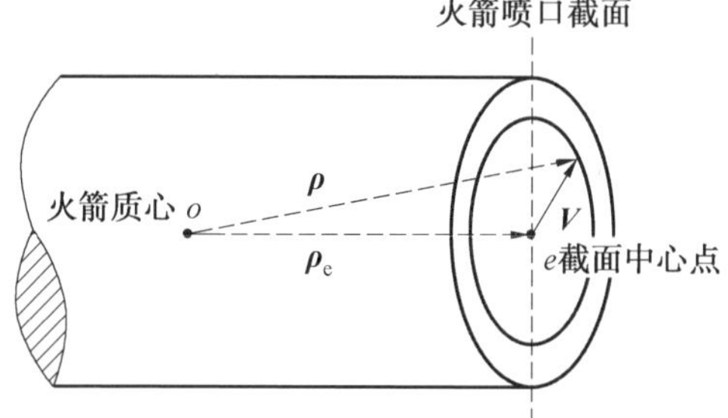

图4－4　喷口截面处的矢量关系

由于

$$\int_{S_e}\frac{\rho_m(\boldsymbol{V}_b \Delta t)\cdot \boldsymbol{n}}{\Delta t}\mathrm{d}S_e = \dot{m} \tag{4-25}$$

则有

$$\int_m \frac{\delta \boldsymbol{\rho}}{\delta t}\mathrm{d}m = \dot{m}\boldsymbol{\rho}_e \tag{4-26}$$

此时，式(4－22)可写为

$$\int_m \frac{\delta^2 \boldsymbol{\rho}}{\delta t^2}\mathrm{d}m = \ddot{m}\boldsymbol{\rho}_e + \dot{m}\dot{\boldsymbol{\rho}}_e + \int_{S_e}\frac{\delta \boldsymbol{\rho}}{\delta t}(\rho_m \boldsymbol{V}_b \cdot \boldsymbol{n})\mathrm{d}S_e \tag{4-27}$$

其中

$$\int_{S_e}\frac{\delta \rho}{\delta t}(\rho_m \boldsymbol{V}_b \cdot \boldsymbol{n})\mathrm{d}S_e = \int_{S_e}(\boldsymbol{V}_b - \boldsymbol{V}_o)(\rho_m \boldsymbol{V}_b \cdot \boldsymbol{n})\mathrm{d}S_e \tag{4-28}$$

考虑到 $\boldsymbol{V}_o$ 与喷口面积微元无关，设质点从喷口排出的速度相同，记为 $\boldsymbol{u}_e$，则 $\boldsymbol{V}_o$ 和 $\boldsymbol{u}_e$ 可以拿到积分号外，因此

$$\int_{S_e}(\boldsymbol{V}_b - \boldsymbol{V}_o)(\rho_m \boldsymbol{V}_b \cdot \boldsymbol{n})\mathrm{d}S_e = \dot{m}\boldsymbol{u}_e - \dot{m}\boldsymbol{V}_o \tag{4-29}$$

总结上述推导过程可得

$$\boldsymbol{F}'_{rel} = -\ddot{m}\boldsymbol{\rho}_e - \dot{m}\dot{\boldsymbol{\rho}}_e - \dot{m}\boldsymbol{u}_e + \dot{m}\boldsymbol{V}_o \tag{4-30}$$

当发动机稳定工作时 $\ddot{m}=0$，且 $\dot{m}\boldsymbol{V}_o - \dot{m}\dot{\boldsymbol{\rho}}_e$ 也是小量，因此

$$\begin{cases} \boldsymbol{F}'_{\mathrm{rel}} = -\dot{m}\boldsymbol{u}_{\mathrm{e}} \\ \boldsymbol{F}'_{\mathrm{k}} = -2\boldsymbol{\omega}_{\mathrm{s}} \times \int_{\mathrm{m}} \frac{\delta \boldsymbol{\rho}}{\delta t} \mathrm{d}m = -2\dot{m}\boldsymbol{\omega}_{\mathrm{s}} \times \boldsymbol{\rho}_{\mathrm{e}} \end{cases} \tag{4-31}$$

显然对火箭来说，$\boldsymbol{F}'_{\mathrm{rel}}$ 即为发动机推力矢量。

4.3　发射系下的弹道微分方程

4.3.1　变质量系质心微分方程

远程火箭本质上是一个固、液、气三相变质量质点系，而式(4－3) 为一般的连续质点系动力学方程，推导时未考虑系统变质量问题。为了能够将该公式应用于远程火箭，需要引入刚化原理。刚化原理指出，对于变质量系统在任意 t 时刻的质心运动方程可以用“固化刚体” 的相应方程来表示，即式(4－18)；此时系统质量为 t 时刻的质量。下面推导发射系下的质心动力学方程。

已知发射系为动坐标系，它相对惯性坐标系的旋转角速度为 $\boldsymbol{\omega}_{\mathrm{e}}$，如图 4－5 所示。设远程火箭在发射系下的位置矢量为 $\boldsymbol{r}$，对 $\boldsymbol{r}$ 求导得

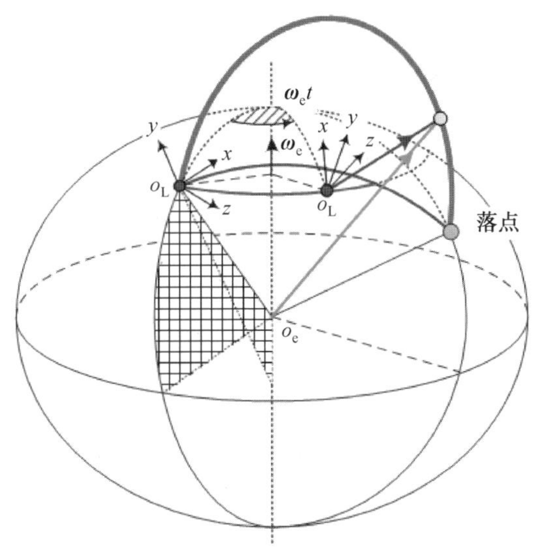

图 4－5　发射坐标系在空间中的移动

$$\frac{\mathrm{d}\boldsymbol{r}}{\mathrm{d}t} = \frac{\delta \boldsymbol{r}}{\delta t} + \boldsymbol{\omega}_{\mathrm{e}} \times \boldsymbol{r} \tag{4-32}$$

式中，$\mathrm{d}\boldsymbol{r}/\mathrm{d}t$ 为 $\boldsymbol{r}$ 在惯性系中导数；$\delta \boldsymbol{r}/\delta t$ 为发射系中的导数。

对上式求导有

$$\frac{\mathrm{d}^2\boldsymbol{r}}{\mathrm{d}t^2}=\frac{\mathrm{d}}{\mathrm{d}t}\left(\frac{\delta\boldsymbol{r}}{\delta t}\right)+\frac{\mathrm{d}}{\mathrm{d}t}(\boldsymbol{\omega}_{\mathrm{e}}\times\boldsymbol{r}) \tag{4-33}$$

其中

$$\frac{\mathrm{d}}{\mathrm{d}t}\left(\frac{\delta\boldsymbol{r}}{\delta t}\right)=\frac{\delta^2\boldsymbol{r}}{\delta t^2}+\boldsymbol{\omega}_{\mathrm{e}}\times\frac{\delta\boldsymbol{r}}{\delta t} \tag{4-34}$$

考虑到 ω_{e} 为常值,有

$$\frac{\mathrm{d}}{\mathrm{d}t}(\boldsymbol{\omega}_{\mathrm{e}}\times\boldsymbol{r})=\boldsymbol{\omega}_{\mathrm{e}}\times\left(\frac{\delta\boldsymbol{r}}{\delta t}+\boldsymbol{\omega}_{\mathrm{e}}\times\boldsymbol{r}\right) \tag{4-35}$$

因此式(4 - 33) 变为

$$\frac{\mathrm{d}^2\boldsymbol{r}}{\mathrm{d}t^2}=\frac{\delta^2\boldsymbol{r}}{\delta t^2}+2\boldsymbol{\omega}_{\mathrm{e}}\times\frac{\delta\boldsymbol{r}}{\delta t}+\boldsymbol{\omega}_{\mathrm{e}}\times(\boldsymbol{\omega}_{\mathrm{e}}\times\boldsymbol{r}) \tag{4-36}$$

因此发射系下远程火箭的质心动力学方程为

$$m\frac{\delta^2\boldsymbol{r}}{\delta t^2}=\boldsymbol{F}+\boldsymbol{F}'_{\mathrm{rel}}+\boldsymbol{F}'_{\mathrm{k}}+\boldsymbol{F}_{\mathrm{a}}+\boldsymbol{F}_{\mathrm{e}} \tag{4-37}$$

式中,$\boldsymbol{F}$ 为外力;$\boldsymbol{F}'_{\mathrm{rel}}$ 为附加相对力;$\boldsymbol{F}'_{\mathrm{k}}$ 附加科氏力;$\boldsymbol{F}_{\mathrm{a}}$ 为科氏惯性力;$\boldsymbol{F}_{\mathrm{e}}$ 为牵连惯性力。

$$\boldsymbol{F}_{\mathrm{a}}=-2m\boldsymbol{\omega}_{\mathrm{e}}\times\frac{\delta\boldsymbol{r}}{\delta t} \tag{4-38}$$

$$\boldsymbol{F}_{\mathrm{e}}=-m\boldsymbol{\omega}_{\mathrm{e}}\times(\boldsymbol{\omega}_{\mathrm{e}}\times\boldsymbol{r}) \tag{4-39}$$

由式(4 - 38) 和式(4 - 39) 可知,产生惯性力 $\boldsymbol{F}_{\mathrm{a}}$ 和 $\boldsymbol{F}_{\mathrm{e}}$ 的原因是连续质点系的位置矢量相对惯性系有旋转角速度。

4.3.2 远程火箭的运动微分方程

远程火箭所受的外力包括地球引力、气动力、静推力、控制力,其中静推力和附加相对力的和为发动机推力,此时发射系下的远程火箭动力学方程为

$$m\frac{\delta^2\boldsymbol{r}}{\delta t^2}=m\frac{\delta\boldsymbol{v}}{\delta t}=\boldsymbol{P}+m\boldsymbol{g}+\boldsymbol{R}+\boldsymbol{F}'_{\mathrm{k}}+\boldsymbol{F}_{\mathrm{a}}+\boldsymbol{F}_{\mathrm{e}} \tag{4-40}$$

式中,$\boldsymbol{P}$ 为发动机推力矢量,包含沿火箭轴向的推力分量以及沿垂直于轴向的控制力分量;$m\boldsymbol{g}$ 为引力矢量;$\boldsymbol{R}$ 为气动力矢量;$\boldsymbol{F}'_{\mathrm{k}}$ 为附加科氏力矢量;$\boldsymbol{F}_{\mathrm{a}}$ 为科氏惯性力矢量;$\boldsymbol{F}_{\mathrm{e}}$ 为牵连惯性力矢量;$\boldsymbol{r}=[x_{\mathrm{L}},y_{\mathrm{L}},z_{\mathrm{L}}]^{\mathrm{T}}$ 为火箭在发射系下的位置矢量;$\boldsymbol{v}=[v_{x\mathrm{L}},v_{y\mathrm{L}},v_{z\mathrm{L}}]^{\mathrm{T}}$ 为速度矢量。

1. 发动机推力

发动机推力包括沿轴向的推力和沿法向的控制力,是在体坐标系下表示的,即

$$\boldsymbol{P}_{\mathrm{b}} = [P_x, P_y, P_z]^{\mathrm{T}} \tag{4-41}$$

式中，P_x、P_y 和 P_z 为发动机推力矢量在体坐标系上的分量，其具体形式与摆动喷管（或摆动发动机）的布局有关。

以四个喷管采用"X"型和"+"型布局为例，根据式(3-143)和式(3-147)可得推力矢量在体坐标系上的分量为

$$\begin{cases} P_x = P\cos\mu_{\mathrm{a}} \\ P_y = P\delta_\phi/\sqrt{2} \\ P_z = -P\delta_\psi/\sqrt{2} \end{cases} \rightarrow \text{"X"} \quad \begin{cases} P_x = P\cos\mu_{\mathrm{a}}/2 \\ P_y = P\delta_\phi/2 \\ P_z = -P\delta_\psi/2 \end{cases} \rightarrow \text{"+"} \tag{4-42}$$

式中，P 为发动机总推力大小；μ_{a} 为发动机安装角；δ_ϕ 和 δ_ψ 分别为等量俯仰摆角和等量偏航摆角。

如图4-6所示，根据体坐标系和发射系间的坐标转换矩阵，可得发动机推力在发射坐标系的投影为

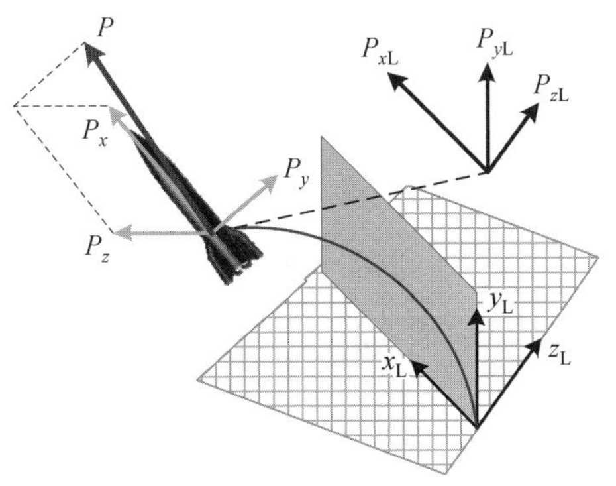

图 4-6　发射系下的推力矢量

$$\boldsymbol{P}_{\mathrm{L}} = \begin{bmatrix} P_{x\mathrm{L}} \\ P_{y\mathrm{L}} \\ P_{z\mathrm{L}} \end{bmatrix} = (\boldsymbol{C}_{\mathrm{L}}^{\mathrm{b}})^{-1}\boldsymbol{P}_{\mathrm{b}} \tag{4-43}$$

式中，$\boldsymbol{C}_{\mathrm{L}}^{\mathrm{b}}$ 为从发射系到体坐标系的坐标转换矩阵。根据 $\boldsymbol{C}_{\mathrm{L}}^{\mathrm{b}}$ 的具体形式可得

$$\begin{cases} P_{x\mathrm{L}} = P_x\cos\phi_{\mathrm{m}}\cos\psi_{\mathrm{m}} + P_y(\cos\phi_{\mathrm{m}}\sin\psi_{\mathrm{m}}\sin\gamma_{\mathrm{m}} - \sin\phi_{\mathrm{m}}\cos\gamma_{\mathrm{m}}) + \\ \qquad P_z(\cos\phi_{\mathrm{m}}\sin\psi_{\mathrm{m}}\cos\gamma_{\mathrm{m}} + \sin\phi_{\mathrm{m}}\sin\gamma_{\mathrm{m}}) \\ P_{y\mathrm{L}} = P_x\sin\phi_{\mathrm{m}}\cos\psi_{\mathrm{m}} + P_y(\sin\phi_{\mathrm{m}}\sin\psi_{\mathrm{m}}\sin\gamma_{\mathrm{m}} + \cos\phi_{\mathrm{m}}\cos\gamma_{\mathrm{m}}) + \\ \qquad P_z(\sin\phi_{\mathrm{m}}\sin\psi_{\mathrm{m}}\cos\gamma_{\mathrm{m}} - \cos\phi_{\mathrm{m}}\sin\gamma_{\mathrm{m}}) \\ P_{z\mathrm{L}} = P_x\sin\psi_{\mathrm{m}} + P_y\cos\psi_{\mathrm{m}}\sin\gamma_{\mathrm{m}} + P_z\cos\psi_{\mathrm{m}}\cos\gamma_{\mathrm{m}} \end{cases} \tag{4-44}$$

式中，ϕ_{m}、ψ_{m} 和 γ_{m} 分别为俯仰角、偏航角和滚转角。

在进行主动段弹道计算时，经常假设火箭在主动段飞行过程中无滚转或滚转角很小，此时式(4－44) 变为

$$\begin{bmatrix} P_{xL} \\ P_{yL} \\ P_{zL} \end{bmatrix} = \begin{bmatrix} P_x\cos\phi_m\cos\psi_m - P_y\sin\phi_m + P_z\cos\phi_m\sin\psi_m \\ P_x\sin\phi_m\cos\psi_m + P_y\cos\phi_m + P_z\sin\phi_m\sin\psi_m \\ P_x\sin\psi_m + P_z\cos\psi_m \end{bmatrix} \tag{4-45}$$

2. 空气动力

空气动力是在速度坐标系下计算的，即

$$\boldsymbol{R}_v = \begin{bmatrix} -D \\ L \\ Z \end{bmatrix} = qS_{ref}\begin{bmatrix} c_D \\ c_L \\ c_z \end{bmatrix} \tag{4-46}$$

式中，D 为阻力；L 为升力；Z 为侧向力；c_D、c_L 和 c_z 分别为阻力系数、升力系数和侧向力系数；q 为飞行动压；S_{ref} 为特征面积。

如图4－7所示，根据速度系和发射系间的坐标转换矩阵，可得空气动力在发射系的投影为

$$\boldsymbol{R}_L = \begin{bmatrix} R_{xL} \\ R_{yL} \\ R_{zL} \end{bmatrix} = (\boldsymbol{C}_L^v)^{-1}\boldsymbol{R}_v \tag{4-47}$$

式中，$\boldsymbol{C}_L^v$ 为从发射系到速度系的坐标转换矩阵。

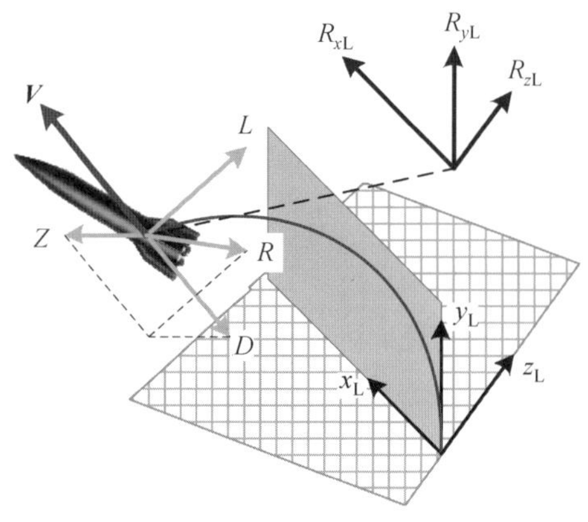

图 4－7　发射系下的气动力矢量

考虑到主动段运动弹道倾侧角为小量，此时根据 $\boldsymbol{C}_L^v$ 的具体形式可得

$$\begin{bmatrix} R_{xL} \\ R_{yL} \\ R_{zL} \end{bmatrix} = \begin{bmatrix} \cos\theta_v\cos\psi_v & \sin\theta_v\cos\psi_v & -\sin\psi_v \\ -\sin\theta_v & \cos\theta_v & 0 \\ \cos\theta_v\sin\psi_v & \sin\theta_v\sin\psi_v & \cos\psi_v \end{bmatrix}^{\mathrm{T}} \begin{bmatrix} -D \\ L \\ Z \end{bmatrix} = \begin{bmatrix} -D\cos\theta_v\cos\psi_v - L\sin\theta_v + Z\cos\theta_v\sin\psi_v \\ -D\sin\theta_v\cos\psi_v + L\cos\theta_v + Z\sin\theta_v\sin\psi_v \\ D\sin\psi_v + Z\cos\psi_v \end{bmatrix} \tag{4-48}$$

式中，θ_v 和 ψ_v 分别为弹道倾角和弹道偏角。

3. 地球引力

地球引力建立在地心坐标系下。考虑正常引力位，结合式(2－27)可得

$$\boldsymbol{g}_L = \begin{bmatrix} g_{xL} \\ g_{yL} \\ g_{zL} \end{bmatrix} = \frac{g_r}{r}\left(\begin{bmatrix} x_L \\ y_L \\ z_L \end{bmatrix} + \boldsymbol{R}_0^L\right) + g_\omega \frac{\boldsymbol{\omega}_{eL}}{\boldsymbol{\omega}_e} \tag{4-49}$$

式中，x_L、y_L 和 z_L 为发射系下的火箭位置分量；r 为火箭地心距；g_r 和 g_ω 分别为引力沿地心矢径和地球自转角速度方向上的分量。

$$\begin{cases} g_r = -\dfrac{\mu_E}{r^2}\left[1 + \dfrac{3}{2}J_2\left(\dfrac{a_e}{r}\right)^2(1 - 5\sin^2\phi)\right] \\ g_\omega = -3\dfrac{\mu_E}{r^2}J_2\left(\dfrac{a_e}{r}\right)^2\sin\phi \end{cases} \tag{4-50}$$

式中，ϕ 为远程火箭的地心纬度；J_2 为二阶主球谐函数系数。

如图 4－8 所示，根据上文对式(4－49)中各变量的定义，$\boldsymbol{g}_L$ 可展开为

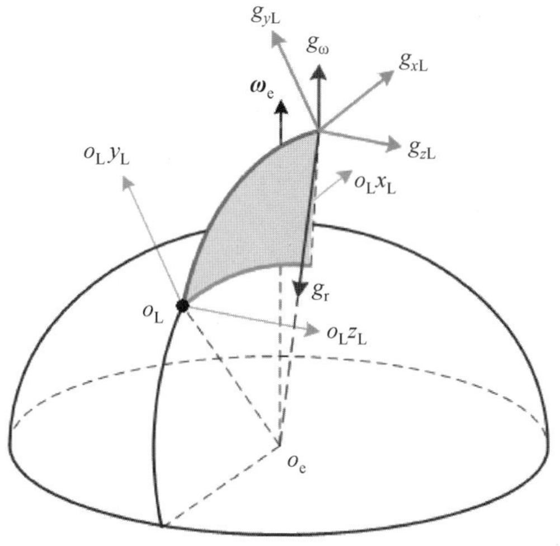

图 4－8　发射系下的引力矢量

$$\begin{bmatrix} g_{xL} \\ g_{yL} \\ g_{zL} \end{bmatrix} = \frac{g_r}{r}\left(\begin{bmatrix} x_L \\ y_L \\ z_L \end{bmatrix} + (\boldsymbol{C}_L^e)^{-1} R_{e0} \begin{bmatrix} \cos\phi_L \cos\theta_L \\ \cos\phi_L \sin\theta_L \\ \sin\phi_L \end{bmatrix}\right) + g_\omega \begin{bmatrix} \cos\phi_{LT}\cos A_L \\ \sin\phi_{LT} \\ -\cos\phi_{LT}\sin A_L \end{bmatrix} \tag{4-51}$$

式中,$\boldsymbol{C}_L^e$ 为从发射系到地心系的坐标转换矩阵,由式(2－26)求得;R_{e0} 为发射点到地心的距离,由式(2－29)求得;θ_L 和 ϕ_L 代表发射点经纬度,ϕ_{LT} 为发射点天文纬度,ϕ_L 和 ϕ_{LT} 间的关系如式(3－32);A_L 为发射方位角,r 为火箭质心到地心的距离。需要注意,计算地球引力时使用的 r 并非是发射系下位置矢量 $\boldsymbol{r}$ 的模。

4. 科氏惯性力和牵连惯性力

科氏惯性力在发射系下的表示形式可由地球自转角速度矢量和火箭速度矢量在发射坐标系下的表达形式计算得出,根据式(2－36)和式(4－38)可得

$$\boldsymbol{F}_{a,L} = -2m\boldsymbol{\omega}_e \times \boldsymbol{v} = -2m\boldsymbol{\omega}_e \begin{bmatrix} \cos\phi_T\cos A_L \\ \sin\phi_T \\ -\cos\phi_T\sin A_L \end{bmatrix} \times \begin{bmatrix} v_{xL} \\ v_{yL} \\ v_{zL} \end{bmatrix} \tag{4-52}$$

式中,v_{xL}、v_{yL} 和 v_{zL} 为发射系下的火箭速度分量。

经整理得

$$\begin{bmatrix} F_{a,xL} \\ F_{a,yL} \\ F_{a,zL} \end{bmatrix} = -2m\boldsymbol{\omega}_e \begin{bmatrix} v_{zL}\sin\phi_T + v_{yL}\cos\phi_T\sin A_L \\ -v_{xL}\cos\phi_T\sin A_L - v_{zL}\cos\phi_T\cos A_L \\ v_{yL}\cos\phi_T\cos A_L - v_{xL}\sin\phi_T \end{bmatrix} \tag{4-53}$$

牵连惯性力在发射系下的表示形式可由地球自转角速度矢量和火箭速度矢量在发射坐标系下的表达形式计算得出,根据式(4－39)可得

$$\boldsymbol{F}_e = -m\boldsymbol{\omega}_e \times (\boldsymbol{\omega}_e \times \boldsymbol{r}) = -m\boldsymbol{\omega}_e^2 \begin{bmatrix} \cos\phi_T\cos A_L \\ \sin\phi_T \\ -\cos\phi_T\sin A_L \end{bmatrix} \times \left(\begin{bmatrix} \cos\phi_T\cos A_L \\ \sin\phi_T \\ -\cos\phi_T\sin A_L \end{bmatrix} \times \begin{bmatrix} x_L \\ y_L \\ z_L \end{bmatrix}\right) \tag{4-54}$$

经整理得

$$\begin{bmatrix} F_{e,xL} \\ F_{e,yL} \\ F_{e,zL} \end{bmatrix} = -\frac{m\boldsymbol{\omega}_e^2}{\cos^2\phi_T} \begin{bmatrix} -(\tan^2\phi_T + \sin^2 A_L)x_L + (\tan\phi_T\cos A_L)y_L - (\sin A_L\cos A_L)z_L \\ (\tan\phi_T\cos A_L)x_L - y_L - (\tan\phi_T\sin A_L)z_L \\ (\sin A_L\cos A_L)x_L - (\tan\phi_T\sin A_L)y_L - (\tan^2\phi_T + \cos^2 A_L)z_L \end{bmatrix} \tag{4-55}$$

5. 附加科氏力

由式(4－31)可知,$\boldsymbol{F}'_k$ 在体坐标系下的表达式为

$$\boldsymbol{F}'_{\mathrm{k}} = -2\dot{m}\boldsymbol{\omega}_{\mathrm{s}} \times \boldsymbol{\rho}_{\mathrm{e}} \tag{4-56}$$

式中，$\boldsymbol{\omega}_{\mathrm{s}}$ 为体坐标系相对惯性系的旋转角速度，它在体坐标系下的分量为 $\omega_{\mathrm{s}x}$、$\omega_{\mathrm{s}y}$ 和 $\omega_{\mathrm{s}z}$；$\boldsymbol{\rho}_{\mathrm{e}}$ 为远程火箭质心到喷口截面中心点的矢量。

设火箭质心到喷口截面的距离为 $x_{1\mathrm{e}}$，则在体坐标系下有

$$\begin{cases}\boldsymbol{\omega}_{\mathrm{s}} = [\omega_{\mathrm{s}x}, \omega_{\mathrm{s}y}, \omega_{\mathrm{s}z}]^{\mathrm{T}} \\ \boldsymbol{\rho}_{\mathrm{e}} = [x_{1\mathrm{e}}, 0, 0]^{\mathrm{T}}\end{cases} \tag{4-57}$$

因此，附加科氏力 $\boldsymbol{F}'_{\mathrm{k}}$ 在体坐标系下的表达式为

$$\boldsymbol{F}'_{\mathrm{k}} = \begin{bmatrix} F'_{\mathrm{k}x,\mathrm{b}} \\ F'_{\mathrm{k}y,\mathrm{b}} \\ F'_{\mathrm{k}z,\mathrm{b}} \end{bmatrix} = 2\dot{m}x_{1\mathrm{e}} \begin{bmatrix} 0 \\ -\omega_{\mathrm{s}z} \\ \omega_{\mathrm{s}y} \end{bmatrix} \tag{4-58}$$

根据式(4－58)以及体坐标系和发射系间的坐标转换矩阵可得

$$\boldsymbol{F}'_{\mathrm{kL}} = (\boldsymbol{C}_{\mathrm{L}}^{\mathrm{b}})^{-1}\boldsymbol{F}'_{\mathrm{k}} \tag{4-59}$$

经整理得

$$\begin{bmatrix} F'_{\mathrm{k},x\mathrm{L}} \\ F'_{\mathrm{k},y\mathrm{L}} \\ F'_{\mathrm{k},z\mathrm{L}} \end{bmatrix} = 2\dot{m}x_{1\mathrm{e}} \begin{bmatrix} -\omega_{\mathrm{s}z}\sin\varphi_{\mathrm{m}}\cos\psi_{\mathrm{m}} - \sin\psi_{\mathrm{m}}\omega_{\mathrm{s}y} \\ -\omega_{\mathrm{s}z}(\sin\varphi_{\mathrm{m}}\sin\psi_{\mathrm{m}}\sin\gamma_{\mathrm{m}} + \cos\varphi_{\mathrm{m}}\cos\gamma_{\mathrm{m}}) + \omega_{\mathrm{s}y}\cos\psi_{\mathrm{m}}\sin\gamma_{\mathrm{m}} \\ -\omega_{\mathrm{s}z}(\sin\varphi_{\mathrm{m}}\sin\psi_{\mathrm{m}}\cos\gamma_{\mathrm{m}} - \cos\varphi_{\mathrm{m}}\sin\gamma_{\mathrm{m}}) + \omega_{\mathrm{s}y}\cos\psi_{\mathrm{m}}\cos\gamma_{\mathrm{m}} \end{bmatrix} \tag{4-60}$$

同样，假设火箭在主动段飞行过程中无滚转或滚转角很小，此时有

$$\begin{bmatrix} F'_{\mathrm{k},x\mathrm{L}} \\ F'_{\mathrm{k},y\mathrm{L}} \\ F'_{\mathrm{k},z\mathrm{L}} \end{bmatrix} = 2\dot{m}x_{1\mathrm{e}} \begin{bmatrix} -\omega_{\mathrm{s}z}\sin\varphi_{\mathrm{m}}\cos\psi_{\mathrm{m}} - \sin\psi_{\mathrm{m}}\omega_{\mathrm{s}y} \\ -\omega_{\mathrm{s}z}\cos\varphi_{\mathrm{m}} + \omega_{\mathrm{s}y}\cos\psi_{\mathrm{m}}\sin\gamma_{\mathrm{m}} \\ -\omega_{\mathrm{s}z}\sin\varphi_{\mathrm{m}}\sin\psi_{\mathrm{m}} + \omega_{\mathrm{s}y}\cos\psi_{\mathrm{m}}\cos\gamma_{\mathrm{m}} \end{bmatrix} \tag{4-61}$$

6. 附加方程

上述方程涉及 φ_{m}、ψ_{m}、γ_{m}、θ_{v}、ψ_{v}、σ、α 和 β 等八个角度。这些角度之间并非是直接关联，但它们的关系对弹道解算十分重要，需要加以研究。

如图 4－9 所示，据弹道倾角和弹道偏角的定义可知，其计算方式为

$$\begin{cases}\theta_{\mathrm{v}} = \arcsin\left(\dfrac{v_{y\mathrm{L}}}{V}\right) \\ \psi_{\mathrm{v}} = -\arctan\left(\dfrac{v_{z\mathrm{L}}}{v_{x\mathrm{L}}}\right)\end{cases} \tag{4-62}$$

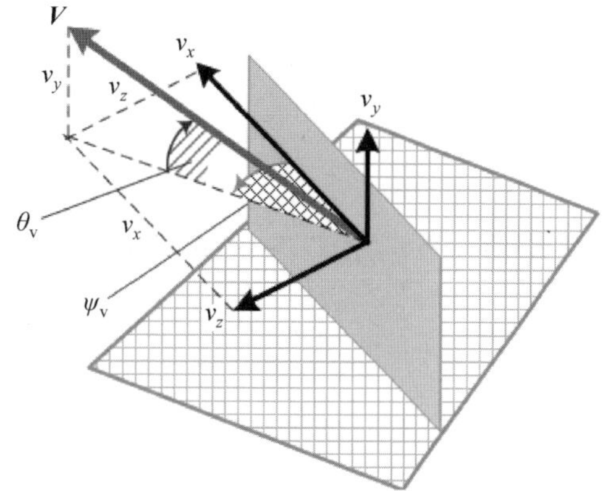

图 4－9　弹道倾角和弹道偏角

式中，V 为发射系下的速度大小，$V=\sqrt{v_{xL}^2+v_{yL}^2+v_{zL}^2}$。

姿态角 φ_m、ψ_m 和 γ_m 可以表示从发射系到体坐标系的转换矩阵 $\boldsymbol{C}_L^b$，弹道倾角、偏角和倾侧角可以表示从发射系到速度系的转换矩阵，攻角和侧滑角可以表示从速度系到体坐标系的转换矩阵，根据矩阵之间的关系可得

$$(\boldsymbol{C}_v^b)^{-1}\boldsymbol{C}_L^b=\boldsymbol{C}_L^v \tag{4-63}$$

根据式(2-10)、式(2-14)和式(2-16)，并考虑到方向余弦矩阵中只有三个元素是独立的，可以获得三个等式方程，即

$$\begin{cases}\sin\beta=\cos(\varphi_m-\theta_v)\sin\psi_m\cos\psi_v\cos\gamma_m+\\ \qquad\sin(\varphi_m-\theta_v)\cos\psi_v\sin\gamma_m-\sin\psi_v\cos\psi_m\cos\gamma_m\\ \sin\alpha=\sin\psi_v\cos\psi_m\sin\gamma_m/\cos\beta-\sin(\varphi_m-\theta_v)\cos\psi_v\cos\gamma_m/\cos\beta+\\ \qquad\cos(\varphi_m-\theta_v)\sin\psi_m\cos\psi_v\sin\gamma_m/\cos\beta\\ \sin\sigma=(\cos\psi_m\sin\gamma_m\cos\alpha-\sin\psi_m\sin\alpha)/\cos\psi_v\end{cases} \tag{4-64}$$

因此，知道三个姿态角后，便可根据上式中的三个方程求出倾侧角、攻角和侧滑角；同理，当知道倾侧角、攻角和侧滑角后，也可以求出三个姿态角。

综上，式(4-64)用三个方程描述了八个欧拉角之间的关系，已知任意五个角度便可以求出另外三个角度。

一般来说，弹道倾角和弹道偏角可由飞行速度求出，而在发射系下设计远程火箭的主动段弹道时通常以三个姿态角作为控制变量；因此，式(4-64)常用于求解倾侧角、攻角和侧滑角。

对于运载火箭或弹道导弹，主动段弹道设计通常是在射面内完成的，在进行主动段弹道计算时可认为侧滑角、偏航角、滚转角和倾侧角很小。令 $\sin x=x$、$\cos x=1$ 并忽略高阶小量，此时式(4-64)变为

$$\begin{cases}\alpha=\varphi_m-\theta_v\\ \beta=\psi_m-\psi_v\\ \sigma=0\end{cases} \tag{4-65}$$

综上所述，根据式(4-40)可得发射系下的远程火箭动力学方程为

$$\begin{cases}\dfrac{\mathrm{d}v_{xL}}{\mathrm{d}t}=g_{xL}+\dfrac{R_{xL}+P_{xL}+F_{a,xL}+F_{e,xL}+F'_{k,xL}}{m}\\ \dfrac{\mathrm{d}v_{yL}}{\mathrm{d}t}=g_{yL}+\dfrac{R_{yL}+P_{yL}+F_{a,yL}+F_{e,yL}+F'_{k,yL}}{m}\\ \dfrac{\mathrm{d}v_{zL}}{\mathrm{d}t}=g_{zL}+\dfrac{R_{zL}+P_{zL}+F_{a,zL}+F_{e,zL}+F'_{k,zL}}{m}\end{cases} \tag{4-66}$$

式中，m 为火箭质量，下标“L”表示发射系，下标“x”“y”和“z”表示变量在该坐标

系下的分量；如 x_L 表示 x 向位置分量，v_{xL} 表示 x 向速度分量。

动力学方程描述了火箭速度变化与受力间的关系，根据当前远程火箭的受力情况便能够获知其速度的变化规律。同理，根据当前速度可以获知位置的变化趋势，即运动学方程

$$\frac{\mathrm{d}x_L}{\mathrm{d}t}=v_{xL},\quad \frac{\mathrm{d}y_L}{\mathrm{d}t}=v_{yL},\quad \frac{\mathrm{d}z_L}{\mathrm{d}t}=v_{zL} \tag{4-67}$$

由于发动机工作时会不断消耗推进剂，因此还需考虑质量变化方程

$$m=m_0-m_{\mathrm{d}}t \tag{4-68}$$

综上所述，发射系下的远程火箭弹道解算方程为

$$\begin{cases}\dfrac{\mathrm{d}x_L}{\mathrm{d}t}=v_{xL}\\ \dfrac{\mathrm{d}y_L}{\mathrm{d}t}=v_{yL}\\ \dfrac{\mathrm{d}z_L}{\mathrm{d}t}=v_{zL}\\ \dfrac{\mathrm{d}v_{xL}}{\mathrm{d}t}=g_{xL}+\dfrac{R_{xL}+P_{xL}+F_{\mathrm{a},xL}+F_{\mathrm{e},xL}+F'_{\mathrm{k},xL}}{m}\\ \dfrac{\mathrm{d}v_{yL}}{\mathrm{d}t}=g_{yL}+\dfrac{R_{yL}+P_{yL}+F_{\mathrm{a},yL}+F_{\mathrm{e},yL}+F'_{\mathrm{k},yL}}{m}\\ \dfrac{\mathrm{d}v_{zL}}{\mathrm{d}t}=g_{zL}+\dfrac{R_{zL}+P_{zL}+F_{\mathrm{a},zL}+F_{\mathrm{e},zL}+F'_{\mathrm{k},zL}}{m}\\ \dfrac{\mathrm{d}m}{\mathrm{d}t}=-m_{\mathrm{d}}\\ \theta_{\mathrm{v}}=\arcsin(v_{yL}/V)\\ \psi_{\mathrm{v}}=-\arctan(v_{zL}/v_{xL})\\ \alpha=\phi_{\mathrm{m}}-\theta_{\mathrm{v}}\\ \beta=\psi_{\mathrm{m}}-\psi_{\mathrm{v}}\\ \sigma=0\end{cases} \tag{4-69}$$

需要注意的是，在进行弹道设计时通常采用瞬时平衡假设，即认为火箭在飞行中的每一瞬时受到的力矩都是平衡的，即角加速度为零；此时可以认为火箭的姿态是瞬时完成变化的，忽略角度、角速度和角加速度间的关系。因此，在瞬时平衡假设条件下，可以认为角速度为零；同时由式(4 - 58)可知，此时的附加科氏力 $\boldsymbol{F}'_{\mathrm{k}}$ 为零，而此时方程(4 - 40)变为

$$m\frac{\delta^2\boldsymbol{r}}{\delta t^2}=m\frac{\delta\boldsymbol{v}}{\delta t}=\boldsymbol{P}+m\boldsymbol{g}+\boldsymbol{R}+\boldsymbol{F}_{\mathrm{a}}+\boldsymbol{F}_{\mathrm{e}} \tag{4-70}$$

显然，式(4 - 70) 和第 3 章中受力分析用到的式(3 - 3) 形式一致。

4.4 其他坐标系下的弹道微分方程

4.4.1 发惯系下的弹道微分方程

远程火箭在发惯系下的弹道方程可参照式(4 - 67) 直接写出，不需考虑由地球自转产生的惯性力。参考式(4 - 69) 可得到发惯系下的弹道解算方程为

$$\begin{cases}\dfrac{\mathrm{d}x_{\mathrm{A}}}{\mathrm{d}t}=v_{x\mathrm{A}}\\\dfrac{\mathrm{d}y_{\mathrm{A}}}{\mathrm{d}t}=v_{y\mathrm{A}}\\\dfrac{\mathrm{d}z_{\mathrm{A}}}{\mathrm{d}t}=v_{z\mathrm{A}}\\\dfrac{\mathrm{d}v_{x\mathrm{A}}}{\mathrm{d}t}=g_{x\mathrm{A}}+\dfrac{R_{x\mathrm{A}}+P_{x\mathrm{A}}+F'_{\mathrm{k},x\mathrm{A}}}{m}\\\dfrac{\mathrm{d}v_{y\mathrm{A}}}{\mathrm{d}t}=g_{y\mathrm{A}}+\dfrac{R_{y\mathrm{A}}+P_{y\mathrm{A}}+F'_{\mathrm{k},y\mathrm{A}}}{m}\\\dfrac{\mathrm{d}v_{z\mathrm{A}}}{\mathrm{d}t}=g_{z\mathrm{A}}+\dfrac{R_{z\mathrm{A}}+P_{z\mathrm{A}}+F'_{\mathrm{k},z\mathrm{A}}}{m}\\\dfrac{\mathrm{d}m}{\mathrm{d}t}=-m_{\mathrm{d}}\\\theta_{\mathrm{v}}=\arcsin(v_{y\mathrm{A}}/V)\\\psi_{\mathrm{v}}=-\arctan(v_{z\mathrm{A}}/v_{x\mathrm{A}})\\\alpha=\phi_{\mathrm{m}}-\theta_{\mathrm{v}}\\\beta=\psi_{\mathrm{m}}-\psi_{\mathrm{v}}\\\sigma=0\end{cases}\tag{4 - 71}$$

式中，m 为火箭质量；下标“A”表示发惯系；下标“x”“y”和“z”表示变量在该坐标系下的分量；如 x_{A} 表示 x 向位置分量，$v_{x\mathrm{A}}$ 表示 x 向速度分量。

注意，若要计算引力、气动力和推力在发惯系下的分量，则需要用到从发惯系到体坐标系以及从发惯系到速度系的坐标转换矩阵；同时 θ_{v}、ψ_{v}、φ_{m}、ψ_{m} 和 γ_{m} 等角度应该是体坐标系、速度系和弹道系与发惯系之间的欧拉角，相应的飞行速度也是在发惯系下表示的，是绝对速度。

4.4.2　位置系下的弹道微分方程

位置系下的弹道方程不仅可以用于主动段弹道解算，还能用于远离发射点区域的三维弹道解算，如滑翔段和再入段。

由坐标系定义可知，位置系用经纬高来表示远程火箭的位置，而经纬高一般在地心系下根据火箭与地心的相对位置求解。同时，位置系的 x 轴又随运载火箭的运动状态时变。因此，需要结合位置系与地心系间的相对关系（图 4 - 10），根据位置和速度在位置系下的投影建立起弹道微分方程。

根据矢量求导法则，地心矢径随时间的变化关系如下：

$$\frac{\mathrm{d}\boldsymbol{r}}{\mathrm{d}t}=\frac{\delta\boldsymbol{r}}{\delta t}+\boldsymbol{\omega}\times\boldsymbol{r} \tag{4-72}$$

式中，$\boldsymbol{r}$ 为火箭的位置矢量（地心矢径）；$\boldsymbol{\omega}$ 为位置系相对地心系的旋转角速度；$\mathrm{d}\boldsymbol{r}/\mathrm{d}t$ 为 $\boldsymbol{r}$ 的绝对变化率（相对地心系）；$\delta\boldsymbol{r}/\delta t$ 为 $\boldsymbol{r}$ 的相对变化率（相对位置系）。

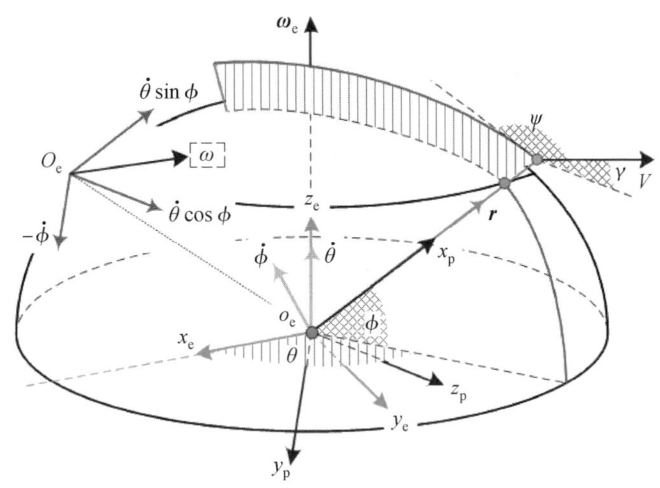

图 4 - 10　位置系、地心系与火箭运动的关系

由于位置系随远程火箭的飞行而不断变化，其 x 轴始终由地心指向火箭质心，因此 $\boldsymbol{r}$ 在位置系下可表示为

$$\boldsymbol{r}=[r,0,0]^{\mathrm{T}} \tag{4-73}$$

根据式(4 - 73)，位置系下 $\boldsymbol{r}$ 的相对变化率为

$$\frac{\delta\boldsymbol{r}}{\delta t}=[\dot{r},0,0]^{\mathrm{T}} \tag{4-74}$$

位置矢量 $\boldsymbol{r}$ 的绝对变化率在位置系下的分量形式不易直接获得，而通过弹道系和位置系间的坐标转换关系则可以解决这一问题。在弹道系下，$\boldsymbol{r}$ 的绝对变化率为

$$\frac{\mathrm{d}\boldsymbol{r}}{\mathrm{d}t}=[V,0,0]^{\mathrm{T}} \tag{4-75}$$

式中,V 表示地心系下的速度大小。需要注意的是,虽然我们在位置系下建立远程火箭的弹道方程,但方程中描述的飞行速度是地心系下的。由于位置系相对地心系存在转动,位置系下的速度与地心系下的速度相差一个附加速度(参考式(2-41))。因此,式(4-75)描述的是地心系下的速度矢量在位置系下的投影。

根据坐标转换关系,$\boldsymbol{r}$ 的绝对变化率在位置系下可表示为

$$\frac{\mathrm{d}\boldsymbol{r}}{\mathrm{d}t}=\begin{bmatrix}\sin\gamma & \cos\gamma & 0\\ \cos\gamma\sin\psi & -\sin\psi\sin\gamma & \cos\psi\\ \cos\gamma\cos\psi & -\sin\gamma\cos\psi & -\sin\psi\end{bmatrix}\begin{bmatrix}V\\0\\0\end{bmatrix}=\begin{bmatrix}V\sin\gamma\\ V\cos\gamma\sin\psi\\ V\cos\gamma\cos\psi\end{bmatrix} \tag{4-76}$$

式(4-74)和式(4-76)表明,$\mathrm{d}\boldsymbol{r}/\mathrm{d}t$ 能够描述火箭在地心系中的飞行速度矢量,而 $\delta\boldsymbol{r}/\delta t$ 只能描述火箭的高度变化率。

式(4-72)中的旋转角速度 $\boldsymbol{\omega}$ 主要由经纬度的变化率构成,在位置系上(记为 $\boldsymbol{\omega}_{\mathrm{p}}$)可表示为

$$\boldsymbol{\omega}_{\mathrm{p}}=\begin{bmatrix}\cos\phi & 0 & \sin\phi\\ 0 & 1 & 0\\ -\sin\phi & 0 & \cos\phi\end{bmatrix}\begin{bmatrix}0\\0\\ \dot{\theta}\end{bmatrix}+\begin{bmatrix}0\\ -\dot{\phi}\\ 0\end{bmatrix}=\begin{bmatrix}\dot{\theta}\sin\phi\\ -\dot{\phi}\\ \dot{\theta}\cos\phi\end{bmatrix} \tag{4-77}$$

综上所述,将式(4-72)在位置坐标系上分解可得

$$\begin{bmatrix}V\sin\gamma\\ V\cos\gamma\cos\psi\\ V\cos\gamma\sin\psi\end{bmatrix}=\begin{bmatrix}\dot{r}\\0\\0\end{bmatrix}+\begin{bmatrix}\dot{\theta}\sin\phi\\ -\dot{\phi}\\ \dot{\theta}\cos\phi\end{bmatrix}\times\begin{bmatrix}r\\0\\0\end{bmatrix}=\begin{bmatrix}\dot{r}\\ r\dot{\theta}\cos\phi\\ r\dot{\phi}\end{bmatrix} \tag{4-78}$$

求解式(4-78)可得

$$\begin{cases}\dot{r}=V\sin\gamma\\ \dot{\theta}=\dfrac{V\cos\gamma\cos\psi}{r\cos\phi}\\ \dot{\phi}=\dfrac{V\cos\gamma\sin\psi}{r}\end{cases} \tag{4-79}$$

类似于式(4-72),速度矢量随时间的变化关系如下:

$$\frac{\mathrm{d}\boldsymbol{V}}{\mathrm{d}t}=\frac{\delta\boldsymbol{V}}{\delta t}+\boldsymbol{\omega}\times\boldsymbol{V} \tag{4-80}$$

式中,$\boldsymbol{V}=\mathrm{d}\boldsymbol{r}/\mathrm{d}t$ 为火箭速度矢量;$\mathrm{d}\boldsymbol{V}/\mathrm{d}t$ 为 $\boldsymbol{V}$ 的绝对变化率(相对地心系);$\delta\boldsymbol{V}/\delta t$ 为 $\boldsymbol{V}$ 的相对变化率(相对位置系);$\boldsymbol{\omega}$ 为位置系相对地心系的旋转角速度。

根据式(4－76)和式(4－77),$\mathrm{d}\boldsymbol{V}/\mathrm{d}t$ 在位置系下可展开为如下形式:

$$\frac{\mathrm{d}\boldsymbol{V}}{\mathrm{d}t}=\begin{bmatrix}\dot{V}\sin\gamma+V\dot{\gamma}\cos\gamma\\ \dot{V}\cos\gamma\sin\psi-V\dot{\gamma}\sin\gamma\sin\psi-V\dot{\psi}\cos\gamma\cos\psi\\ \dot{V}\cos\gamma\cos\psi-V\dot{\gamma}\sin\gamma\cos\psi+V\dot{\psi}\cos\gamma\sin\psi\end{bmatrix}+\begin{bmatrix}-V\dot{\theta}\cos\gamma\cos\phi\sin\psi-V\dot{\phi}\cos\gamma\cos\psi\\ V\dot{\theta}\cos\phi\sin\gamma-V\dot{\theta}\cos\gamma\sin\phi\cos\psi\\ V\dot{\phi}\sin\gamma+V\dot{\theta}\cos\gamma\sin\phi\sin\psi\end{bmatrix}\tag{4-81}$$

在地心系下,速度矢量的变化率主要受两类力的影响:(1)地球引力、发动机推力、气动力等外力;(2)由地球自转引起的惯性力。

因此根据式(3－3)可得

$$\frac{\mathrm{d}\boldsymbol{V}}{\mathrm{d}t}=\boldsymbol{g}+\frac{\boldsymbol{R}}{m}+\frac{\boldsymbol{P}}{m}-2\boldsymbol{\omega}_{\mathrm{e}}\times\boldsymbol{V}-\boldsymbol{\omega}_{\mathrm{e}}\times(\boldsymbol{\omega}_{\mathrm{e}}\times\boldsymbol{r})\tag{4-82}$$

式中,$\mathrm{d}\boldsymbol{V}/\mathrm{d}t$ 是地心系下的描述形式,不同于式(3－3)中在惯性系下描述的 $\mathrm{d}\boldsymbol{V}/\mathrm{d}t$。

结合式(4－81)和式(4－82)可得

$$\begin{bmatrix}\sin\gamma & \cos\gamma & 0\\ \cos\gamma\sin\psi & -\sin\gamma\sin\psi & -\cos\gamma\cos\psi\\ \cos\gamma\cos\psi & -\sin\gamma\cos\psi & \cos\gamma\sin\psi\end{bmatrix}\begin{bmatrix}\dot{V}\\ V\dot{\gamma}\\ V\dot{\psi}\end{bmatrix}+V\begin{bmatrix}-\dot{\theta}\cos\gamma\cos\phi\sin\psi-\dot{\phi}\cos\gamma\cos\psi\\ \dot{\theta}\cos\phi\sin\gamma-\dot{\theta}\cos\gamma\sin\phi\cos\psi\\ \dot{\phi}\sin\gamma+\dot{\theta}\cos\gamma\sin\phi\sin\psi\end{bmatrix}=\boldsymbol{g}+\frac{\boldsymbol{R}}{m}+\frac{\boldsymbol{P}}{m}-2\boldsymbol{\omega}_{\mathrm{e}}\times\boldsymbol{V}-\boldsymbol{\omega}_{\mathrm{e}}\times(\boldsymbol{\omega}_{\mathrm{e}}\times\boldsymbol{r})\tag{4-83}$$

由于 $\dot{\theta}$ 和 $\dot{\phi}$ 已由式(4－79)求出,因此只需求出式(4－83)中等号右侧各矢量在位置系下的分量形式,即可得到速度矢量在位置下的变化率。

1. 推力矢量

假设摆动喷管或摆动发动机的摆角很小,主发动机推力始终沿箭体纵轴方

向(无摆动),则发动机推力矢量在体坐标系下可表示为

$$\boldsymbol{P}_{\mathrm{b}} = [P,0,0]^{\mathrm{T}} \tag{4-84}$$

根据坐标转换关系,速度矢量在速度系下可表示为

$$\boldsymbol{P}_{\mathrm{v}} = \begin{bmatrix} \cos\beta\cos\alpha & -\cos\beta\sin\alpha & \sin\beta \\ \sin\alpha & \cos\alpha & 0 \\ -\sin\beta\cos\alpha & \sin\beta\sin\alpha & \cos\beta \end{bmatrix} \begin{bmatrix} P \\ 0 \\ 0 \end{bmatrix} = \begin{bmatrix} P\cos\alpha \\ P\sin\alpha \\ 0 \end{bmatrix} \tag{4-85}$$

用极坐标描述远程火箭的运动时,通常认为侧滑角为零(侧向运动由攻角和倾侧角控制),因此推力矢量在弹道系下可表示为

$$\boldsymbol{P}_{\mathrm{d}} = \begin{bmatrix} 1 & 0 & 0 \\ 0 & \cos\sigma & -\sin\sigma \\ 0 & \sin\sigma & \cos\sigma \end{bmatrix} \begin{bmatrix} P\cos\alpha \\ P\sin\alpha \\ 0 \end{bmatrix} = \begin{bmatrix} P\cos\alpha \\ P\sin\alpha\cos\sigma \\ P\sin\alpha\sin\sigma \end{bmatrix} \tag{4-86}$$

借助弹道系和位置系间的坐标转换矩阵,得到位置系下的推力矢量为

$$\begin{aligned} \boldsymbol{P}_{\mathrm{p}} &= \begin{bmatrix} \sin\gamma & \cos\gamma & 0 \\ \cos\gamma\sin\psi & -\sin\psi\sin\gamma & \cos\psi \\ \cos\gamma\cos\psi & -\sin\gamma\cos\psi & -\sin\psi \end{bmatrix} \begin{bmatrix} P\cos\alpha \\ P\sin\alpha\cos\sigma \\ P\sin\alpha\sin\sigma \end{bmatrix} \\ &= P\begin{bmatrix} \cos\alpha\sin\gamma + \sin\alpha\cos\sigma\cos\gamma \\ \cos\alpha\cos\gamma\sin\psi - \sin\alpha\cos\sigma\sin\psi\sin\gamma + \sin\alpha\sin\sigma\cos\psi \\ \cos\alpha\cos\gamma\cos\psi - \sin\alpha\cos\sigma\cos\psi\sin\gamma - \sin\alpha\sin\sigma\sin\psi \end{bmatrix} \end{aligned} \tag{4-87}$$

2. 气动力矢量

在侧滑角为零的情况下,气动力在弹道系下的分量为

$$\boldsymbol{R}_{\mathrm{d}} = \begin{bmatrix} 1 & 0 & 0 \\ 0 & \cos\sigma & -\sin\sigma \\ 0 & \sin\sigma & \cos\sigma \end{bmatrix} \begin{bmatrix} -D \\ L \\ 0 \end{bmatrix} = \begin{bmatrix} -D \\ L\cos\sigma \\ L\sin\sigma \end{bmatrix} \tag{4-88}$$

将 $\boldsymbol{R}_{\mathrm{d}}$ 转到位置坐标系上可得

$$\begin{aligned} \boldsymbol{R}_{\mathrm{p}} &= \begin{bmatrix} \sin\gamma & \cos\gamma & 0 \\ \cos\gamma\sin\psi & -\sin\psi\sin\gamma & \cos\psi \\ \cos\gamma\cos\psi & -\sin\gamma\cos\psi & -\sin\psi \end{bmatrix} \begin{bmatrix} -D \\ L\cos\sigma \\ L\sin\sigma \end{bmatrix} \\ &= \begin{bmatrix} -D\sin\gamma + L\cos\sigma\cos\gamma \\ -D\cos\gamma\sin\psi - L\cos\sigma\sin\psi\sin\gamma + L\sin\sigma\cos\psi \\ -D\cos\gamma\cos\psi - L\cos\sigma\cos\psi\sin\gamma - L\sin\sigma\sin\psi \end{bmatrix} \end{aligned} \tag{4-89}$$

3. 地球引力加速度矢量

在位置系下,地心矢径可表示为如下形式:

$$\boldsymbol{r}_{\mathrm{p}} = [r,0,0]^{\mathrm{T}} \tag{4-90}$$

在地心系下，地球自转角速度矢量可表示为如下形式：

$$\boldsymbol{\omega}_e = [0,0,\omega_e]^T \tag{4-91}$$

根据坐标转换公式，地球自转角速度在位置系下可表示为如下形式：

$$\boldsymbol{\omega}_{ep} = \begin{bmatrix} \cos\theta\cos\phi & \sin\theta\cos\phi & \sin\phi \\ -\sin\theta & \cos\theta & 0 \\ -\cos\theta\sin\phi & -\sin\theta\sin\phi & \cos\phi \end{bmatrix} \begin{bmatrix} 0 \\ 0 \\ \omega_e \end{bmatrix} = \begin{bmatrix} \omega_e\sin\phi \\ 0 \\ \omega_e\cos\phi \end{bmatrix} \tag{4-92}$$

而位置系下的引力加速度为

$$\boldsymbol{g}_p = g_r\begin{bmatrix} 1 \\ 0 \\ 0 \end{bmatrix} + g_\omega\begin{bmatrix} \sin\phi \\ 0 \\ \cos\phi \end{bmatrix} \tag{4-93}$$

4. 科氏（又称哥式）惯性加速度矢量

结合式(4－38)、式(4－76)和式(4－92)，科氏加速度在位置坐标系上可表示为

$$2\boldsymbol{\omega}_{ep}\times\boldsymbol{V}_p = 2\boldsymbol{\omega}_e V\begin{bmatrix} -\cos\phi\cos\gamma\sin\psi \\ \cos\phi\sin\gamma - \sin\phi\cos\gamma\cos\psi \\ \sin\phi\cos\gamma\sin\psi \end{bmatrix} \tag{4-94}$$

5. 牵连（又称离心）惯性加速度矢量

结合式(4－39)、式(4－90)和式(4－91)，离心加速度在位置坐标系上可表示为

$$\boldsymbol{\omega}_{ep}\times(\boldsymbol{\omega}_{ep}\times\boldsymbol{r}_p) = r\boldsymbol{\omega}_e^2\begin{bmatrix} -\cos^2\phi \\ 0 \\ \cos\phi\sin\phi \end{bmatrix} \tag{4-95}$$

根据式(4－87)、式(4－89)以及式(4－92)～(4－95)，求解方程式(4－83)即可得到速度、经度和纬度的变化率。

综上所述，远程火箭在位置坐标系下的三自由度弹道方程为

$$\begin{cases} \dot{V} = \dfrac{P\cos\alpha - D}{m} + g_v + \omega_v \\ \dot{\gamma} = \dfrac{L + P\sin\alpha}{mV}\cos\sigma + \dfrac{V}{r}\cos\gamma + g_\gamma + \omega_\gamma \\ \dot{\psi} = \dfrac{L + P\sin\alpha}{mV\cos\gamma}\sin\sigma + \dfrac{V}{r}\cos\gamma\sin\psi\tan\phi + g_\psi + \omega_\psi \\ \dot{r} = V\sin\gamma \\ \dot{\theta} = \dfrac{V\cos\gamma\sin\psi}{r\cos\phi} \\ \dot{\phi} = \dfrac{V\cos\gamma\cos\psi}{r} \end{cases} \tag{4-96}$$

其中

$$\begin{cases} g_v = g_r \sin\gamma + g_\omega(\sin\gamma\sin\phi + \cos\gamma\cos\phi\cos\psi) \\ g_\gamma = \dfrac{g_r}{V}\cos\gamma + \dfrac{g_\omega}{V}(\cos\gamma\sin\phi - \sin\gamma\cos\phi\cos\psi) \\ g_\psi = -\dfrac{g_\omega}{V\cos\gamma}\cos\phi\sin\psi \end{cases} \tag{4-97}$$

$$\begin{cases} \omega_v = \omega_e^2 r\cos\phi(\sin\gamma\cos\phi - \cos\gamma\sin\phi\cos\psi) \\ \omega_\gamma = 2\omega_e\cos\phi\sin\psi + \dfrac{\omega_e^2 r\cos\phi}{V}(\cos\gamma\cos\phi + \sin\gamma\sin\phi\cos\psi) \\ \omega_\psi = 2\omega_e(\cos\phi\cos\psi\tan\gamma - \sin\phi) + \dfrac{\omega_e^2 r}{V\cos\gamma}\sin\psi\sin\phi\cos\phi \end{cases} \tag{4-98}$$

式中,V 为火箭在地心系中的速度;γ 为飞行路径角;ψ 为飞行航向角;r 为火箭地心距;θ 为地心经度;ϕ 为地心纬度;α 为飞行攻角;σ 为倾侧角。

同时,位置系下的弹道微分方程同样需要考虑质量变化,即

$$m = m_0 - \dot{m}t \tag{4-99}$$

设火箭相对地心系的俯仰角、偏航角和滚转角分别为 φ_e、ψ_e 和 γ_e,从上述推导过程可以看出,位置系下的弹道方程并未涉及姿态角;为了从 θ、ϕ、γ、ψ、α 和 σ 等角度中解算出三个飞行姿态角,则需要建立三个方程。

参考式(4-63),可以建立如下关系:

$$\boldsymbol{D} = (\boldsymbol{C}_e^p)^{-1}\boldsymbol{C}_d^p(\boldsymbol{C}_d^v)^{-1}(\boldsymbol{C}_v^b)^{-1} = (\boldsymbol{C}_e^b)^{-1} \tag{4-100}$$

式中,$\boldsymbol{C}_e^p$、$\boldsymbol{C}_d^p$、$\boldsymbol{C}_d^v$ 和 $\boldsymbol{C}_v^b$ 分别为位置系、弹道系、体坐标系和速度系之间的坐标转换矩阵,具体形式已在第 2 章中给出。$\boldsymbol{C}_e^b$ 为从地心系到体坐标系的坐标转换矩阵,$\boldsymbol{D}$ 为从体坐标系到地心系的坐标转换矩阵。

类似发射系和体坐标系间的坐标转换关系,可得 $\boldsymbol{C}_e^b$ 的具体形式为

$$\boldsymbol{C}_e^b = \begin{bmatrix} \cos\varphi_e\cos\psi_e & \cos\varphi_e\sin\psi_e\sin\gamma_e - \sin\varphi_e\cos\gamma_e & \cos\varphi_e\sin\psi_e\cos\gamma_e + \sin\varphi_e\sin\gamma_e \\ \sin\varphi_e\cos\psi_e & \sin\varphi_e\sin\psi_e\sin\gamma_e + \cos\varphi_e\cos\gamma_e & \sin\varphi_e\sin\psi_e\cos\gamma_e - \cos\varphi_e\sin\gamma_e \\ -\sin\psi_e & \cos\psi_e\sin\gamma_e & \cos\psi_e\cos\gamma_e \end{bmatrix} \tag{4-101}$$

由于位置系下的弹道控制变量为攻角和倾侧角,因此滚转角 γ_e 在进行三维弹道计算时不可忽略。考虑到侧滑角为零,将式(4-100)的左侧展后可得

$$\boldsymbol{D} = \begin{bmatrix} d_{11} & d_{12} & d_{13} \\ d_{21} & d_{22} & d_{23} \\ d_{31} & d_{32} & d_{33} \end{bmatrix} \tag{4-102}$$

其中

$$
\begin{cases}
d_{11} = (\cos\theta\cos\phi\sin\gamma - \sin\theta\cos\gamma\sin\psi - \cos\theta\sin\phi\cos\gamma\cos\psi)\cos\alpha + \\
\quad (\cos\theta\cos\phi\cos\gamma + \sin\theta\sin\psi\sin\gamma + \cos\theta\sin\phi\sin\gamma\cos\psi)\cos\sigma\sin\alpha - \\
\quad (\sin\theta\cos\psi - \cos\theta\sin\phi\sin\psi)\sin\sigma\sin\alpha \\
d_{12} = -(\cos\theta\cos\phi\sin\gamma - \sin\theta\cos\gamma\sin\psi - \cos\theta\sin\phi\cos\gamma\cos\psi)\sin\alpha + \\
\quad (\cos\theta\cos\phi\cos\gamma + \sin\theta\sin\psi\sin\gamma + \cos\theta\sin\phi\sin\gamma\cos\psi)\cos\sigma\cos\alpha - \\
\quad (\sin\theta\cos\psi - \cos\theta\sin\phi\sin\psi)\sin\sigma\cos\alpha \\
d_{13} = -(\cos\theta\cos\phi\cos\gamma + \sin\theta\sin\psi\sin\gamma + \cos\theta\sin\phi\sin\gamma\cos\psi)\sin\sigma - \\
\quad (\sin\theta\cos\psi - \cos\theta\sin\phi\sin\psi)\cos\sigma
\end{cases}
\tag{4-103}
$$

$$
\begin{cases}
d_{21} = (\sin\theta\cos\phi\sin\gamma + \cos\theta\cos\gamma\sin\psi - \sin\theta\sin\phi\cos\gamma\cos\psi)\cos\alpha + \\
\quad (\sin\theta\cos\phi\cos\gamma - \cos\theta\sin\psi\sin\gamma + \sin\theta\sin\phi\sin\gamma\cos\psi)\cos\sigma\sin\alpha + \\
\quad (\cos\theta\cos\psi + \sin\theta\sin\phi\sin\psi)\sin\sigma\sin\alpha \\
d_{22} = -(\sin\theta\cos\phi\sin\gamma + \cos\theta\cos\gamma\sin\psi - \sin\theta\sin\phi\cos\gamma\cos\psi)\sin\alpha + \\
\quad (\sin\theta\cos\phi\cos\gamma - \cos\theta\sin\psi\sin\gamma + \sin\theta\sin\phi\sin\gamma\cos\psi)\cos\sigma\cos\alpha + \\
\quad (\cos\theta\cos\psi + \sin\theta\sin\phi\sin\psi)\sin\sigma\cos\alpha \\
d_{23} = -(\sin\theta\cos\phi\cos\gamma - \cos\theta\sin\psi\sin\gamma + \sin\theta\sin\phi\sin\gamma\cos\psi)\sin\sigma + \\
\quad (\cos\theta\cos\psi + \sin\theta\sin\phi\sin\psi)\sin\sigma\cos\alpha
\end{cases}
\tag{4-104}
$$

$$
\begin{cases}
d_{31} = (\sin\phi\sin\gamma + \cos\phi\cos\gamma\cos\psi)\cos\alpha - \cos\phi\sin\psi\sin\sigma\sin\alpha + \\
\quad (\sin\phi\cos\gamma - \cos\phi\sin\gamma\cos\psi)\cos\sigma\sin\alpha \\
d_{32} = -(\sin\phi\sin\gamma + \cos\phi\cos\gamma\cos\psi)\sin\alpha - \cos\phi\sin\psi\sin\sigma\cos\alpha + \\
\quad (\sin\phi\cos\gamma - \cos\phi\sin\gamma\cos\psi)\cos\sigma\cos\alpha \\
d_{33} = -(\sin\phi\cos\gamma - \cos\phi\sin\gamma\cos\psi)\sin\sigma - \cos\phi\sin\psi\cos\sigma
\end{cases}
\tag{4-105}
$$

对比式(4 - 101) 可得

$$
\begin{cases}
\cos\varphi_e\cos\psi_e = d_{11} \\
\sin\varphi_e\cos\psi_e = d_{12} \\
-\sin\psi_e = d_{13} \\
\cos\varphi_e\sin\psi_e\sin\gamma_e - \sin\varphi_e\cos\gamma_e = d_{21} \\
\sin\varphi_e\sin\psi_e\sin\gamma_e + \cos\varphi_e\cos\gamma_e = d_{22}
\end{cases}
\tag{4-106}
$$

经整理得

$$\begin{cases}\varphi_e = \arctan(d_{12}/d_{11}) \\ \psi_e = -\arcsin(d_{13}) \\ \gamma_e = \arccos(\cos\varphi_e d_{22} - \sin\varphi_e d_{21})\end{cases} \tag{4-107}$$

当在位置系下进行主动段弹道设计时,同样可以认为火箭在射面内飞行,即令 $\sigma=0$;此时弹道微分方程变为

$$\begin{cases}\dot V = \dfrac{P\cos\alpha - D}{m} + g_v + \omega_v \\ \dot\gamma = \dfrac{L + P\sin\alpha}{mV} + \dfrac{V}{r}\cos\gamma + g_\gamma + \omega_\gamma \\ \dot r = V\sin\gamma\end{cases} \tag{4-108}$$

显然,式(4-108)所示的弹道微分方程维数更低,能够用更少的方程描述远程火箭在射面内的运动,这有利于弹道优化问题的求解。

对于主动段飞行时间较短、射程较近的远程火箭来说,在进行初步弹道设计时还可以忽略地球自转以及扁率的影响,此时弹道微分方程则变为更简单的形式。

当用于无动力滑翔段或再入段三维弹道计算时,式(4-96)变为

$$\begin{cases}\dot V = -\dfrac{D}{m} + g_v + \omega_v \\ \dot\gamma = \dfrac{L}{mV}\cos\sigma + \dfrac{V}{r}\cos\gamma + g_\gamma + \omega_\gamma \\ \dot\psi = \dfrac{L}{mV\cos\gamma}\sin\sigma + \dfrac{V}{r}\cos\gamma\sin\psi\tan\phi + g_\psi + \omega_\psi \\ \dot r = V\sin\gamma \\ \dot\theta = \dfrac{V\cos\gamma\sin\psi}{r\cos\phi} \\ \dot\phi = \dfrac{V\cos\gamma\cos\psi}{r}\end{cases} \tag{4-109}$$

最后需要指出,在位置系下推导远程火箭的弹道微分方程时,式(4-84)中假设了发动机推力始终沿火箭轴向施加。这适用于发动机不摆动的情况,即发动机在体坐标系下只提供轴向推力而不提供法向控制力;但为了改变推力矢量的方向又必须对火箭的姿态即体轴方向进行调整,此时则需要借助姿控发动机或气动力来完成。

上文曾指出,由于形式直观、维度更低,位置系下的弹道微分方程常用于远程火箭的主动段弹道优化设计工作。因此,在进行初步弹道设计和计算时,可以忽略发动机推力垂直于弹体轴线的分量,即不考虑喷管摆动,或忽略喷管小角度

摆动对弹道的影响；但在进行高精度弹道计算或校核时，需要采用更为精细的计算方式。

4.4.3　速度系下的弹道微分方程

速度系下的弹道方程主要用来描述远程火箭的速度变化，包括速度大小和速度方向。但由于速度系不对远程火箭的位置进行描述，因此相应的位置微分方程需要在发射系下表示。

不考虑速度倾侧角，速度系下的弹道微分方程为

$$\begin{cases}\dot{V} = -\dfrac{D}{m} - g\sin\theta_v \\ \dot{\theta}_v = \dfrac{L}{mV} - \dfrac{g}{V}\cos\theta_v \\ \dot{\psi}_v = -\dfrac{Z}{mV\cos\theta_v} \\ \dot{x} = V\cos\theta_v\cos\psi_v \\ \dot{y} = V\sin\theta_v \\ \dot{z} = -V\cos\theta_v\sin\psi_v\end{cases} \tag{4-110}$$

式中，x、y 和 z 表示发射系下的位置分量；θ_v 为弹道倾角；ψ_v 为弹道偏角；D 为气动阻力；L 为气动升力；Z 为气动侧向力。

4.4.4　不同坐标系下弹道微分方程的使用场景

1. 发射系和发惯系

对运载火箭（含空射火箭）和弹道导弹（含滑翔弹）而言，在主动段中通常保持在射面内飞行，偏航角、侧滑角和滚转角很小（接近于零），发动机推力矢量基本保持在射面内。同时，发射系下的动力学方程中含有俯仰角的显示函数，而俯仰角又是运载火箭或弹道导弹主动段弹道设计中的关键设计变量（直接决定推力矢量）。因此，发射系或发惯系常用于设计远程火箭的主动段弹道。

在发射系和发惯系下建立远程火箭的运动数学模型时，并没有对飞行时间、高度和射程进行假设，因此该数学模型不仅适用于主动段，还可以用于自由段和再入段的弹道计算。但由具体形式可知，发射系下的弹道方程在用于三维弹道设计时并不方便，尤其是对于距发射点较远的滑翔段和再入段。

2. 位置坐标系

由式（4－96）可知，相比于发射系和发惯系，位置系下的运动数学模型能够

用更少的方程描述远程火箭在射面内的运动(对于二维问题,位置系用 r、V 和 γ 即可描述火箭的运动,而发射系需要用到 x、y、v_x 和 v_y),这有利于弹道优化问题的求解。

另外,式(4-96)能够更直观、方便地描述远程火箭的三维运动状态(用经纬高描述位置);当火箭距发射点较远时,由发射系或发惯系描述的远程火箭运动状态则更为抽象。

此外,在发射系或发惯系下建立弹道方程时,常假设滚转角和速度倾侧角很小,这对常进行三维飞行的水平起降飞行器、滑翔飞行器以及许多新型运载火箭或导弹来说是不成立的;而在位置系下建立弹道方程时则无须这种假设。

如图4-11所示,对于助推滑翔弹,它的主动段在射面内飞行,而滑翔段在三维空间中飞行。显然 a 点处的状态适合用发射系下的弹道方程来计算,而 b 点处的状态更适合用位置系下的弹道方程来计算。

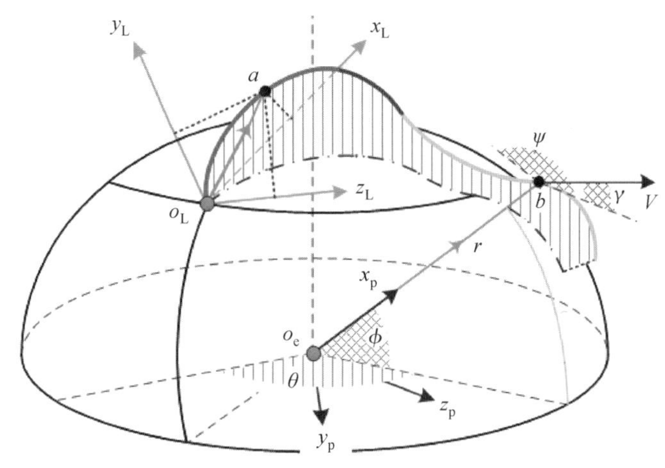

图4-11　不同坐标系下描述的远程火箭运动

3. 速度坐标系

速度坐标系下的弹道微分方程最为简单,常用于射程比较近、高度变化不大的场景,如弹道导弹的再入段。

4. 坐标系的使用

综上所述,发惯系和发射系常用于计算主动段弹道或无机动的被动段与再入段弹道(如残骸)。位置系不仅可以用于计算主动段弹道,还能用于计算滑翔飞行器的三维滑翔弹道以及机动弹头的再入三维弹道。

最后指出,在后续研究中无论在哪个坐标系中描述远程火箭的运动,表示坐标系的下标均被省略,如发射系下标“L”和位置系下标“p”。

4.5　弹道微分方程的数值积分法

4.5.1　弹道的数值解法

通过前面的推导可知,弹道微分方程是一阶非线性时变微分方程组,无法获得解析解,需要采用数值积分的方法获得远程火箭的弹道,即

$$\boldsymbol{x}(t)=\boldsymbol{x}(t_0)+\int_{t_0}^{t}\dot{\boldsymbol{x}}(\tau)\mathrm{d}\tau \tag{4-111}$$

当由于远程火箭的弹道计算时,以发射系为例,$\dot{\boldsymbol{x}}(\tau)$ 即为

$$\dot{\boldsymbol{x}}(\tau)=\left[\frac{\mathrm{d}x_{\mathrm{L}}}{\mathrm{d}t},\frac{\mathrm{d}y_{\mathrm{L}}}{\mathrm{d}t},\frac{\mathrm{d}z_{\mathrm{L}}}{\mathrm{d}t},\frac{\mathrm{d}v_{x\mathrm{L}}}{\mathrm{d}t},\frac{\mathrm{d}v_{y\mathrm{L}}}{\mathrm{d}t},\frac{\mathrm{d}v_{z\mathrm{L}}}{\mathrm{d}t},\frac{\mathrm{d}m}{\mathrm{d}t}\right]^{\mathrm{T}}=\boldsymbol{f}_{\mathrm{L}}(\boldsymbol{x},\boldsymbol{u},t) \tag{4-112}$$

式中,函数 $\boldsymbol{f}_{\mathrm{L}}(\cdot)$ 表示微分方程的具体形式;$\boldsymbol{u}$ 表示控制变量(如俯仰角、偏航角、攻角等)。显然,$\dot{\boldsymbol{x}}(\tau)$ 与状态量 $\boldsymbol{x}$、控制量 $\boldsymbol{u}$ 和时间 t 有关。控制量 $\boldsymbol{u}$ 的设计方法将在下一章介绍。

发射系下的弹道方程式(4 - 69) 用七个微分方程和五个角度解算方程描述了远程火箭在发射系下的三自由度运动规律。其中,弹道倾角和弹道偏角由飞行速度求出,俯仰角和偏航角是制导控制系统给出的飞行指令(设滚转角为零),而攻角和侧滑角可由角度关系求出(设倾侧角为零)。

因此,当给定当前时刻(记为 t_0) 的位置、速度以及飞行指令后,便可以根据式(4 - 69) 求出火箭的位置和速度的变化律,进而通过数值算法求出下一时刻(记为 t_1) 的位置和速度。依此类推,便可以逐步求出之后各个时间点($t_2,t_3,t_4,\cdots$) 对应的速度和位置,最终形成远程火箭的飞行轨迹。

整个求解思想如图 4 - 12 所示。

同理,当使用位置系下的弹道方程时,以无动力滑翔飞行器为例,有

$$\dot{\boldsymbol{x}}(\tau)=\left[\frac{\mathrm{d}V}{\mathrm{d}t},\frac{\mathrm{d}\gamma}{\mathrm{d}t},\frac{\mathrm{d}\psi}{\mathrm{d}t},\frac{\mathrm{d}r}{\mathrm{d}t},\frac{\mathrm{d}\theta}{\mathrm{d}t},\frac{\mathrm{d}\phi}{\mathrm{d}t}\right]^{\mathrm{T}}=\boldsymbol{f}_{\mathrm{p}}(\boldsymbol{x},\boldsymbol{u},t) \tag{4-113}$$

4.5.2　数值积分法

所谓数值积分法便是求定积分近似值的数值方法,即用有限个被积函数抽样值的离散值或加权平均值来近似定积分的值,其基本原理和步骤如下:

将$[t_0,t]$ 划分为$(n+1)$ 段,得到 $t_0,t_1,\cdots,t_{n+1}=t$;则式(4 - 111) 可改写为

$$\boldsymbol{x}(t_{n+1})=\boldsymbol{x}(t_0)+\int_{t_0}^{t_n}\dot{\boldsymbol{x}}(\tau)\mathrm{d}\tau+\int_{t_n}^{t_{n+1}}\dot{\boldsymbol{x}}(\tau)\mathrm{d}\tau=\boldsymbol{x}(t_n)+\int_{t_n}^{t_{n+1}}\dot{\boldsymbol{x}}(\tau)\mathrm{d}\tau \tag{4-114}$$

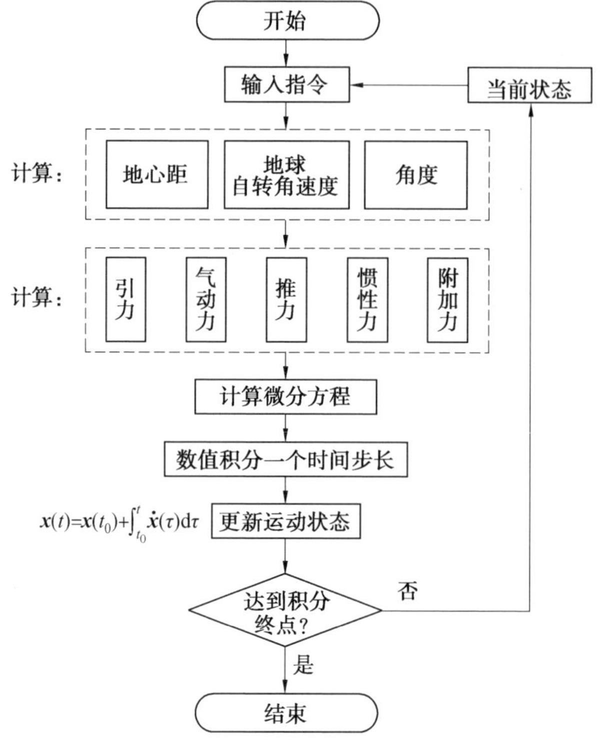

图 4－12　基于数值积分的弹道求解流程

当取 $n=0$ 时，则有

$$\boldsymbol{x}(t_1)=\boldsymbol{x}(t_0)+\int_{t_0}^{t_1}\dot{\boldsymbol{x}}(\tau)\mathrm{d}\tau \tag{4-115}$$

当 $\dot{\boldsymbol{x}}$ 即为远程火箭的弹道微分方程时，显然只需求出从 t_0 到 t_1 的积分即可得到 t_1 时刻火箭的运动状态；依此类推，便可以求出 $t_2,t_3,\cdots,t_{n+1}=t$ 对应的火箭运动状态。

由上述过程可知，由数值积分法得到的火箭弹道并不是连续的，而是由一系列状态点拼接而成；但由力和运动的关系可知，远程火箭实际飞出的弹道一定是连续的，因此由数值积分法计算出的弹道只能在一定程度上逼近真实弹道。当 n 的值很大即 $t_0,t_1,\cdots,t_{n+1}=t$ 足够密集时，数值解和真实值间的差距将很小，此时便能够满足弹道理论设计和仿真计算的精度要求。

综上所述，数值积分法的关键在于计算从 t_i 到 $t_{i+1}(i=0,1,\cdots,n)$ 的积分，而不同的求解方式即形成了不同的数值积分方法；同时每种方法的计算精度、速度和稳定性也各不相同。首先简单介绍几个概念。

（1）截断误差。

为便于分析，设 $\boldsymbol{x}$ 为标量 x；经泰勒展开得到

$$x_{n+1}=x_n+h\dot{x}_n+\frac{h^2}{2}\ddot{x}_n+\cdots+\frac{h^r}{r!}x_n^{(r)} \tag{4-116}$$

式（4-116）中被舍弃的部分中的第一项称为截断误差；若截断误差为 h^r，则称该数值积分方法是（$r-1$）阶的。

（2）舍入误差。

数值积分通常是在计算机上完成的，而计算机上存在对数字的舍入处理。一般来说，计算的步数越多，舍入误差越大；但相比积分方法和微分方程计算过程而言，舍入误差对计算精度的影响可以忽略不计。

数值积分方法有很多，在此仅以弹道学中常用的几种展开介绍。

1. 欧拉积分法（Euler）

欧拉积分法是一种较为简单的数值积分法。如图 4-13 所示，欧拉法用矩形面积来代替不规则形状的面积；在弹道计算中，则认为当前时刻的运动状态在未来一段时间（t_i 到 t_{i+1}）内保持不变。此时有

$$\boldsymbol{x}(t_{n+1})=\boldsymbol{x}(t_n)+h\dot{\boldsymbol{x}}(t_n) \tag{4-117}$$

式中，$h=t_{i+1}-t_i$ 称为积分步长。

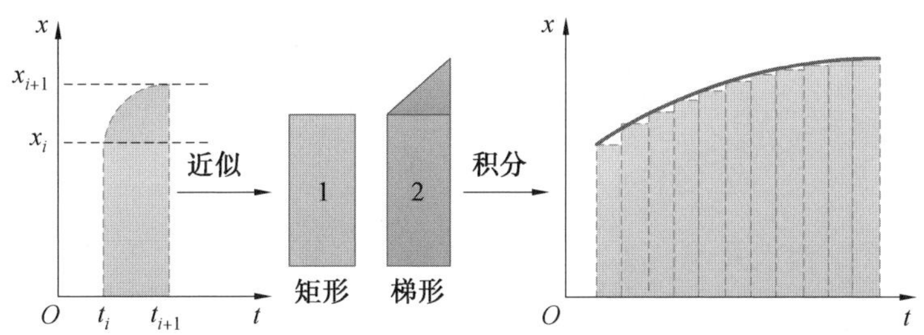

图 4-13　欧拉法示意图

由式（4-116）可知，欧拉积分法只取了式（4-116）中的前两项，因此欧拉法是一阶方法，积分精度为 h^2，即当 $h=0.1$ 时，欧拉积分单步计算结果和真实值相差数量级为0.01。显然，步长 h 越小则欧拉积分的精度越高，但从 t_0 到 t 的积分计算量也越大。

有时为提高欧拉积分的精度，会用梯形来代替矩形（图 4-13），称为改进欧拉法。

$$\boldsymbol{x}(t_{n+1})=\boldsymbol{x}(t_n)+h\frac{\dot{\boldsymbol{x}}(\boldsymbol{x}_n,t_n)+\dot{\boldsymbol{x}}(\boldsymbol{x}_{n+1},t_{n+1})}{2} \tag{4-118}$$

改进欧拉积分的精度为 h^2，但由于梯形公式中有未知量 $\boldsymbol{x}_{n+1}$，因此该方法不

能自启动，需要用欧拉法进行一步预估来获得等号右侧中的 $\boldsymbol{x}_{n+1}$。

2. 龙格库塔(Runge - Kutta) 法

欧拉法适用于一些初级、简单的弹道计算问题，为了更精确地计算远程火箭的弹道，则需要采用阶数更高的数值积分方法。由式(4 - 116) 可知，在泰勒展开式中多取几项即可提高计算精度，但式(4 - 116) 中涉及高阶导数计算，若要将这种方法用于远程火箭的弹道计算，则需要求解运动状态的高阶导数。

由于运动状态的高阶导数可能缺乏具体物理意义或无法推导，受欧拉积分法启发，龙格库塔法将若干点处的一阶导进行线性组合来代替高阶导数，因此在进行弹道计算时能够避免求解运动状态的高阶导数。这样一来，只需要用到原微分方程即可提高数值积分精度。

同样设 $\boldsymbol{x}$ 为标量 x，令 $f(t,x)=\dot{x}$，取式(4 - 116) 中的前三项可得

$$x_{n+1}=x_n+hf(t_n,x_n)+\frac{h^2}{2}\left(\frac{\partial f}{\partial \boldsymbol{x}}\frac{\mathrm{d}x}{\mathrm{d}t}+\frac{\partial f}{\partial t}\right)\bigg|_{t=t_n} \tag{4 - 119}$$

式(4 - 119) 的截断误差数量级为 h^3，进一步改写后得到

$$x_{n+1}=x_n+h(a_1k_1+a_2k_2) \tag{4 - 120}$$

其中

$$\begin{cases}k_1=f(t_n,x_n)\\k_2=f(t_n+b_1h,x_n+b_2k_1h)\end{cases} \tag{4 - 121}$$

将 k_2 进行泰勒展开，只需前两项得

$$k_2=f(t_n,x_n)+h\left(b_1\frac{\partial f}{\partial t}+b_2k_1\frac{\partial f}{\partial \boldsymbol{x}}\right)\bigg|_{t=t_n} \tag{4 - 122}$$

将 k_1 和 k_2 代入式(4 - 120)，得

$$x_{n+1}=x_n+a_1hf(t_n,x_n)+a_2h\left[f(t_n,x_n)+h\left(b_1\frac{\partial f}{\partial t}+b_2k_1\frac{\partial f}{\partial y}\right)\bigg|_{t=t_n}\right] \tag{4 - 123}$$

比较式(4 - 119) 和式(4 - 123) 可得

$$\begin{cases}a_1+a_2=1\\a_2b_1=0.5\\a_2b_2=0.5\end{cases} \tag{4 - 124}$$

令 $a_1=a_2=0.5$，便可得到二阶龙格库塔法(RK - 4) 计算公式，即

$$x_{n+1}=x_n+\frac{h}{2}(k_1+k_2) \tag{4 - 125}$$

其中

$$\begin{cases}k_1=f(t_n,x_n)\\k_2=f(t_n+h,x_n+hk_1)\end{cases}$$

如图 4 - 14 所示，按照上述基本步骤，可以进一步构造出截断误差数量级为 h^5 四阶龙格库塔法（RK - 4），如下：

$$x_{n+1} = x_n + \frac{h}{6}(k_1 + k_2 + k_3 + k_4) \tag{4 - 126}$$

其中

$$\begin{cases} k_1 = f(t_n, x_n) \\ k_2 = f\left(t_n + \dfrac{h}{2}, x_n + \dfrac{h}{2}k_1\right) \\ k_3 = f\left(t_n + \dfrac{h}{2}, x_n + \dfrac{h}{2}k_2\right) \\ k_4 = f(t_n + h, x_n + hk_3) \end{cases} \tag{4 - 127}$$

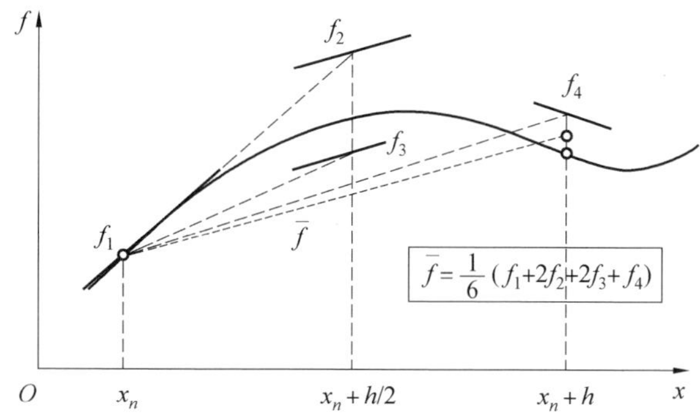

图 4 - 14　龙格库塔法示意图

显然 RK - 4 积分方法是一个逐步递推的过程，每一步中都要重新求解一次微分方程 $f(t_n, x_n)$。由于通过 $x_n \to k_1 \to k_2 \to k_3 \to k_4 \to x_{n+1}$ 五步完成一次积分计算，因此式（4 - 126）又被称为四阶五步龙格库塔法（RK - 45）。

在很多情况下微分方程并非是一维的，而是以微分方程组的形式存在，如发射系下弹道方程式（4 - 67）为 7 维（包含质量方程）。

设微分方程组的维数为 m，令 $\boldsymbol{f}(t, \boldsymbol{x}) = \dot{\boldsymbol{x}}$；则 RK - 45 变成如下形式：

$$\boldsymbol{x}_{n+1} = \boldsymbol{x}_n + \frac{h}{6}(\boldsymbol{k}_1 + \boldsymbol{k}_2 + \boldsymbol{k}_3 + \boldsymbol{k}_4) \tag{4 - 128}$$

其中

$$\begin{cases} \boldsymbol{k}_1 = \boldsymbol{f}(t_n, \boldsymbol{x}_n) \\ \boldsymbol{k}_2 = \boldsymbol{f}\left(t_n + \dfrac{h}{2}, \boldsymbol{x}_n + \dfrac{h}{2}\boldsymbol{k}_1\right) \\ \boldsymbol{k}_3 = \boldsymbol{f}\left(t_n + \dfrac{h}{2}, \boldsymbol{x}_n + \dfrac{h}{2}\boldsymbol{k}_2\right) \\ \boldsymbol{k}_4 = \boldsymbol{f}(t_n + h, \boldsymbol{x}_n + h\boldsymbol{k}_3) \end{cases}$$

除四阶龙格库塔积分外，还可以采用六阶、八阶、十六阶或更高阶的龙格库塔积分方法。但经验表明,其计算精度并不比四阶龙格库塔积分方法提高多少,有时甚至出现相反的结果。弹道学中通常采用 RK－45 进行积分计算。

欧拉法和龙格库塔法均是从泰勒展开式中得出的,因此它们特别适用于 $f(t_n,x_n)$ 曲线较为光滑的场景;而远程火箭的飞行弹道是连续变化的(位置、速度不能突变),因此欧拉法和龙格库塔法很适合远程火箭的弹道计算。

基于上述基本龙格库塔法,还有许多方法能够在不提高阶数的情况下改善龙格库塔法的积分精度,如基于辛普森外推法、变步长法和费尔贝格法的龙格库塔法等。这些方法能够从不同程度上改善积分精度,但对于远程火箭的弹道计算来说,RK－45 的精度基本足够,而这些高精度算法常见于卫星、深空探测器、空间站等常年在轨运行的飞行器。

3. 阿当姆茨(Adams)法

阿当姆茨法又称预报校正法,主要分为预报和校正两部分,两者公式如下:

(1) 预报公式:

$$\bar{x}_{n+1} = x_n + \frac{h}{24}(55f_n - 59f_{n-1} + 37f_{n-2} - 9f_{n-3}) \tag{4-129}$$

(2) 校正公式:

$$x_{n+1} = x_n + \frac{h}{24}(9f_{n+1} + 19f_n - 5f_{n-1} + f_{n-2}) \tag{4-130}$$

其中

$$\begin{cases} f_n = f(t_n, x_n) \\ f_{n-1} = f(t_{n-1}, x_{n-1}) \\ f_{n-2} = f(t_{n-2}, x_{n-2}) \\ f_{n-3} = f(t_{n-3}, x_{n-3}) \\ f_{n+1} = f(t_{n+1}, \bar{x}_{n+1}, \bar{x}_{n+1}, \cdots, \bar{x}_{n+1}) \end{cases} \tag{4-131}$$

因此在使用阿当姆茨法时,需要先给出 $f_{n-3} \sim f_n$ 的值,然后依次求出 $\bar{x}_{n+1}$、f_{n-3} 和 x_{n+1},即求下一步的值需要用到当前步和前三步共四步的值,因此该方法不能从第一步($x_0 \sim x_1$)开始。同样,阿当姆茨法的截断误差数量级为 h^5,属于四阶数值方法。

通过比较可知,RK－45 容易起步,但计算量较阿当姆茨法更大(约为 2 倍);阿当姆茨积分法虽然不易起步,但计算速度更快。另外,现有许多改进的阿当姆茨法,可以使截断误差数量级为 h^6,从而高于 RK－45 的精度。在实际使用时,可以将两种方法组合用以完成数值积分,即先采用更容易起步的 RK－45 计算前四步的值,然后用计算量更小的阿当姆茨法完成积分。

除上述方法外,还有许多方法可以用于微分方程的数值积分求解,如高斯法、牛顿法、拉格朗日法、辛普森法等,在此不予一一介绍。

4.5.3　弹道的求解步骤

例:设某时刻一枚弹道导弹在发射系下的位置矢量为[20,30,1]km,速度矢量为[900,300,10]m/s,姿态角为(20°,5°,0°)。发射点位于(E80°,N30°),发射方位角为50°。此时导弹的质量为5 000 kg,特征面积为1.1 m^2。设发动机推力为50 kN,比冲为250 s,推力沿轴向施加;取升力系数为0.8,阻力系数为0.6,侧向力系数为0。

使用正常引力位函数并参考表2-1中的参数,使用指数模型计算大气密度,以0.1 s为步长采用欧拉法,计算导弹下一时刻在发射系下的运动状态。

解:整个求解过程大致可分为四部分,即力的计算、微分方程计算、数值积分计算和运动状态更新。

(1) 引力加速度计算。

(1a) 根据式(2-29),求得发射点到地心的距离为6 372.77 km。

(1b) 根据式(2-28),求得在地心系下表示的发射点地心矢径为

$$\boldsymbol{R}_0^{\mathrm{e}}=[958.36,5\ 435.14,3\ 186.38]^{\mathrm{T}}\ \mathrm{km}$$

(1c) 根据式(3-32),求得发射点天文纬度为30.166 4°,而天文经度等于80°;因此根据式(2-26),从发射系到地心系的坐标转换矩阵为

$$\boldsymbol{C}_{\mathrm{L}}^{\mathrm{e}}=\begin{bmatrix}0.810\ 5 & 0.150\ 1 & 0.566\ 2\\ 0.185\ 1 & 0.851\ 4 & 0.490\ 7\\ 0.555\ 7 & 0.502\ 5 & 0.662\ 3\end{bmatrix}$$

(1d) 在发射系下表示的发射点地心矢径为

$$\boldsymbol{R}_0^{\mathrm{L}}=(\boldsymbol{C}_{\mathrm{L}}^{\mathrm{e}})^{-1}\boldsymbol{R}_0^{\mathrm{e}}=[-11.89,6\ 372.75,14.17]^{\mathrm{T}}\mathrm{km}$$

(1e) 在发射系下表示的导弹地心矢径为

$$\boldsymbol{r}=[8.11,6\ 402.74,15.17]^{\mathrm{T}}\mathrm{km}$$

(1f) 导弹质心到地球中心的距离为 $r=|\boldsymbol{r}|=6\ 402.77$ km。

(1g) 地心系下表示的导弹地心矢径为 $\boldsymbol{r}_{\mathrm{e}}=\boldsymbol{C}_{\mathrm{L}}^{\mathrm{e}}\boldsymbol{r}=[946.09,5\ 457.47,3\ 211.91]^{\mathrm{T}}$ km。

(1h) 导弹的地心纬度为 $\varphi=\arcsin(|\boldsymbol{r}_{\mathrm{e}}|/r)=30.108\ 9°$。

(1i) 进而由式(3-26)可得

$$\begin{cases}g_{r}=-9.718\ 9\ \mathrm{m/s^2}\\ g_{\omega}=-0.015\ 7\ \mathrm{m/s^2}\end{cases}$$

(1j) 用式(3-28)计算发射系下的引力加速度矢量为

$$\boldsymbol{g}_{\mathrm{L}}=\begin{bmatrix}-0.021\ 0\\ -9.726\ 8\\ -0.012\ 6\end{bmatrix}\mathrm{m/s^2}$$

(2) 气动力计算。

(2a) 根据式(2 - 29),导弹星下点到地心的距离为 6 372.74 km。

(2b) 导弹所处高度为 6 402.77 - 6 372.74 = 30.03 (km)。

(2c) 根据式(3 - 78),导弹周围的大气密度为 $\rho = 0.018\ \text{kg/m}^3$。

(2d) 导弹相对发射系的速度大小为 $V = \sqrt{900^2 + 300^2 + 10^2} = 948.74\ (\text{m/s})$。

(2e) 导弹的动压为 $q = 0.5\rho V^2 = 8\ 083.79\ \text{Pa}$。

(2f) 导弹受到的气动力在速度系下可表示为 $\boldsymbol{R}_{\text{v}} = [-5\ 335.31, 7\ 113.74, 0]^{\text{T}}\ \text{N}$。

(2g) 弹道倾角和弹道偏角为(弧度制)$\theta_{\text{v}} = 18.434°$ 和 $\psi_{\text{v}} = -0.636\ 6°$。

(2h) 根据式(4 - 48),气动力矢量在发射系下可表示为

$$\boldsymbol{R}_{\text{L}} = [-7\ 310.67, 5\ 061.75, -59.27]^{\text{T}}\ \text{N}$$

(3) 推力计算。

(3a) 由于推力完全沿轴向施加,因此发动机推力矢量在体坐标系下可表示为

$$\boldsymbol{P}_{\text{b}} = [50\ 000, 0, 0]^{\text{T}}\ \text{N}$$

(3b) 根据式(4 - 45),推力矢量在发射系下可表示为

$$\boldsymbol{P}_{\text{L}} = [46\ 805.84, 17\ 035.93, 4\ 357.78]^{\text{T}}\ \text{N}$$

(4) 惯性加速度。

(4a) 根据式(3 - 32),导弹星下点对应的天文纬度为 30.277 8°。

(4b) 根据式(4 - 53) 和式(4 - 55),发射系下的惯性加速度矢量为

$$\boldsymbol{A}_{\text{aL}} = [-0.029\ 6, 0.087\ 6, 0.041\ 8]^{\text{T}}\ \text{m/s}^2$$

$$\boldsymbol{A}_{\text{eL}} = 10^{-4} \times [5.55, 16.35, 17.12]^{\text{T}}\ \text{m/s}^2$$

(5) 微分方程。

(5a) 考虑瞬时平衡假设,忽略附加科氏力 F'_{kL};根据弹道方程式(4 - 69)可得

$$\begin{cases} \dot{\boldsymbol{r}}_{\text{L}} = [900, 300, 10]^{\text{T}}\ \text{m/s} \\ \dot{\boldsymbol{v}}_{\text{L}} = [7.848\ 4, -5.219\ 4, 0.889\ 1]^{\text{T}}\ \text{m/s}^2 \end{cases}$$

(5b) 同时质量变化率为

$$\dot{m} = \frac{P}{I_{\text{sp}}g} = \frac{50\ 000}{250 \times |\boldsymbol{g}_{\text{L}}|} = 20.56\ \text{kg/s}$$

(6) 数值积分。

根据欧拉积分法,得到 0.1 s 后导弹的运动状态如下:

$$\boldsymbol{x}=\boldsymbol{x}_0+0.1\dot{\boldsymbol{x}}_0\Rightarrow\begin{cases}\boldsymbol{r}_{\mathrm{L}}=[20\ 090,30\ 030,1\ 001]^{\mathrm{T}}\ \mathrm{km}\\ \boldsymbol{v}_{\mathrm{L}}=[900.78,299.48,10.09]^{\mathrm{T}}\ \mathrm{m/s}\\ m=4\ 997.94\ \mathrm{kg}\end{cases}$$

保持姿态角不变，同时认为升力系数和阻力系数不变。通过编写程序得到积分 20 s 后的弹道如图 4 - 15 所示。

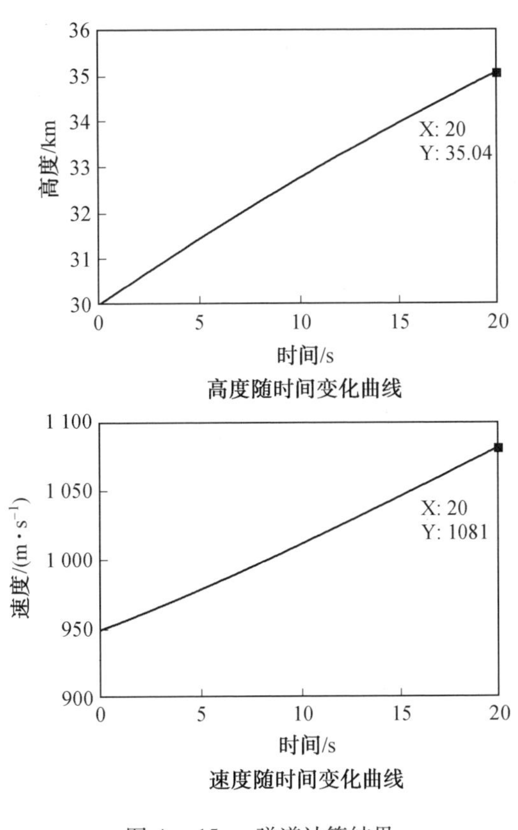

图 4 - 15　弹道计算结果

本章小结

弹道微分方程组是进行弹道计算和设计的基础。本章在受力分析的基础上建立了远程火箭的弹道微分方程组，包括发射系、位置系、速度系等；这些方程不仅可用于主动段，还可以依据受力特点应用于自由段、再入段或滑翔段。同时，本章还介绍了基于弹道微分方程的弹道数值计算方法。

课后习题

设某时刻一枚弹道导弹在发射系下的位置矢量为[90,100,9] km,速度矢量为[1 900,900,1] m/s,姿态角为(10°,0°,0°)。发射点位于(E60°,N60°),发射方位角为80°。此时导弹的质量为5 000 kg,特征面积为1.0 m^2。设发动机推力为50 kN,比冲为250 s,推力沿轴向施加,认为导弹已飞出大气层外不受气动力。使用正常引力位函数并参考表2－1中的参数,计算位置和速度的变化率。

第 5 章

远程火箭弹道设计方法

通过前面介绍的内容可知，首先建立了描述远程火箭运动的参考坐标系，对远程火箭进行了受力分析，推导了远程火箭的动力学方程、运动学方程和补充方程，通过对弹道微分方程进行积分可以获得远程火箭的飞行弹道。

远程火箭需要针对不同的使命任务进行弹道设计，获得适应该使命任务的飞行弹道。传统弹道导弹和运载火箭的弹道设计主要围绕攻角或姿态角，新的滑翔弹道设计也可以选择高度等变量。因此，弹道设计问题的核心是针对给定任务，如何选取设计变量及其变化规律的问题。

如图5－1所示，弹道导弹按照不同的主动段飞行程序飞行时，其关机点参数

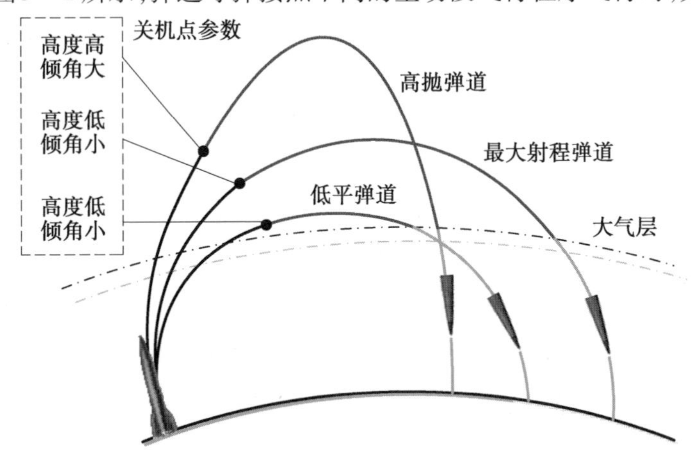

图 5－1　传统弹道导弹在不同飞行程序下的弹道

和后续被动段弹道可能大不相同。因此,主动段飞行程序对导弹的射程、高程、平均速度、再入倾角和被动段飞行时间等至关重要;通过改变主动段飞行程序,便可以使同一型导弹达到不同的作战目的和指标。本章将继续对远程火箭的运动规律展开研究,基于不同飞行器的弹道特性和弹道微分方程,考虑气动特性、动力性能和弹道约束等因素,深入讨论如何在远程火箭弹道方程的基础上对弹道进行设计。

5.1 远程火箭的主动段弹道设计方法

前面指出,远程火箭的主动段弹道通常在发射系或发惯系下计算,而位置坐标系下的弹道微分方程在求解弹道优化问题时也可以用于主动段。本节将分别针对发射系和位置系下的弹道微分方程来描述主动段弹道设计方法。

5.1.1 主动段弹道设计变量选取

在火箭当前运动状态已知的情况下,地球引力和惯性力只与火箭的当前运动状态有关,而决定火箭未来运动状态的则是发动机推力和气动力。因此,在进行主动段弹道设计时,应该选择能够同时决定发动机推力和气动力的变量。

1. 发射系下的设计变量

(1) 推力矢量控制。

设发动机推力矢量采用摆动喷管(或摆动发动机)方式进行控制。如式(4-45)所示,在发射系下设计主动段弹道时,决定发动机推力矢量的主要是姿态角和发动机当量摆角。由于发动机推力大小一般不可控制,因此只能通过控制发动机推力矢量的方向来改变火箭的飞行弹道。

根据从发射系到体坐标系的坐标转换矩阵可知,若要控制发动机推力,则需要对俯仰角、偏航角和滚转角这三个姿态角以及发动机当量摆角进行设计。

(2) 气动力矢量控制。

如式(4-48)所示,在发射系下设计主动段弹道时,决定空气动力矢量的主要是速度矢量和飞行姿态。由弹道方程可知,速度矢量的变化趋势是由火箭受力、总体参数和初始姿态等因素共同决定的,是一个间接受控的因变量,而不是一个可以由人为直接调整的控制量。当某时刻的火箭速度矢量已知时,决定速度系下气动力矢量的便是影响气动力系数的攻角和侧滑角,而攻角和侧滑角又由飞行姿态与速度矢量间的相对关系决定。

因此,若要控制气动力,则需要对俯仰角、偏航角和滚转角这三个姿态角进

行设计。

(3) 设计变量选取。

设发射系下主动段弹道的设计变量为 $\boldsymbol{u}_{\mathrm{L}}$。基于上述分析可知,俯仰角、偏航角和滚转角以及发动机当量摆角是决定弹道变化趋势的主要变量,因此可以作为主动段弹道的设计变量。

$$\boldsymbol{u}_{\mathrm{L}} = [\varphi_{\mathrm{m}}, \psi_{\mathrm{m}}, \gamma_{\mathrm{m}}, \delta_{\varphi}, \delta_{\psi}, \delta_{\gamma}]^{\mathrm{T}} \tag{5-1}$$

根据式(4-64)可知,欧拉角间存在着相互映射关系,因此也可以选择攻角侧滑角和速度倾侧角作为设计变量,从而代替俯仰角、偏航角和滚转角。

$$\boldsymbol{u}_{\mathrm{L}} = [\alpha, \beta, \gamma_{\mathrm{v}}, \delta_{\varphi}, \delta_{\psi}, \delta_{\gamma}]^{\mathrm{T}} \tag{5-2}$$

在主动段弹道设计中,不要求在整个主动段中只能使用一种设计变量,而是可以针对各级或各飞行阶段采用不同的设计变量,这取决于火箭的弹道模式、设计难度以及改变弹道形态的执行机构等。

在发射系下进行主动段弹道设计时,通常认为远程火箭仅在射面内飞行并且无滚转,发动机不需要提供沿发射系 oxy 平面以外的推力分量。因此,可以认为偏航角和滚转角为0,而此时的设计变量则变成了俯仰角(攻角)或发动机当量摆角。

$$\boldsymbol{u}_{\mathrm{L}} = [\varphi_{\mathrm{m}}, \delta_{\phi}]^{\mathrm{T}} \quad 或 \quad \boldsymbol{u}_{\mathrm{L}} = [\alpha, \delta_{\varphi}]^{\mathrm{T}} \tag{5-3}$$

由于发动机当量摆角通常是根据实际推力矢量需求而得出的,它实际上也是一个因变量,因此不宜作为主动段弹道的设计变量。但上文曾指出,在位置系下推导远程火箭的弹道微分方程时,假设了发动机推力始终沿火箭轴向施加;对于存在当量摆角的远程火箭来说,这种假设无疑会增加弹道设计和计算误差,因此为了保证精度,应当考虑如何将 δ_{φ} 融入 φ_{m} 进而完成主动段弹道设计。

根据瞬时平衡假设可知,火箭在飞行中的每一瞬时所受到的力矩都是平衡的,即角加速度为零。因此在俯仰通道内有

$$M_z^{\delta} + M_z^{R} = 0 \tag{5-4}$$

式中,M_z^{δ} 和 M_z^{R} 分别为发动机推力和气动力产生的俯仰力矩。

上述力矩可按如下方式计算:

$$\begin{cases} M_z^{\delta} = P_{\mathrm{by}} \sin \delta_{\varphi} \cdot L_{\mathrm{Pb}} \\ M_z^{R} = m_z^{b} \cdot qSL_{\mathrm{b}} \end{cases} \tag{5-5}$$

式中,P_{by} 为发动机推力矢量在体坐标系 y 轴上的分量;δ_{φ} 为喷管当量俯仰摆角;L_{Pb} 为喷管出口到火箭质心的距离;m_z^{b} 为火箭的俯仰力矩系数;q 为动压;S 为特征面积;L 为特征长度。

由当量摆角的定义可知,M_z^{δ} 与 δ_{ϕ} 符号相同;类似于升力系数和阻力系数,M_z^{b}

与 m_z^b 符号相同。在进行弹道计算时，m_z^b① 可根据气动数据表或拟合公式由运动状态求出，而动压、气动力、推力、攻角等也与实时运动状态有关；因此，通过式(5－4)可以求出瞬时平衡假设条件下的当量摆角为

$$\delta_\varphi = \arcsin\left(-\frac{m_z^b q S L_b}{P_{by} L_{Pb}}\right) \tag{5-6}$$

不同的尾喷管布局具有不同形式的 P_{by}，如

$$\begin{cases} P_{by} = P/\sqrt{2} & \text{四喷管，× 布局} \\ P_{by} = P/2 & \text{四喷管，+ 布局} \\ P_{by} = P & \text{单喷管} \end{cases} \tag{5-7}$$

由于 m_z^b 受攻角的影响，因此根据式(5－6)，可以将发射系下的主动段弹道设计变量选取为

$$u_L = \phi_m \text{ 或 } u_L = \alpha \tag{5-8}$$

另外，在进行初步弹道设计时，为简化弹道计算过程(如气动力矩计算，质心和压心计算)，可以忽略发动机推力垂直于弹体轴线的分量，即不考虑喷管摆动或忽略喷管小角度摆动对弹道的影响($\delta_\varphi = 0$)；但在进行高精度弹道计算或校核时，需要采用更为精细的计算方式。

需要注意的是，在发射系下设计主动段弹道时，由于惯性力和地球引力摄动的影响，火箭在主动段飞行中会产生沿发射系 z 轴的速度和位置分量，因此偏航角为零不代表弹道偏角为零，同时侧滑角也不恒等于零；而侧滑角的出现会使气动力矢量同样产生沿发射系 z 轴的分量，进而进一步改变弹道偏角。但由于惯性力很小且气动力作用时间相对较短(火箭在主动段会很快飞出稠密大气层)，因此可以认为主动段中的侧滑角为小量。

2. 极坐标系下的火箭运动方程

相对于发射系，极坐标系下的火箭运动方程更能够直观地描述力和运动间的关系。由式(4－96)可知，决定火箭运动的变量为阻力、升力、攻角和倾侧角，而阻力和升力又由攻角决定。因此，当使用极坐标系描述火箭运动时，选取的设计变量为攻角和倾侧角。

$$\boldsymbol{u}_L = [\alpha, \sigma]^T \tag{5-9}$$

当进行火箭主动段弹道设计时，由于认为火箭仅在射面内飞行，故此时的设计变量仅剩下攻角。

$$u_L = \alpha \tag{5-10}$$

① 由气动外形、气动舵偏、攻角、侧滑角、弹体旋转角速度等诸多因素决定，具体选取的变量根据气动计算精度要求而定。

在实际主动段飞行过程中，火箭需要按照事先设计好的俯仰角或攻角实时改变飞行姿态，从而按照预定方式改变推力和气动力在相应坐标系下的分量，最终飞出和弹道规划结果一致的主动段弹道。由于上述控制过程是根据事先制定好的飞行程序执行的，因此这种预先设计好的俯仰角或攻角被称为程序角。

5.1.2　主动段弹道设计约束和指标

1. 过程约束

为顺利完成主动段飞行，弹道设计中必须充分考虑各种过程约束条件。过程约束由总体设计部门提出，主要包括满足结构强度需求的过载约束，满足热环境需求的动压及驻点热流约束，以及满足控制需求的姿态变化率及最大值约束等。

一些典型的过程约束如下所示：

$$\underset{\text{热约束}}{\begin{cases} q_s \quad q_{s,\max} \\ q \quad q_{\max} \end{cases}} \qquad \underset{\text{载荷约束}}{\begin{cases} |n_A| \quad n_{A,\max} \\ |n_L| \quad n_{L,\max} \end{cases}} \qquad \underset{\text{控制约束}}{\begin{cases} |\alpha| \quad \alpha_{\max} \\ |\dot{\phi}_c| \quad \dot{\phi}_{\max} \end{cases}} \tag{5-11}$$

式中，n_A 为轴向过载；n_L 为法向过载；q_s 为驻点热流；q 为动压。下标“max”表示该变量在主动段中所允许出现的最大值，如 $n_{L,\max}$ 为允许的最大法向过载。

驻点热流和动压是较为典型的两种热环境约束，表示如下：

$$\begin{cases} q_s = k_s\sqrt{\rho}V^3 \\ q = 0.5\rho V^2 \end{cases} \tag{5-12}$$

式中，q_s 的单位为 W/m^2；k_s 为与驻点热流作用点形状有关的常系数。不同类型的飞行器一般具有不同的驻点热流的计算方式，式(5-12)中给出的只是其中简单的一种。

过载 n_A 和 n_L 可以在速度系下或体坐标系下表示，以速度坐标系为例，即

$$\begin{cases} n_{Av} = \dfrac{P\cos\alpha_{\text{total}} - D}{m} \\ n_{Lv} = \dfrac{P\sin\alpha_{\text{total}} + \sqrt{L^2 + Z^2}}{m} \end{cases} \tag{5-13}$$

式中，α_{total} 为总攻角。当不考虑推力 P 时，则过载完全由气动力产生，称为气动过载或气动载荷。实际上，气动载荷不仅仅包括 n_A 和 n_L，还包括由气动力产生的剪力和弯矩等。

需要指出，同一变量在主动段不同阶段可能受到不同的约束，如 $\alpha_{\max}$ 在稠密大气层中较小，在大气层外可适当放开。此外，有时还需要考虑更多的约束条

件，如最大剪力、最大弯矩、级间分离高度、级间分离过程的攻角范围等。

2. 终端约束

主动段程序角决定了远程火箭的主动段弹道形态、关机点参数以及后续被动段弹道。在实际应用中，为了保证入轨参数、弹道高度、再入状态以及落点参数等，主动段弹道必须满足一系列终端约束条件，如关机点处的高度、速度和弹道倾角，以及总射程、弹道最高点、再入倾角和落点位置等。

(1) 关机点参数约束。

典型的主动段终端约束包括关机点处高度、速度和当地弹道倾角，即

$$\begin{cases}V(t_f)=V_w(t_f)\\h(t_f)=h_w(t_f)\\\Theta(t_f)=\Theta_w(t_f)\end{cases}\tag{5-14}$$

式中，V、h 和 Θ 分别表示速度、高度和当地弹道倾角；t_f 表示主动段关机时刻，下标“w”表示应达到的期望值。

在很多情况下，我们希望通过运载火箭将上面级准确送入预定轨道，因此主动段关机点参数约束有时会以轨道根数的形式给出，即

$$\begin{cases}a_o(t_f)=a_{ow}(t_f)\\e_o(t_f)=e_{ow}(t_f)\\i_o(t_f)=i_{ow}(t_f)\\\Omega_o(t_f)=\Omega_{ow}(t_f)\\\omega_o(t_f)=\omega_{ow}(t_f)\\f_o(t_f)=f_{ow}(t_f)\end{cases}\tag{5-15}$$

式中，a_o 为轨道半长轴；e_o 为轨道偏心率；i_o 为轨道倾角；Ω_o 为升交点赤经；ω_o 为近地点幅角；f_o 为真近点角。

一般来说，可以认为轨道倾角和升交点赤经由发射诸元决定，而近地点幅角和真近点角不仅与远程火箭的发射诸元①有关，还受关机点位置、速度和弹道倾角等因素的影响；而轨道半长轴和轨道倾角与关机点高度、速度和弹道倾角的关系如下：

根据轨道机械能守恒定律，轨道半长轴可根据关机点参数求得，公式为

$$\frac{V^2}{2}-\frac{\mu_E}{r}=-\frac{\mu_E}{2a_o}\Rightarrow a_o=\frac{\mu_E r_f}{2\mu_E-r_fV_f^2}\tag{5-16}$$

式中，$r_f=a_e+h(t_f)$ 为关机点到地心的距离，下标“f”为(t_f)的简写。

① 包括发射时刻、发射方位角、发射点位置等。

根据椭圆轨道方程，轨道偏心率可根据关机点参数求得，公式为

$$a_o = \frac{\upsilon_o^2/\mu_E}{1 - e_o^2} \Rightarrow e_o = \sqrt{1 - \frac{[2\mu_E - r_f V_f^2] \cdot r_f V_f^2 \cos^2\Theta_f}{\mu_E^2}} \tag{5-17}$$

式中，υ_o 为轨道角动量。

综上，关机点轨道根数约束可以转化为式（5 - 14）所示的形式，即

$$\begin{bmatrix} a_{ow}(t_f) \\ e_{ow}(t_f) \\ i_{ow}(t_f) \\ \Omega_{ow}(t_f) \\ \omega_{ow}(t_f) \\ f_{ow}(t_f) \end{bmatrix} \Rightarrow \begin{bmatrix} V_w(t_f) \\ h_w(t_f) \\ \Theta_w(t_f) \end{bmatrix} \tag{5-18}$$

（2）自由段弹道约束。

自由段弹道约束常用于弹道导弹，从而达到探测躲避、分导和目标变更等目的。典型的被动段弹道约束包括弹道最大高度、再入倾角、再入点位置和飞行时间，即

$$\begin{cases} h(t_{top}) = h_w(t_{top}) \\ \Theta(t_{entry}) = \Theta_w(t_{entry}) \\ \theta(t_{entry}) = \theta_w(t_{entry}) \\ \phi(t_{entry}) = \phi_w(t_{entry}) \\ \Delta t = t_{entry} - t_f = \Delta t_w \end{cases} \tag{5-19}$$

式中，t_{top} 为远程火箭到达弹道最高点的时刻；t_{entry} 为远程火箭的再入时刻。

若考虑远程火箭在自由段不做任何机动，则被动段弹道由主动段关机点参数决定，t_{entry}、t_{top} 和 $h(t_{top})$ 等变量与主动段关机点参数间的关系可根据自由段弹道方程直接求出。

另外，若在弹道导弹总体设计中对再入点位置进行限制（如经纬度），此时则需要先获得期望的再入点位置矢量，经转化后（如求解 Lambert 问题）得到主动段关机点参数约束。

因此，自由段弹道约束可以转化为主动段关机点参数约束，即

$$\begin{bmatrix} h_w(t_{top}) \\ \Theta_w(t_{entry}) \\ \theta_w(t_{entry}) \\ \phi_w(t_{entry}) \\ \Delta t_w \end{bmatrix} \Rightarrow \begin{bmatrix} V_w(t_f) \\ h_w(t_f) \\ \Theta_w(t_f) \end{bmatrix} \tag{5-20}$$

(3) 落点位置约束。

落点约束常用于弹道导弹，主要包括地心经度、地心纬度和总射程，可表示为

$$\begin{cases}\theta(t_{\text{end}})=\theta_{\text{w}}(t_{\text{end}})\\ \phi(t_{\text{end}})=\phi_{\text{w}}(t_{\text{end}})\\ L_{\text{r}}(t_{\text{end}})=L_{\text{rw}}(t_{\text{end}})\end{cases} \tag{5-21}$$

式中，L_{r} 表示弹道导弹的地面射程；t_{end} 表示导弹的落地时刻。

L_{r} 可根据发射点和落点的位置计算得到

$$L_{\text{r}}=a_{\text{e}}\arccos(\sin\phi_1\sin\phi_0+\cos\phi_1\cos\phi_0\cos(\theta_1-\theta_0)) \tag{5-22}$$

式中，a_{e} 为地球平均半径；θ_0 和 ϕ_0 为发射点经纬度；θ_1 和 ϕ_1 为落点经纬度。

对于弹道导弹来说，很多情况下我们并不关注其关机点参数，而关注的是它从发射点起，按照怎样的飞行模式能够到达预期落点，或是基于已设计好的主动段弹道，导弹能否准确到达预期落点。另外，通过验证导弹能否在限定的初始条件下满足一定的射程范围，或是分析导弹在覆盖指定射程时能否满足诸多设计约束，还能够对导弹的总体参数和作战使用场景进行反复迭代，使其达到最优状态。

同样，若考虑远程火箭在自由段不做任何机动，同时忽略再入段气动力的作用，则导弹的落点位置和射程完全可以根据主动段关机点参数由自由段弹道方程递推得到；当考虑再入段气动力的作用时，还可以认为再入段攻角为0（导弹只受到阻力，不受升力），然后通过数值积分法得到再入段弹道。因此，落点约束可以转化为主动段关机点约束

$$\begin{bmatrix}\theta_{\text{w}}(t_{\text{end}})\\ \phi_{\text{w}}(t_{\text{end}})\\ L_{\text{rw}}(t_{\text{end}})\end{bmatrix}\Rightarrow\begin{bmatrix}V_{\text{w}}(t_{\text{f}})\\ h_{\text{w}}(t_{\text{f}})\\ \Theta_{\text{w}}(t_{\text{f}})\end{bmatrix} \tag{5-23}$$

实际上，无论是零气动假设还是零攻角假设，理论弹道和实际弹道间的偏差并不会很大，该偏差可通过再入段末制导修正，而该假设条件能够为建立主动段关机点参数和落点参数间的映射关系提供极大便利。

最后指出，上述终端约束条件可能是式(5-14)～(5-23)所示的形式，也可能是限定各变量间函数关系的方程（组）。

3. 设计指标

在很多情况下，我们希望在满足各种约束条件的前提下使主动段弹道的某一项或几项指标达到最优，此时便需要建立优化指标模型，然后借助优化算法设计出指标最优的主动段弹道。

在解决优化问题时，通常以实现指标函数（或称目标函数）的最小化为目标

对设计变量进行求解。远程火箭的弹道设计指标有很多种，它可以是一个变量，也可以是关于一个或多个变量的函数。

以“主动段关机点速度最大”为例，相应的性能指标函数（记为 J）为

$$J = \frac{1}{V_k} \tag{5-24}$$

若以“导弹被动段射程最大”为指标，则指标函数应包括关机点高度、速度和当地弹道倾角等多个变量，即

$$J = \frac{1}{f(V_k, h_k, \Theta_k)} \tag{5-25}$$

另外，有时指标函数中包含了多种设计指标，希望能够通过优化计算使这些指标得以均衡提升，例如

$$J = k_1 \frac{1}{V_k} + k_2 \int_{t_0}^{t_k} Q \mathrm{d}t \tag{5-26}$$

式中，k_1 和 k_2 为正的权重系数，一般满足 $k_1 + k_2 = 1$；第二项为热流对时间的积分，表示主动段总的吸热量。使用式（5－26）作为性能指标时，既希望关机点速度最大，又希望火箭在主动段中吸热最少。这种问题称为多目标优化问题。

在进行弹道优化设计时，通常需要对指标函数、设计变量以及微分方程等进行无量纲化处理。这是由于不同类型变量的量纲一般是不同的，不同变量的数量级也可能相差很大，如果按原量纲计算，则优化算法在迭代中可能无法获得精确的梯度信息，导致计算效率降低、出现错误的迭代方向甚至得不到结果。同时，在多目标优化问题中，各指标必须处于同一量级才能实现共同提升。

将变量除以对应的基准值即可得到无量纲后的结果，而经无量纲处理后的变量成为一个无实际物理意义的相对值。在远程火箭弹道学中，一般速度的基准值 V_{ref} 为第一宇宙速度（取 7 900 m/s），高度的基准值 h_{ref} 为地球平均半径 a_e（取 6 371 000 m），加速度的基准值 a_{ref} 为地表重力加速度大小 g_0（取 9.8 m/s^2），同时角度均采用弧度制。

例如，经无量纲化处理后，式（5－24）变为

$$J = \frac{1}{V_k / V_{ref}} \tag{5-27}$$

5.1.3　运载火箭和弹道导弹的主动段弹道设计方法

根据上述程序飞行机理可知，远程火箭主动段弹道设计的关键在于确定程序角的变化规律。以传统垂直起飞运载火箭为例，在发射系下进行主动段弹道设计时，俯仰角需满足如下条件：

（1）垂直发射，即初始一段时间的俯仰角保持为 90°。

（2）俯仰角应是时间的连续函数，对不连续的程序角需进行平滑处理。

(3) 俯仰角速率应限制在控制系统所能承受的范围之内。

(4) 火箭在稠密大气层内跨声速飞行时的攻角应接近于0,以减小气动载荷和气动干扰;一般火箭推重比越大,小攻角条件就越重要。

(5) 尽量减少穿越稠密大气层的时间,以减小气动载荷和吸热量。

(6) 级间分离处对应的高度不得过低,同时攻角不得过大。

设程序俯仰角为 φ_c。为了给出远程火箭的主动段飞行指令,必须事先确定俯仰角 φ_c 从起飞时刻($t_0=0$) 到关机时刻(t_f) 这一时段中的变化形式,即 $\varphi_c(t)$;从数值计算的角度讲,需给出每一个积分点($t_0,t_1,\cdots,t_f$) 对应的俯仰角的值,即 $\varphi_c(t_0),\varphi_c(t_1),\cdots,\varphi_c(t_f)$。

一般确定 $\varphi_c(t)$ 的方法有两种,一种是给定 φ_c 在各个时间段中随时间变化的函数形式,然后通过设计函数中涉及的控制参数来最终确定 $\varphi_c(t)$;另一种是通过优化算法,基于最优性原理或数值迭代确定 $\varphi_c(t)$。下面分别对这两种方式进行简要介绍。

1. 程序角的函数形式

以起飞时刻为零时刻,远程火箭的主动段飞行可分成四段处理。

(1) 垂直起飞段($0\sim t_1$)。

垂直起飞段是火箭姿态保持与地面垂直的阶段。

在该阶段,发动机推力方向将始终垂直于地面,而该阶段的结束时刻 t_1 主要取决于火箭的初始推重比(记为 $\bar{P}_{01}$),即

$$t_1=\sqrt{\frac{40}{\bar{P}_{01}-1}} \tag{5-28}$$

而该阶段的俯仰角为

$$\varphi_c=\frac{\pi}{2} \tag{5-29}$$

由于该阶段火箭的侧滑角、滚转角、弹道偏角等都很小,因此攻角为

$$\alpha=\varphi_c-\theta_v=0 \tag{5-30}$$

式中,θ_v 为弹道倾角,在垂直起飞段为90°。

(2) 亚声速段($t_1\sim t_2$)。

亚声速段是火箭完成弹道转弯并加速到亚声速的阶段。

俯仰角在该阶段不断减小以改变推力矢量的作用方向,从而在发射系 x 轴正向上产生加速度。同时,火箭在该阶段以负攻角飞行,因此气动力矢量在发射系 y 轴上的分量为负;此外,地球引力也会使火箭在发射系 y 轴负向上产生加速度。

综合考虑推力、气动力和引力,在发射系下 v_x 和 v_y 均大于零且均逐步增加,但通常 x 向的速度增量和位置增量更大。最终,从弹道形态上来看,火箭在该阶

段像是完成了大幅度转弯,因此该阶段又称为初始转弯段,如图 5 - 2 所示。

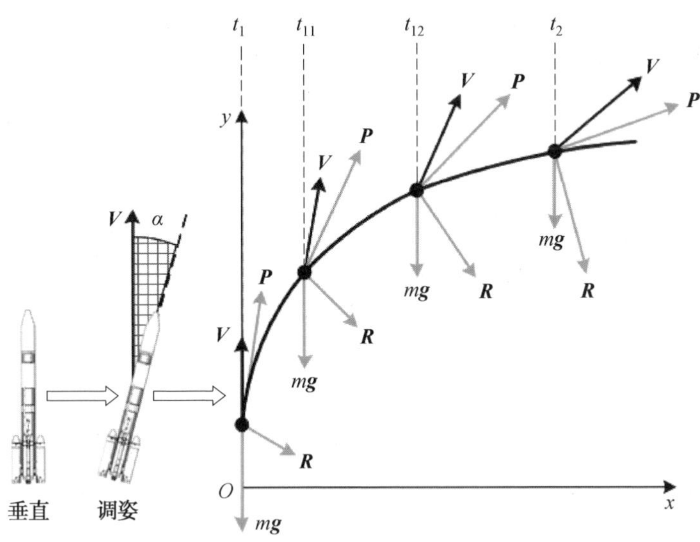

图 5 - 2　火箭转弯过程示意图

由上述转弯原理可知,转弯过程是从改变俯仰姿态(或攻角)开始的。工程上一般用指数形式的攻角来控制转弯段弹道,即

$$\alpha = -4\alpha_m \exp[-k_\alpha(t-t_1)]\{\exp[-k_\alpha(t-t_1)]-1\} \tag{5-31}$$

式中,α_m 为最大负攻角绝对值,一般取0° ~ 5°;k_α 为常系数,一般取0.1 ~ 0.4。

由图 5 - 3 可知,初始转弯段的攻角为负值,这是为了产生负的升力并产生"向下"的气动力,同时将推力产生的加速度不断"向前"分配,从而完成弹道转弯。显然 k_α 越大,攻角变化越快,同时转弯段持续时间越短,t_2 越小。此外 α_m 越大,转弯幅度越大;但由式(5 - 32)可知,攻角越大则发动机推力和气动力在速度系下产生的法向过载也越大。

$$n_{vm} = \frac{P\sin\alpha + L}{m} \tag{5-32}$$

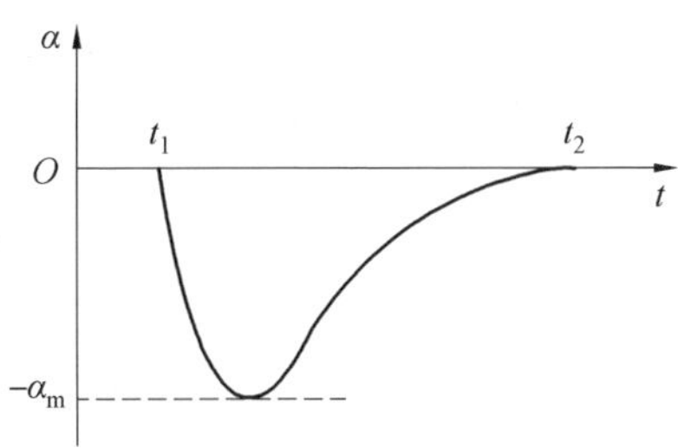

图 5 - 3　指数攻角变化规律

式中，n_{vm} 为速度系下的法向过载。实际上，n_{vm} 由沿速度系 y 向和 z 向的合力决定，此处仅考虑二维平面问题。

综上所述，对于小推重比远程火箭可适当放宽 α_m 的取值范围（$0°\sim10°$），而大推重比火箭应采用较小的 α_m（$0°\sim3°$）。实际上，不同型号的运载火箭可能会根据其结构材料、弹道约束、使用指标等因素动态调整 α_m 的值；同时式（5－31）中的两个设计参数（尤其是 α_m）对远程火箭的主动段乃至后续飞行弹道影响很大，是影响气动热、气动载荷、轨道高度和导弹射程的关键因素，需要反复调整才能最终确定。因此，在实际弹道设计过程中应综合考虑各方面因素，而不是一定要按照上述取值范围取值。

最后，认为侧滑角、滚转角、弹道偏角等为小量，则俯仰角可表示为

$$\varphi_c=\theta_v+\alpha \tag{5-33}$$

一般情况下，可以设定当攻角绝对值小于一定阈值时（如 0.000 1°）初始转弯段结束，因此 t_2 是一个因变量。

（3）跨声速段（$t_2\sim t_3$）。

跨声速段是火箭从亚声速到超声速的阶段。

一般在完成负指数攻角转弯时，火箭的速度仍未达到声速。为了减小跨声速过程中的法向过载和气动干扰，在该阶段中飞行攻角应保持为零，即

$$\begin{cases}\alpha=0\\ \varphi_c=\theta_v+\alpha\end{cases} \tag{5-34}$$

当速度大于 1.0Ma（如达到 1.2Ma）时跨声速段结束，因此类似于 t_2，t_3 也是一个因变量。

（4）跨大气层段（$t_3\sim t_4$）。

跨大气层段是火箭飞出大气层的阶段。

通常情况下，当远程火箭达到超声速飞行状态后，其飞行高度仍处于稠密大气层或临近空间内，此时气动力不可忽略。为了减少法向过载和气动干扰，此时火箭的飞行姿态不宜快速变化。

因此，火箭在该阶段可采用线性俯仰角或常值攻角，具体如下：

$$\begin{cases}\varphi_c=\varphi_c\big|_{t=t_3}+k(t-t_3)\\ \alpha=\varphi_c-\theta_v\end{cases} 或 \begin{cases}\alpha=C\\ \varphi_c=\alpha+\theta_v\end{cases} \tag{5-35}$$

式中，k 为俯仰角变化率。该阶段结束的标志为火箭受到的气动力很小以至于可以忽略，如气动力小于推力的 0.1%、大气密度小于 $1\times10^{-4}\ \mathrm{kg/m^3}$、高度大于 60 km、动压小于1 000 Pa 等，因此 t_4 也是一个因变量。另外，其他能够满足所有过程约束条件的函数形式也可用于该阶段，式（5－35）只是其中之一。

需要注意的是，当该阶段结束时，不代表进行弹道方程解算不考虑气动力，而是在俯仰角设计过程中可以忽略气动力的影响，气动力矢量仍需计算（虽然数

值可能很小)。

(5) 大气层外飞行段($t_4 \sim t_5$)。

大气层外飞行段是从火箭飞出大气层到主动段结束的阶段。

当火箭飞出大气层后便可以忽略气动力的影响,因此可以采用更加灵活多变的俯仰角形式。整个 $t_4 \sim t_5$ 时间段还包括一级剩余飞行段、二级飞行段和三级飞行段;另外对于两级之间存在无动力段的情况,还应包括级间滑翔段。

在大气层外,常见的程序角形式有如下几种:

① 零攻角。

$$\begin{cases}\alpha = 0 \\ \varphi_c = \theta_v + \alpha = \theta_v\end{cases} \tag{5-36}$$

② 常值攻角或常值俯仰角。

$$\begin{cases}\alpha = C \\ \varphi_c = \theta_v + \alpha\end{cases} \text{或} \begin{cases}\varphi_c = C \\ \alpha = \varphi_c - \theta_v\end{cases} \tag{5-37}$$

③ 三角函数形式攻角。

$$\begin{cases}\alpha = \alpha|_{t=\tau_1} + 4\alpha_c \sin f_{tri} \\ \varphi_c = \theta_v + \alpha\end{cases} \tag{5-38}$$

其中

$$f_{tri} = \frac{\pi(t-\tau_1)}{(t-\tau_1) - k_\alpha(t-\tau_2)} \tag{5-39}$$

式中,k_α 和 α_c 为待定参数;τ_1 为控制开始时刻;τ_2 为控制结束时刻。显然当 $t=\tau_1$ 和 $t=\tau_2$ 时均有 $f_{tri}=0$。

④ 抛物线函数形式俯仰角。

$$\begin{cases}\varphi_c = \varphi_c|_{t=\tau_1} + (\varphi_c|_{t=\tau_1} - \varphi_{c1}) f_{pa} \\ \alpha = \varphi_c - \theta_v\end{cases} \tag{5-40}$$

其中

$$f_{pa} = \left(\frac{t-\tau_1}{\tau_2-\tau_1}\right)^2 - 2\frac{t-\tau_1}{\tau_2-\tau_1} \tag{5-41}$$

式中,τ_1 为控制开始时刻;τ_2 为控制结束时刻;φ_{c1} 为待定参数。显然当 $t=\tau_1$ 时 $f_{pa}=0$,而 $t=\tau_2$ 时 $\varphi_c=\varphi_{c1}$。

⑤ 线性函数形式俯仰角。

$$\begin{cases}\varphi_c = \varphi_c|_{t=\tau_1} + k(t-\tau_1) \\ \alpha = \varphi_c - \theta_v\end{cases} \tag{5-42}$$

式中,k 为俯仰角变化率;τ_1 为控制开始时刻。显然,常值俯仰角是线性俯仰角的特殊形式($k_1=0$)。

在级间滑翔段中,由于无主发动机推力,火箭为保证飞行姿态稳定需要在游机或姿控发动机的控制下继续飞行。由于此时沿垂直体轴方向上的可用控制力较小,因此级间滑翔段通常采用零攻角或线性(含常值)俯仰角。

需要注意的是,在整个大气层外飞行段中($t_4 \sim t_5$),并非只能采用某一种形式的程序角;一般按照火箭的"级"将$t_4 \sim t_5$分成几大段,同时各级的飞行时间段可以继续划分从而进行程序角分段设计。

以存在级间滑翔段的三级运载火箭为例,参考式(5-36)~(5-42),几种可行的主动段大气层外程序角模式组合如表5-1所示(级间段均采用常值俯仰角)。

表5-1 主动段弹道设计方案

序号	一级剩余段	二级	三级
1	线性俯仰角	抛物线俯仰角	分段线性俯仰角
2	线性俯仰角	三角函数俯仰角	线性俯仰角
3	线性俯仰角	抛物线+线性俯仰角	线性俯仰角
4	线性俯仰角	分段线性俯仰角	分段线性俯仰角
5	抛物线俯仰角	线性俯仰角	抛物线+线性俯仰角
6	抛物线+线性俯仰角	线性俯仰角	三角函数俯仰角+常值攻角
7	抛物线俯仰角	线性俯仰角+常值攻角	抛物线俯仰角+常值攻角
8	线性俯仰角+常值攻角	抛物线+线性俯仰角	三角函数俯仰角
9	三角函数俯仰角	抛物线+线性俯仰角	分段线性俯仰角+常值攻角
10	……	……	……

除表5-1中的程序角模式外,其他函数形式也可用于设计程序角,如高阶多项式、样条函数以及对数函数等。每级可以采用不同函数形式相组合的模式,也可以采用同一种函数形式但具有不同参数设置的模式;但无论采用何种程序角形式,都需要满足所有弹道约束条件。

现以表5-1中的第一种方案为例,远程火箭在主动段大气层外飞行段的程序角如式(5-43)所示,相应的程序角变化示意图如图5-4所示。

$$
\varphi_c = \begin{cases}
\varphi_c|_{t=t_4} + k_1(t - t_4), & t_4 < t \leqslant t_{k1} \text{ 一级剩余} \\
\varphi_c|_{t=t_{k1}}, & t_{k1} < t \leqslant t'_{k1} \text{ 级间滑翔} \\
\varphi_c|_{t=t'_{k1}} + (\varphi_c|_{t=t'_{k1}} - \varphi_{c1})f_{pa}, & t'_{k1} < t \leqslant t_{k2} \text{ 二级飞行} \\
\varphi_c|_{t=t_{k2}}, & t_{k2} < t \leqslant t'_{k2} \text{ 级间滑翔} \\
\varphi_c|_{t=t'_{k2}} + k_{31}(t - t'_{k2}), & t'_{k2} < t \leqslant t_{31} \\
\varphi_c|_{t=t_{31}} + k_{32}(t - t_{31}), & t_{31} < t \leqslant t_{32} \quad \text{三级飞行} \\
\varphi_c|_{t=t_{32}} + k_{33}(t - t_{32}), & t_{32} < t \leqslant t_{k3}
\end{cases}
\tag{5-43}
$$

式中，t_4 为大气层外飞行段的初始时刻；t_{k1}、t_{k2} 和 t_{k3} 分别为一级、二级和三级发动机的关机时刻；t'_{k1} 和 t'_{k2} 分别为 1/2 级和 2/3 级级间滑翔段结束时刻；k_1、k_{31}、k_{32} 和 k_{33} 为俯仰角变化率，φ_{c1} 和 f_{pa} 的定义如式(5－40)、式(5－41)所示；t_{31} 和 t_{32} 为三级飞行段的中间时刻；若考虑将三级飞行时间三等分，则有

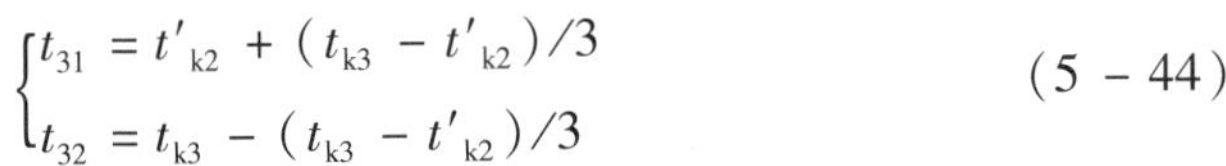

$$
\begin{cases}
t_{31} = t'_{k2} + (t_{k3} - t'_{k2})/3 \\
t_{32} = t_{k3} - (t_{k3} - t'_{k2})/3
\end{cases}
\tag{5-44}
$$

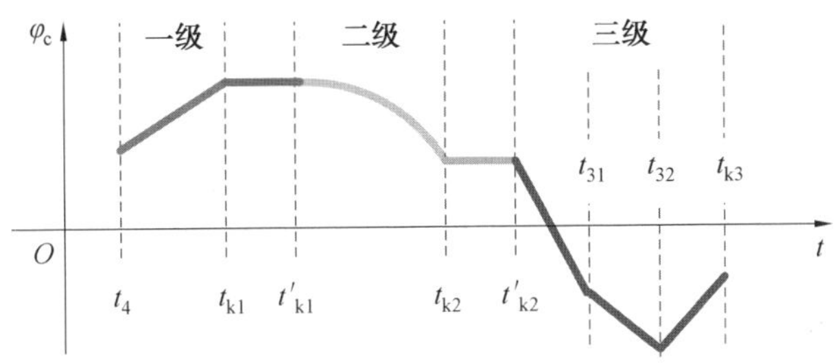

图 5－4　真空段的程序角分段设计示意图

基于式(5－43)，攻角可根据俯仰角和弹道倾角求出

$$
\alpha = \varphi_c - \theta_v \tag{5-45}
$$

最后，将主动段程序角的设计方案简单总结如下：

(1) 在垂直起飞段和亚声速段，程序角的函数形式较为固定，同时设计参数的取值范围较小。

(2) 在跨声速段，程序角的函数形式无须限定在某一种，相应的设计参数的取值范围可适当放宽，但要严格满足过载、热和控制等约束条件。

(3) 在大气层外段，程序角可以选择更多的函数形式，同时设计参数的取值范围更大，但也要严格满足各种约束条件。

(4) 在级间滑翔段，程序角的设计原则类似于跨声速段，但设计参数的取值范围更小、约束条件更严格。

因此，对于占整个主动段绝大部分的 $t_3 \sim t_5$ 段，可以采用优化算法来求解程序角，从而实现提高弹道设计精度、满足过程约束、提高设计指标等目标。

上述俯仰角或攻角随时间变化的函数形式是针对发射系给出的。实际上，上述或其他函数形式同样可以用于其他坐标系，如发惯系、地心系等。

同时，主动段飞行程序角还可以在位置坐标系下设计；由位置系下的弹道微分方程具体形式可知，此时的程序角变为攻角。当使用位置系设计远程火箭的主动段弹道时，可以借鉴发射系下的弹道分段方式，即依次按照垂直起飞、初始转弯、跨声速、跨大气层、一级剩余段、二级、三级的分段方式分别对攻角进行设计；同时，发射系下的程序角设计原则与约束也应当予以考虑。

参考发射系下的程序角形式，一种主动段攻角形式如下所示：

$$\alpha = \begin{cases} 0, & 0 \leqslant t \leqslant t_1 \\ -4\alpha_m e^{-k_\alpha(t-t_1)}\left[e^{-k_\alpha(t-t_1)} - 1\right], & t_1 < t \leqslant t_2 \\ 0, & t_2 < t \leqslant t_3 \\ \alpha = \alpha|_{t=t_3} + k(t - t_3), & t_3 < t \leqslant t_4 \\ \alpha = f(\alpha), \end{cases} \tag{5-46}$$

式中，$f(\alpha)$ 可参考式(5-36)～(5-42)确定或选取其他函数形式。另外在级间滑翔段，可采用零攻角或常值小攻角飞行。

对比式(5-43)、式(5-45)和式(5-46)可知，在射面内设计主动段飞行程序时，使用攻角和俯仰角在原理上是大致相同的。因此，在使用位置系设计主动段弹道时，也可以采用俯仰角作为设计变量，然后转化得到攻角指令。

最后指出，因为位置系相对发射系而言能够更加直观地描述远程火箭的运动状态，所以使用位置系设计远程火箭的主动段弹道时可以通过设计高度-航程剖面、高度-速度剖面以及机械能-速度剖面等方式，由动力学方程推导反向得出程序角，这一点可参照下文中水平起降飞行器以及滑翔飞行器的弹道设计方式。

2. 最优真空段俯仰角

当进入大气层外飞行段时，气动力的影响较发动机推力和地球引力而言已非常小，可以忽略其对火箭弹道的作用，此时可以从提供最佳性能的角度来设计俯仰角。以三级火箭为例，$t_3 \sim t_5$ 占整个主动段的绝大部分，因此从 t_3 时刻开始，可以采用优化算法来求解程序角的变化规律，从而实现提高弹道设计精度、满足弹道过程约束、提高弹道设计指标等目标。

现以三级远程火箭的被动段射程最大为指标，在二维平面内求解最优的俯仰角变化规律。设地球引力场为平行力场，取引力加速度为常值。发射系下，三级关机点处的位置矢量和速度矢量如下：

$$
\begin{cases}
v_{xk} = v_{x0} + \int_0^{t_{k3}} \frac{P}{m}\cos\varphi_c \mathrm{d}t \\
v_{yk} = v_{y0} + \int_0^{t_{k3}} \left(\frac{P}{m}\sin\varphi_c - g\right) \mathrm{d}t \\
x_k = x_0 + v_{x0}t_{k3} + \int_0^{t_{k3}} \frac{P\cos\varphi_c}{m}(t_{k3} - t)\mathrm{d}t \\
y_k = y_0 + v_{y0}t_{k3} + \int_0^{t_{k3}} \left(\frac{P\sin\varphi_c}{m} - g\right)(t_{k3} - t)\mathrm{d}t
\end{cases} \tag{5-47}
$$

式中，t_{k3} 为三级关机时刻，下标“0”表示初始状态，下标“k”表示关机状态。

在此考虑关机状态为预设值，即必须满足的三级关机点参数，属于终端约束条件；对于过程约束条件，此处暂不考虑。因此上述问题描述为：在初始和终端状态给定的情况下，计算使关机速度达到最大的程序角变化形式，即

$$
\left.\begin{array}{ll}
\max & V_{k3} \\
\text{s.t.} & [v_{xk}, v_{xk}, x_k, y_k]^T \\
 & [v_{x0}, v_{x0}, x_0, y_0]^T
\end{array}\right\} \Rightarrow \varphi_c(t)\Big|_{t=0}^{t=t_3} \tag{5-48}
$$

由式(5-47)可得

$$
\begin{cases}
\delta v_{xk} = -\int_0^{t_{k3}} \left(\frac{P}{m}\sin\varphi_c \cdot \delta\varphi_c\right) \mathrm{d}t \\
\delta v_{yk} = \int_0^{t_{k3}} \left(\frac{P}{m}\cos\varphi_c \cdot \delta\varphi_c\right) \mathrm{d}t \\
\delta x_k = \int_0^{t_{k3}} \left[\frac{P\sin\varphi_c}{m}(t - t_{k3}) \cdot \delta\varphi_c\right] \mathrm{d}t \\
\delta y_k = -\int_0^{t_{k3}} \left[\frac{P\cos\varphi_c}{m}(t - t_{k3}) \cdot \delta\varphi_c\right] \mathrm{d}t
\end{cases} \tag{5-49}
$$

将三级火箭的总射程用 L_r 表示，则射程的变分为

$$
\delta L_r = \int_0^{t_{k3}} [(\partial L_1 + \partial L_2 + \partial L_3 + \partial L_4) \cdot \delta\varphi_c]\mathrm{d}t \tag{5-50}
$$

其中

$$
\begin{cases}
\partial L_1 = -\frac{P\sin\varphi_c}{m} \cdot \frac{\partial L_r}{\partial v_{xk}} \\
\partial L_2 = \frac{P\cos\varphi_c}{m} \cdot \frac{\partial L_r}{\partial v_{yk}} \\
\partial L_3 = \frac{P(t - t_{k3})\sin\varphi_c}{m} \cdot \frac{\partial L_r}{\partial x_k} \\
\partial L_4 = -\frac{P(t - t_{k3})\cos\varphi_c}{m} \cdot \frac{\partial L_r}{\partial y_k}
\end{cases} \tag{5-51}
$$

射程到达极值的必要条件是 $\delta L_{\mathrm{r}}=0$，即

$$\partial L_1+\partial L_2+\partial L_3+\partial L_4=0 \tag{5-52}$$

定义

$$\begin{cases} A=\dfrac{\partial L_{\mathrm{r}}}{\partial v_{yk}}+t_{\mathrm{k3}}\dfrac{\partial L_{\mathrm{r}}}{\partial y_{\mathrm{k}}} \\ B=-\dfrac{\partial L_{\mathrm{r}}}{\partial y_{\mathrm{k}}} \\ C=\dfrac{\partial L_{\mathrm{r}}}{\partial v_{xk}}+t_{\mathrm{k3}}\dfrac{\partial L_{\mathrm{r}}}{\partial x_{\mathrm{k}}} \\ D=-\dfrac{\partial L_{\mathrm{r}}}{\partial x_{\mathrm{k}}} \end{cases} \tag{5-53}$$

故最优俯仰角程序为

$$\varphi_{\mathrm{c}}=\arctan\left(\frac{A+Bt}{C+Dt}\right) \tag{5-54}$$

上述结果是在平行常值重力场条件下得到的，所以它的应用场景比较有限。从上述推导过程可以看出，最优解俯仰角与关机点参数的偏导数有关；实际上射程的偏导数与发射点位置和发射方位角等因素有关，因此在不同条件下系数 $A\sim D$ 的值也不同，同时最优俯仰角的形式也不同。

此外，上述主动段程序角模式还可以用于空射运载火箭或空射弹道导弹的主动段设计，只需针对垂直起飞段和初始转弯段进行修改即可。

3. 程序角的设计流程

上文介绍了弹道设计中的设计变量、约束条件和性能指标，而根据上述远程火箭的受力分析、弹道的数值计算方法以及程序角函数形式，可以将主动段弹道设计问题理解为：在给定总体参数、初始条件、过程约束、终端约束和设计量基本形式的条件下，基于弹道微分方程反复迭代，最终找出一种可行的设计量变化规律；如果同时需要使某种性能指标达到最优，则找出的结果即为最优控制律，相应的设计问题被称为弹道优化问题。

综上，弹道设计问题的数学描述如下：

$$\left.\begin{array}{ll}\min & J \\ \text{s.t.} & \boldsymbol{x}_0,\boldsymbol{C}_{\mathrm{u}},f(\dot{\boldsymbol{x}})\end{array}\right\}\xRightarrow{\text{求解}}\boldsymbol{u} \tag{5-55}$$

式中，$\boldsymbol{x}_0$ 为初始状态；$\boldsymbol{u}$ 为最优或可行的弹道控制规律（如程序角）；$f(\dot{\boldsymbol{x}})$ 表示弹道微分方程；$\boldsymbol{C}_{\mathrm{u}}$ 为寻找 $\boldsymbol{u}$ 时应满足的约束条件，包括等式和不等式约束。

因此，弹道设计的过程可归结为根据单次设计结果对 $\boldsymbol{u}$ 进行反复迭代的过程。在此，分别以垂直发射（运载火箭、弹道导弹、滑翔弹的助推段）和水平发射（空射运载火箭、空射导弹）两种情况为例，具体介绍主动段程序的设计流程。

（1）垂直发射。

以三级运载火箭的主动段弹道设计问题为例，不考虑设计指标的最优性问题，在二维平面内设计满足终端高度、速度和当地弹道倾角的主动段程序角。

根据主动段弹道分段方式，主动段程序角的设计方法如下：

① 垂直起飞段。该阶段无设计变量，即俯仰角为90°，垂直起飞时间由初始推重比决定。

② 亚声速段。该阶段的程序角形式相对固定，即负指数形式，而设计变量可选为最大负攻角的绝对值 α_m。

③ 跨大气层段。采用线性俯仰角，设计变量为俯仰角变化率，记为 k_0。

④ 一级剩余段。采用线性俯仰角，设计变量为俯仰角变化率，记为 k_1。

⑤ 二级飞行段。采用抛物线俯仰角，设计变量为二级关机时刻对应的俯仰角，记为 φ_{c1}。

⑥ 三级飞行段。采用三段分段线性俯仰角，设计变量为三个俯仰角变化率，分别记为 k_{31}、k_{32} 和 k_{33}。

综上所述，此时的主动段程序角设计变量为

$$\boldsymbol{u} = [\alpha_m, k_0, k_1, k_{31}, k_{32}, k_{33}, \varphi_{c1}]^T \tag{5-56}$$

为了求出满足所有约束条件的 $\boldsymbol{u}$ 值，在此给出一种典型的弹道设计步骤，具体如下：

① 计算出垂直起飞段结束后火箭的运动状态，该状态即为式（5－55）中所示的初值，记为 $\boldsymbol{x}_0$；

② 给定设计变量 $\boldsymbol{u}$ 的初值；

③ 根据 $\boldsymbol{u}$ 的值计算当前时刻的俯仰角指令，然后求解弹道微分方程，通过数值积分得到下一时刻的运动状态；

④ 反复执行步骤 ③，直至积分至主动段关机点；

⑤ 判断过程状态量和终端状态量是否满足相应的约束条件；

（5a）若未能满足所有约束条件，则需要根据数值算法[①]进一步修改 $\boldsymbol{u}$ 的值并返回步骤 ③；

（5b）若满足所有约束条件则输出 $\boldsymbol{u}$，根据 $\boldsymbol{u}$ 计算俯仰角随时间的变化历程 $\varphi_c(t)$。

需要注意的是，从数学的角度来讲，以等式形式描述的约束条件是无法绝对满足的，实际值和期望值间的误差无法消除。在实际计算中，可以认为当实际值和期望值间的误差小于一定阈值时，该约束条件得到满足。

① 如群搜索算法与迭代算法。

另外,对于存在指标函数的弹道优化问题,除了要满足所有约束条件外,还应使指标函数 J 的值达到最小①。

(2) 空中发射。

空中发射是最为典型的一种远程火箭水平发射方式。不同于垂直起飞发射,由飞机搭载并投放的远程火箭具有以下特点:

① 初始俯仰角不为90°;

② 忽略投放过程,可近似认为空射火箭的初速度等于飞机速度;

③ 考虑避碰与姿态稳定等因素,空射火箭在投放后并非直接点火;

④ 受重力作用,空射火箭在开始一段时间里高度会不断下降,同时沿发射系 y 轴负向的速度不断增大,而沿 x 轴正向的速度受阻力作用会不断减小;

⑤ 空射火箭的初始弹道转弯需采用正攻角从而"抬高"弹道,需要克服重力而不是借助重力。

综上所述,以二级空射火箭的主动段弹道设计问题为例,不考虑设计指标的最优性问题,在二维平面内设计满足终端高度、速度和当地弹道倾角的主动段程序角。

① 载机分离段($0 \sim t_1$)。该阶段发动机不点火,空射火箭在重力的作用下下落,而姿控系统需要空射火箭姿态由初始投放状态调整至点火状态,故设计变量为点火时刻对应的俯仰角,记为 φ_{cl}。考虑到空射火箭在投放时已进入亚声速状态,φ_{cl} 的取值需考虑跨声速攻角约束。

另外,点火时机对主动段弹道也十分重要,可作为另一个设计变量,记为 t_1。考虑避碰问题,点火时机不得过早;而点火时机过晚则会使空射火箭高度下降过多以及沿发射系 y 轴负向的速度过大,无法完成后续爬升。由于 t_1 的值会影响点火时刻的弹道倾角,结合跨声速攻角约束,φ_{cl} 的值也会受到影响。

综上,载机分离段的程序角设计变量为 φ_{cl} 和 t_1。

② 亚声速段($t_1 \sim t_2$)。由于分离段的无动力下落,亚声速段开始时的弹道倾角为负值,根据动力学方程可得

$$\dot{\theta}_v = \frac{L + P\sin\alpha}{mV} - \left(\frac{g}{V} - \frac{V}{r}\right)\cos\gamma \tag{5-57}$$

可知该阶段应采用正的攻角值,从而将弹道倾角 θ_v 抬高。需要注意的是,在垂直起飞方式中,火箭在亚声速段中的初始转弯是在气动力、发动机推力和地球引力的共同作用下完成的,因此可以采用平均值(绝对值)较小的指数形式攻角。

---

① 不同的优化算法中有相应的判断准则。

相比而言,地球引力对空射火箭的初始转弯起“副作用”,需要加以克服,因此需要提高跨声速段攻角的平均值,从而提供足够的侧向过载完成转弯以及爬升。

另外,空射火箭在投放时已进入亚声速状态,因此攻角的绝对值依然需要保持在一个较小范围内。

综上,在亚声速段,如图 5 - 5 所示,空射火箭可采用分段线性攻角,即

$$\alpha(t)=\begin{cases}\alpha_m, & t_1 \leqslant t < t_{11} \\ \alpha_m - \dfrac{\alpha_m}{t_{12}-t_m}t, & t_{11} \leqslant t < t_{12}\end{cases} \tag{5 - 58}$$

式中,α_m 为最大攻角;t_{11} 为攻角降低时刻;t_{12} 为攻角降为零的时刻,显然空射火箭应在 t_{12} 时刻后进入超声速状态。因此,选取设计变量为 α_m、t_{11} 和 t_{12}。

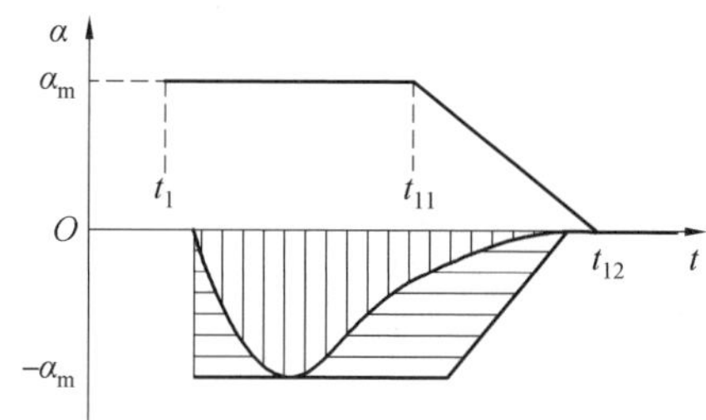

图 5 - 5　亚声速段攻角形式

图5 - 5 说明相比式(5 - 31) 而言,式(5 - 58) 所示的攻角形式有利于增加法向过载,同时能够满足跨声速段的小攻角条件。

③ 跨大气层段。采用线性俯仰角,设计变量为俯仰角变化率,记为 k_0。

④ 一级剩余段。采用线性俯仰角,设计变量为俯仰角变化率,记为 k_1。

⑤ 二级飞行段。采用三段分段线性俯仰角,设计变量为三个俯仰角变化率,分别记为 k_{21}、k_{22} 和 k_{23}。

综上所述,空射火箭的主动段程序角设计变量为

$$\boldsymbol{u}=[\varphi_{cI}, t_1, \alpha_m, t_{11}, t_{12}, k_0, k_1, k_{21}, k_{22}, k_{23}]^{\mathrm{T}} \tag{5 - 59}$$

类似垂直起飞的远程火箭,在此以二级空射火箭的主动段弹道设计问题为例,给出 $\boldsymbol{u}$ 值的确定步骤如下:

① 记空射火箭与载机彻底分离后的状态为初始运动状态,记为 $\boldsymbol{x}_0$;

② 给定设计变量 $\boldsymbol{u}$ 的初值;

③ 根据 $\boldsymbol{u}$ 的值计算当前时刻的俯仰角指令,然后求解弹道微分方程,通过数值积分得到下一时刻的运动状态;

④ 反复执行步骤 ③,直至到达主动段关机点;

⑤ 判断过程状态量和终端状态量是否满足相应的约束条件;

(5a) 若满足所有约束条件则输出 $\boldsymbol{u}$,同时根据 $\boldsymbol{u}$ 计算俯仰角随时间的变化历程 $\varphi_c(t)$;

(5b) 若未能满足所有约束条件,则需要根据数值算法①进一步修改 $\boldsymbol{u}$ 的值并返回步骤 ③。

5.1.4 水平起降飞行器的主动段弹道设计方法

当使用位置系下的远程火箭弹道微分方程时,控制主动段弹道的变量则变为攻角和倾侧角。

目前,常用于航天飞行器的动力形式主要有涡轮喷气发动机、冲压发动机、超燃冲压发动机和火箭发动机等。当使用常规碳氢燃料时,各发动机的工作包线和比冲变化如图 5 - 6 所示;可以看出,涡轮动力的工作区间为 0 ~ 30 km、0 ~ 3.0Ma,亚燃冲压发动机的工作区间为 20 ~ 45 km、2.5 ~ 6.5Ma,超燃冲压发动机的工作区间为 35 ~ 60 km、5 ~10Ma。

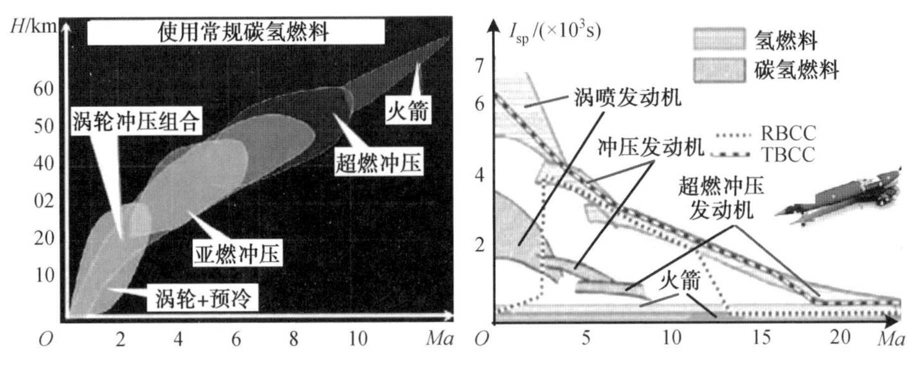

图 5 - 6　不同发动机工作区间

对于水平起降可重复使用飞行器来说,其主动段将跨越几十千米高的空域和十几马赫的速域;此外,不同飞行任务对推进装置的要求也大不相同,如巡航飞行要求高比冲,宜采用涡轮发动机;而加速飞行要求推重比大,宜采用火箭发动机。不同类型的动力形式具有不同的最佳工作环境和工作区间,仅靠一种动力形式是无法单独完成上升段飞行的,必须将几种动力组合搭配使用。

一种典型的用于水平起降飞行器的组合动力模式为涡轮基组合循环(TBCC) 发动机 + 火箭基组合循环(RBCC) 发动机,其中 TBCC 又包括涡轮工作模态和冲压工作模态,RBCC 又包括引射模态、亚燃冲压模态、超燃冲压模态和纯火箭模态。

① 如群搜索算法与迭代算法。

不同于火箭发动机，吸气式发动机的推力和比冲受飞行环境的影响很大，包括高度、速度、动压、攻角、姿态变化率等。一种较为简单的发动机模型如下所示：

$$\begin{cases} P_{\mathrm{TBCC}} = S_{\mathrm{c}}(k_1 + k_2 Ma + k_3 h + k_4 h \cdot Ma + k_5 Ma^2 + k_6 Ma^2) \\ P_{\mathrm{RBCC}} = 2E_{\mathrm{p}} I_{\mathrm{sp}} \rho^{0.3} g V C_{\mathrm{p}} S_{\mathrm{c}} \end{cases} \tag{5-60}$$

式中，S_{c} 为发动机进气道捕获面积，与总体参数和攻角等因素有关；$k_1 \sim k_6$ 为常系数；E_{p} 和 C_{p} 是与飞行状态和发动机内涵道设计相关的参数。当考虑压气机效率、绝热效率、激波压缩效应等复杂因素时，发动机模型将更为复杂。

上文曾指出不同的动力形式具有不同的最佳工作区间，因此在设计主动段程序角时必须考虑各种动力模态间的相互切换时机，从而最大限度地发挥发动机的推进效率，提高飞行器的运载能力。这要求认真选取主动段弹道的特征点参数，同时避免在仿真中出现动力模态的反向切换。

此外，不同的动力形式还会对飞行环境和飞行状态提出各种要求，如进气量、攻角、攻角变化率等；如果不满足这些约束条件，则会导致吸气式发动机无法保证推进效率甚至熄火，进而无法继续加速和爬升。

一种较为简单的考虑发动机推进效率的控制约束模型如下所示：

$$\begin{cases} \alpha_{\min,1} \leqslant \alpha \leqslant \alpha_{\max,1}, & Ma < Ma_{q1} \\ \alpha_{\min,2} \leqslant \alpha \leqslant \alpha_{\max,2}, & Ma_{q1} \leqslant Ma < Ma_{q2} \\ \alpha_{\min,3} \leqslant \alpha \leqslant \alpha_{\max,3}, & Ma_{q2} \leqslant Ma < Ma_{q3} \\ \alpha_{\min,4} \leqslant \alpha \leqslant \alpha_{\max,4}, & Ma_{q3} \leqslant Ma \\ |\dot{\alpha}| \leqslant |\mathrm{d}\alpha/\mathrm{d}t|_{\max}, & Ma > 0 \end{cases} \tag{5-61}$$

式中，$\alpha_{\max,1}$ 和 $\alpha_{\min,1}$ 分别为 TBCC 涡轮模态下的攻角上/下限；$\alpha_{\max,2}$ 和 $\alpha_{\min,2}$ 分别为 TBCC 冲压模态的攻角上/下限；$\alpha_{\max,3}$ 和 $\alpha_{\min,3}$ 分别为 RBCC 亚/超燃冲压模态下的攻角上/下限；$\alpha_{\max,4}$ 和 $\alpha_{\min,4}$ 分别为 RBCC 火箭模态下的攻角上/下限；Ma_{q1} 为 TBCC 进入冲压模态的马赫数；Ma_{q2} 为 RBCC 进入超燃冲压模态的马赫数；Ma_{q3} 为 RBCC 进入火箭模态的马赫数；$|\mathrm{d}\alpha/\mathrm{d}t|_{\max}$ 为允许的最大攻角变化率。

此外，如图 5 - 7 所示，水平起降飞行器并不像运载火箭那样外形简单，而是通常采用带翼升力体外形；有时为了实现完全可重复使用，飞行器的整体气动外形并不规则。因此当飞行器进入超声速乃至高超声速飞行状态时，飞行器周围的流场将非常复杂，而此时的过载约束和控制约束也将十分严格。

一种较为简单的气动系数模型如下所示：

$$\begin{cases} c_{\mathrm{D}} = c_{\mathrm{D0}} + k_{11}\alpha + k_{12} Ma + k_{13} Ma^2 + k_{14} Ma^3 + k_{15}\alpha Ma \\ c_{\mathrm{L}} = c_{\mathrm{L0}} + k_{21}\alpha + k_{22} Ma + k_{23} Ma^2 + k_{24} Ma^3 + k_{25}\alpha Ma + k_{26}\alpha Ma^2 \end{cases} \tag{5-62}$$

式中，c_{D0} 和 c_{L0} 以及 $k_{11} \sim k_{15}$ 和 $k_{21} \sim k_{26}$ 均为常系数。当考虑气动舵、鸭翼、变形/收缩翼、进气道、激波、结构布局和翼型等复杂因素时，飞行器的气动模型将更为复杂。

图 5-7　水平起降飞行器概念模型图

综上所述，水平起降可重复使用飞行器的气动模型、动力模型、动力学模型、控制模型、约束模型、指标模型和总体参数间存在着非常复杂的耦合关系，如满足过载约束时吸气式发动机无法保证推进效率，满足弹道终端约束时不满足控制约束，满足控制约束时无法获得满意的性能指标等。

在设计水平起降可重复使用飞行器的主动段弹道时，必须考虑上述复杂耦合关系。显然，上述用于运载火箭的程序角设计方法难以在满足诸多约束条件的同时获得最佳动力使用方式和上升段飞行弹道，必须综合考虑设计约束、动力特性和气动特性等因素来完成主动段程序角设计。

1. 基于攻角-速度剖面的弹道设计方法

在整个水平起降飞行器的主动段，在二维平面内设计攻角变化规律，使关机点参数满足 $V = V_k$ 且 $h = h_k$。

定义动力模态的切换时机：设 M_{q1} 为从 TBCC 涡轮模态切换至 TBCC 冲压模态时的马赫数，M_{q2} 为从 TBCC 冲压模态切换至 RBCC 模态时的马赫数，V_{q1} 和 V_{q2} 分别为对应 M_{q1} 和 M_{q2} 的飞行速度。首先将 $V_0 \sim V_{q1}$ 等分为 n_1 份，$V_{q1} \sim V_{q2}$ 等分为 n_2 份，$V_{q2} \sim V_k$ 等分为 n_3 份，即

$$\begin{cases} V_{1,i} = V_0 + \dfrac{V_{q1} - V_0}{n_1} i, & i = 0,1,\cdots,n_1 \\ V_{2,i} = V_{q1} + \dfrac{V_{q2} - V_{q1}}{n_2} i, & i = 0,1,\cdots,n_2 \\ V_{3,i} = V_{q2} + \dfrac{V_k - V_{q2}}{n_3} i, & i = 0,1,\cdots,n_3 \end{cases} \tag{5-63}$$

如图 5-8 所示，设攻角为速度的高阶多项式函数可得

$$\alpha = f(V) = \begin{cases} a_{n_1}V^{n_1} + a_{n_1-1}V^{n_1-1} + \cdots + a_0, & V_0 \leqslant V < V_{q1} \\ b_{n_2}V^{n_2} + b_{n_2-1}V^{n_2-1} + \cdots + b_0, & V_{q1} \leqslant V < V_{q2} \\ c_{n_3}V^{n_3} + c_{n_3-1}V^{n_3-1} + \cdots + c_0, & V_{q2} \leqslant V \leqslant V_k \end{cases} \tag{5-64}$$

式中，$a_i(i = 0,1,\cdots,n_1)$、$b_i(i = 0,1,\cdots,n_2)$ 和 $c_i(i = 0,1,\cdots,n_3)$ 为待求解的系数。

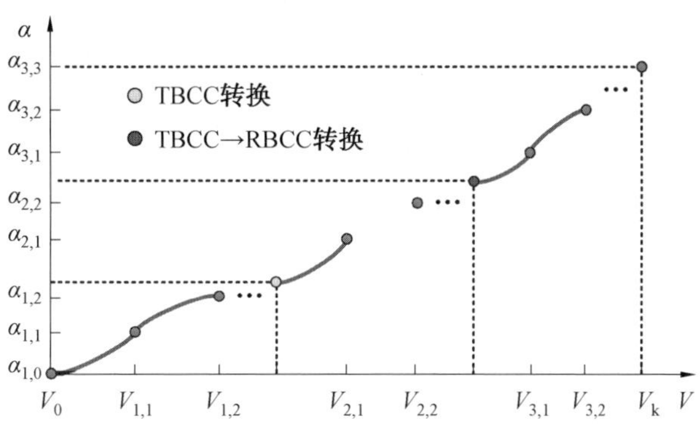

图 5 - 8　攻角 - 速度函数关系

由图 5 - 8 可知，在式(5 - 63) 中有

$$\begin{cases} V_{1,0} = V_0 \\ V_{1,n_1} = V_{2,0} = V_{q1} \\ V_{2,n_2} = V_{3,0} = V_{q2} \\ V_{3,n_3} = V_k \end{cases} \tag{5-65}$$

由于飞行速度是影响组合动力飞行器的动力系统性能的主要因素，若采用传统的以时间为自变量的攻角设计方法，则无法直接对不同动力模式及其相互切换时机处的攻角进行约束，因此可以以速度为自变量对攻角进行设计。由式(5 - 64) 可知，若要确定函数 $\alpha = f(V)$ 中的 $(n_1 + n_2 + n_3 + 3)$ 个系数，则需要建立 $(n_1 + n_2 + n_3 + 3)$ 个方程。取 $n_1 = n_2 = n_3 = 3$，即采用分段三次多项式对攻角剖面进行描述，此时共有 12 个未知数。

设图 5 - 8 中 $V_{1,0}, V_{1,1}, \cdots, V_{3,3}$ 对应的攻角分别为 $\alpha_{1,0}, \alpha_{1,1}, \cdots, \alpha_{3,3}$，同时设初始时刻的飞行路径角变化率为零即 $\dot{\gamma}_0 = 0$，根据动力学方程可得

$$L + P\sin\alpha = mg\cos\gamma - m\frac{V^2}{r}\cos\gamma \tag{5-66}$$

当运动状态已知时，推力 P 和升力 L 的值均由攻角决定，因此求解上式即可得到初始时刻的攻角 $\alpha_{1,0}$。

另外，为保证攻角指令及其变化率的连续性，需满足以下条件：

$$\begin{cases} f_{\mathrm{a}}(V_{q1}) = f_{\mathrm{b}}(V_{q1}) \\ f'_{\mathrm{a}}(V_{q1}) = f'_{\mathrm{b}}(V_{q1}) \\ f_{\mathrm{b}}(V_{q2}) = f_{\mathrm{c}}(V_{q2}) \\ f'_{\mathrm{b}}(V_{q2}) = f'_{\mathrm{c}}(V_{q2}) \end{cases} \tag{5-67}$$

在式(5－66)和式(5－67)的基础上，还需建立7个方程才能够最终确定式(5－64)中的多项式系数。假设 $\alpha_{1,1}$、$\alpha_{1,2}$、$\alpha_{2,0}$、$\alpha_{2,1}$、$\alpha_{3,0}$、$\alpha_{3,1}$ 和 $\alpha_{3,3}$ 的值已知，则有

$$\left.\begin{aligned} a_3V_0^3 + a_2V_0^2 + a_1V_0 + a_0 = \alpha_{1,0} \\ a_3V_{1,1}^3 + a_2V_{1,1}^2 + a_1V_{1,1} + a_0 = \alpha_{1,1} \\ a_3V_{1,2}^3 + a_2V_{1,2}^2 + a_1V_{1,2} + a_0 = \alpha_{1,2} \\ a_3V_{q1}^3 + a_2V_{q1}^2 + a_1V_{q1} + a_0 = \alpha_{2,0} \end{aligned}\right\} \Rightarrow [a_3, a_2, a_1, a_0] \tag{5-68}$$

$$\left.\begin{aligned} b_3V_{q1}^3 + b_2V_{q1}^2 + b_1V_{q1} + b_0 = \alpha_{2,0} \\ b_3V_{2,1}^3 + b_2V_{2,1}^2 + b_1V_{2,1} + b_0 = \alpha_{2,1} \\ b_3V_{q2}^3 + b_2V_{q2}^2 + b_1V_{q2} + b_0 = \alpha_{3,0} \\ 3b_3V_{q1}^2 + 2b_2V_{q1} + b_1 = 3a_3V_{q1}^2 + 2a_2V_{q1} + a_1 \end{aligned}\right\} \Rightarrow [b_3, b_2, b_1, b_0] \tag{5-69}$$

$$\left.\begin{aligned} c_3V_{q2}^3 + c_2V_{q2}^2 + c_1V_{q2} + c_0 = \alpha_{3,0} \\ c_3V_{3,1}^3 + c_2V_{3,1}^2 + c_1V_{3,1} + c_0 = \alpha_{3,1} \\ c_3V_{3,3}^3 + c_2V_{3,3}^2 + c_1V_{3,3} + c_0 = \alpha_{3,3} \\ 3c_3V_{q2}^2 + 2c_2V_{q2} + c_1 = 3b_3V_{q2}^2 + 2b_2V_{q2} + b_1 \end{aligned}\right\} \Rightarrow [c_3, c_2, c_1, c_0] \tag{5-70}$$

式中，$V_{3,3} = V_{\mathrm{k}}$，并且根据式(5－63)可得

$$\begin{cases} V_{1,1} = V_0 + (V_{q1} - V_0)/3 \\ V_{1,2} = V_{q1} - (V_{q1} - V_0)/3 \\ V_{2,1} = (V_{q1} + V_{q2})/2 \\ V_{3,1} = (V_{\mathrm{k}} + V_{q2})/2 \end{cases} \tag{5-71}$$

求解式(5－68)～(5－70)，即可得到函数 $\alpha = f(V)$ 中的多项式系数，而此时未知数由 $a_i(i = 0,1,\cdots,n_1)$ 变成了如下形式：

$$\boldsymbol{u} = [\alpha_{1,1}, \alpha_{1,2}, \alpha_{2,0}, \alpha_{2,1}, \alpha_{3,0}, \alpha_{3,1}, \alpha_{3,3}]^{\mathrm{T}} \tag{5-72}$$

这样一来，未知变量就由无实际物理意义的系数变成了特征点处对应的攻角值，此时未知量的取值范围更容易确定。

需要注意的是，马赫数 M_{q1} 和 M_{q2} 代表了动力模态的切换时机，对动力系统的推进效率以及弹道形态至关重要，需要反复迭代调整才能确定。因此，主动段

弹道设计变量应为

$$\boldsymbol{u} = [\alpha_{1,1},\alpha_{1,2},\alpha_{2,0},\alpha_{2,1},\alpha_{3,0},\alpha_{3,1},\alpha_{3,3},M_{q1},M_{q2}]^{\mathrm{T}} \tag{5-73}$$

如果进一步细化飞行器的动力模态切换过程，还需要将切换高度、发动机流量参数、涡轮参数等考虑在设计变量中，此时 $\boldsymbol{u}$ 中的变量将更多。

通过反复调整设计量 $\boldsymbol{u}$ 的值，按 $V=V_{\mathrm{k}}$ 关机时满足 $h=h_{\mathrm{k}}$，即可得到最终的位置系下的主动段程序角。

2. 基于高度 - 速度剖面的弹道设计方法

除上述攻角 - 速度剖面外，还可以通过设计高度 - 速度剖面来求解水平起降飞行器的主动段弹道。

设飞行器的高度随速度以线性规律变化。根据动力学方程可得

$$\frac{\Delta h}{\Delta V} = \frac{\dot{r}}{\dot{V}} = \frac{mV\sin\gamma}{P\cos\alpha - D - mg\sin\gamma} \tag{5-74}$$

将区间 $[V_0,V_{\mathrm{k}}]$ 等分为 N 段，则各节点处的速度为

$$V_i = V_0 + \frac{V_{\mathrm{k}} - V_0}{N}i,\quad i=0,1,\cdots,N \tag{5-75}$$

此时以速度为自变量，当 $V=V_{\mathrm{k}}$ 时认为主动段飞行结束；这样一来，终端速度便能够自动满足。因此，V_i 可当作已知量，而未知量为 V_i 对应的 $N-1$ 个高度值（h_0 和 h_{k} 已知），即

$$\boldsymbol{u} = [h_1,h_2,\cdots,h_{N-2},h_{N-1}]^{\mathrm{T}} \tag{5-76}$$

为了从状态 $[V_0,h_0]$ 到达状态 $[V_1,h_1]$，根据式（5 - 74）可得

$$\frac{mV\sin\gamma}{P\cos\alpha - D - mg\sin\gamma} = \frac{h_1 - h_0}{V_1 - V_0} = \frac{h_1 - h}{V_1 - V} \tag{5-77}$$

因此

$$P\cos\alpha - D = \left(\frac{V_1 - V}{h_1 - h}V + g\right)m\sin\gamma \tag{5-78}$$

由于阻力 D 可由攻角求出，因此在弹道数值计算的每一步中，根据当前步的运动状态（V,g,h,m,γ）以及 V_1 和 h_1 的值，便可以求出相应的攻角。依此类推，在图 5 - 9 中的每一个子区间内均执行式（5 - 78），最终可以得到整个主动段的攻角变化情况。

通过反复调整未知量 $\boldsymbol{u}$ 的值，按 $V=V_{\mathrm{k}}$ 关机时得到的关机时刻（记为 $\tilde{t}_{\mathrm{k2}}$）等于实际关机时刻（即 $\tilde{t}_{\mathrm{k2}}=t_{\mathrm{k2}}$），即可最终得到位置系下的主动段程序角。

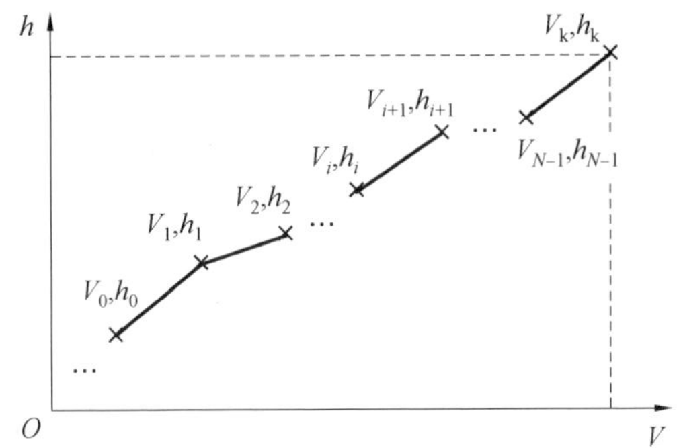

图 5-9　基于高度-速度剖面的主动段弹道设计方法

5.2　远程火箭的自由段弹道设计方法

对于弹道导弹来说,通常自由段占整个飞行段的比重最大。随着预警探测、跟踪预报、拦截弹总体和制导控制等技术的快速发展,在自由段对导弹施加主动控制力已成为提高导弹生存能力的重要前提保障。

通过分析只受地球引力条件下的自由段弹道形态和运动规律,可以建立起当前运动状态和未来长达几百秒甚至上千秒的自由段弹道参数间的快速映射关系,从而为如何施加控制力来改变被动段弹道提供依据。

在研究远程火箭的自由段运动时,首先假设地球为均质圆球体,此时地球引力由火箭质心指向地心;同时忽略月球、太阳等其他星体的万有引力作用,认为火箭只受地球引力。因此可以将远程火箭在自由段的运动问题视为二体问题,在建立弹道方程时可以认为将地球看作一个质点。

在二体条件下,远程火箭在自由段的弹道呈椭圆形,椭圆的焦点即地球中心。基于椭圆展开几何分析,便能够实现火箭位置、速度和时间等状态量的快速解算,从而为自由段弹道设计提供便利。

5.2.1　基于椭圆弹道方程的弹道设计方法

在二体条件下,远程火箭的自由飞行段弹道应处于由主动段终点的绝对参数(r_k 和 v_k)决定的平面内,即弹道平面。当不施加主动控制力时,弹道平面在空间中保持不动,其法向方向为 $\hat{\boldsymbol{r}}_k \times \hat{\boldsymbol{v}}_k$,其中 $\hat{\boldsymbol{r}}_k$ 和 $\hat{\boldsymbol{v}}_k$ 为单位矢量。

首先给出绝对射程的定义。以弹道导弹为例,绝对射程是指在弹道平面内,导弹主动段关机点在地球表面上的投影与导弹地面落点间对应的一段大圆弧的弧长。一般来说,导弹的再入段射程在整个被动段弹道的射程所占比例很小,因

此虽然受气动力的影响，在此将被动段通常近似为自由段的延续。

被动段弹道如图 5－10 所示，其中 k 表示主动段关机点，a 表示弹道最高点，e 表示再入点，c 表示落点；r_k 为关机点到地心的距离，r_e 为再入点到地心的距离；L_{ke} 为自由段射程，表示关机点与再入点间射程；L_{ec} 为再入段射程，表示再入点与落点间射程；β_c、β_e 及 β_{ec} 分别为 L_{kc}、L_{ke} 和 L_{ec} 对应的圆弧的圆心角，称之为射程角。

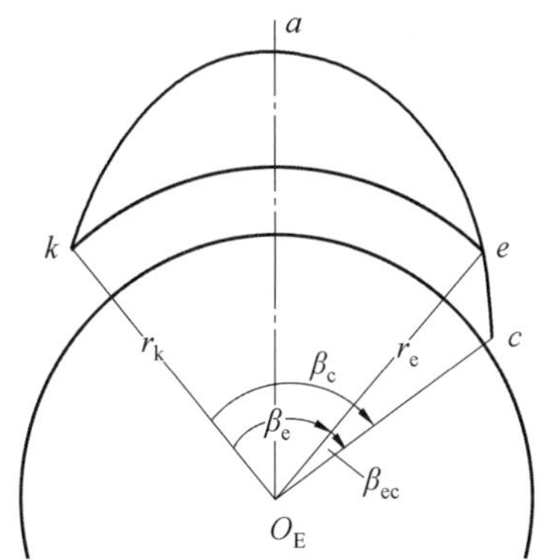

图 5－10　被动段射程与射程角示意图

由图 5－10 可知

$$\begin{cases} L_{kc} = L_{ke} + L_{ec} \\ \beta_c = \beta_e + \beta_{ec} \end{cases} \tag{5-79}$$

当采用圆球地球模型时有

$$\begin{cases} L_{kc} = a_e\beta_c \\ L_{ke} = a_e\beta_e \\ L_{ec} = a_e\beta_{ec} \end{cases} \tag{5-80}$$

1. 被动段射程计算

在均匀圆球假设下，地球引力将始终处于弹道平面内，因此关机点、再入点、落点及地球中心均处于弹道平面内；同时，导弹的被动段弹道呈大椭圆形（亚轨道），而弹道最高点 a 点即为轨道远地点。

记 O_E 点和 a 点间的连线为 r_a，根据图 5－10，设 r_k 与 r_a 间的夹角为 f_k，r_c 与 r_a 间的夹角为 f_c，则有

$$\beta_c = f_c - f_k \tag{5-81}$$

设自由段弹道的偏心率为 e_o，真近点角为 f，角动量大小为 υ，则根据椭圆方程，可得弹道上某一点到地心的距离为

$$r = \frac{\upsilon^2/\mu_E}{1 + e_o\cos f} \tag{5-82}$$

当主动段关机点参数给定时，认为 e_o 和 υ 均为常值，此时真近点角 f 只由 r 决定，因此

$$\begin{cases}\cos f_k = \dfrac{\upsilon^2/\mu_E - r_k}{r_k} \\ \cos f_c = \dfrac{\upsilon^2/\mu_E - r_c}{r_c}\end{cases} \tag{5-83}$$

由于 a 点为远地点且椭圆弹道具有轴对称性，因此

$$\angle kO_E a = \angle aO_E e = \frac{\beta_e}{2} \tag{5-84}$$

因此

$$\cos f_k = \cos\left(\pi - \frac{\beta_e}{2}\right) = -\cos\left(\frac{\beta_e}{2}\right) \tag{5-85}$$

$$\cos f_c = \cos(f_k + \beta_c) = \cos\left(\pi + \beta_c - \frac{\beta_e}{2}\right) = -\cos\left(\beta_c - \frac{\beta_e}{2}\right) \tag{5-86}$$

由于 $r_c = a_e$，经整理得

$$\cos\left(\beta_c - \frac{\beta_e}{2}\right) = \cos\beta_c \cos\frac{\beta_e}{2} + \sin\beta_c \sin\frac{\beta_e}{2} = \frac{a_e - \upsilon^2/\mu_E}{e_o a_e} \tag{5-87}$$

$$\cos\left(\frac{\beta_e}{2}\right) = \frac{r_k - \upsilon^2/\mu_E}{e_o r_k} \tag{5-88}$$

在远地点 a 到地心的距离（远地点高度）为

$$r_a = \frac{\upsilon^2/\mu_E}{1 - e_o} \tag{5-89}$$

根据机械能守恒定律可得

$$\frac{V_a^2}{2} - \frac{\mu_E}{r_a} = \frac{V_k^2}{2} - \frac{\mu_E}{r_k} \tag{5-90}$$

式中，V_a 为远地点轨道速度。轨道角动量等于

$$\upsilon = |\boldsymbol{r}_k||\boldsymbol{v}_k| = r_k V_k \cos\Theta_k \tag{5-91}$$

定义能量参数为

$$\eta_k = \frac{V_k^2}{\mu_E/r_k} \tag{5-92}$$

因此，根据式（5-89）和式（5-90）可得

$$e_o = \sqrt{1 + \eta_k(\eta_k - 2)\cos^2\Theta_k} \tag{5-93}$$

由式（5-88）可得

$$\sin\left(\frac{\beta_e}{2}\right) = \frac{1}{e_o r_k}\sqrt{1 - (r_k - \upsilon^2/\mu_E)^2} \tag{5-94}$$

考虑到 $v^2/\mu_E = r_k\eta_k\cos^2\Theta_k$，结合式(5 - 92)和式(5 - 93)可得

$$\sin\frac{\beta_e}{2} = \frac{v^2/\mu_E}{e_o r_k}\tan\Theta_k \tag{5 - 95}$$

考虑到 $v^2/\mu_E = r_k\eta_k\cos^2\Theta_k$，根据式(5 - 87)可得

$$\frac{r_k}{a_e} = \frac{1-\cos\beta_c}{V_k\cos^2\Theta_k} + \frac{\cos(\beta_c+\Theta_k)}{\cos\Theta_k} \tag{5 - 96}$$

利用三角公式可得

$$\cos\beta_c = \frac{1-\tan^2(\beta_c/2)}{1+\tan^2(\beta_c/2)} \tag{5 - 97}$$

$$\sin\beta_c = \frac{2\tan(\beta_c/2)}{1+\tan^2(\beta_c/2)} \tag{5 - 98}$$

式(5 - 96)可改写为

$$\left[\frac{2}{\eta_k} - \cos^2\Theta_k\left(1+\frac{r_k}{a_e}\right)\right]\tan^2\frac{\beta_c}{2} - \sin 2\Theta_k\tan\frac{\beta_c}{2} + \cos^2\Theta_k\left(1-\frac{r_k}{a_e}\right) = 0 \tag{5 - 99}$$

将上式两端乘以 $a_e\cos^2\Theta_k$，经整理可得

$$\left[\frac{1+\tan^2\Theta_k}{\eta_k} - \frac{a_e+r_k}{2a_e}\right]\tan^2\frac{\beta_c}{2} - \tan\Theta_k\tan\frac{\beta_c}{2} + \frac{a_e-r_k}{2a_e} = 0 \tag{5 - 100}$$

定义

$$\begin{cases} A = 2a_e(1+\tan^2\Theta_k) - \eta_k(a_e+r_k) \\ B = 2\eta_k a_e\tan\Theta_k \\ C = \eta_k(a_e-r_k) \end{cases} \tag{5 - 101}$$

则式(5 - 100)可写成

$$A\tan^2\frac{\beta_c}{2} - B\tan\frac{\beta_c}{2} + C = 0 \tag{5 - 102}$$

上式有两个解

$$\tan\frac{\beta_c}{2} = \frac{B \pm\sqrt{B^2-4AC}}{2A} \tag{5 - 103}$$

由于导弹依然会向“前”飞行，由图 5 - 10 可知 $\beta_c > 0$，式(5 - 103)一定有解。

现考虑一种特殊情况：当 $\Theta_k = 0$ 时，关机点即为弹道最高点(远地点)，此时有 $B = 0$，同时式(5 - 103)变为

$$\tan\frac{\beta_c}{2} = \frac{\sqrt{-4AC}}{2A} \tag{5 - 104}$$

由 $a_e < r_k$ 可得 $C < 0$,因此由式(5－104)可知,当 $\Theta_k = 0$ 时 $A > 0$。对于同样的关机点高度和速度,由式(5－101)可知,当 $\Theta_k = 0$ 时 A 的值最小。因此,A 的值一定为正。

一般从关机点到落地间的射程角不超过 180°,因此 $\beta_c < \pi/2$,式(5－103)的值应大于零。当 $A > 0$ 且 $C < 0$ 时,有

$$B^2 - 4AC > B^2 \Rightarrow |B| < \sqrt{B^2 - 4AC} \tag{5-105}$$

此时

$$\begin{cases} B - \sqrt{B^2 - 4AC} < 0 \\ B + \sqrt{B^2 - 4AC} > 0 \end{cases} \tag{5-106}$$

因此为满足 $\beta_c > 0$,式(5－103)中的解应取正号

$$\tan\frac{\beta_c}{2} = \frac{B + \sqrt{B^2 - 4AC}}{2A} \tag{5-107}$$

因此被动段射程角为

$$\beta_c = 2\arctan\left(\frac{B + \sqrt{B^2 - 4AC}}{2A}\right) \tag{5-108}$$

需要注意的是,β_c 体现的是从关机点到落地的射程,而导弹的总射程还应包括主动段射程。对于常见的采用高抛大椭圆弹道的弹道导弹来说,β_c 基本可以体现导弹的射程能力,因此式(5－108)可以用来初步估算导弹的射程。

有些弹道导弹采用特殊低弹道的方式完成突防,此时 $\Theta_k < 0$ 且远地点不会出现在自由段弹道中,即弹道高度在主动段关机后持续下降。同时,关机点与落地间的射程角不会超过180°,因此 $0 < \beta_c < \pi/2$,式(5－103)的值应大于零。另外,由式(5－95)可得 $\beta_e < 0$,这意味着椭圆弹道上不存在与关机点对称的点;这是由式(5－84)中的对称性定义造成的,从实际物理意义上看 β_e 依然大于零。

2. 自由段射程计算

由式(5－101)很容易导出自由段射程公式,即用 r_e 代替地球半径 a_e;考虑到弹道的对称性,令 $r_e = r_k$,则有

$$\begin{cases} A' = 2r_k(1 + \tan^2\Theta_k) - 2r_k\eta_k \\ B' = 2r_k\eta_k\tan\Theta_k \\ C' = 0 \end{cases} \tag{5-109}$$

而式(5－107)变成

$$\tan\frac{\beta_c}{2} \approx \tan\frac{\beta_e}{2} = \frac{B'}{A'} \tag{5-110}$$

此外,考虑到 $v^2/\mu_E = r_k\eta_k\cos^2\Theta_k$,根据式(5－95)可得

$$\tan\frac{\beta_c}{2} \approx \tan\frac{\beta_e}{2} = \frac{\eta_k}{2e_o}\sin 2\Theta_k \tag{5-111}$$

显然，式(5-111)的形式更为简单。因此，自由段射程角为

$$\beta_e = 2\arctan\left(\frac{\eta_k}{2e_o}\sin 2\Theta_k\right) \tag{5-112}$$

或

$$\beta_e = 2\arctan\frac{B'}{A'} \tag{5-113}$$

若使用式(5-113)，则再入段的射程为

$$\beta_{ec} = \beta_c - \beta_e = 2\arctan\left(\frac{B + \sqrt{B^2 - 4AC}}{2A}\right) - 2\arctan\frac{B'}{A'} \tag{5-114}$$

考虑到 $e_o = \sqrt{1 + \eta_k(\eta_k - 2)\cos^2\Theta_k}$，由式(5-112)可知，当关机点高度和速度一定时(η_k 的值一定)，视场角便成为关机点当地弹道倾角 Θ_k 的一元函数，此时通过 β_e 对 Θ_k 的一阶导数获得使 β_e 最大的 Θ_k，记为 $\Theta_{k,opt}$。

同理，当射程角 β_e 一定时，如果设关机点高度为定值，则可以通过 $\Theta_{k,opt}$ 反求出关机速度 V_k，该关机速度便是能够到达指定射程的最小速度，相应的弹道称为最小能量弹道。

3. 自由段时间计算

设飞行器于 t_p 时刻飞经近地点 p，而后于 t 时刻飞经椭圆上另一点 q，则飞行器由 p 飞至 q 所需的时间为 $t - t_p$。

由轨道力学内容可知，飞行器沿椭圆运动时其面积速度为一常数，即

$$t - t_p = \frac{\sigma_{pq}}{\dot{\sigma}_o} \tag{5-115}$$

式中，σ_{pq} 为从 p 到 q 扫过的椭圆面积；$\dot{\sigma}_o$ 为面积速度。

直接求部分椭圆的面积是比较困难的，因此需要通过问题转化来求解 σ_{pq}。在直角坐标系下，椭圆上某一点的坐标满足如下方程：

$$\frac{x^2}{a_o^2} + \frac{y^2}{b_o^2} = 1 \tag{5-116}$$

式中，a_o 为长半轴；b_o 为短半轴。若对应飞行弹道，则 a_o 为轨道半长轴。

令

$$\begin{cases} x = x' \\ y = \dfrac{b_o}{a_o}y' \end{cases} \tag{5-117}$$

则有

$$x'^2 + y'^2 = a_o^2 \tag{5-118}$$

在解析几何中，由式(5－118)确定的圆称为辅助圆；辅助圆与椭圆上的点一一对应，两种图形的轨道周期相等。通过上述变换，可以把从 p 到 q 的飞行时间等效于在辅助圆上从 p 到 q 的飞行时间。

如图 5－11 所示，在 $\triangle O_E q''q$ 中和 $\triangle O_E q''q'$ 中有

$$\begin{cases} \tan\theta_o = \dfrac{y}{\mathrm{d}} \\ \tan\theta'_o = \dfrac{y'}{d} \end{cases} \tag{5-119}$$

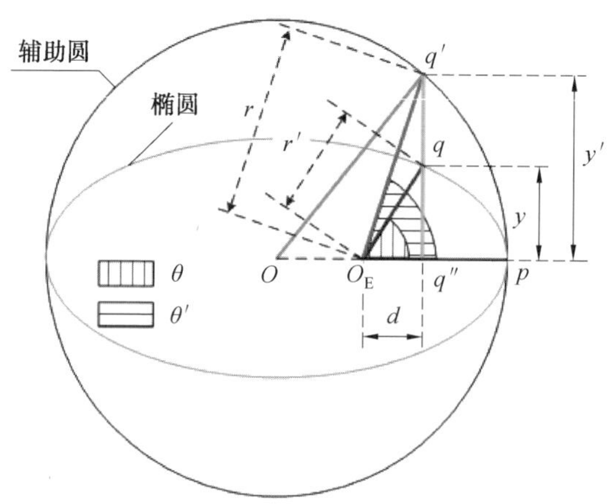

图 5－11　辅助圆示意图

因此

$$\tan\theta'_o = \frac{a_o}{b_o}\tan\theta_o \tag{5-120}$$

将上式两端对时间求导得

$$\frac{1}{\cos^2\theta'_o}\cdot\frac{\mathrm{d}\theta'_o}{\mathrm{d}t} = \frac{a_o}{b_o}\frac{1}{\cos^2\theta_o}\frac{\mathrm{d}\theta_o}{\mathrm{d}t} \tag{5-121}$$

根据图 5－11，上式可改写成

$$\frac{r'^2}{\mathrm{d}^2}\frac{\mathrm{d}\theta'_o}{\mathrm{d}t} = \frac{a_o}{b_o}\frac{r^2}{\mathrm{d}^2}\frac{\mathrm{d}\theta_o}{\mathrm{d}t} \tag{5-122}$$

设从辅助圆上某一处的面积速度为 $\dot{\sigma}_{\mathrm{axu}}$，因此

$$r'^2\frac{\mathrm{d}\theta'_o}{\mathrm{d}t} = \frac{a_o}{b_o}r^2\frac{\mathrm{d}\theta_o}{\mathrm{d}t} \tag{5-123}$$

$$\dot{\sigma}_{\mathrm{axu}} = \frac{a_o}{b_o}\dot{\sigma}_o \tag{5-124}$$

根据面积速度公式可知

$$T_o = \frac{\pi a_o b_o}{\dot{\sigma}_o} \tag{5-125}$$

式中，T_o 为轨道周期。由式(5-124)和式(5-125)可得

$$\dot{\sigma}_{axu} = \frac{\pi a_o^2}{T_o} \tag{5-126}$$

上式说明辅助圆上的面积速度也为常值。记辅助圆内 q' 点与 p 点间的弧段对应的圆心角为偏近点角，记为 E_o。

由于

$$\sigma'_{O_E pq'} = \sigma'_{Opq'} - \sigma'_{\Delta O_E q' O} \tag{5-127}$$

定义偏心率为 e_o，因此

$$\sigma'_{O_E pq'} = \frac{1}{2} a_o^2 (E_o - e_o \sin E_o) \tag{5-128}$$

飞行器由 p 点飞行至 q 点的时间即为辅助圆上由 p 点飞行至 q' 点的时间，所以由式(5-128)及式(5-126)可得

$$t - t_p = \frac{\sigma'_{O_E pq'}}{\dot{\sigma}_o} = \frac{E_o - e_o \sin E_o}{2\pi / T_o} \tag{5-129}$$

定义飞行器在椭圆上的平均角速度 n_o 为

$$n_o = \frac{2\pi}{T_o} = \sqrt{\frac{u_E}{a_o^3}} \tag{5-130}$$

定义平近点角 M_o 为

$$M_o = n_o (t - t_p) = E_o - e_o \sin E_o \tag{5-131}$$

因此平近点角表示从近地点起在 $(t - t_p)$ 时间内以角速度 n_o 飞过的角度。上式称为开普勒方程。

真近点角与偏近点角的关系如下：

$$\tan \frac{E_o}{2} = \sqrt{\frac{1 - e_o}{1 + e_o}} \frac{1 - \cos \theta_o}{\sin \theta_o} = \sqrt{\frac{1 - e_o}{1 + e_o}} \tan \frac{\theta_o}{2} \tag{5-132}$$

上式说明 $E_o/2$ 与 $\theta_o/2$ 的象限相同。因此，当已知飞行 t 时间后，便可根据平均角速度 n_o 求出平近点角 M_o，然后通过迭代算法求解得到偏近点角 E_o。然后，便可以由式(5-132)求出真近点角，进而直接得到飞行器在 t 时刻的运动状态。这种方式无须对轨道动力学方程进行数值积分，大大提高了在线解算效率。

4. 自由段弹道设计方法

基于上述推导和分析可知，若要设计自由段弹道，则需要根据射程、轨道高

度、轨道偏心率、弹道最高点高度和飞行时间等参数反向求解出关机点参数(记为 x_{kc}),包括高度、速度和当地弹道倾角。

如果实际的主动段关机点参数(记为 x_{kr})与 x_{kc} 不一致,则需要通过轨道机动改变速度大小和方向,从而使机动后的飞行弹道满足设计约束。

例:现有一枚弹道导弹刚刚完成主动段飞行,关机点参数为:高度 300 km、速度6 700 m/s、当地弹道倾角 20°。现希望通过沿当前速度方向施加速度脉冲,使该导弹的自由段射程达到 7 000 km。计算速度脉冲施加方向和大小。

解:(1) 被动段射程角为 $\beta_e = 7\,000/6\,371 = 1.098\,7$。

(2) 结合式(5 - 92)、式(5 - 93) 和式(5 - 112) 可得

$$\frac{\eta_k}{\sqrt{1+\eta_k(\eta_k-2)\cos^2\Theta_k}} = \frac{2}{\sin 2\Theta_k}\tan\frac{\beta_e}{2}$$

定义

$$K_1 = \frac{2}{\sin 2\Theta_k}\tan\frac{\beta_e}{2} = 1.904\,9$$

则有

$$\eta_k^2 = K_1^2[1+\eta_k(\eta_k-2)\cos^2\Theta_k]$$

因此

$$\eta_k^2 - \frac{2K_1^2\cos^2\Theta_k}{K_1^2\cos^2\Theta_k - 1}\eta_k + \frac{K_1^2}{K_1^2\cos^2\Theta_k - 1} = 0$$

定义

$$\begin{cases} K_2 = \dfrac{2K_1^2\cos^2\Theta_k}{K_1^2\cos^2\Theta_k - 1} = 2.907\,3 \\ K_3 = \dfrac{K_1^2}{K_1^2\cos^2\Theta_k - 1} = 1.646\,2 \end{cases}$$

因此

$$\eta_k = \frac{K_2 \pm \sqrt{K_2^2 - 4K_3}}{2} = \begin{cases} 2.137\,0 \\ 0.770\,4 \end{cases}$$

(3) 导弹关机点到地心的距离为 $r_k = h_k + a_e = 300 + 6\,371 = 6\,671$ (km)。

(4) 根据式(5 - 92),可得期望的关机点速度为

$$V_k = \sqrt{\frac{\eta_k \mu_E}{r_k}} = \begin{cases} 11\,562.8 \text{ m/s} \\ 6\,942.4 \text{ m/s} \end{cases}$$

显然 $\eta_k = 0.770\,4$ 时得到的值更为合理。因此,导弹需要沿当前速度方向施加的速度增量为 242.4 m/s。

5.2.2　基于 Lambert 问题的弹道设计方法

1. 普适变量的定义

Gauss – Lambert 问题如下：给定当前点的地心矢径 $\boldsymbol{r}_0$ 和目标点的地心矢径 $\boldsymbol{r}_t$，同时限定从 $\boldsymbol{r}_0$ 到 $\boldsymbol{r}_t$ 飞行时间 t，求 $\boldsymbol{r}_0$ 点以及 $\boldsymbol{r}_t$ 点对应的速度矢量 $\boldsymbol{v}_1$ 和 $\boldsymbol{v}_t$。

采用 fg 函数法可以对椭圆轨道的轨道根数进行递推，从而为求解上述 Lambert 问题奠定基础。

首先将飞行器的速度矢量分解为径向分量 $\dot{r}$ 和横向分量 $r\dot{v}$，则机械能量方程可写成

$$\frac{\dot{r}^2}{2} + \frac{(r\dot{v})^2}{2} - \frac{\mu_E}{r} = -\frac{\mu_E}{2a_o} \tag{5-133}$$

式中，r 为飞行器质心到地心的距离；v 为飞行速度大小。由于

$$(r\dot{v})^2 = \frac{\mu_E p}{r^2} \tag{5-134}$$

因此由式(5 – 133) 可得

$$\dot{r}^2 = -\frac{\mu_E p_o}{r^2} + \frac{2\mu_E}{r} - \frac{\mu_E}{a_o} \tag{5-135}$$

式中，p_o 为轨道半通径，$p_o = a_o(1 - e_o^2)$。

引入一个新的独立变量 χ，满足

$$\dot{\chi} = \frac{\sqrt{\mu_E}}{r} \tag{5-136}$$

首先要找到 r 以 χ 表示的一般表达式。式(5 – 135) 除以式(5 – 136) 的平方得

$$\left(\frac{\mathrm{d}r}{\mathrm{d}\chi}\right)^2 = -p_o + 2r - \frac{r^2}{a_o} \tag{5-137}$$

因此

$$\mathrm{d}\chi = \frac{\mathrm{d}r}{\sqrt{-p_o + 2r - r^2/a_o}} \tag{5-138}$$

若 $e \neq 1$ 且令积分常数为 c_0，则上式的不定积分为

$$\chi + c_0 = \sqrt{a_o}\arcsin\frac{a_o r - a_o}{\sqrt{a_o - p_o}} = \sqrt{a_o}\arcsin\frac{r - a_o}{a_o e_o} \tag{5-139}$$

因此

$$r = a_o\left(1 + e_o \sin\frac{\chi + c_0}{\sqrt{a_o}}\right) \tag{5-140}$$

将式(5 – 140) 代入通用变量的定义式(5 – 136)，得到

$$\sqrt{\mu_E}\,dt = a_o\left(1 + e_o\sin\frac{\chi + c_0}{\sqrt{a_o}}\right)d\chi \tag{5-141}$$

设 $t=0$ 时 $\chi=0$;上式两边同时积分得

$$\sqrt{\mu_E}\,t = a_o\chi - a_o e_o\sqrt{a_o}\left(\cos\frac{\chi + c_0}{\sqrt{a_o}} - \cos\frac{c_0}{\sqrt{a_o}}\right) \tag{5-142}$$

至此,只需给出积分常数 c_0 的值,即可得到 r、t 和 χ 间的关系。

由式(5－140)可得

$$e_o\sin\frac{c_0}{\sqrt{a_o}} = \frac{r_0}{a_o} - 1 \tag{5-143}$$

式中,r_0 对应 $t=0$ 时的地心距。

式(5－140)对时间微分有

$$\dot{r} = \frac{a_o e_o}{\sqrt{a_o}}\frac{\sqrt{\mu_E}}{r}\cos\left(\frac{\chi + c_0}{\sqrt{a_o}}\right) \tag{5-144}$$

将初始条件代入式(5－144)可得

$$e_o\cos\frac{c_0}{\sqrt{a_o}} = \frac{r_0 v_0}{\sqrt{\mu_E a_o}} \tag{5-145}$$

式(5－141)可改成

$$\sqrt{\mu_E}\,t = a_o\left(\chi - \sqrt{a_o}\sin\frac{\chi}{\sqrt{a_o}}\right) + \frac{r_0 v_0}{\sqrt{\mu_E}}a_o\left(1 - \cos\frac{\chi}{\sqrt{a_o}}\right) + |\boldsymbol{r}_0|\sqrt{a_o}\sin\frac{\chi}{\sqrt{a_o}} \tag{5-146}$$

$$r = a_o + a_o\left[\frac{r_0 v_0}{\sqrt{\mu_E a_o}}\sin\frac{\chi}{\sqrt{a_o}} + \left(\frac{|\boldsymbol{r}_0|}{a_o} - 1\right)\cos\frac{\chi}{\sqrt{a_o}}\right] \tag{5-147}$$

定义 $z=\chi^2/a_o$,则式(5－146)和式(5－147)变为

$$\sqrt{\mu_E}\,t = a_o\left[\frac{\sqrt{z} - \sin\sqrt{z}}{\sqrt{z^3}}\right]\chi^3 + \frac{r_0 v_0}{\sqrt{\mu_E}}\chi^2\frac{1 - \cos\sqrt{z}}{z} + \frac{|\boldsymbol{r}_0|\chi\sin\sqrt{z}}{\sqrt{z}} \tag{5-148}$$

$$r = \frac{\chi^2}{z} + \frac{r_0 v_0}{\sqrt{\mu_E a_o}}\frac{\chi}{\sqrt{z}}\sin\sqrt{z} + |\boldsymbol{r}_0|\cos\sqrt{z} - \frac{\chi^2}{z}\cos\sqrt{z} \tag{5-149}$$

引入两个函数 $C(z)$ 和 $S(z)$。

(1) 当 $-10^{-4} < z < 10^{-4}$ 时

$$C(z) = \frac{1}{2!} - \frac{z}{4!} + \frac{z^2}{6!} - \frac{z^3}{8!} + \frac{z^4}{10!} - \frac{z^5}{12!} \tag{5-150}$$

$$S(z) = \frac{1}{3!} - \frac{z}{5!} + \frac{z^2}{7!} - \frac{z^3}{9!} + \frac{z^4}{11!} - \frac{z^5}{13!} \tag{5-151}$$

(2) 当 $z > 10^{-4}$ 时

$$C(z) = \frac{1 - \cos\sqrt{z}}{\sqrt{z}} \tag{5-152}$$

$$S(z) = \frac{\sqrt{z} - \sin\sqrt{z}}{\sqrt{z^3}} \tag{5-153}$$

(3) 当 $z < -10^{-4}$ 时

$$C(z) = \frac{1 - \cosh\sqrt{-z}}{z} \tag{5-154}$$

$$S(z) = \frac{\sinh\sqrt{-z} - \sqrt{-z}}{\sqrt{-z^3}} \tag{5-155}$$

利用 $C(z)$ 和 $S(z)$，式(5 - 148) 和式(5 - 149) 变为

$$\sqrt{\mu_E}\,t = \chi^3 S(z) + \frac{\boldsymbol{r}_0\boldsymbol{v}_0}{\sqrt{\mu_E}}\chi^2 C(z) + |\boldsymbol{r}_0|\chi(1 - z\cdot S(z)) \tag{5-156}$$

$$r = \sqrt{\mu_E}\frac{\mathrm{d}t}{\mathrm{d}\chi} = \chi^2 C(z) + \frac{\boldsymbol{r}_0\boldsymbol{v}_0}{\sqrt{\mu_E}}\chi(1 - z\cdot S(z)) + |\boldsymbol{r}_0|(1 - z\cdot C(z)) \tag{5-157}$$

一般来说，时间 t 随 χ 变化的曲线较为平滑，因此当已知 $\boldsymbol{r}_0$、$\boldsymbol{v}_0$ 和 t 的值时，可以通过数值迭代(如牛顿迭代) 方法由式(5 - 156) 和式(5 - 157) 求出 χ 的值。

2. Lambert 问题求解

在此仅考虑单圈 Lambert 问题。由于 $\boldsymbol{r}_0$、$\boldsymbol{v}_0$、$\boldsymbol{r}_t$ 和 $\boldsymbol{v}_t$ 共面，因此

$$\begin{cases} \boldsymbol{r}_t = f(t)\boldsymbol{r}_0 + g(t)\boldsymbol{v}_0 \\ \boldsymbol{v}_t = \dot{f}(t)\boldsymbol{r}_0 + \dot{g}(t)\boldsymbol{v}_0 \end{cases} \tag{5-158}$$

这里 $f(t)$ 和 $g(t)$ 是与时间有关的标量，即

$$f(t) = 1 - \frac{a_o}{|\boldsymbol{r}_0|}\left(1 - \cos\frac{\chi}{\sqrt{a_o}}\right) = 1 - \frac{\chi^2}{|\boldsymbol{r}_0|}C(z) \tag{5-159}$$

$$g(t) = t - \frac{\chi^3}{\sqrt{\mu_E}}S(z) \tag{5-160}$$

$$\dot{f}(t) = -\frac{\sqrt{\mu_E a_o}}{|\boldsymbol{r}_0|r}\sin\frac{\chi}{\sqrt{a_o}} = \frac{\sqrt{\mu_E}}{|\boldsymbol{r}_0|r}\chi(zS(z) - 1) \tag{5-161}$$

$$\dot{g}(t) = 1 - \frac{a_o}{r} + \frac{a_o}{r}\cos\frac{\chi}{\sqrt{a_o}} = 1 - \frac{\chi^2}{r}C(z) \tag{5-162}$$

综上，可用 fg 函数法按如下步骤进行圆锥曲线递推：

(1) 已知初始状态 $\boldsymbol{r}_0$ 和 $\boldsymbol{v}_0$，根据轨道能量方程求出半长轴 a_o。

(2) 给定转移时间 t,求解变量 χ。

(3) 由式(5－159)和式(5－160)计算 $f(t)$ 和 $g(t)$,然后由式(5－158)计算 $\boldsymbol{r}_{\mathrm{t}}$。

(4) 由式(5－162)和式(5－161)计算 $\dot{f}(t)$ 和 $\dot{g}(t)$,然后由式(5－158)计算 $\boldsymbol{v}_{\mathrm{t}}$。

圆锥曲线递推关系表明,在椭圆弹道上,在 $\boldsymbol{r}_0$ 和 $\boldsymbol{v}_0$ 已知的条件下,任意一个 t 值①均对应一组终端运动状态,即 $\boldsymbol{r}_{\mathrm{t}}$ 和 $\boldsymbol{v}_{\mathrm{t}}$。同理,在已知当前位置 $\boldsymbol{r}_0$ 和终端位置 $\boldsymbol{r}_{\mathrm{t}}$ 的条件下,任意一个时间 t 值均对应一组初始速度 $\boldsymbol{v}_0$ 和终端速度 $\boldsymbol{v}_{\mathrm{t}}$。

因此,当已知 $\boldsymbol{r}_0$ 和 $\boldsymbol{r}_{\mathrm{t}}$ 时,若要对终端速度方向(如再入倾角)或速度大小进行约束,则可以通过迭代 t 的值来调整椭圆弹道的形状,进而得到 $\boldsymbol{v}_0$ 和 $\boldsymbol{v}_{\mathrm{t}}$。若得到的 $\boldsymbol{v}_0$(称为需求速度,记为 $\tilde{\boldsymbol{v}}_0$)与当前实际的 $\boldsymbol{v}_0$ 不同,则需要通过外力改变火箭的速度矢量。

当考虑火箭做功以速度脉冲的形式完成时,需求速度的大小和方向为

$$\begin{cases}\Delta v = |\tilde{\boldsymbol{v}}_0 - \boldsymbol{v}_0| \\ \boldsymbol{I}_{\Delta v} = \dfrac{\tilde{\boldsymbol{v}}_0 - \boldsymbol{v}_0}{|\tilde{\boldsymbol{v}}_0 - \boldsymbol{v}_0|}\end{cases} \tag{5-163}$$

在实际飞行中,发动机对火箭做的功是无法瞬时完成的,即速度矢量的变化应该是一个连续的过程。但由上述需求速度计算思路可知,如果不能在 $\boldsymbol{r}_0$ 处施加 Δv,则火箭在下一个点(记为 $\boldsymbol{r}_0$)处的需求速度便不再是 $\tilde{\boldsymbol{v}}_0$。

根据圆锥曲线递推步骤,以约束 $\boldsymbol{r}_{\mathrm{t}}$ 处的当地弹道倾角(记为 Θ_{tc})为例,连续推力下的变轨方案如下:

(1) 给定 t 的初值。

(2) 根据当前位置 $\boldsymbol{r}_0$ 和终端位置 $\boldsymbol{r}_{\mathrm{t}}$,利用 t 求出 $\boldsymbol{r}_{\mathrm{t}}$ 处的速度矢量 $\boldsymbol{v}_{\mathrm{t}}$ 以及当地弹道倾角(记为 Θ_{t})。

(3) 根据 Θ_{t} 与 Θ_{tc} 间的差值调整 t 的值,返回步骤(1),直至 Θ_{t} 与 Θ_{tc} 间的差值小于设定阈值。

(4) 根据求出的 t,用式(5－163)计算推力方向和速度增量。

(5) 如果 Δv 小于设定阈值,则认为轨道机动结束,否则执行步骤(6)。

(6) 计算发动机推力矢量,利用弹道方程进行数值积分,得到下一时刻的位置 r_1 和速度 v_1。

---

① 其下限大于零,上限应保证远程火箭高度大于零。

5.3　远程火箭的再入段弹道设计方法

5.3.1　零攻角再入弹道

通过受力分析可知，运载火箭在再入段主要受地球引力和气动力的作用。但在精确弹道计算中，气动力系数和大气密度通常会以数据表的形式给出，很难快速预示火箭的再入段弹道形态或者获得满足终端落点约束的控制形式。因此初步设计中，人们希望能迅速求得远程火箭的再入段运动参数，从而分析各种因素对运动参数的影响，包括轴向载荷、热流、吸热量等；显然基于数值积分和数据表格的弹道计算方法难以满足这一要求。

为了获得再入段运动参数的近似解，可以将再入段运动简化为二维平面运动。设火箭具有面对称气动外形，当再入段攻角为零时，升力和侧向力均为零。根据位置系下的弹道微分方程可得

$$\begin{cases} \dfrac{\mathrm{d}V}{\mathrm{d}t} = -\dfrac{D}{m} - g\sin\gamma \\ \dfrac{\mathrm{d}\gamma}{\mathrm{d}t} = \left(\dfrac{V}{r} - \dfrac{g}{V}\right)\cos\gamma \\ \dfrac{\mathrm{d}r}{\mathrm{d}t} = V\sin\gamma \\ \dfrac{\mathrm{d}\beta_{\mathrm{e}}}{\mathrm{d}t} = \dfrac{V}{r}\cos\gamma \end{cases} \tag{5 - 164}$$

式中，V 为速度大小；γ 为飞行路径角；r 为地心距；β_{e} 为被动段射程。

式(5 - 164) 中的第一式可改写为

$$\frac{\mathrm{d}V}{\mathrm{d}t} = -\frac{c_{\mathrm{D}}\rho V^2 S_{\mathrm{ref}}}{2m} - g\sin\gamma \tag{5 - 165}$$

1. 再入段解析解

在再入段开始时，其速度在地球引力的作用下将逐步增加，而高度将快速下降。与此同时，大气密度和动压将迅速增加，而阻力系数也会因马赫数的增加而有所增大，因此，作用在火箭体轴方向①的气动阻力将越来越大。然而，气动阻力起减速作用，当其减速作用大于引力的加速作用时，火箭的速度便开始降低，同时阻力系数也会有所减小。虽然随着高度的不断降低大气密度会不断增加，但

① 攻角和侧滑角为零，体轴和速度轴重合。

总体来说气动阻力会在某高度处出现峰值,随后便开始减小。

对于远程火箭而言,其在再入段中受到的轴向气动载荷可达几十个 g,这会给结构强度和控制系统带来很大考验。因此,有必要在初步弹道设计中求出火箭在再入段飞行中可能受到的最大轴向气动载荷。

为了获得最大轴向载荷,首先做如下假设:

(1) 忽略地球引力的作用。

在再入段的绝大部分时间里气动力均远大于地球引力。由式(5-164)中的第一式可知,引力影响速度的部分是 $g\sin\gamma$,可以认为气动力的减速作用远大于引力的加速作用。由式(5-164)中的第二式可知,此时飞行路径角的变化率也为零,即 γ 保持常值。

(2) 认为再入段射程很小。

以传统弹道导弹为例,其被动段射程通常在百千米级,因此可以将地球表面看作一个平面。

(3) 阻力系数为常数。

在达到最大气动载荷前,火箭的飞行速度一般会保持在一个较大值以上,即马赫数很大;此时阻力系数随马赫数的变化缓慢。

根据上述假设,再入段动力学可简化为

$$\begin{cases}\dfrac{\mathrm{d}V}{\mathrm{d}t}=-\dfrac{D}{m}\\[2ex]\dfrac{\mathrm{d}r}{\mathrm{d}t}=V\sin\gamma_{\mathrm{e}}\end{cases}\tag{5-166}$$

式中,γ_{e} 为再入倾角。

当采用指数函数表示的大气密度时,有

$$D=\frac{c_{\mathrm{D}}S_{\mathrm{ref}}\rho_0}{2}\mathrm{e}^{-\beta h}V^2\tag{5-167}$$

式中,h 为飞行高度,$h=r-a_{\mathrm{e}}$。因此

$$\begin{cases}\dfrac{\mathrm{d}V}{\mathrm{d}t}=-\tau_{\mathrm{D}}\rho_0\mathrm{e}^{-\beta h}V^2\\[2ex]\dfrac{\mathrm{d}r}{\mathrm{d}t}=V\sin\gamma_{\mathrm{e}}\end{cases}\tag{5-168}$$

式中,τ_{D} 称为弹道系数,有

$$\tau_{\mathrm{D}}=\frac{c_{\mathrm{D}}S_{\mathrm{ref}}}{2m}\tag{5-169}$$

由式(5-168)可得

$$\frac{\mathrm{d}V}{\mathrm{d}h}=\frac{\tau_{\mathrm{D}}\rho_0}{\sin\gamma_{\mathrm{e}}}\mathrm{e}^{-\beta h}V\tag{5-170}$$

因此

$$\frac{\mathrm{d}V}{V}=\frac{\tau_{\mathrm{D}}\rho_0}{\beta\sin\gamma_{\mathrm{e}}}\mathrm{e}^{-\beta h}\mathrm{d}(-\beta h) \tag{5-171}$$

对上式两端积分可得

$$\ln\frac{V}{V_{\mathrm{e}}}=\frac{\tau_{\mathrm{D}}}{\beta\sin\gamma_{\mathrm{e}}}(\rho-\rho_{\mathrm{e}}) \tag{5-172}$$

式中，V_{e} 为再入速度；ρ_{e} 为再入高度对应的大气密度。

考虑到再入点高度较高，故可取 $\rho_{\mathrm{e}}=0$，则有

$$V=V_{\mathrm{e}}\exp\left(\frac{\tau_{\mathrm{D}}\rho_0}{\beta\sin\gamma_{\mathrm{e}}}\mathrm{e}^{-\beta h}\right) \tag{5-173}$$

由于再入段射程的变化率可写为

$$\frac{\mathrm{d}\beta_{\mathrm{e}}}{\mathrm{d}h}=\frac{\mathrm{d}\beta_{\mathrm{e}}}{\mathrm{d}t}\cdot\frac{\mathrm{d}t}{\mathrm{d}h}=\frac{\cot\gamma}{r} \tag{5-174}$$

积分上式，可得再入段中高度对应的射程为

$$L_{\mathrm{e}}=a_{\mathrm{e}}\int_{h_{\mathrm{e}}}^{0}\frac{\cot\Theta}{a_{\mathrm{e}}+h}\mathrm{d}h=a_{\mathrm{e}}\cot\Theta\cdot\ln(a_{\mathrm{e}}+h)\,\Big|_{h_{\mathrm{e}}}^{h}=a_{\mathrm{e}}\cot\Theta\ln\frac{a_{\mathrm{e}}+h}{a_{\mathrm{e}}+h_{\mathrm{e}}} \tag{5-175}$$

2. 最大轴向载荷

由速度系下的轴向载荷计算公式可知，轴向载荷不仅影响了火箭的速度变化率，还决定了火箭结构受到的压力。因此，为了保证远程火箭在飞行中的结构安全，需要对再入段中的最大轴向载荷进行估计。

由式(5-170)可得

$$\frac{\mathrm{d}V}{\mathrm{d}h}=\tau_{\mathrm{D}}\rho_0\mathrm{e}^{-\beta h}\left(\beta V^2-2V\frac{\mathrm{d}V}{\mathrm{d}h}\right)=\tau_{\mathrm{D}}\rho_0V^2\left(\beta+\frac{2\tau_{\mathrm{D}}\rho}{\sin\gamma_{\mathrm{e}}}\right) \tag{5-176}$$

为了求最大轴向气动载荷出现的高度（记为 h_{m}），可令式(5-176)等于零，因此 h_{m} 处的大气密度（记为 ρ_{m}）为

$$\rho_{\mathrm{m}}=-\frac{\beta\sin\gamma_{\mathrm{e}}}{2\tau_{\mathrm{D}}} \tag{5-177}$$

根据大气密度指数计算公式可得

$$h_{\mathrm{m}}=-\frac{1}{\beta}\ln\left(-\frac{\beta\sin\gamma_{\mathrm{e}}}{2\tau_{\mathrm{D}}\rho_0}\right) \tag{5-178}$$

显然 h_{m} 与再入速度无关。当 $h=h_{\mathrm{m}}$ 时，由式(5-173)可得

$$V_{\mathrm{m}}=V_{\mathrm{e}}\exp\left(\frac{\tau_{\mathrm{D}}\rho_{\mathrm{m}}}{\beta\sin\gamma_{\mathrm{e}}}\right)=V_{\mathrm{e}}\exp\left(-\frac{\beta\sin\gamma_{\mathrm{e}}}{2\tau_{\mathrm{D}}}\frac{\tau_{\mathrm{D}}}{\beta\sin\gamma_{\mathrm{e}}}\right)=V_{\mathrm{e}}\mathrm{e}^{-1/2} \tag{5-179}$$

此时动压为

$$q_{\mathrm{m}} = \frac{1}{2}\rho_{\mathrm{m}}V_{\mathrm{e}}^{2}\mathrm{e}^{-1} \tag{5-180}$$

而最大轴向气动载荷为

$$n_{\mathrm{A,m}} = \frac{c_{\mathrm{D}}q_{\mathrm{m}}S_{\mathrm{ref}}}{m} = -\frac{V_{\mathrm{e}}^{2}\beta\sin\gamma_{\mathrm{e}}}{2\mathrm{e}} \tag{5-181}$$

为了控制再入段中的最大轴向气动载荷，需要对再入速度和再入倾角进行调整。

3. 热流近似计算

再入段的防热问题对远程火箭来说非常重要。由于火箭与大气间的摩擦效应，火箭在再入段飞行中将受到气动加热作用。一般来说，气动力越大则摩擦效应越强。对于远程火箭来说，在再入段飞行中由于气动加热所造成的环境温度可达上千摄氏度，而空气中的热量会不断传递给远程火箭，从而使火箭表面温度升高；过高的温度会对火箭的飞行控制造成很大影响，甚至使火箭烧毁。因此，再入段热流传递的计算同样非常重要。热交换是一个非常复杂的问题，热环境的计算也是非常复杂的。在初步设计中通常用驻点热流来量化这一过程。

（1）最大平均热流。

根据热力学原理，平均热流（记为 q_{avg}）可计算为

$$q_{\mathrm{avg}} = \frac{1}{4}c_{\mathrm{avg}}\rho V^{3} \tag{5-182}$$

式中，c_{avg} 为与气动外形有关的常数。

根据再入段速度的解析解可得

$$q_{\mathrm{avg}} = \frac{c_{\mathrm{avg}}}{4}\rho_{0}V_{\mathrm{e}}^{3}\exp\left(\frac{3\tau_{\mathrm{D}}\rho_{0}}{\beta\sin\gamma_{\mathrm{e}}}\mathrm{e}^{-\beta h} - \beta h\right) \tag{5-183}$$

定义

$$K_{2} = \frac{3\tau_{\mathrm{D}}\rho_{0}}{\beta\sin\gamma_{\mathrm{e}}} \tag{5-184}$$

则 q_{avg} 对高度求导可得

$$\frac{\mathrm{d}q_{\mathrm{avg}}}{\mathrm{d}h} = \frac{c_{\mathrm{avg}}\rho_{0}V_{\mathrm{e}}^{3}}{4}\exp(K_{2}\mathrm{e}^{-\beta h} - \beta h)(-K_{2}\beta\mathrm{e}^{-\beta h} - \beta) \tag{5-185}$$

因此 q_{avg} 的最大值的出现高度为

$$h_{\mathrm{m}} = -\frac{1}{\beta}\ln\left(-\frac{1}{K_{2}}\right) \tag{5-186}$$

此时速度大小为

$$V_{\mathrm{m}} = V_{\mathrm{e}}\exp\left(\frac{\tau_{\mathrm{D}}\rho_{0}}{\beta\sin\gamma_{\mathrm{e}}}\mathrm{e}^{-\beta h_{\mathrm{m}}}\right) = V_{\mathrm{e}}\exp\left(\frac{\tau_{\mathrm{D}}\rho_{0}}{\beta\sin\gamma_{\mathrm{e}}}\mathrm{e}^{\ln\left(-\frac{1}{K_{2}}\right)}\right) = V_{\mathrm{e}}\mathrm{e}^{-1/3} \tag{5-187}$$

而最大平均热流为

$$q_{\mathrm{avg,m}} = \frac{V_{\mathrm{e}}^3 c_{\mathrm{avg}} \rho}{4\mathrm{e}} \tag{5-188}$$

（2）最大驻点热流。

驻点热流（记为 q_{s}）对火箭的影响最为严重。驻点热流的计算方式与远程火箭的具体外形有关。同样，根据再入速度的解析解和式（5－12）可得

$$q_{\mathrm{s}} = k_{\mathrm{s}} V_{\mathrm{e}}^3 \sqrt{\rho_0} \exp\left(\frac{3\tau_{\mathrm{D}}\rho_0}{\beta \sin\gamma_{\mathrm{e}}} \mathrm{e}^{-\beta h} - \frac{\beta h}{2}\right) \tag{5-189}$$

结合式（5－184），驻点热流对高度求导可得

$$\frac{\mathrm{d}q_{\mathrm{s}}}{\mathrm{d}h} = k_{\mathrm{s}} V_{\mathrm{e}}^3 \sqrt{\rho_0} \exp\left(K_2 \mathrm{e}^{-\beta h} - \frac{\beta h}{2}\right)\left(-\beta K_2 \mathrm{e}^{-\beta h} - \frac{\beta}{2}\right) \tag{5-190}$$

因此 q_{s} 的最大值的出现高度为

$$h_{\mathrm{m}} = -\frac{1}{\beta}\ln\left(-\frac{1}{2K_2}\right) \tag{5-191}$$

此时速度大小为

$$V_{\mathrm{m}} = V_{\mathrm{e}} \exp\left(\frac{\tau_{\mathrm{D}}\rho_0}{\beta\sin\gamma_{\mathrm{e}}} \mathrm{e}^{-\beta h_{\mathrm{m}}}\right) = V_{\mathrm{e}} \exp\left(\frac{\tau_{\mathrm{D}}\rho_0}{\beta\sin\gamma_{\mathrm{e}}} \mathrm{e}^{\ln\left(-\frac{1}{2K_2}\right)}\right) = V_{\mathrm{e}} \mathrm{e}^{-1/6} \tag{5-192}$$

而最大驻点热流为

$$q_{\mathrm{s,m}} = k_{\mathrm{s}} V_{\mathrm{e}}^3 \mathrm{e}^{-1/2} \sqrt{\rho_0 \exp^{\ln\left(-\frac{1}{2K_2}\right)}} = k_{\mathrm{s}} V_{\mathrm{e}}^3 \sqrt{-\frac{\beta \sin\gamma_{\mathrm{e}}}{6\mathrm{e}\tau_{\mathrm{D}}}} \tag{5-193}$$

（3）总吸热量。

总吸热量（记为 Q）的计算公式为

$$Q = \int_0^{t_{\mathrm{f}}} (q_{\mathrm{avg}} S_{\mathrm{ref}})\,\mathrm{d}t \tag{5-194}$$

式中，t_{f} 表示落地时刻。结合式（5－182）可得

$$Q = \int_0^{t_{\mathrm{f}}} \left(\frac{1}{4} c_{\mathrm{avg}} \rho V^3 S_{\mathrm{ref}}\right) \mathrm{d}t \tag{5-195}$$

由于 $\mathrm{d}\rho/\mathrm{d}t = -\beta\rho \cdot \mathrm{d}h/\mathrm{d}t$，而 $\mathrm{d}h/\mathrm{d}t = V\sin\gamma$，因此

$$\mathrm{d}t = -\frac{\mathrm{d}\rho}{\beta\rho V \sin\gamma_{\mathrm{e}}} \tag{5-196}$$

$$Q = -\frac{S_{\mathrm{ref}} c_{\mathrm{avg}}}{4\beta\sin\gamma_{\mathrm{e}}} \int_{\rho_{\mathrm{e}}}^{\rho_0} V^2 \mathrm{d}\rho \tag{5-197}$$

根据再入速度的解析解可得

$$Q = -\frac{c_{\mathrm{avg}} S_{\mathrm{ref}} V_{\mathrm{e}}^2}{4\beta\sin\gamma_{\mathrm{e}}} \int_{\rho_{\mathrm{e}}}^{\rho_0} \mathrm{e}^{\frac{2\tau_{\mathrm{D}}\rho}{\beta\sin\gamma_{\mathrm{e}}}} \mathrm{d}\rho = -\frac{c_{\mathrm{avg}} S_{\mathrm{ref}} V_{\mathrm{e}}^2}{8\tau_{\mathrm{D}}} \int_{\rho_{\mathrm{e}}}^{\rho_0} \mathrm{e}^{\frac{2\tau_{\mathrm{D}}\rho}{\beta\sin\gamma_{\mathrm{e}}}} d\left(\frac{2\tau_{\mathrm{D}}\rho}{\beta\sin\gamma_{\mathrm{e}}}\right) \tag{5-198}$$

若考虑到再入点处的大气密度为零,则有

$$Q=-\frac{c_{\mathrm{avg}}S_{\mathrm{ref}}V_{\mathrm{e}}^{2}}{8\tau_{\mathrm{D}}}\cdot\exp\left(\frac{2\tau_{\mathrm{D}}\rho}{\beta\sin\gamma_{\mathrm{e}}}\right)\Bigg|_{\rho_{\mathrm{e}}}^{\rho_{0}}=-\frac{c_{\mathrm{avg}}S_{\mathrm{ref}}}{8\tau_{\mathrm{D}}}\left[\exp\left(\frac{2\tau_{\mathrm{D}}\rho_{0}}{\beta\sin\gamma_{\mathrm{e}}}\right)-1\right]V_{\mathrm{e}}^{2} \tag{5-199}$$

4. 再入倾角设计

由上述推导可知,远程火箭在再入段飞行中各项过程约束可以通过再入速度和再入倾角来估算,即

$$\begin{cases} n_{\mathrm{A,m}}=-\dfrac{\beta\sin\gamma_{\mathrm{e}}}{2e}V_{\mathrm{e}}^{2} \\ q_{\mathrm{avg,m}}=\dfrac{c_{\mathrm{avg}}\rho}{4\mathrm{e}}V_{\mathrm{e}}^{3} \\ q_{\mathrm{s,m}}=k_{\mathrm{s}}\sqrt{-\dfrac{\beta\sin\gamma_{\mathrm{e}}}{6\mathrm{e}\tau_{\mathrm{D}}}}V_{\mathrm{e}}^{3} \\ Q=\dfrac{c_{\mathrm{avg}}S_{\mathrm{ref}}}{8\tau_{\mathrm{D}}}\left[1-\exp\left(\dfrac{2\tau_{\mathrm{D}}\rho_{0}}{\beta\sin\gamma_{\mathrm{e}}}\right)\right]V_{\mathrm{e}}^{2} \end{cases} \tag{5-200}$$

同时,最大轴向载荷、平均热流和驻点热流出现的高度和对应速度为

$$\begin{cases} n_{\mathrm{A,m}}:h_{\mathrm{m}}=\dfrac{1}{\beta}\ln\left(-\dfrac{\tau_{\mathrm{D}}\rho_{0}}{\beta}\dfrac{2}{\sin\gamma_{\mathrm{e}}}\right),V_{\mathrm{m}}=V_{\mathrm{e}}\mathrm{e}^{-1/2} \\ q_{\mathrm{avg,m}}:h_{\mathrm{m}}=\dfrac{1}{\beta}\ln\left(-\dfrac{\tau_{\mathrm{D}}\rho_{0}}{\beta}\dfrac{3}{\sin\gamma_{\mathrm{e}}}\right),V_{\mathrm{m}}=V_{\mathrm{e}}\mathrm{e}^{-1/3} \\ q_{\mathrm{s,m}}:h_{\mathrm{m}}=\dfrac{1}{\beta}\ln\left(-\dfrac{\tau_{\mathrm{D}}\rho_{0}}{\beta}\dfrac{1.5}{\sin\gamma_{\mathrm{e}}}\right),V_{\mathrm{m}}=V_{\mathrm{e}}\mathrm{e}^{-1/6} \end{cases} \tag{5-201}$$

显然,最大轴向载荷对应的速度最大,最大驻点热流对应的速度最小。同时,最大平均热流出现的高度最高即最先出现,最大轴向载荷其次出现,最大驻点热流出现的高度最低即最后出现,这也说明再入段速度先增后减。

由式(5-201)可知,轴向载荷、平均热流和驻点热流的最大值出现位置与再入速度无关,与再入倾角有关。

由式(5-200)可知,再入倾角(一般为负值)的绝对值越小,则 $n_{\mathrm{A,m}}$、$q_{\mathrm{avg,m}}$ 和 $q_{\mathrm{s,m}}$ 出现越晚,同时 $n_{\mathrm{A,m}}$ 和 $q_{\mathrm{s,m}}$ 的值越小,Q 的值越大,而 $q_{\mathrm{avg,m}}$ 与再入倾角无关。

因此,当再入速度一定时,再入倾角的选择则变得非常重要。为了同时保证过载、热流和总加热量不超过给定上限,再入倾角必须在一定范围内,即

$$\gamma_{\mathrm{e,min}}<|\gamma_{\mathrm{e}}|<\gamma_{\mathrm{e,max}} \tag{5-202}$$

因此,零攻角再入弹道不仅能够预判再入段中的过程约束是否满足,还能对自由段弹道设计提供依据。

5.3.2　最优机动再入弹道

1. 再入段运动数学模型

对于弹道导弹而言，为了提高其打击效能，除了需要满足打击精度，有时还要对落地点对应的弹道倾角（落角）进行约束。首先定义几个常用的坐标（图5－12）。

（1）目标坐标系 $o_T x_T y_T z_T$。

坐标原点位于目标落点；$o_T y_T$ 轴垂直于地面指向上；$o_T x_T$ 轴在目标点所在水平面内指向基准方向（人为设定）；$o_T z_T$ 轴与 $o_T x_T$ 和 $o_T y_T$ 构造右手坐标系。由于再入段飞行时间很短，可以忽略地球自转的影响，认为目标坐标系为惯性系。

（2）视线坐标系 $o_T \xi\eta\zeta$。

坐标原点位于目标落点；$o_T\xi$ 轴由目标点指向导弹质心；$o_T\zeta$ 轴在目标点所在水平面内垂直于 $o_T\xi$ 轴，从目标点向导弹看去，$o\zeta$ 轴 $o\xi$ 轴位于右侧时为正；$o\eta$ 轴与 $o\zeta$ 和 $o\xi$ 轴构成右手坐标系。

定义 $o_T\xi$ 在地平面上的投影与 $o_0 x$ 轴的夹角为方位角，记为 λ_T，由轴逆时针旋转至 $o_T\xi$ 的投影时为正；$o_0\xi$ 与地平面之间的夹角为高低角，记为 λ_D，当导弹在水平面之上时为正。

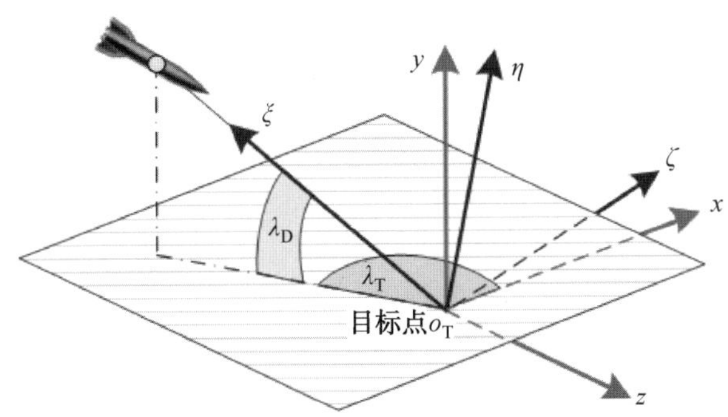

图 5－12　三种坐标系的示意图

根据定义可知，从目标坐标系到视线坐标系的坐标转换矩阵（记为 $\boldsymbol{C}_T^S$）为

$$\boldsymbol{C}_T^S = \begin{bmatrix} \cos\lambda_D\cos\lambda_T & \sin\lambda_D & -\cos\lambda_D\sin\lambda_T \\ -\sin\lambda_D\cos\lambda_T & \cos\lambda_D & \sin\lambda_D\sin\lambda_T \\ \sin\lambda_T & 0 & \cos\lambda_T \end{bmatrix} \tag{5-203}$$

目标坐标系下导弹的再入段三维运动方程表示为

$$
\begin{cases}
\dot{V} = -\dfrac{D}{m} - g\sin\theta_{\mathrm{v}} \\
\dot{\theta}_{\mathrm{v}} = \dfrac{L}{mV} - \dfrac{g}{V}\cos\theta_{\mathrm{v}} \\
\dot{\psi}_{\mathrm{v}} = -\dfrac{Z}{mV\cos\theta_{\mathrm{v}}} \\
\dot{x} = V\cos\theta_{\mathrm{v}}\cos\psi_{\mathrm{v}} \\
\dot{y} = V\sin\theta_{\mathrm{v}} \\
\dot{z} = -V\cos\theta_{\mathrm{v}}\sin\psi_{\mathrm{v}}
\end{cases}
\tag{5-204}
$$

式中,x、y 和 z 表示目标坐标系下的位置分量;θ_{v} 为弹道倾角;ψ_{v} 为弹道偏角;D 为气动阻力;L 为气动升力;Z 为气动侧向力。

注意,这里使用了弹道倾角 θ_{v} 而非上一节中使用的当地弹道倾角(或飞行路径角)γ,这是由于再入段射程通常较短,在可以认为在目标坐标系下 $\gamma \approx \theta_{\mathrm{v}}$。

2. 再入段最优控制律

为了简化问题,以目标点和弹头质心为基准,将运动分解为俯冲和转弯平面。如图 5 - 13 所示。其中俯仰平面定义为弹头质心和目标点以及地心确定的平面,转弯平面定义为过目标点和弹头质心且垂直于俯冲平面的平面。转弯平面内的运动可视为小量,所以在确定弹头再入运动规律时,将俯冲平面和转弯平面的运动分开研究。

如图 5 - 13 所示,γ_{D} 为速度在俯冲平面内的投影与转弯平面的夹角,λ_{D} 为高低角,η_{D} 为速度在俯冲平面内的投影与视线的夹角,ρ 为视线距离即目标到导弹质心的距离。设 $\gamma_{\mathrm{D}} < 0$,则在俯冲平面内有

$$
\eta_{\mathrm{D}} = \lambda_{\mathrm{D}} + \gamma_{\mathrm{D}} \tag{5-205}
$$

$$
\begin{cases}
\dot{\rho} = -V\cos\eta_{\mathrm{D}} \\
\rho\dot{\lambda}_{\mathrm{D}} = V\sin\eta_{\mathrm{D}}
\end{cases}
\tag{5-206}
$$

因此俯冲平面内的相对运动方程为

$$
\ddot{\lambda}_{\mathrm{D}} = \left(\frac{\dot{V}}{V} - \frac{2\dot{\rho}}{\rho}\right)\dot{\lambda}_{\mathrm{D}} - \frac{\dot{\rho}}{\rho}\dot{\gamma}_{\mathrm{D}} \tag{5-207}
$$

如图 5 - 13 所示,η_{T} 为速度与俯冲平面的夹角,γ_{T} 为速度与 x_{T} 轴的夹角,λ_{t} 为视线与 x_{T} 轴的夹角。则在转弯平面内有

$$
\eta_{\mathrm{T}} = \lambda_{\mathrm{t}} - \gamma_{\mathrm{T}} \tag{5-208}
$$

$$
\begin{cases}
\dot{\rho} = -V\cos\eta_{\mathrm{T}} \\
\rho\dot{\lambda}_{\mathrm{t}} = V\sin\eta_{\mathrm{T}}
\end{cases}
\tag{5-209}
$$

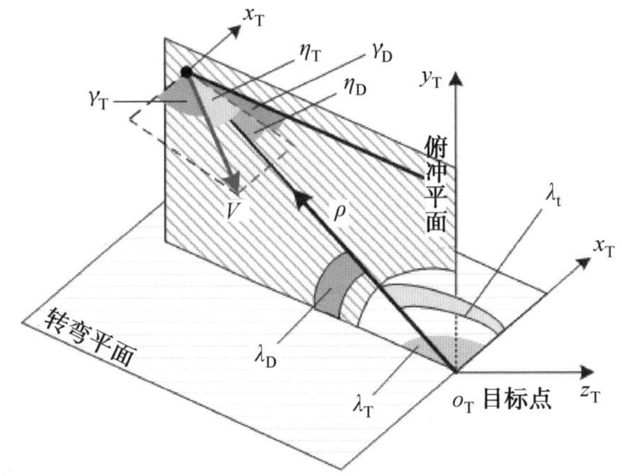

图 5 - 13　机动弹头俯冲及转弯平面示意图

因此转弯平面内的运动方程为

$$\ddot{\lambda}_t = \left(\frac{\dot{V}}{V} - \frac{2\dot{\rho}}{\rho}\right)\dot{\lambda}_t - \frac{\rho}{\rho}\dot{\gamma}_T \tag{5-210}$$

(1) 纵向平面内最优控制律。

纵向平面内最优控制律的任务是消除视线距离,同时使导弹以给定的弹道倾角落地。落角约束可等效为终端高低角约束,要求导弹落地瞬时高低角与期望落角的绝对值相等,同时高低角的角速度为零,则有

$$\begin{cases}\lambda_D(t_f) = -\gamma_c \\ \dot{\lambda}_D(t_f) = 0\end{cases} \tag{5-211}$$

式中,t_f 表示落地时刻;γ_c 表示期望落角。

令 $x_1 = \lambda_T + \gamma_c$ 且 $x_2 = \dot{\lambda}_T$,则根据式(5 - 210) 可得最优控制问题的状态方程为

$$\begin{cases}\dot{x}_1 = x_2 \\ \dot{x}_2 = \left(\dfrac{\dot{V}}{V} - \dfrac{2\dot{\rho}}{\rho}\right)x_2 - \dfrac{\rho}{\rho}\dot{\gamma}_D\end{cases} \tag{5-212}$$

此时式(5 - 211) 变成

$$\begin{cases}x_1(t_f) = 0 \\ x_2(t_f) = 0\end{cases} \tag{5-213}$$

假定 $\dot{V}/V = 0$,同时定义平均时间 $T_g = -\rho/\dot{\rho}$,此时状态方程可简化为

$$\begin{cases}\dot{x}_1 = x_2 \\ \dot{x}_2 = \dfrac{2}{T_g}x_2 + \dfrac{1}{T_g}\dot{\gamma}_D\end{cases} \tag{5-214}$$

由于 T_g 位于分母,因此假设导弹落地时视线距离 ρ 是一个正的小量。此时状态方程可改写为变系数非齐次线性微分方程组的形式,即

$$\begin{cases}\dot{\boldsymbol{x}} = \boldsymbol{Ax} + \boldsymbol{Bu} \\ \boldsymbol{x}(t_f) = \boldsymbol{0}\end{cases} \tag{5-215}$$

式中,$\boldsymbol{x}$ 为状态变量;$\boldsymbol{u}$ 为控制变量。

$$\begin{cases}\boldsymbol{A} = \begin{bmatrix}0 & 1 \\ 0 & 2/T_g\end{bmatrix} \\ \boldsymbol{B} = [0, 1/T_g]^{\mathrm{T}} \\ \boldsymbol{x} = [x_1, x_2]^{\mathrm{T}} \\ \boldsymbol{u} = \dot{\boldsymbol{\gamma}}_D\end{cases} \tag{5-216}$$

为了完成上述最优问题的求解,还需要设计性能指标。一般来说导弹的再入段不仅要满足落角有要求,还应保证在飞行中速度损失尽量小,从而满足末端突防或速度控制需求。在此选择如下性能指标函数:

$$J = \boldsymbol{x}^{\mathrm{T}}(t_f)\boldsymbol{Fx}(t_f) + \frac{1}{2}\int_0^{t_f}\dot{\boldsymbol{\gamma}}_D^2\mathrm{d}t \tag{5-217}$$

式中,$\boldsymbol{x}^{\mathrm{T}}(t_f)\boldsymbol{Fx}(t_f)$ 称为补偿函数;$\boldsymbol{F}$ 为对称半正定常值矩阵;因为终端时刻 $\boldsymbol{x}(t_f) = \boldsymbol{0}$,因此 $\boldsymbol{F} \to \infty$。

根据极大值原理,线性系统二次型性能指标的最优控制为

$$\boldsymbol{u}^* = -\boldsymbol{R}^{-1}\boldsymbol{B}^{\mathrm{T}}\boldsymbol{Px} \tag{5-218}$$

当性能指标取式(5-217)时,有 $\boldsymbol{R} = 1$ 且 $\boldsymbol{u}^* = \dot{\boldsymbol{\gamma}}_D$,因此

$$\dot{\boldsymbol{\gamma}}_D = -\boldsymbol{B}^{\mathrm{T}}\boldsymbol{Px} \tag{5-219}$$

矩阵 $\boldsymbol{P}$ 可由逆黎卡提矩阵微分方程得到,即

$$\begin{cases}\dot{\boldsymbol{P}}^{-1} - \boldsymbol{AP}^{-1} - \boldsymbol{P}^{-1}\boldsymbol{A}^{\mathrm{T}} + \boldsymbol{BB}^{\mathrm{T}} = \boldsymbol{0} \\ \boldsymbol{P}^{-1}(t_f) = \boldsymbol{F}^{-1} = \boldsymbol{0}\end{cases} \tag{5-220}$$

令 $\boldsymbol{E} = \boldsymbol{P}^{-1}$,则上式改写为

$$\begin{cases}\dot{\boldsymbol{E}} - \boldsymbol{AE} - \boldsymbol{EA}^{\mathrm{T}} + \boldsymbol{BB}^{\mathrm{T}} = \boldsymbol{0} \\ \boldsymbol{E}(t_f) = \boldsymbol{0}\end{cases} \tag{5-221}$$

将上式展开得

$$\begin{bmatrix}\dot{E}_{11} & \dot{E}_{12}\\ \dot{E}_{21} & \dot{E}_{22}\end{bmatrix}=\begin{bmatrix}0 & 1\\ 0 & \dfrac{2}{T_g}\end{bmatrix}\begin{bmatrix}E_{11} & E_{12}\\ E_{21} & E_{22}\end{bmatrix}+\begin{bmatrix}E_{11} & E_{12}\\ E_{21} & E_{22}\end{bmatrix}\begin{bmatrix}0 & 1\\ 0 & \dfrac{2}{T_g}\end{bmatrix}-\begin{bmatrix}0 & 1\\ 0 & \dfrac{2}{T_g^2}\end{bmatrix} \tag{5-222}$$

矩阵 $\boldsymbol{E}$ 具有对称性，即 $E_{12}=E_{21}$；经整理可得

$$\begin{cases}\dot{E}_{11}=2E_{12}\\ \dot{E}_{12}=E_{22}+\dfrac{2}{T_g}E_{12}\\ \dot{E}_{22}=\dfrac{4}{T_g}E_{22}-\dfrac{1}{T_g^2}\end{cases} \tag{5-223}$$

式(5－223) 的终端条件为

$$E_{11}(t_f)=E_{12}(t_f)=E_{22}(t_f)=0 \tag{5-224}$$

考虑到末端视线距离不为零，定义从当前视线距离ρ到ρ_f的平均飞行时间为 $T_{gf}=(\rho_f-\rho)/\dot{\rho}$，定义从$\rho_f$到0的平均飞行时间为$\Delta t_f=-\rho_f/\dot{\rho}$；设当前时刻为$t$，到达$\rho_f$ 的时刻为 t_f，则有

$$T_g=-\frac{\rho}{\dot{\rho}}=-\frac{\rho-\rho_f+\rho_f}{\dot{\rho}}=t_f-t+\Delta t_f=T_{gf}+\Delta t_f \tag{5-225}$$

将式(5－223) 的第三式积分可得

$$E_{22}=-\mathrm{e}^{4\int\frac{\mathrm{d}t}{T_g}}\cdot\int\frac{1}{T_g^2}\mathrm{e}^{-4\int\frac{\mathrm{d}t}{T_g}}\mathrm{d}t+C_E \tag{5-226}$$

由式(5－225) 可得 $\mathrm{d}t=-\mathrm{d}T_g$，因此

$$E_{22}=\mathrm{e}^{-4\int\frac{\mathrm{d}T_g}{T_g}}\cdot\left(\int\frac{1}{T_g^2}\mathrm{e}^{4\int\frac{\mathrm{d}T_g}{T_g}}\mathrm{d}T_g+C_E\right)=\frac{1}{T_g^4}\left(\frac{1}{3}T_g^3+C_E\right) \tag{5-227}$$

式中，C_E 为积分常数。令 $T_g=\Delta t_f$，由终端条件 $E_{22}(t_f)=0$ 可得

$$E_{22}=\frac{1}{3T_g}-\frac{\Delta t_f^3}{3T_g^4} \tag{5-228}$$

同理，积分式(5－223) 的第一式和第二式，利用 $E_{12}(t_f)=E_{11}(t_f)=0$ 可得

$$E_{12}=-\frac{1}{6}-\frac{\Delta t_f^3}{3T_g^3}+\frac{\Delta t_f^2}{2T_g^2} \tag{5-229}$$

$$E_{11}=\frac{1}{3}T_g-\frac{\Delta t_f^3}{3T_g^3}+\frac{\Delta t_f^2}{T_g^2}-\Delta t_f \tag{5-230}$$

因此

$$
\boldsymbol{E}=\begin{bmatrix}\frac{1}{3}T_{g}-\frac{\Delta t_{f}^{3}}{3T_{g}^{3}}+\frac{\Delta t_{f}^{2}}{T_{g}^{2}}-\Delta t_{f} & -\frac{1}{6}-\frac{\Delta t_{f}^{3}}{3T_{g}^{3}}+\frac{\Delta t_{f}^{2}}{2T_{g}^{2}}\\ -\frac{1}{6}-\frac{\Delta t_{f}^{3}}{3T_{g}^{3}}+\frac{\Delta t_{f}^{2}}{2T_{g}^{2}} & \frac{1}{3T_{g}}-\frac{\Delta t_{f}^{3}}{3T_{g}^{4}}\end{bmatrix} \tag{5-231}
$$

当 $t=t_{f}$ 时，有 $T_{gf}=0$ 且 $T_{g}=\Delta t_{f}$；因此，$E(t_{f})=0$ 满足终端条件且有

$$
|\boldsymbol{E}|=\frac{1}{12}-\frac{\Delta t_{f}}{3T_{g}}+\frac{\Delta t_{f}^{2}}{2T_{g}^{2}}-\frac{\Delta t_{f}^{3}}{3T_{g}}+\frac{\Delta t_{f}^{4}}{12T_{g}^{4}} \tag{5-232}
$$

当 $|\boldsymbol{E}|\neq 0$ 时，有 $T_{gf}\neq 0$ 且 $T_{gf}\neq\Delta t_{f}$；对式(5－231) 求逆可得

$$
\boldsymbol{P}=\begin{bmatrix}\frac{1}{3T_{g}}-\frac{\Delta t_{f}^{3}}{3T_{g}^{4}} & \frac{1}{6}+\frac{\Delta t_{f}^{3}}{3T_{g}^{3}}-\frac{\Delta t_{f}^{2}}{2T_{g}^{2}}\\ \frac{1}{6}+\frac{\Delta t_{f}^{3}}{3T_{g}^{3}}-\frac{\Delta t_{f}^{2}}{2T_{g}^{2}} & \frac{1}{3}T_{g}-\frac{\Delta t_{f}^{3}}{3T_{g}^{3}}+\frac{\Delta t_{f}^{2}}{T_{g}^{2}}-\Delta t_{f}\end{bmatrix} \tag{5-233}
$$

若 Δt_{f} 为小量，则 $\boldsymbol{P}$ 矩阵可简化为

$$
\boldsymbol{P}=12\begin{bmatrix}\frac{1}{3T_{g}} & \frac{1}{6}\\ \frac{1}{6} & \frac{1}{3}T_{g}\end{bmatrix}=2\begin{bmatrix}\frac{2}{T_{g}} & 1\\ 1 & 2T_{g}\end{bmatrix} \tag{5-234}
$$

将 $\boldsymbol{P}$ 代入式(5－219) 得

$$
\dot{\gamma}_{D}-2\begin{bmatrix}0\\ \frac{1}{T_{g}}\end{bmatrix}\begin{bmatrix}\frac{2}{T_{g}} & 1\\ 1 & 2T_{g}\end{bmatrix}\begin{bmatrix}\gamma_{c}+\lambda_{D}\\ \dot{\lambda}_{D}\end{bmatrix}=-4\dot{\lambda}_{D}-2\frac{\lambda_{D}+\gamma_{c}}{T_{g}} \tag{5-235}
$$

上式即为俯冲平面内的最优弹道控制律。显然为了达到命中目标、速度损失小且满足落角约束的目的，最优弹道控制律相当于比例系数为 4 的比例导引加上落角约束的修正项。

(2) 侧向平面内最优控制律。

类似俯冲平面内使用的假设，导弹在转弯平面内的运动方程可简化为

$$
\ddot{\lambda}_{t}=\frac{2}{T_{g}}\dot{\lambda}_{t}-\frac{1}{T_{g}}\dot{\gamma}_{T} \tag{5-236}
$$

假设在命中目标时仅要求 $\ddot{\lambda}_{t}=0$，对 $\lambda_{t}(t_{f})$ 无要求。取状态量 $\boldsymbol{x}=\dot{\lambda}_{t}$ 以及控制量 $\boldsymbol{u}=\dot{\gamma}_{T}$，可得状态方程如下：

$$
\begin{cases}\dot{\boldsymbol{x}}=\boldsymbol{A}\boldsymbol{x}+\boldsymbol{B}\boldsymbol{u}\\ \boldsymbol{x}(t_{f})=\boldsymbol{0}\end{cases} \tag{5-237}
$$

其中

$$\begin{cases}\boldsymbol{A}=2/T_{\mathrm{g}}\\ \boldsymbol{B}=-1/T_{\mathrm{g}}\end{cases}\tag{5-238}$$

定义 t_{f} 为 $\rho=\rho_{\mathrm{f}}$ 时的时刻。类似于俯冲平面,取性能指标为

$$J=x(t_{\mathrm{f}})Fx(t_{\mathrm{f}})+\frac{1}{2}\int_{0}^{t_{\mathrm{f}}}\dot{\gamma}_{\mathrm{T}}^{2}\mathrm{d}t\tag{5-239}$$

二次型性能指标的最优控制律为

$$\dot{\gamma}_{\mathrm{T}}=-BPx\tag{5-240}$$

根据式(5－220)和式(5－238)可得

$$\begin{cases}\dot{P}^{-1}=\dfrac{4}{T_{\mathrm{g}}}P^{-1}-\dfrac{1}{T_{\mathrm{g}}}\\ P^{-1}(t_{\mathrm{f}})=F^{-1}=0\end{cases}\tag{5-241}$$

由于 $\mathrm{d}T_{\mathrm{g}}=-\mathrm{d}t$,类似式(5－227)可得

$$P^{-1}=\mathrm{e}^{4\int\frac{\mathrm{d}t}{T_{\mathrm{g}}}}\cdot\left(-\frac{1}{T_{\mathrm{g}}^{2}}\int\mathrm{e}^{-4\int\frac{\mathrm{d}t}{T_{\mathrm{g}}}}\mathrm{d}t+C_{\mathrm{p}}\right)=\frac{1}{T_{\mathrm{g}}^{4}}\left(\frac{1}{3}T_{\mathrm{g}}^{3}+C_{\mathrm{p}}\right)\tag{5-242}$$

由 $P^{-1}(t_{\mathrm{f}})=0$ 可得

$$P^{-1}=\frac{1}{3T_{\mathrm{g}}}-\frac{\Delta t_{\mathrm{f}}^{3}}{3T_{\mathrm{g}}^{4}}\tag{5-243}$$

当 $T_{\mathrm{gf}}\neq 0$ 且 Δt_{f} 为小量时,由式(5－243)可得

$$P=(P^{-1})^{-1}=3T_{\mathrm{g}}\tag{5-244}$$

因此由式(5－239)可得转弯平面内最优弹道控制律为

$$\dot{\gamma}_{\mathrm{T}}=3\dot{\lambda}_{\mathrm{t}}\tag{5-245}$$

由图 5－13 可以看出

$$-V_{\zeta}=\rho\dot{\lambda}_{\mathrm{t}}=\dot{\lambda}_{\mathrm{T}}\tag{5-246}$$

因此

$$\dot{\gamma}_{\mathrm{T}}=3\dot{\lambda}_{\mathrm{t}}=3\dot{\lambda}_{\mathrm{T}}\cos\lambda_{\mathrm{D}}\tag{5-247}$$

3. 再入段控制指令计算

得到俯冲平面和转弯平面内的最优弹道控制律后,便需要结合弹道方程推导控制力的变化规律。由于控制力完全由气动力提供,因此可以将控制变量取为攻角 α 和侧滑角 β。

设 x_{s}、y_{s} 和 z_{s} 为导弹位置在视线坐标系上的投影,$\rho=\sqrt{x_{\mathrm{s}}^{2}+y_{\mathrm{s}}^{2}+z_{\mathrm{s}}^{2}}$ 为视线距离,v_{ξ}、v_{η} 和 v_{ζ} 为导弹速度在视线坐标系上的投影。上述投影可由坐标转换矩阵 $\boldsymbol{C}_{\mathrm{T}}^{S}$ 求得。

定义 $T_{\mathrm{g}}=\rho/v_{\xi}$ 为再入段剩余飞行时间,则为了命中目标并控制落角,速度方

向的变化率在视线坐标系内应满足

$$\begin{cases}\dot{\gamma}_D = K_{GD}\dot{\lambda}_D + K_{LD}(\lambda_D + \gamma_c)/T_g \\ \dot{\gamma}_T = K_{GT}\dot{\lambda}_T\cos\lambda_D\end{cases} \tag{5-248}$$

式中,K_{GD}、K_{LD} 和 K_{GT} 为导引常数,对比式(5－247)可知 $K_{GT}=3$;$\dot{\gamma}_T$ 和 $\dot{\gamma}_D$ 是速度矢量的转动绝对角速度在视线坐标系 η 轴和 ζ 轴上的投影。

高低角和方位角以及它们的变化率为

$$\begin{cases}\lambda_D = \arctan\dfrac{y_s}{\sqrt{x_s^2 + z_s^2}} \\ \lambda_T = \arctan\left(-\dfrac{z_s}{x_s}\right)\end{cases} \tag{5-249}$$

$$\begin{cases}\dot{\lambda}_D = \dfrac{v_\eta}{\rho} \\ \dot{\lambda}_T = \dfrac{v_\zeta}{\rho\cos\lambda_D}\end{cases} \tag{5-250}$$

导弹速度方向的角速度与弹道倾角和弹道偏角间的关系如下:

$$\begin{bmatrix}\dot{\gamma}_\xi \\ \dot{\gamma}_T \\ \dot{\gamma}_D\end{bmatrix} = \boldsymbol{C}_T^S\begin{bmatrix}-\dot{\theta}_v\sin\psi_v \\ \dot{\psi}_v \\ -\dot{\theta}_v\cos\psi_v\end{bmatrix} \tag{5-251}$$

因此

$$\begin{cases}\dot{\gamma}_D = -\dot{\theta}_v\cos(\lambda_T - \psi_v) \\ \dot{\gamma}_T = \dot{\psi}_v\cos\lambda_D - \dot{\theta}_v\sin(\lambda_T - \psi_v)\sin\lambda_D\end{cases} \tag{5-252}$$

求解式(5－252)可得

$$\begin{cases}\dot{\theta}_v = \dfrac{-\dot{\gamma}_D}{\cos(\lambda_T - \psi_v)} \\ \dot{\psi}_v = \dfrac{1}{\cos\lambda_D}[\dot{\gamma}_T - \dot{\gamma}_D\tan(\lambda_T - \psi_v)\sin\lambda_D]\end{cases} \tag{5-253}$$

当根据式(5－248)求出 $\dot{\gamma}_D$ 和 $\dot{\gamma}_T$ 后,便可由式(5－253)求出弹道倾角和弹道偏角的变化率;然后,再利用式(4－110)求出气动力分量,进而求出升力系数、阻力系数和侧向力系数。由于气动力系数可由当前运动状态和攻角与侧滑角求得,因此通过数值迭代算法即可求出控制指令。

5.4　远程火箭的滑翔段弹道设计方法

5.4.1　滑翔段弹道设计约束

在滑翔飞行过程中，为了保证飞行器的安全以及精确到达目标点上空，需要满足相应的过程约束和终端约束，下面将分别给出相应的约束模型。

1. 过程约束

参考式(5－11)，滑翔段过程约束主要有法向过载、动压以及控制约束等，即

$$\begin{cases} |n_{Lv}| \quad n_{L,\max} \\ q_s \quad q_{s,\max} \\ q \quad q_{\max} \end{cases} \qquad \begin{cases} |\alpha| \leqslant \alpha_{\max} \\ |\sigma| \leqslant \sigma_{\max} \\ |\dot{\alpha}| \leqslant |\dot{\alpha}|_{\max} \\ |\dot{\sigma}| \leqslant |\dot{\sigma}|_{\max} \end{cases} \tag{5－254}$$

对于滑翔飞行器来说，驻点热流的计算公式一般与弹道导弹不同，为

$$q_s = k_s \rho^{0.5} V^{3.15} \tag{5－255}$$

除上述约束条件外，飞行器在滑翔段还需满足平衡滑翔条件约束。拟平衡滑翔约束主要对高度变化率进行限制，保证飞行器平稳飞行。由于滑翔段中飞行路径角很小，取$\dot{\gamma} = \gamma \approx 0$；忽略地球自转和扁率，根据动力学方程可得拟平衡滑翔约束的数学表达式如下：

$$\frac{L}{m}\cos\sigma + \left(\frac{V^2}{r} - g\right) \approx 0 \tag{5－256}$$

记在当前运动状态和攻角下，满足拟平衡滑翔约束的倾侧角为 σ_{EQ}，即

$$\sigma_{EQ} = \arccos\left(\frac{mg}{L} - \frac{mV^2}{Lr}\right) \tag{5－257}$$

2. 终端约束

滑翔段弹道设计的目的是使飞行器在滑翔段末端顺利向末端俯冲段（助推滑翔弹）或能量管理段（可重复使用飞行器）交班。为保证顺利交班，在滑翔段终端必须对飞行状态进行约束，则有

$$\begin{cases} V_{\mathrm{f}} = V_{\mathrm{fc}} \\ h_{\mathrm{f}} = h_{\mathrm{fc}} \\ \gamma_{\mathrm{f}} = \gamma_{\mathrm{fc}} \\ R_{\mathrm{L}} = 0 \\ |\zeta_{\mathrm{f}}| < \varepsilon_{\psi} \end{cases} \tag{5-258}$$

式中,下标“f”表示实际滑翔段终端状态,下标“fc”表示期望终端,R_{L} 为剩余航程,ε_{ψ} 为终端航向角的最大允许偏差。

定义从当前位置到期望交班点间的航程为剩余航程,则

$$\begin{cases} R_{\mathrm{L}} = \mu_{\mathrm{L}} R_{\mathrm{e}} \\ \dot{R}_{\mathrm{L}} = -V\cos\gamma\cos\zeta \end{cases} \tag{5-259}$$

式中,μ_{L} 为剩余射程角;$\zeta = \psi_{\mathrm{w}} - \psi$ 为航向偏差;ψ_{w} 为期望航向角。

$$\mu_{\mathrm{L}} = \arccos(\sin\phi_{\mathrm{f}}\sin\phi + \cos\phi_{\mathrm{f}}\cos\phi\cos(\theta_{\mathrm{f}} - \theta)) \tag{5-260}$$

$$\psi_{\mathrm{w}} = \arccos\left(\frac{\sin\phi_{\mathrm{f}} - \sin\phi\cos\mu}{\cos\phi\sin\mu}\right) \tag{5-261}$$

式中,θ_{f} 为交班点经度;ϕ_{f} 为交班点纬度。

需要注意的是,有些情况下式(5-258)中的终端约束可能会少一些,如不约束终端位置和速度,希望通过设计使滑翔飞行器的射程/横程达到最大。

5.4.2 基于飞行走廊的滑翔段弹道设计

1. 滑翔段飞行走廊计算

如前文所述,滑翔段飞行要求满足一系列过程约束和终端约束,这些约束条件共同限制了滑翔弹道的可行范围,这种情况即飞行走廊。通常情况下,飞行走廊可表示为阻力加速度-速度、阻力加速度-能量、地心距-能量和高度-能量等形式;本章以阻力加速度为自变量,给出阻力加速度-高度和阻力加速度-能量形式的飞行走廊计算方法,并基于飞行走廊给出滑翔段弹道的设计方法。

(1)采用速度-高度表示的飞行走廊。

在确定飞行走廊前,首先要给定攻角参考剖面。在设计攻角参考剖面时,认为在滑翔段初期使用大攻角产生大升力来维持高空滑翔,从而减少气动加热并完成速度耗散;当速度降到一定值时,气动热约束更容易满足,此时采用最大升阻比攻角,从而保证侧向机动能力并进行充分的速度耗散。

设攻角曲线为速度的分段线性函数,即

$$\alpha = \begin{cases} \alpha_m \dfrac{V - V_0}{V_1 - V_0}, & V_1 \leqslant V \leqslant V_0 \\ \alpha_m, & V_2 \leqslant V \leqslant V_1 \\ (\alpha_m - \alpha_{L/D}) \dfrac{V - V_3}{V_2 - V_3} + \alpha_{L/D}, & V_3 \leqslant V \leqslant V_2 \\ \alpha_{L/D}, & V_f \leqslant V \leqslant V_3 \end{cases} \tag{5-262}$$

式中，α_m 为最大攻角；$\alpha_{L/D}$ 为最大升阻比对应的攻角，显然 α_m 和 $\alpha_{L/D}$ 均小于 α_{max}；V_1、V_2 与 V_3 为过渡速度，由热约束与机动需求权衡给出。

基于前面给出的攻角 - 速度剖面，采用速度 - 高度表示的飞行走廊计算方法如下：

① 将速度区间 $[V_0, V_{fc}]$ 离散为一系列离散点。

② 设倾侧角为定值，计算每一个速度离散点上的攻角。

③ 升力由动压和升力系数决定，而当速度和攻角一定时，动压和升力系数又由飞行高度决定。由于高度越低则动压越大，因此可以根据法向过载约束得到各个速度离散点处的允许最低高度。

④ 同理，可以根据动压和驻点热流约束得到各离散点处的允许最低高度。

⑤ 取由法向过载、动压和驻点热流约束得到的允许最低高度的最小值，该最小值即为该速度离散点处的高度下限值，记为 h_L。

⑥ 由于升力由攻角、速度和大气密度决定，而大气密度又由高度决定，因此可以由拟平衡滑翔条件（式(5 - 256) 取等号）求出高度的上限值，记为 h_U，则

$$\frac{V^2 S_{ref}}{2m}\rho c_L + \frac{V^2}{a_e + h_U} = g \tag{5-263}$$

式中，ρ 和 c_L 均与高度有关。上式表明，如果高度大于 h_U，则升力和离心力的合力会小于地球引力，从而使滑翔飞行器高度下坠。

基于上述方法，可以求出各个离散点处的高度上下限。图 5 - 14 给出了飞行走廊示意图，该走廊是在倾侧角不变的条件下求出的；而由于实际三维飞行中的倾侧角是不断变化的，因此需要基于攻角剖面和飞行走廊求出倾侧角走廊。

根据拟平衡滑翔条件式(5 - 256) 可知，在速度相同时，高度越低则升力越大，因此采用更大的倾侧角也不会导致高度急速降低。

基于上述思想，给出倾侧角走廊的计算方法如下：

① 在每一个速度离散点处，取高度等于其下限 h_L，计算倾侧角最大值。

② 在每一个速度离散点处，取高度等于其上限 h_U，计算倾侧角最小值。

由于是在倾侧角为定值的情况下得出，因此得到的倾侧角最小值即等于该定值。图 5 - 15 给出了倾侧角走廊的示意图。可以看出，驻点热流是滑翔段前期的主要约束，此后动压和法向过载依次占主导作用。

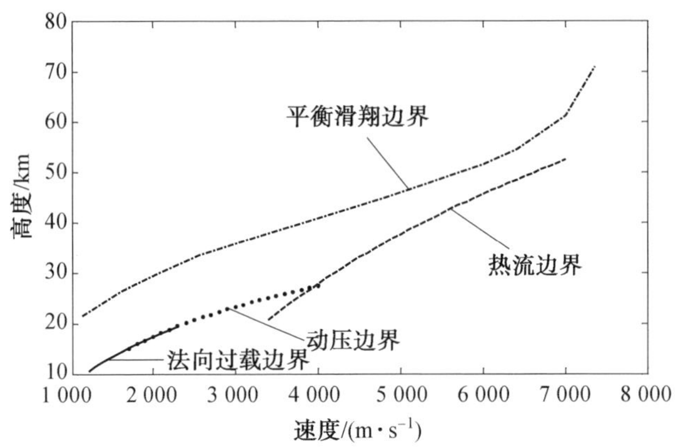

图 5 - 14　滑翔飞行走廊示意图

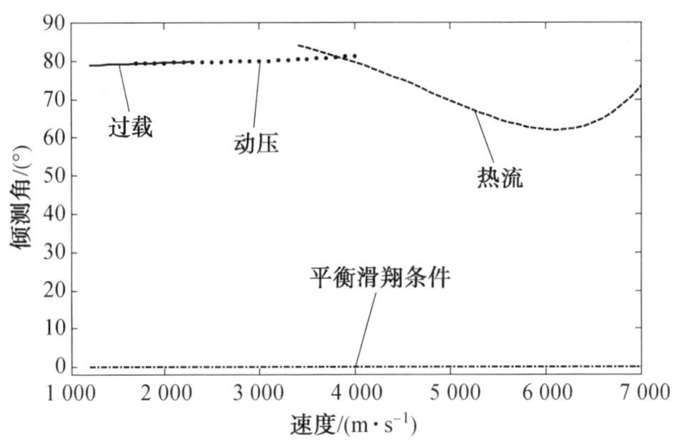

图 5 - 15　倾侧角边界示意图

(2) 采用阻力加速度 - 能量表示的飞行走廊。

首先,设计如式(5 - 262) 所示的攻角剖面。

给出滑翔段机械能的计算方式如下:

$$E = \frac{V^2}{2} - \frac{\mu_E}{r} \tag{5 - 264}$$

在此以动压约束为例,介绍基于数值迭代的飞行走廊求解方法。

① 根据初始和终端状态求得无量纲化的初始机械能 E_0 和终端机械能 $\bar{E}_f$,并将区间$[E_0, E_f]$ 等分为 n 份,得到 $E_i(i = 0, 1, \cdots, n)$,其中 $E_n = E_f$。

② 建立过程约束方程组。

(2a) 将动压约束写成等式形式,在 E_i 处求解如下方程组:

$$\begin{cases} \dfrac{V^2}{2} - \dfrac{\mu_E}{a_e + h} = E_i \\ \dfrac{\rho V^2}{2} - q_{max} = 0 \end{cases} \tag{5-265}$$

(2b) 将驻点热流约束写成等式形式，只需将式(5 - 265) 的第二式改为

$$k_s \rho^{0.5} V^{3.15} - q_{s,max} = 0 \tag{5-266}$$

(2c) 将法向过载约束写成等式形式，只需将式(5 - 265) 的第二式改为

$$\frac{c_L \rho V^2 S_{ref}}{2m} - n_{L,max} = 0 \tag{5-267}$$

③ 高度和速度计算。在 E_i 处，由于大气密度可根据高度 h_i 求出，攻角可根据设定 V_i 由式(5 - 262) 求出，故上述方程组均是由两个方程求解两个未知数。因此，以高度 h_i 为自变量，通过数值迭代算法(如割线法) 即可求出上述方程组的解。

④ 阻力加速度计算。当已知 h_i 和 V_i 后，便可结合攻角 - 速度剖面求出相应的气动系数和气动力，进而得到 E_i 处对应的阻力加速度值 D_i。

⑤ 走廊上界确定。根据由法向过载、动压和驻点热流在 E_i 处得到的三个 D_i 值，选择其中的最小值作为最终的阻力加速度 - 能量走廊的上界。

⑥ 走廊下界确定。走廊下界由拟平衡滑翔约束确定，具体方法与走廊上界的计算方式类似，只需将式(5 - 265) 的第二式改为

$$\frac{L}{m} + \left(\frac{V^2}{r} - g\right) = 0 \tag{5-268}$$

用阻力加速度 - 能量表示的飞行走廊如图 5 - 16 所示。

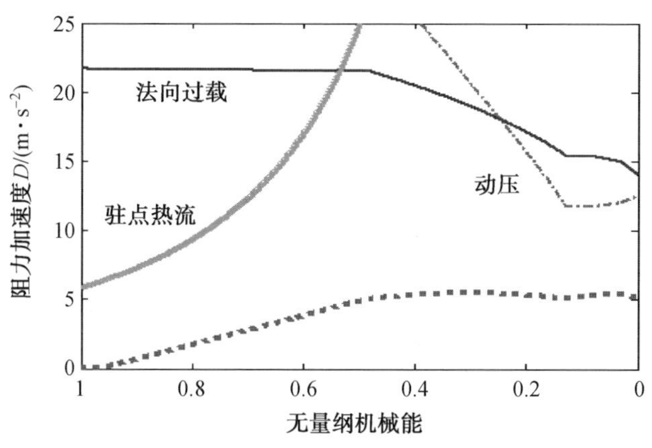

图 5 - 16　阻力加速度 - 能量再入走廊

可以看出，不同于速度 - 高度走廊，此时驻点热流是滑翔段前期的主要约束，此后法向过载和动压依次占主导作用。对于无动力滑翔飞行器来说，其在滑

翔段中的高度相对航程而言变化幅度很小,地球引力对飞行器的加速作用并不大;而受阻力的作用,飞行器的速度将不断减小;因此,飞行器在滑翔段中的机械能是单调递减的。同时,对于给定初始状态以及终端高度和速度约束的情况,飞行器的初始和终端机械能是已知的。相比之下,速度耗散是一个较为复杂的过程,很难直接估计出整个滑翔过程的平均速度,而此时终端时刻便成为一个难以准确计算的量,不适合作为滑翔段弹道计算的自变量。

综上所述,机械能适合作为设计滑翔段弹道的自变量,将相应的位置系下的弹道微分方程改造成以能量为自变量的形式后,便可以避开时间变量对滑翔段弹道进行设计和计算。

2. 滑翔段弹道设计方法

(1) 采用攻角 - 速度剖面。

滑翔段弹道的控制变量主要是攻角和倾侧角,而当攻角 - 速度剖面已经事先确定时,只需计算出倾侧角 - 速度剖面即可设计出滑翔段弹道。

首先对弹道微分方程进行改写。上文中说明,在滑翔段中通常使用一个单调变化的状态变量来代替时间 t 作为弹道微分方程的自变量,在此采用剩余航程 R_L 作为自变量。忽略地球旋转,则有

$$\frac{dV}{dR_L}=\frac{r}{V\cos\gamma\cos\zeta}\left(D+\frac{\sin\gamma}{r^2}\right) \tag{5-269}$$

由于飞行路径角在滑翔过程中为小量,取 $\cos\gamma\approx1$ 且 $\sin\gamma\approx0$。用 $c_D L/c_L$ 替换阻力 D,认为升力 L 从拟平衡滑翔条件求得,则有

$$\frac{dV}{dR_L}=\left(\frac{1}{r}-V^2\right)\frac{c_D/c_L}{V\cos\sigma\cos\zeta} \tag{5-270}$$

根据当前飞行速度 V,由式(5 - 271) 可以求出倾侧角,进而根据拟平衡滑翔约束求出飞行高度 h。然后,升力系数和阻力系数可根据攻角 - 速度剖面求得,此时便可根据式(5 - 270) 求得速度关于剩余航程的变化率 dV/dR_L。

其次,设计满足飞行走廊和终端约束条件的倾侧角绝对值,即 $|\sigma|-V$ 剖面。定义倾侧角绝对值按如下规则选取:

$$|\sigma|=\begin{cases}\sigma_{EQ}, & \sigma<\sigma_{EQ}\\ \sigma(V), & \sigma_{EQ}\leqslant\sigma<\sigma_{max}\\ \sigma_{max}, & \sigma\geqslant\sigma_{max}\end{cases} \tag{5-271}$$

式中,σ_{max} 为允许的最大倾侧角;σ_{EQ} 为拟平衡滑翔条件对应的倾侧角绝对值。

$$\sigma(V)=\begin{cases}\dfrac{\sigma_{mid}-\sigma_0}{V_0-V_{mid}}V+\sigma_0, & V_{mid}<V\leqslant V_0\\[2ex] \dfrac{\sigma_f-\sigma_{mid}}{V_{mid}-V_{fc}}V+\sigma_{mid}, & V_{fc}\leqslant V<V_{mid}\end{cases} \tag{5-272}$$

式中，$V_{mid}=(V_0-V_{fc})/2$；σ_{mid} 为待定值；σ_0 为初始倾侧角；σ_f 为终端倾侧角。σ_f 可根据终端高度和速度由拟平衡滑翔条件得出，此时仅 σ_{mid} 是未知量，确定方法如下：

① 给定 σ_{mid} 的初值。

② 以剩余航程为自变量进行数值积分，得到终端速度 V_f。

积分式(5－270)时倾侧角由式(5－271)求出，而航向偏差可设计为速度线性函数，即

$$\zeta=\zeta_0+(\zeta_f-\zeta_0)\frac{V-V_0}{V_{fc}-V_0} \tag{5-273}$$

式中，ζ_0 为初始航向偏差；ζ_f 为终端航向偏差。

③ 根据 V_f 和期望值 V_{fc} 间的偏差（记为 ΔV_f），使用数值迭代算法（如割线法、牛顿迭代法）修正 σ_{mid} 的值。

④ 重复步骤②～③，直至 ΔV_f 小于设定阈值。

由于 σ_{mid} 越大，整个飞行过程中倾侧角的平均值也越大，飞行器所做的横向机动也越大，同时速度耗散越大、末端速度越小。综上，V_f 可以看作是 σ_{mid} 的单调函数，因此上述迭代过程很容易收敛。倾侧角剖面如图 5－17 所示。

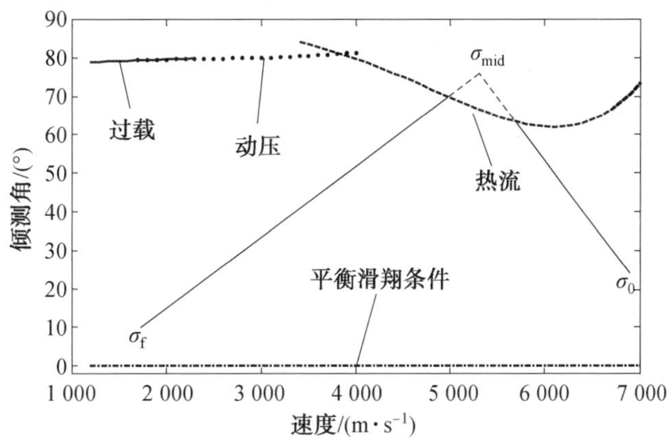

图 5－17　倾侧角剖面示意图

需要注意的是，式(5－271)仅能确定倾侧角的大小，但不能确定其符号。通常采用门限法依据航向偏差来决定倾侧角的符号。当航向偏差大于边界时，倾侧角的符号要改变，即发生一次倾侧角翻转；当航向偏差处于边界内时，倾侧角保持原来的符号。如图 5－18 所示，为了满足终端航向偏差约束同时尽量减少倾侧角翻转次数，通常在滑翔段前期和末期采用较小的航向偏差边界，而在滑翔段中期将航向偏差放宽。

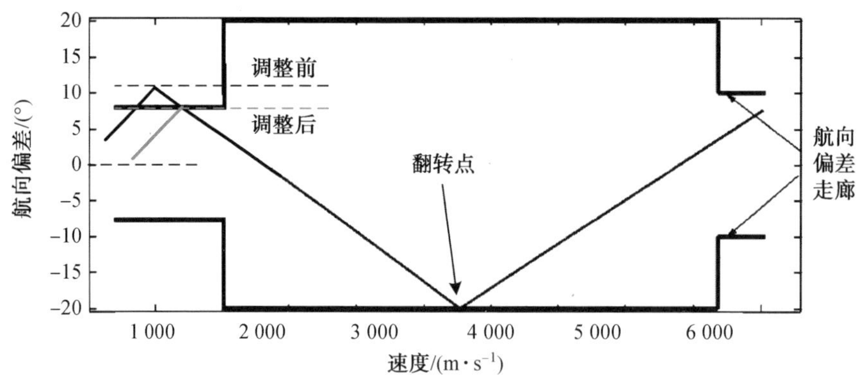

图 5 - 18　航向误差走廊示意图

(2) 采用阻力加速度 - 能量剖面。

当采用阻力加速度 - 能量剖面设计滑翔段弹道时,记飞行剖面的上下界分别为 D_U 和 D_L。由于阻力决定了远程火箭的速度衰减,因此沿 D_U 飞行时航程最小,沿 D_L 飞行时航程最大。基于上述原理,采用 D_U 和 D_L 进行内插得到阻力加速剖面,可以实现在飞行走廊的约束下获得最大的航程覆盖性。

基于上述考虑,可以采用如下形式的阻力加速度剖面:

$$D_{ref} = p_x D_U + (1 - p_x) D_L \tag{5-274}$$

式中,$0 \leqslant p_x \leqslant 1$ 为内插系数。

当滑翔段初始和终端状态确定时,初始和终端阻力加速度也相应确定,但式(5 - 274) 不能保证满足终端值,需要进行适当修改。将机械能进行无量纲化处理,有

$$\bar{E} = 1 - \frac{E_0 - E}{E_0 - E_f} \tag{5-275}$$

显然 $0 \leqslant \bar{E} \leqslant 1$,$\bar{E}_0 = 1$ 且 $\bar{E}_f = 0$。定义 $\bar{E}_1 = 0.9$ 和 $\bar{E}_2 = 0.1$。当 $0.9 \geqslant \bar{E} \geqslant 0.1$ 时,D_{ref} 由式(5 - 274) 生成,否则 D_{ref} 采用线性函数生成,即

$$D_{ref} = \begin{cases} D_0 + \dfrac{D_1 - D_0}{\bar{E}_1 - \bar{E}_0}(\bar{E} - \bar{E}_0), & 0.9 < \bar{E} \leqslant 1 \\ p_D D_U + (1 - p_D) D_L, & 0.1 < \bar{E} \leqslant 0.9 \\ D_f + \dfrac{D_2 - D_f}{\bar{E}_2 - \bar{E}_f}(\bar{E} - \bar{E}_f), & 0 < \bar{E} \leqslant 0.1 \end{cases} \tag{5-276}$$

式中,p_D 称为内插系数,是待定常值;D_0 为初始状态下的阻力加速度;D_f 由终端高度、终端速度和攻角 - 速度剖面决定。

当已知 p_D 时,D_1 和 D_2 可根据 $\bar{E}_1$ 和 $\bar{E}_2$ 处函数的连续性获得

$$\begin{cases} D_1 = D_0 + \dfrac{p_{\mathrm{D}} D_{\mathrm{U}} + (1 - p_{\mathrm{D}}) D_{\mathrm{L}} - D_0}{0.9 - \bar{E}_0} (\bar{E}_1 - \bar{E}_0) \\ D_2 = D_{\mathrm{f}} + \dfrac{p_{\mathrm{D}} D_{\mathrm{U}} + (1 - p_{\mathrm{D}}) D_{\mathrm{L}} - D_{\mathrm{f}}}{0.1 - \bar{E}_{\mathrm{f}}} (\bar{E}_2 - \bar{E}_{\mathrm{f}}) \end{cases} \tag{5-277}$$

采用式(5－276)，当给定一内插系数时，便可求出不同 $\bar{E}$ 下的阻力加速度 D_{ref}。基于攻角－速度剖面，阻力加速度和机械能均由高度和速度确定，因此可以根据 $\bar{E}$ 和 D_{ref} 求出阻力加速度－能量剖面上各点处的高度和速度值。

采用有限差分法得到高度关于能量 $\bar{E}$ 的导数，进一步根据动力学方程可得

$$\gamma = \arcsin\left(-\frac{\Delta h}{\Delta \bar{E}} D_{\mathrm{ref}}\right) \tag{5-278}$$

同理，采用有限差分法可获得飞行路径角 γ 对能量 $\bar{E}$ 的导数，进一步根据动力学方程可得

$$|\sigma| = \arccos\left[\left(\frac{\mathrm{d}\gamma}{\mathrm{d}\bar{E}} - \frac{V}{r}\cos\gamma - g_\gamma - \omega_\gamma\right)\frac{mV}{L}\right] \tag{5-279}$$

式中，升力 L 可根据阻力确定，g_γ 和 ω_γ 分别表示地球引力加速度和地球自转对飞行路径角变化率的影响。

$$\begin{cases} g_\gamma = g_{\mathrm{r}}\sin\gamma + g_\omega(\sin\gamma\sin\phi + \cos\gamma\cos\phi\cos\psi) \\ \omega_\gamma = \omega_{\mathrm{e}}^2 r\cos\phi(\sin\gamma\cos\phi - \cos\gamma\sin\phi\cos\psi) \end{cases} \tag{5-280}$$

通过上述分析可知，当给定内插系数 p_{D} 时，可以唯一确定 $0 \leqslant \bar{E} \leqslant 1$ 区间内，各无量纲能量对应的阻力加速度、高度、速度、飞行路径角和倾侧角绝对值。同时，如果能够确定倾侧角的符号，则能够通过数值积分确定滑翔段终端位置（经纬度）。

设倾侧角采用一次翻转模式，则滑翔段弹道设计参数记为内插系数 p_{D} 和翻转点处的无量纲能量（记为 $\bar{E}_3$）。与 σ_{mid} 的确定方法类似，p_{D} 和 $\bar{E}_3$ 同样可以通过数值迭代方法确定，只是迭代自变量的维度由一维变为二维。

需要注意的是，当倾侧角采用一次翻转模式时，翻转后的弹道可调参数只有内插系数 p_{D}。若翻转点离终端位置较近，则终端误差比较容易满足；反之，终端误差不易满足，因为此时只能使用一个参数来修正终端状态偏差。记二次翻转位置对应的无量纲能量为 $\bar{E}_4$。

为解决这一问题，可以在末端点附近再翻转一次，即采用两次倾侧角翻转的模式来保证终端状态精度。

基于 $\bar{E}_3$ 和 $\bar{E}_4$，两次翻转方案的确定方法如下：

① 当 $1 \geqslant \bar{E} > \bar{E}_3$ 时，固定 $\bar{E}_4 = 0.02$，按一定周期更新 p_D 和 $\bar{E}_3$；

② 当 $\bar{E}_3 > \bar{E} > \bar{E}_4$ 时，按一定周期更新 p_D 和 $\bar{E}_4$；

③ 当 $\bar{E}_4 > \bar{E} > 0$ 时，不再更新 p_D。

弹道设计参数 p_D、$\bar{E}_3$ 和 $\bar{E}_4$ 在滑翔段中是不断更新的，而非离线确定后不再变化。两次翻转方案实际上是一种滑翔弹道在线生成方法，通过在线调整倾侧角翻转策略，滑翔段弹道在受到各种干扰的情况下依然能够满足终端航向角约束。

5.4.3 基于剩余航程的滑翔段弹道设计

1. 飞行剖面设计

上述基于攻角 - 速度剖面的滑翔段弹道设计方法适用于多数以高超声速在临近空间内滑翔的飞行器，包括航天飞机、滑翔弹、类 X - 37b 飞行器等。这种方法思路清晰、易于理解，并且不涉及复杂的公式推导，便于工程实现。但该方法具有以下几个缺点：

(1) 攻角剖面固定，终端约束只能靠调整倾侧角来满足；

(2) 需要事先计算飞行走廊；

(3) 内插系数 p_D 和倾侧角翻转点的确定需要进行多次数值积分，更新频率过低则不能充分满足终端约束条件，过高则会增大计算量；

(4) 不适用于大初始再入状态以及状态参数偏差的情况。

针对上述问题，需要一种计算量小、抗干扰强、指令计算简单的滑翔段弹道在线生成方法。

同样，在此采用剩余航程 R_L 作为自变量来代替滑翔段弹道微分方程中的自变量时间 t。

根据终端约束可知，滑翔段的主要任务之一是将飞行器降至指定高度。采用指数函数计算大气密度，设计飞行高度为剩余航程的函数：

$$h = f(R_L) = -\frac{1}{\beta}\ln F(R_L) \tag{5-281}$$

式中，$\beta = 1.41 \times 10^{-4}\ \mathrm{m}^{-1}$ 为密度指数函数中的系数。

$$F(R_L) = a_{n+1}R_L^n + a_n R_L^{n-1} + \cdots + a_2 R_L + a_1 \tag{5-282}$$

式中，a_i 为未知系数；R_L 为剩余航程。为满足拟平衡滑翔约束，需避免由式(5 - 282)求得的高度产生震荡；因此，多项式阶次不宜过高，此处设定 $F(R_L)$ 为五次多项式。

由于不同于传统的滑翔段制导方法，此处未对攻角剖面进行直接设计，因此，基于上述滑翔段飞行剖面，在此给出滑翔段攻角的计算方法。

式(5－281)的一阶导和二阶导为

$$\frac{\mathrm{d}h}{\mathrm{d}R_{\mathrm{L}}}=f'(R_{\mathrm{L}})=-\frac{F'(R_{\mathrm{L}})}{\beta F(R_{\mathrm{L}})} \tag{5-283}$$

$$\frac{\mathrm{d}^2h}{\mathrm{d}R_{\mathrm{L}}^2}=f''(R_{\mathrm{L}})=-\frac{F''(R_{\mathrm{L}})F(R_{\mathrm{L}})-[F'(R_{\mathrm{L}})]^2}{\beta F^2(R_{\mathrm{L}})} \tag{5-284}$$

其中

$$\begin{cases}F'(R_{\mathrm{L}})=5a_6R_{\mathrm{L0}}^4+4a_5R_{\mathrm{L0}}^3+3a_4R_{\mathrm{L0}}^2+2a_3R_{\mathrm{L0}}+a_2R_{\mathrm{L0}}\\ F''(R_{\mathrm{L}})=20a_6R_{\mathrm{L0}}^3+12a_5R_{\mathrm{L0}}^2+6a_4R_{\mathrm{L0}}+2a_3\end{cases} \tag{5-285}$$

根据动力学方程，高度对剩余航程的一阶导和二阶导可表示为

$$\frac{\mathrm{d}h}{\mathrm{d}R_{\mathrm{L}}}=\frac{V\sin\gamma}{-V\cos\gamma\cos\zeta}=-\frac{\tan\gamma}{\cos\zeta} \tag{5-286}$$

$$\frac{\mathrm{d}^2h}{\mathrm{d}R_{\mathrm{L}}^2}=-\frac{\mathrm{d}(\tan\gamma/\cos\zeta)}{\mathrm{d}R_{\mathrm{L}}} \tag{5-287}$$

定义 $L_1=\mathrm{d}^2h/\mathrm{d}R_{\mathrm{L}}^2$，则上式变为

$$-L_1=\frac{\dfrac{\mathrm{d}\gamma/\mathrm{d}R_{\mathrm{L}}}{\cos^2\gamma}\cos\zeta+\dfrac{\mathrm{d}\zeta}{\mathrm{d}t}\tan\gamma\sin\zeta}{\cos^2\zeta} \tag{5-288}$$

根据滑翔段动力学方程可得

$$\frac{\mathrm{d}\gamma}{\mathrm{d}R_{\mathrm{L}}}=\frac{\mathrm{d}\gamma/\mathrm{d}t}{\mathrm{d}R_{\mathrm{L}}/\mathrm{d}t}=-\frac{\dfrac{L\cos\sigma}{mV}-\left(\dfrac{g}{V}-\dfrac{V}{r}\right)\cos\gamma}{V\cos\gamma\cos\zeta} \tag{5-289}$$

$$\frac{\mathrm{d}\psi}{\mathrm{d}R_{\mathrm{L}}}=\frac{\mathrm{d}\psi/\mathrm{d}t}{\mathrm{d}R_{\mathrm{L}}/\mathrm{d}t}=-\frac{\dfrac{L\sin\sigma}{mV\cos\gamma}+\dfrac{V}{r}\cos\gamma\sin\psi\tan\phi}{V\cos\gamma\cos\zeta} \tag{5-290}$$

设 ψ_{w} 的变化率较其他状态量的变化率而言可以忽略不计，故 $\dot{\zeta}=-\dot{\psi}$。因此，式(5－288)变为

$$L_1=-\frac{\mathrm{d}\gamma/\mathrm{d}R_{\mathrm{L}}}{\cos^2\gamma\cos\zeta}+\frac{\mathrm{d}\psi/\mathrm{d}R_{\mathrm{L}}\sin\zeta\tan\gamma}{\cos^2\zeta} \tag{5-291}$$

将式(5－289)、式(5－290)代入式(5－291)可得

$$\begin{aligned}L_1&=\frac{\dfrac{L\cos\sigma}{mV}-\left(\dfrac{g}{V}-\dfrac{V}{r}\right)\cos\gamma}{V\cos^3\gamma\cos^2\zeta}-\frac{\dfrac{L\sin\sigma}{mV\cos\gamma}+\dfrac{V}{r}\cos\gamma\sin\psi\tan\phi}{V\cos\gamma\cos^3\zeta}\sin\zeta\tan\gamma\\&=\frac{\dfrac{L\cos\sigma}{mV^2}-\left(\dfrac{g}{V^2}-\dfrac{1}{r}\right)\cos\gamma}{\cos^3\gamma\cos^2\zeta}-\frac{\dfrac{L\sin\sigma}{mV^2}+\dfrac{1}{r}\cos^2\gamma\sin\psi\tan\phi}{\cos^3\gamma\cos^3\zeta}\sin\zeta\sin\gamma\end{aligned}$$

$$= \frac{\frac{L}{m}(\cos\sigma - \sin\zeta\sin\gamma\sin\sigma)}{V^2\cos^3\gamma\cos^2\zeta} - \frac{\left(\frac{gr}{V^2} - 1\right)\frac{1}{\cos\gamma} + \sin\psi\tan\phi\sin\zeta\sin\gamma}{\cos\gamma\cos^2\zeta} \tag{5-292}$$

利用式(5 - 292),可以得到剖面上各点的升力为

$$L = m\frac{L_1V^2\cos^3\gamma\cos^2\zeta + \left(g - \frac{V^2}{r}\right)\cos\gamma + \frac{V^2}{r}\cos^2\gamma\sin\psi\tan\phi\sin\zeta\sin\gamma}{\cos\sigma - \sin\zeta\sin\gamma\sin\sigma} \tag{5-293}$$

定义

$$\begin{cases} A_1 = V^2\cos^3\gamma\cos^2\zeta \\ A_2 = g\cos\gamma + \frac{V^2}{r}(\cos^2\gamma\sin\psi\tan\phi\sin\zeta\sin\gamma - \cos\gamma) \\ A_3 = \cos\sigma - \sin\zeta\sin\gamma\sin\sigma \end{cases} \tag{5-294}$$

则有

$$L = m\frac{A_1L_1 + A_2}{A_3} \tag{5-295}$$

因此,当给定倾侧角后,结合当前飞行器运动状态便可得到 A_1、A_2、A_3,进而得到升力;同时由于升力是攻角的函数,可采用数值方法求得攻角。值得注意的是,由于攻角是从函数 $F(R_L)$ 的二阶导数中求得的,因此攻角的一阶导数即变化率是连续的,这对控制系统是非常有利的。

最后,为确定飞行剖面,必须求出函数 $F(R_L)$ 中的系数。由于 $F(R_L)$ 为五阶多项式,因此有 6 个未知系数需要求解,需要构建 6 个方程。

首先,由于初始高度和终端高度已知,根据式(5 - 281)可以得到两个方程

$$e^{-\beta h_0} = a_6R_{L0}^5 + a_5R_{L0}^4 + a_4R_{L0}^3 + a_3R_{L0}^2 + a_2R_{L0} + a_1 \tag{5-296}$$

$$e^{-\beta h_f} = a_6R_{Lf}^5 + a_5R_{Lf}^4 + a_4R_{Lf}^3 + a_3R_{Lf}^2 + a_2R_{Lf} + a_1 \tag{5-297}$$

另外,由于初始飞行路径角和终端飞行路径角已知,根据式(5 - 286)和式(5 - 287)可以得到两个方程

$$-\frac{\tan\gamma_0}{\cos\zeta_0} = -\frac{F'(R_{L0})}{\beta F(R_{L0})} \tag{5-298}$$

$$-\frac{\tan\gamma_f}{\cos\zeta_f} = -\frac{F'(R_{Lf})}{\beta F(R_{Lf})} \tag{5-299}$$

假设 $\cos\zeta \approx 1$,则式(5 - 298)和式(5 - 299)可改写为如下形式:

$$\beta\tan\gamma_0 = \frac{5a_6R_{L0}^4 + 4a_5R_{L0}^3 + 3a_4R_{L0}^2 + 2a_3R_{L0} + a_2R_{L0}}{a_6R_{L0}^5 + a_5R_{L0}^4 + a_4R_{L0}^3 + a_3R_{L0}^2 + a_2R_{L0} + a_1} \tag{5-300}$$

$$\beta\tan\gamma_{\mathrm{f}}=\frac{5a_6R_{\mathrm{L0}}^4+4a_5R_{\mathrm{L0}}^3+3a_4R_{\mathrm{L0}}^2+2a_3R_{\mathrm{L0}}+a_2R_{\mathrm{L0}}}{a_6R_{\mathrm{Lf}}^5+a_5R_{\mathrm{Lf}}^4+a_4R_{\mathrm{Lf}}^3+a_3R_{\mathrm{Lf}}^2+a_2R_{\mathrm{Lf}}+a_1}\tag{5-301}$$

整理以上两式,可得如下第三个和第四个方程:

$$a_6\left(R_{\mathrm{L0}}^5-\frac{5R_{\mathrm{L0}}^4}{\beta\tan\gamma_0}\right)+a_5\left(R_{\mathrm{L0}}^4-\frac{4R_{\mathrm{L0}}^3}{\beta\tan\gamma_0}\right)+a_4\left(R_{\mathrm{L0}}^3-\frac{3R_{\mathrm{L0}}^2}{\beta\tan\gamma_0}\right)+$$

$$a_3\left(R_{\mathrm{L0}}^2-\frac{2R_{\mathrm{L0}}}{\beta\tan\gamma_0}\right)+a_2\left(R_{\mathrm{L0}}-\frac{1}{\beta\tan\gamma_0}\right)+a_1=0\tag{5-302}$$

$$a_6\left(R_{\mathrm{Lf}}^5-\frac{5R_{\mathrm{Lf}}^4}{\beta\tan\gamma_{\mathrm{f}}}\right)+a_5\left(R_{\mathrm{Lf}}^4-\frac{4R_{\mathrm{Lf}}^3}{\beta\tan\gamma_{\mathrm{f}}}\right)+a_4\left(R_{\mathrm{Lf}}^3-\frac{3R_{\mathrm{Lf}}^2}{\beta\tan\gamma_{\mathrm{f}}}\right)+$$

$$a_3\left(R_{\mathrm{Lf}}^2-\frac{2R_{\mathrm{Lf}}}{\beta\tan\gamma_{\mathrm{f}}}\right)+a_2\left(R_{\mathrm{Lf}}-\frac{1}{\beta\tan\gamma_{\mathrm{f}}}\right)+a_1=0\tag{5-303}$$

此外,定义

$$\begin{cases}R_{\mathrm{L1}}=R_{\mathrm{L0}}-\dfrac{1}{3}(R_{\mathrm{L0}}-R_{\mathrm{Lf}})\\[2ex] R_{\mathrm{L2}}=R_{\mathrm{L0}}-\dfrac{2}{3}(R_{\mathrm{L0}}-R_{\mathrm{Lf}})\end{cases}\tag{5-304}$$

类似于式(5－296),可以得到另外两个方程

$$\mathrm{e}^{-\beta h_1}=a_6R_{\mathrm{L1}}^5+a_5R_{\mathrm{L1}}^4+a_4R_{\mathrm{L1}}^3+a_3R_{\mathrm{L1}}^2+a_2R_{\mathrm{L1}}+a_1\tag{5-305}$$

$$\mathrm{e}^{-\beta h_2}=a_6R_{\mathrm{L2}}^5+a_5R_{\mathrm{L2}}^4+a_4R_{\mathrm{L2}}^3+a_3R_{\mathrm{L2}}^2+a_2R_{\mathrm{L2}}+a_1\tag{5-306}$$

式中,h_1 和 h_2 为待定值。

定义 $\tilde{\boldsymbol{A}}=[a_6,a_5,a_4,a_3,a_2,a_1]^{\mathrm{T}}$,则式(5－282)中的系数可以解析求得

$$\tilde{\boldsymbol{A}}=\tilde{\boldsymbol{X}}_{\mathrm{A}}^{-1}\tilde{\boldsymbol{Y}}_{\mathrm{A}}\tag{5-307}$$

其中

$$\tilde{\boldsymbol{X}}_{\mathrm{A}}=\begin{bmatrix} R_{\mathrm{L0}}^5 & R_{\mathrm{L0}}^4 & R_{\mathrm{L0}}^3 & R_{\mathrm{L0}}^2 & R_{\mathrm{L0}} & 1\\ R_{\mathrm{L1}}^5 & R_{\mathrm{L1}}^4 & R_{\mathrm{L1}}^3 & R_{\mathrm{L1}}^2 & R_{\mathrm{L1}} & 1\\ R_{\mathrm{L2}}^5 & R_{\mathrm{L2}}^4 & R_{\mathrm{L2}} & R_{\mathrm{L2}} & R_{\mathrm{L2}} & 1\\ R_{\mathrm{Lf}}^5 & R_{\mathrm{Lf}}^4 & R_{\mathrm{Lf}} & R_{\mathrm{Lf}} & R_{\mathrm{Lf}} & 1\\ R_{\mathrm{L0}}^5-\dfrac{5R_{\mathrm{L0}}^4}{\beta\tan\gamma_0} & R_{\mathrm{L0}}^4-\dfrac{4R_{\mathrm{L0}}^3}{\beta\tan\gamma_0} & R_{\mathrm{L0}}^3-\dfrac{3R_{\mathrm{L0}}^2}{\beta\tan\gamma_0} & R_{\mathrm{L0}}^2-\dfrac{2R_{\mathrm{L0}}}{\beta\tan\gamma_0} & R_{\mathrm{L0}}-\dfrac{1}{\beta\tan\gamma_0} & 1\\ R_{\mathrm{Lf}}^5-\dfrac{5R_{\mathrm{Lf}}^4}{\beta\tan\gamma_{\mathrm{f}}} & R_{\mathrm{Lf}}^4-\dfrac{4R_{\mathrm{Lf}}^3}{\beta\tan\gamma_{\mathrm{f}}} & R_{\mathrm{Lf}}^3-\dfrac{3R_{\mathrm{Lf}}^2}{\beta\tan\gamma_{\mathrm{f}}} & R_{\mathrm{Lf}}^2-\dfrac{2R_{\mathrm{Lf}}}{\beta\tan\gamma_{\mathrm{f}}} & R_{\mathrm{Lf}}-\dfrac{1}{\beta\tan\gamma_{\mathrm{f}}} & 1\end{bmatrix}\tag{5-308}$$

$$\tilde{\boldsymbol{Y}}_{\mathrm{A}}=[\mathrm{e}^{-\beta h_0},\mathrm{e}^{-\beta h_1},\mathrm{e}^{-\beta h_2},\mathrm{e}^{-\beta h_{\mathrm{f}}},0,0]^{\mathrm{T}}\tag{5-309}$$

综上所述,确定飞行剖面仅需给出如下两个参数:

$$U = [h_1, h_2]^{\mathrm{T}} \tag{5-310}$$

2. 滑翔段解析解推导

(1) 运动状态解析解。

由于滑翔段高度已定义为剩余射程的函数,以剩余射程为自变量,滑翔段高度的解析解为

$$h = f(R_{\mathrm{L}}) = -\frac{1}{\beta}\ln F(R_{\mathrm{L}}) \tag{5-311}$$

假设滑翔段中航向角偏差和飞行路径角为小量,则

$$\begin{cases}\cos\zeta \approx 1 \\ \cos\gamma \approx 1 \\ \sin\gamma \approx \gamma\end{cases} \tag{5-312}$$

滑翔段飞行路径角的解析解为

$$\gamma = -f'(R_{\mathrm{L}}) = \frac{1}{\beta}\frac{5a_6R_{\mathrm{L0}}^4 + 4a_5R_{\mathrm{L0}}^3 + 3a_4R_{\mathrm{L0}}^2 + 2a_3R_{\mathrm{L0}} + a_2R_{\mathrm{L0}}}{a_6R_{\mathrm{L0}}^5 + a_5R_{\mathrm{L0}}^4 + a_4R_{\mathrm{L0}}^3 + a_3R_{\mathrm{L0}}^2 + a_2R_{\mathrm{L0}} + a_1} \tag{5-313}$$

根据动力学方程可得

$$\frac{\mathrm{d}V}{\mathrm{d}h} = \frac{-\dfrac{D}{m} - g\sin\gamma}{V\sin\gamma} \tag{5-314}$$

在滑翔段,阻力加速度通常远大于重力加速度沿速度方向的分量,因此式(5 - 314)可改写为

$$\frac{\mathrm{d}V}{\mathrm{d}h} = \frac{-\dfrac{\rho V^2}{2m}c_{\mathrm{D}}S_{\mathrm{ref}} - g\sin\gamma}{V\sin\gamma} = -\frac{c_{\mathrm{D}}S_{\mathrm{ref}}\rho_0}{2m}\frac{V\mathrm{e}^{-\beta h}}{\gamma} \tag{5-315}$$

由上式可得

$$\frac{1}{V}\mathrm{d}V = -\tau_{\mathrm{D}}\frac{\mathrm{e}^{-\beta h}}{\gamma}\mathrm{d}h \tag{5-316}$$

其中

$$\tau_{\mathrm{D}} = \frac{c_{\mathrm{D}}S_{\mathrm{ref}}\rho_0}{2m} \tag{5-317}$$

假设阻力系数 c_x 在滑翔段为常值,则根据式(5 - 316)可得

$$\int\frac{1}{V}\mathrm{d}V = \tau_{\mathrm{D}}\int\frac{\mathrm{e}^{-\beta h}}{-\gamma}\mathrm{d}h + C_{\mathrm{V}} = \tau_{\mathrm{D}}\int\mathrm{e}^{-\beta h}\mathrm{d}R_{\mathrm{L}} + C_{\mathrm{V}} \tag{5-318}$$

式中,C_{V} 为积分常数。

通过定义如式(5 - 10)所示的滑翔段飞行剖面,式(5 - 318)变为

$$\ln V = \tau\int\mathrm{e}^{-\beta\left[-\frac{1}{\beta}\ln F(R_{\mathrm{L}})\right]}\mathrm{d}R_{\mathrm{L}} + C_{\mathrm{V}} = \tau\int F(R_{\mathrm{L}})\mathrm{d}R_{\mathrm{L}} + C_{\mathrm{V}} \tag{5-319}$$

积分常数 C_V 如下：

$$C_V = \ln V_0 - \tau_D \sum_{i=1}^{6} \frac{a_i}{i} R_{L0}^i \tag{5-320}$$

因此，滑翔段速度的解析解为

$$V = V_0 \exp\left[\tau_D \sum_{i=1}^{6} \frac{a_i (R_L^i - R_{L0}^i)}{i}\right] \tag{5-321}$$

另外，由于 $R_{Lf} = 0$，终端速度为

$$V_f = V_0 \exp\left(-\tau_D \sum_{i=1}^{6} \frac{a_i}{i} R_{L0}^i\right) \tag{5-322}$$

由滑翔段速度的解析解可知，滑翔段中速度仅是剩余射程的函数。因此，若要满足 $V_f = V_{fc}$，必须对剩余射程进行控制。设满足 $V_f = V_{fc}$ 的剩余射程为 R_{Lw}，则有

$$\ln V_{fc} = \ln V_0 - \tau_D \sum_{i=1}^{6} \frac{a_i}{i} R_{Lw}^i \tag{5-323}$$

通过求解如下方程即可得到 R_{Lw}：

$$\frac{\ln V_0 - \ln V_{fc}}{\tau_D} = \sum_{i=1}^{6} \frac{a_i R_{Lw}^i}{i} \tag{5-324}$$

(2) 过程约束解析解。

根据动压的计算公式，滑翔段动压的解析表达式为

$$q = \frac{\rho V^2}{2} = \frac{\rho_0 V_0^2}{2} \exp(2\tau_D f_R - \beta h) \tag{5-325}$$

其中

$$f_R = \sum_{i=1}^{6} \frac{a_i (R_L^i - R_{Lw}^i)}{i} \tag{5-326}$$

同时，驻点热流的解析解为

$$q_s = k_s V_0^{3.15} \sqrt{\rho_0 F(R_L)} \cdot \exp(3.15 \tau_D f_R) \tag{5-327}$$

由于 $\cos\zeta = \cos\gamma = 1$，根据式(5－293)，滑翔段升力可解析表示为

$$L = m \frac{L_1 V^2 \cos^3\gamma \cos^2\zeta + g\cos\gamma}{(\cos\sigma - \sin\zeta \sin\gamma \sin\sigma)} = m \frac{L_1 V^2 + g}{\cos\sigma} \tag{5-328}$$

取 $\sigma = \sigma_{max}$，则根据式(5－328)同样可以预估弹道上各点的攻角，进而得到滑翔段过程中最大攻角。

根据式(5－328)，滑翔段法向过载的解析表达式为

$$N_{Lv} = \frac{L}{mg} = \frac{V^2 L_1/g + 1}{\cos\sigma} \frac{1 + V^2 f''(R_L)/g}{\cos\sigma_{max}} = \frac{1 + f''(R_L) V_0^2 \exp(2\tau_D f_R)/g}{\cos\sigma_{max}} \tag{5-329}$$

最大动压出现的位置可由 $\mathrm{d}q/\mathrm{d}R_{\mathrm{L}}=0$ 求得，考虑到 $\mathrm{d}V/\mathrm{d}R_{\mathrm{L}}=V\tau_{\mathrm{D}}F(R_{\mathrm{L}})$，由动压解析解可得

$$F'(R_{\mathrm{L}})+2\tau_{\mathrm{D}}F^{2}(R_{\mathrm{L}})=0 \tag{5-330}$$

最大驻点热流出现的位置可由 $\mathrm{d}q_{\mathrm{s}}/\mathrm{d}R_{\mathrm{L}}=0$ 求得，由驻点热流解析解可得

$$\frac{F'(R_{\mathrm{L}})}{2F(R_{\mathrm{L}})}+3.15\tau_{\mathrm{D}}f'_{\mathrm{R}}=0 \tag{5-331}$$

最大法向过载出现的位置可由 $\mathrm{d}N_{\mathrm{Lv}}/\mathrm{d}R_{\mathrm{L}}=0$ 求得，由法向过载解析解可得

$$2\tau_{\mathrm{D}}F(R_{\mathrm{L}})f''(R_{\mathrm{L}})+f'''(R_{\mathrm{L}})=0 \tag{5-332}$$

求解式(5－330)～(5－332)，即可求出滑翔段中的最大动压、最大驻点热流和最大法向过载。

(3) 性能指标解析解。

由式(5－293)可知，升力大小由函数 $f(R_{\mathrm{L}})$ 的二阶导数决定；因此在满足终端约束条件的前提下，若能使 $f''(R_{\mathrm{L}})$ 尽量小，则需用过载和攻角会更小。因此设计性能指标如下：

$$\min J_{\mathrm{glide}}=\max(|f''(R_{\mathrm{L}})|) \tag{5-333}$$

欲求 $|f''(R_{\mathrm{L}})|$ 的最大值，可令 $f'''(R_{\mathrm{L}})=0$；由式(5－284)可得

$$f'''(R_{\mathrm{L}})=\frac{\mathrm{d}}{\mathrm{d}R_{\mathrm{L}}}\left[\frac{F'(R_{\mathrm{L}})F'(R_{\mathrm{L}})-F''(R_{\mathrm{L}})F(R_{\mathrm{L}})}{\beta F^{2}(R_{\mathrm{L}})}\right]=\frac{F^{2}(R_{\mathrm{L}})G_{1}-2G_{2}}{\beta F^{4}(R_{\mathrm{L}})} \tag{5-334}$$

其中

$$\begin{cases}G_{1}=F'(R_{\mathrm{L}})F''(R_{\mathrm{L}})-F(R_{\mathrm{L}})F'''(R_{\mathrm{L}})\\G_{2}=[F'(R_{\mathrm{L}})]^{3}-F''(R_{\mathrm{L}})F'(R_{\mathrm{L}})F(R_{\mathrm{L}})\end{cases} \tag{5-335}$$

求解方程 $F^{2}(R_{\mathrm{L}})G_{1}-2G_{2}$，即得到 $f(R_{\mathrm{L}})$ 二阶导数的极值，进而解析得到性能指标 J_{glide} 的值。

式(5－315)中，认为阻力加速度通常远大于重力加速度沿速度方向的分量。设飞行器阻力系数 $c_{\mathrm{D}}=0.2$，飞行路径角为0.1 deg，飞行高度为40 km，飞行速度为4 000 m/s，飞行器特征面积为2.0 m^{2}，质量800 kg。通过计算可得，重力沿速度方向的分量仅为13.5 N，而此时阻力大小为14 080 N。相比之下，重力沿速度方向的分量仅为阻力的1/1 000，因此该假设成立。

3. 滑翔段弹道在线生成方法

(1) 最优纵向剖面在线计算方法。

最优剖面设计问题如下：

① 约束条件：动压、驻点热流、法向过载；

② 性能指标：最小需用过载；

③ 设计变量：$\boldsymbol{U}=[h_1,h_2]^{\mathrm{T}}$，取值范围为 $\boldsymbol{U}_{1,2}\in(h_{\mathrm{fc}},h_0)$。

终端高度约束和路径角约束已考虑在剖面设计过程中，可自动满足，而终端速度约束可通过对剩余航程进行控制来满足，属于侧向弹道设计。因此，上述纵向弹道优化问题实际上是一个带有不等式约束的双参数寻优问题。由于过程约束和性能指标均可解析求得，因此求解该优化问题时无须数值积分，能够保证在线求解效率。

这类只含有表达式约束的优化问题可采用许多优化算法来解决，如内点法、外点法、粒子群优化算法等。

(2) 侧向机动弹道在线规划方法。

终端高度约束和路径角约束已考虑在剖面设计过程中，可自动满足；若要满足终端速度约束，则必须对剩余航程进行控制。一般来说，飞行器的初始剩余航程是不等于期望剩余航程的，因此需要通过横向机动在侧向运动平面中耗散速度，使当前运动状态与期望剩余航程匹配。

横向机动是通过倾侧角实现的，设计倾侧角为航向角偏差的函数，即

$$\sigma=\frac{\zeta\sigma_{\max}}{\zeta_{\mathrm{m}}}-\exp(-k_\sigma\Delta t)\left(\frac{\zeta\sigma_{\max}}{\zeta_{\mathrm{m}}}-\sigma_0\right)\tag{5-336}$$

式中，ζ_{m} 为给定正数；k_σ 为待定正数；设 t_0 为倾侧角翻转时刻，则 $\Delta t=t-t_0$ 且 $\sigma_0=\sigma(t_0)$。当 $t=t_0$ 时，$\sigma=\sigma_0$；当 t 足够大时，σ 由航向偏差 ζ 决定。

根据约束条件 $|\dot{\sigma}|\dot{\sigma}_{\max}$ 可得

$$\left|\frac{\mathrm{d}\sigma}{\mathrm{d}t}\right|=k_\sigma\exp(-k_\sigma\Delta t)\left|\frac{\zeta\sigma_{\max}}{\zeta_{\mathrm{m}}}-\sigma_0\right|k_\sigma\left|\frac{\zeta\sigma_{\max}}{\zeta_{\mathrm{m}}}-\sigma_0\right|\dot{\sigma}_{\max}\tag{5-337}$$

定义 $K_\sigma=\zeta\sigma_{\max}/\zeta_{\mathrm{m}}-\sigma_0$，因此 $k_\sigma\dot{\sigma}_{\max}/|K_\sigma|$。设 $k_\sigma=0.8\dot{\sigma}/|K_\sigma|$。利用式(5－336)，不仅可以消除航向角偏差，保证到达目标点，还可以直接对倾侧角变化率进行控制。

(3) 滑翔段三维弹道在线生成方法。

由于速度是剩余航程的函数，因此可以通过控制横向机动对剩余航程进行调整，从而满足终端速度约束。

首先，引入虚拟目标点的概念。如图 5－19 所示，其中 p_1 为飞行器当前位置，p_2 为虚拟目标，p_3 为实际目标。R_{12} 为 p_1 到 p_2 的航程，R_{23} 为 p_3 到 p_2 的航程，R_{13} 为 p_1 到 p_3 的航程。在滑翔段，飞行器首先向 p_2 飞行，经过 p_2 后再向 p_3 飞行。

综上所述，控制剩余航程的关键在于 p_2 的选择。虚拟目标 p_2 的选择必须满足 $R_{12}+R_{23}=R_{\mathrm{Lw}}$，根据式(5－261)可得

$$\begin{cases}\psi_{12}=\arccos\left(\dfrac{\sin\phi_{\mathrm{V}}-\sin\phi\cos\mu}{\cos\phi\sin\mu}\right)\\ \mu_{12}=\arccos(\sin\phi_{\mathrm{V}}\sin\phi+\cos\phi_{\mathrm{T}}\cos\phi\cos(\theta_{\mathrm{V}}-\theta))\end{cases}\tag{5-338}$$

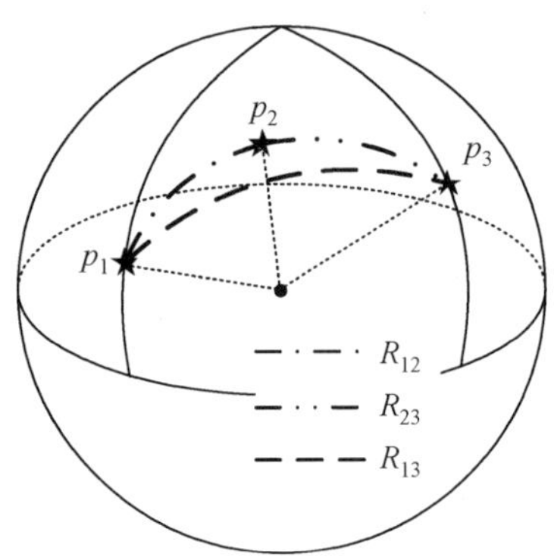

图 5 - 19　基于虚拟目标的侧向机动策略

式中，θ_{V} 和 ϕ_{V} 表示虚拟目标的经纬度；ψ_{12} 为指向虚拟目标点的期望航向角。

令 $R_{12} = R_{23} = R_{\mathrm{Lw}}/2$，根据球面三角形定理可得

$$\begin{cases} \psi_{12} = \psi_{13} + \arccos \dfrac{R_{13}}{R_{\mathrm{Lw}}} \\ \mu_{12} = \dfrac{R_{\mathrm{Lw}}}{2R_{\mathrm{e}}} \end{cases} \tag{5-339}$$

式中，$\psi_{13} = \psi_{\mathrm{w}}$ 表示经过虚拟目标点相对目标的期望航向角。

因此，虚拟目标点的位置为

$$\begin{cases} \phi_{\mathrm{V}} = \arcsin(\cos\phi \sin\mu_{12} \cos\psi_{12} + \sin\phi \cos\mu_{12}) \\ \theta_{\mathrm{V}} = \arccos\left(\dfrac{\cos\mu_{12} - \sin\phi_{\mathrm{V}} \sin\phi}{\cos\phi_{\mathrm{T}} \cos\phi}\right) + \theta \end{cases} \tag{5-340}$$

上述方法是在 $R_{12} + R_{23} = R_{\mathrm{Lw}}$ 的基础上获得的，并认为飞行器在通过 p_2 时瞬间将航向角调整至 ψ_{13}。实际上航向角是不能突变的，飞行器在通过 p_2 后将平缓地转弯至 ψ_{13} 方向，故实际剩余航程将大于 R_{Lw}。为解决上述问题，可在线反复更新 p_2；随着剩余航程的减少，从 p_1p_2 到 p_2p_3 的过渡将越来越平滑，对剩余航程的控制也更精确。

另外，由于滑翔段中存在诸多干扰因素，如初始运动状态偏差、气动力偏差和大气模型偏差，必须对飞行弹道进行在线重构，以保证终端精度。通过对纵向平面和侧向虚拟点在线更新，可以构建一种在线弹道生成方法。

设滑翔段起点到当前位置的航程为 R_{cov}，弹道更新时刻 R_{cov} 的值为 R_{gui}；初始化$R_{\mathrm{gui}} = 0$，设在线更新周期为 ΔR_{cov}。

如图 5 - 20 所示，在线弹道生成方法具体如下所示。

① 飞行剖面重构。

(1a) 计算期望剩余航程 R_{Lw} 和虚拟目标点 p_2；

（ⅰ）用式(5 - 324) 计算 R_{Lw}；

（ⅱ）用式(5 - 340) 计算 p_2；

(1b) 根据当前高度和飞行路径角更新纵向剖面，方法如下：

（ⅰ）更新参数 τ_D；

（ⅱ）在名义剖面上根据式(5 - 304) 选取两个点：R_{L1} 和 R_{L2}；

（ⅲ）用式(5 - 281) 计算 R_{L1} 和 R_{L2} 对应的高度值 h_1 和 h_2；

（ⅳ）用式(5 - 307) 求解系数 $\tilde{\boldsymbol{A}}$，得到新飞行剖面；

（ⅴ）为保证满足过程约束和弹道的最优性，每 5 个更新周期($5\Delta R_{cov}$) 根据当前运动状态重新求解一次最优纵向剖面。

② 飞行指令计算。

(2a) 根据当前运动状态和高度 - 剩余航程剖面，计算攻角指令及气动力；

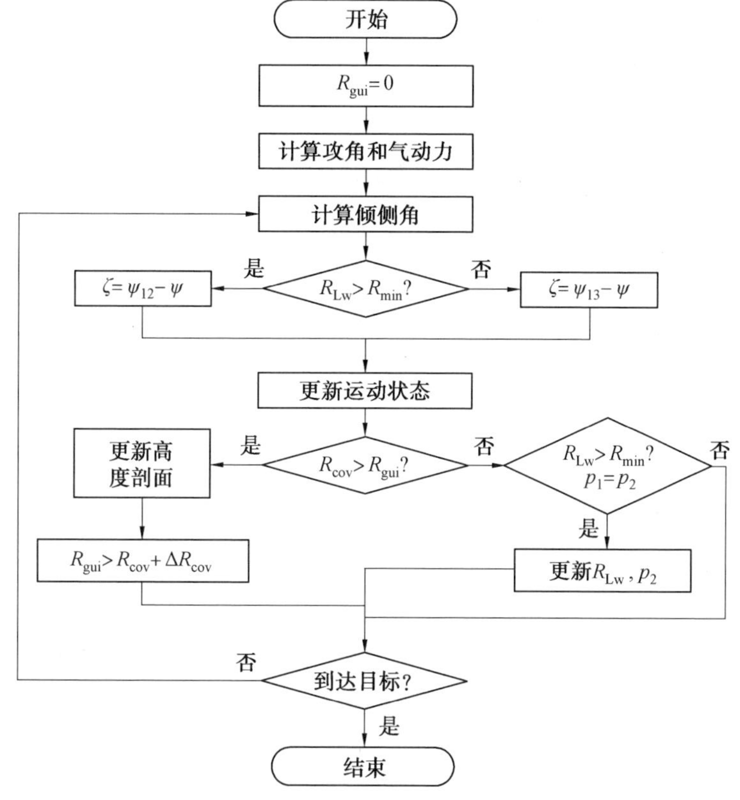

图 5 - 20　滑翔段在线弹道生成流程

(2b) 根据式(5 - 336) 计算倾侧角指令；若 $R_{Lw}>R_{min}$，则令 $\zeta=\psi_{12}-\psi$，否则令 $\zeta=\psi_{13}-\psi$，即在 $R_{Lw}>R_{min}$ 之前飞行器始终向虚拟目标点飞行；

③ 更新运动状态。

④ 根据航程判断。若 $R_{cov} > R_{gui}$，令 $R_{gui} = R_{cov} + \Delta R_{cov}$ 并转至步骤(1b)，否则进行下一步。

⑤ 根据位置判断。若飞行器已到达虚拟目标点且 $R_{Lw} > R_{min}$，则执行步骤(1a)，否则执行步骤②，同时当 $R_{Lw} < R_{min}$ 后不再更新纵向剖面。

本章小结

弹道设计是本书的主要内容，也是使用弹道学知识解决实际问题的关键。远程火箭的各飞行段具有各自独特之处，因此在弹道设计方法上需要分别加以研究。本章分别对主动段、自由段、再入段和滑翔段的弹道设计方法进行了介绍；实际上，能够完成弹道设计的方法还有很多，本章仅以常见的几种予以介绍和分析。

课后习题

现有一枚弹道导弹刚完成主动段飞行，关机点高度为 180 km，速度为 6 600 m/s，当地弹道倾角为4°。现欲沿当前速度方向施加速度脉冲，使该导弹的自由段射程达到8 000 km。计算速度脉冲施加方向和大小。

第 6 章

远程火箭的弹道优化理论

6.1 最优控制问题的一般描述

从数学本质上看，弹道优化问题可以抽象为在微分方程、代数方程、不等式约束以及等式约束的共同作用下，求解泛函极值的最优控制问题。而最优控制问题则是为了解决如何在给定条件（如初始条件、约束条件、函数关系等）下，寻找出一种能够使动态系统从初始状态转移到终端状态，同时保证系统的某一项或几项性能指标（目标函数）达到某种最优意义上的最优（最大或最小）值。

综上，最优控制问题的数学模型可以描述为：确定容许控制 $\boldsymbol{u} \in \mathbf{R}^m$ 和参量 $\boldsymbol{p} \in \mathbf{R}^n$，在满足诸多过程约束条件的前提下，使由一个微分方程组确定的动态系统从初始状态过渡到终端状态，同时使指标函数达到最小值，即

$$\min \quad J = M_{\mathrm{J}}(\boldsymbol{x}(t_{\mathrm{f}}), t_{\mathrm{f}}, \boldsymbol{p}) + \int_{t_0}^{t_{\mathrm{f}}} L_{\mathrm{J}}(\boldsymbol{x}, \boldsymbol{u}, \boldsymbol{p}, t)\,\mathrm{d}t$$

$$\text{s.t.} \quad \begin{aligned} &\dot{\boldsymbol{x}} = \boldsymbol{f}(\boldsymbol{x}, \boldsymbol{u}, \boldsymbol{p}, t) \\ &\boldsymbol{c}(\boldsymbol{x}, \boldsymbol{u}, \boldsymbol{p}, t) = \mathbf{0} \\ &\boldsymbol{d}(\boldsymbol{x}, \boldsymbol{u}, \boldsymbol{p}, t) \leqslant \mathbf{0} \\ &\boldsymbol{x}(t_0) = \boldsymbol{x}_0 \\ &\boldsymbol{\psi}(\boldsymbol{x}(t_{\mathrm{f}}), \boldsymbol{p}) = \mathbf{0} \end{aligned} \tag{6-1}$$

1. 变量 $\boldsymbol{x},\boldsymbol{u},\boldsymbol{p},t$

矢量 $\boldsymbol{x}$ 为系统的状态变量，即远程火箭的运动状态，如位置、速度、姿态、质量等，例如：

$$\boldsymbol{x} = [x_L, y_L, z_L, v_{xL}, v_{yL}, v_{zL}, m]^T \tag{6-2}$$

式中，x_L、y_L 和 z_L 表示发射系下的位置；v_{xL}、v_{yL} 和 v_{zL} 表示发射系下的速度；m 表示飞行器的质量。

矢量 $\boldsymbol{u}$ 为控制变量，即远程火箭的弹道设计变量，如俯仰角、偏航角、攻角、倾侧角等，例如：

$$\boldsymbol{u}(t) = [\alpha(t), \sigma(t)]^T \tag{6-3}$$

式中，α 和 σ 分别为攻角和倾侧角。

矢量 $\boldsymbol{p}$ 为控制参量，主要指除控制变量外影响远程火箭弹道的关键参数，如级间滑翔时间、推重比、质量比、长细比等。有时终端时刻 t_f 并非是固定不变的，因此有时 t_f 也会作为优化参量，例如：

$$\boldsymbol{p} = [\alpha_m, t_{12}, t_f]^T \tag{6-4}$$

式中，α_m 表示最大攻角；t_{12} 表示主动段一／二级级间滑翔时间。

标量 t 作为弹道微分方程以及飞行程序角的自变量，表示远程火箭的飞行时间。实际上，弹道微分方程可以采用其他变量作为自变量。

2. 函数 J

标量 J 为系统的性能指标函数。上文指出，弹道优化问题实际上就是求解泛函①极值的最优控制问题，因此 J 是一个标量。J 由末值型性能指标函数 M_J 和积分型性能指标函数组成，其中 $L_J(\boldsymbol{x},\boldsymbol{u},\boldsymbol{p},t)$ 表示被积函数。

当 J 中只含有末值型指标函数时，称之为梅耶(Mayer)型指标函数，反映性能指标与终端状态有关，例如希望使终端速度最大，有

$$J = \frac{1}{V_f} \tag{6-5}$$

当 J 中只含有积分型指标函数时，称其为拉格朗日(Lagrange)型指标函数，反映性能指标与系统的平均变化过程有关，例如希望使总吸热量最小，有

$$J = \int_{t_0}^{t_f} (q_{avg} S_{ref})\,\mathrm{d}t \tag{6-6}$$

式中，q_{avg} 为平均热流；S_{ref} 为特征面积。

当 J 中同时含有末值型和积分型指标函数时，称之为鲍尔扎(Bolza)型指标函数。

---

① 泛函可简单理解为从任意向量空间到一维标量的映射，即从函数空间到数域的映射。

3. 函数 $\boldsymbol{f},\boldsymbol{c},\boldsymbol{d}$

$\boldsymbol{f}(\boldsymbol{x},\boldsymbol{u},\boldsymbol{p},t)$ 表示系统状态方程，即弹道微分方程，例如：

$$\boldsymbol{f}=\begin{bmatrix}\dot{V}\\ \dot{\gamma}\\ \dot{r}\\ \dot{m}\end{bmatrix}=\begin{bmatrix}(P\cos\alpha-D)/m-g\\ (L+P\sin\alpha)/(mV)-(g/V-V/r)\cos\gamma\\ V\sin\gamma\\ -P/(I_{sp}g)\end{bmatrix}\tag{6-7}$$

$\boldsymbol{c}(\boldsymbol{x},\boldsymbol{u},\boldsymbol{p},t)$ 表示系统的等式约束，如一级关机高度、滑翔弹起滑高度、三级关机速度、控制约束等：

$$\boldsymbol{c}=\begin{bmatrix}h_{k1}-h_{c1}\\ h_{hx}-h_{c2}\end{bmatrix}=\boldsymbol{0}\tag{6-8}$$

式中，h_{k1} 为一级关机高度；h_{hx} 为起滑点高度；h_{c1} 和 h_{c2} 表示相应的期望值。

$\boldsymbol{d}(\boldsymbol{x},\boldsymbol{u},\boldsymbol{p},t)$ 表示系统的不等式约束，如动压、热流、姿态变化率等：

$$\boldsymbol{d}=\begin{bmatrix}q_s-q_{s,\max}\\ q-q_{\max}\\ |\alpha|-\alpha_{\max}\\ |n_L|-n_{L,\max}\end{bmatrix}\quad \text{s.t. } d_1,d_2,d_3,d_4\leqslant 0\tag{6-9}$$

式中，q_s 为驻点热流；q 为飞行动压；n_L 为法向过载；下标“max”表示该过程变量允许的最大值。

4. $\boldsymbol{x}_0$ 和 $\boldsymbol{\psi}$

矢量 $\boldsymbol{x}_0$ 为状态变量的初始条件（t_0 时刻），即火箭初始运动状态。

矢量 $\boldsymbol{\psi}$ 用关于终端状态量和参量的函数来描述状态在 t_f 时刻应满足的条件，如被动段射程、弹道最大高度、被动段飞行时间等。对于 $\boldsymbol{\psi}$，有

$$\boldsymbol{\psi}=\begin{bmatrix}L_r-L_{rc}\\ \Theta_z-\Theta_{zc}\end{bmatrix}=\boldsymbol{0}\tag{6-10}$$

式中，L_r 为被动段射程；L_{rc} 为期望被动段射程；Θ_z 为再入倾角；Θ_{zc} 为期望再入倾角。显然，L_r 和 Θ_z 均是与主动段关机点速度、高度和当地弹道倾角有关的变量。

从函数形式可以看出，$\boldsymbol{\psi}$ 也属于等式约束，它和 $\boldsymbol{c}$ 的不同之处在于，$\boldsymbol{c}$ 可以显含控制量、状态量和参量，可以同时表示过程约束或终端约束；而 $\boldsymbol{\psi}$ 不显含控制量，且只用于描述系统的终端约束。

一般来说，如式(4-14)所示的关机点状态约束常归类于 $\boldsymbol{c}(\boldsymbol{x},\boldsymbol{u},\boldsymbol{p},t)$ 中。同时为了便于处理，除间接法外，在求解弹道优化问题时常常将 $\boldsymbol{\psi}$ 合并到矢量 $\boldsymbol{c}$

中，记为 $\bar{\boldsymbol{c}}$。

$$\begin{cases} V(t_{\mathrm{f}}) = V_{\mathrm{w}}(t_{\mathrm{f}}) \\ h(t_{\mathrm{f}}) = h_{\mathrm{w}}(t_{\mathrm{f}}) \end{cases} \tag{6-11}$$

式中，V 和 h 分别表示速度和高度；t_{f} 表示主动段关机时刻；下标“w”表示应达到的期望值。

严格来讲，等式约束在弹道优化问题中是无法绝对满足的，实际值和真实值间一定会存在误差，即 $\bar{\boldsymbol{c}}$ 中的每一个元素只能等于一个小量而不等于零。因此，等式约束常常被当作不等式约束（记为 $\bar{\boldsymbol{d}}$）来处理，即

$$\bar{\boldsymbol{d}} = \begin{bmatrix} \boldsymbol{d} \\ \bar{c} - \varepsilon \\ \varepsilon - \bar{c} \end{bmatrix} \leqslant \boldsymbol{0} \tag{6-12}$$

式中，ε 为小量，表示计算结果满足等式约束时的阈值。

上文在介绍弹道设计方法时，给出了发射系下的主动段弹道设计变量（记为 $\bar{\boldsymbol{u}}$）；从函数形式可以看出，$\bar{\boldsymbol{u}}$ 包含了控制量 $\boldsymbol{u}$ 和参量 $\boldsymbol{p}$。这里，$\boldsymbol{u}$ 主要指在弹道微分方程中显式影响 $\dot{\boldsymbol{x}}$ 的变量，如俯仰角和攻角；而 $\boldsymbol{p}$ 表示隐式影响弹道的变量。同理，为便于处理，在进行弹道优化设计时可将 $\boldsymbol{p}$ 合并到 $\boldsymbol{u}$ 中，而此时的 $\boldsymbol{u}$ 即为上一章中的弹道设计变量 $\bar{\boldsymbol{u}}$。

式(6－1)描述的问题经常出现在许多实际工程问题之中，这种形式的最优控制问题也称为标准非线性规划（Nonlinear Programming Planning，NLP）问题。但在很多情况下，需要解决的优化问题并不是直接按照式(6－1)所示的形式给出的，如希望某项指标达到最大值而不是最小值，过程变量具有下限约束而没有上限约束；此时则需要将原优化问题转化为NLP问题，然后使用优化算法进行求解。

一般来说，求解优化问题大致需要两步：(1)问题转化，将需要求解的优化问题转化为标准NLP问题；(2)问题求解，求解转化后的NLP问题。

如图6－1所示，总体说来，优化问题的转化方法包括直接法和间接法，而NLP问题的求解方法包括序列二次规划法（SQP）、拟牛顿法、内点法等。另外，以遗传算法、神经网络、粒子群优化算法等为代表的智能算法也常用于各种优化问题的求解，这些算法也可以作为NLP问题的求解器。

下面将分别从问题转化和问题求解两个角度，对弹道优化设计问题的求解方法展开叙述。

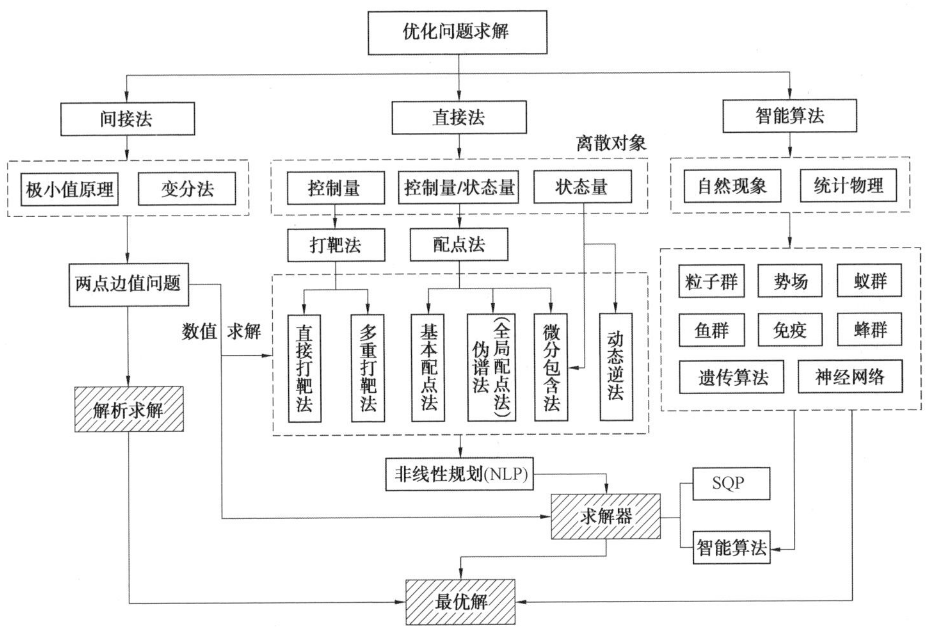

图 6－1　优化问题的基本求解方法

6.2　间 接 法

间接法是基于变分法和极小值原理的优化方法，它首先构造两点边值问题（Two-point Boundary Value Problem，TBVP），然后根据极小值原理推导最优解的一阶必要条件，最后得到控制量、协变量和状态量的最优函数形式；由于不对性能指标直接寻优，故称间接法。

在此只研究连续系统，即状态量 $\boldsymbol{x}(t)$、控制量 $\boldsymbol{u}(t)$ 和状态方程 $\boldsymbol{f}$ 均为自变量（时间 t）的连续函数。

6.2.1　变分法

变分法主要用于求解性能指标的泛函极值，由于原理简单而得到广泛应用。对于性能指标函数中的被积函数以及系统的状态方程，如果它们随自变量的变化曲线是光滑的，则在控制变量不受约束的条件下，相应的最优控制问题可以用变分法求解。

基于变分法，当不考虑终端约束时，最优控制问题可写成泛函形式，即

$$J = M_{\mathrm{J}}(\boldsymbol{x}(t_{\mathrm{f}}), t_{\mathrm{f}}, \boldsymbol{p}) + \int_{t_0}^{t_{\mathrm{f}}} L_{\mathrm{J}}(\boldsymbol{x}, \boldsymbol{u}, \boldsymbol{p}, t)\,\mathrm{d}t \tag{6-13}$$

考虑到系统的控制量和状态量必须满足该系统的状态方程，基于变分法中的拉格朗日乘子法，可以得到新的泛函，即

$$J = M_{\mathrm{J}}(\boldsymbol{x}(t_{\mathrm{f}}), t_{\mathrm{f}}, \boldsymbol{p}) + \int_{t_0}^{t_{\mathrm{f}}} \{L_{\mathrm{J}}(\boldsymbol{x}, \boldsymbol{u}, \boldsymbol{p}, t) + \boldsymbol{\lambda}^{\mathrm{T}}[\boldsymbol{f}(\boldsymbol{x}, \boldsymbol{u}, \boldsymbol{p}, t) - \dot{\boldsymbol{x}}(t)]\}\,\mathrm{d}t \tag{6-14}$$

式中，$\boldsymbol{\lambda}$ 为拉格朗日乘子向量，称为状态量的伴随变量或协态变量，其维度等于微分方程 $\boldsymbol{f}$ 的维数。

将参量 $\boldsymbol{p}$ 合并入控制量 $\boldsymbol{u}$，定义哈密顿函数

$$H(\boldsymbol{x}, \boldsymbol{u}, \boldsymbol{\lambda}, t) = L_{\mathrm{J}}(\boldsymbol{x}, \boldsymbol{u}, t) + \boldsymbol{\lambda}^{\mathrm{T}}\boldsymbol{f}(\boldsymbol{x}, \boldsymbol{u}, t) \tag{6-15}$$

同时用下标“f”代替 $t = t_{\mathrm{f}}$，则有

$$J = M_{\mathrm{J}}(\boldsymbol{x}_{\mathrm{f}}, t_{\mathrm{f}}) + \int_{t_0}^{t_{\mathrm{f}}} [H(\boldsymbol{x}, \boldsymbol{u}, \boldsymbol{\lambda}, t) - \boldsymbol{\lambda}^{\mathrm{T}}\dot{\boldsymbol{x}}]\,\mathrm{d}t \tag{6-16}$$

泛函 J 的变分为

$$\begin{aligned} \delta J = {} & \delta\boldsymbol{x}_{\mathrm{f}}^{\mathrm{T}} \frac{\partial M_{\mathrm{J}}(\boldsymbol{x}_{\mathrm{f}}, t_{\mathrm{f}})}{\partial \boldsymbol{x}_{\mathrm{f}}} + \delta t_{\mathrm{f}} \frac{\partial M_{\mathrm{J}}(\boldsymbol{x}_{\mathrm{f}}, t_{\mathrm{f}})}{\partial t_{\mathrm{f}}} \\ & \int_{t_0}^{t_{\mathrm{f}}} \left(\delta\boldsymbol{x}^{\mathrm{T}} \frac{\partial H}{\partial \boldsymbol{x}} + \delta\boldsymbol{u}^{\mathrm{T}} \frac{\partial H}{\partial \boldsymbol{u}} + \delta\boldsymbol{\lambda}^{\mathrm{T}} \frac{\partial H}{\partial \boldsymbol{\lambda}} + \delta t \frac{\partial H}{\partial t} - \delta\boldsymbol{\lambda}^{\mathrm{T}}\dot{\boldsymbol{x}} - \delta\dot{\boldsymbol{x}}^{\mathrm{T}}\boldsymbol{\lambda}\right) \mathrm{d}t \end{aligned} \tag{6-17}$$

根据分部积分方法可得

$$\int_{t_0}^{t_{\mathrm{f}}} \delta\dot{\boldsymbol{x}}^{\mathrm{T}}\boldsymbol{\lambda}\,\mathrm{d}t = \int_{\delta x_0}^{\delta x_{\mathrm{f}}} \boldsymbol{\lambda}\,\mathrm{d}(\delta\boldsymbol{x}^{\mathrm{T}}) = (\delta\boldsymbol{x}^{\mathrm{T}}\boldsymbol{\lambda})\,|_{\delta x_0}^{\delta x_{\mathrm{f}}} - \int_{\lambda_0}^{\lambda_{\mathrm{f}}} \delta\boldsymbol{x}^{\mathrm{T}}\mathrm{d}\lambda = (\delta\boldsymbol{x}^{\mathrm{T}}\lambda)\,|_{\delta x_0}^{\delta x_{\mathrm{f}}} - \int_{t_0}^{t_{\mathrm{f}}} \delta\boldsymbol{x}^{\mathrm{T}}\dot{\boldsymbol{\lambda}}\,\mathrm{d}t \tag{6-18}$$

由于初始条件已知，故 $\delta\boldsymbol{x}_0 = 0$ 且有

$$(\delta\boldsymbol{x}^{\mathrm{T}}\boldsymbol{\lambda})\,|_{\delta x_0}^{\delta x_{\mathrm{f}}} = \delta\boldsymbol{x}_{\mathrm{f}}^{\mathrm{T}}\boldsymbol{\lambda}_{\mathrm{f}} - \delta\boldsymbol{x}_0^{\mathrm{T}}\boldsymbol{\lambda}_0 = \delta\boldsymbol{x}_{\mathrm{f}}^{\mathrm{T}}\boldsymbol{\lambda}_{\mathrm{f}} \tag{6-19}$$

因此，式(6-17)变为

$$\begin{aligned} \delta J = {} & \delta\boldsymbol{x}_{\mathrm{f}}^{\mathrm{T}}\left(\frac{\partial M_{\mathrm{J}}(\boldsymbol{x}_{\mathrm{f}}, t_{\mathrm{f}})}{\partial \boldsymbol{x}_{\mathrm{f}}} - \boldsymbol{\lambda}_{\mathrm{f}}\right) + \delta \boldsymbol{t}_{\mathrm{f}}\left(\frac{\partial M_{\mathrm{J}}(\boldsymbol{x}_{\mathrm{f}}, t_{\mathrm{f}})}{\partial t_{\mathrm{f}}} + H_{\mathrm{f}}\right) + \\ & \int_{t_0}^{t_{\mathrm{f}}} \left[\delta\boldsymbol{x}^{\mathrm{T}}\left(\frac{\partial H}{\partial \boldsymbol{x}} + \dot{\boldsymbol{\lambda}}\right) + \delta\boldsymbol{u}^{\mathrm{T}} \frac{\partial H}{\partial \boldsymbol{u}} + \delta\boldsymbol{\lambda}^{\mathrm{T}}\left(\frac{\partial H}{\partial \boldsymbol{\lambda}} - \dot{\boldsymbol{x}}\right)\right] \mathrm{d}t \end{aligned} \tag{6-20}$$

当 $\boldsymbol{u}(t)$ 不受限制时，泛函 J' 取极值的必要条件是对任意 $\delta\boldsymbol{x}$、$\delta\boldsymbol{u}$，$\delta\boldsymbol{\lambda}$ 和 δt_{f} 均有 $\delta J = 0$；因此根据式(6-20)可得泛函 J' 取极值时应满足的必要条件为

$$\frac{\partial H(\boldsymbol{x}, \boldsymbol{u}, \boldsymbol{\lambda}, t)}{\partial \lambda} = \dot{x} = \boldsymbol{f}(\boldsymbol{x}, \boldsymbol{u}, t) \tag{6-21}$$

$$\frac{\partial H(\boldsymbol{x}, \boldsymbol{u}, \boldsymbol{\lambda}, t)}{\partial \boldsymbol{x}} = -\dot{\boldsymbol{\lambda}} \tag{6-22}$$

$$\frac{\partial H(\boldsymbol{x},\boldsymbol{u},\boldsymbol{\lambda},t)}{\partial \boldsymbol{u}}=\boldsymbol{0} \tag{6-23}$$

$$\frac{\partial M_{\mathrm{J}}(\boldsymbol{x}_{\mathrm{f}},t_{\mathrm{f}})}{\partial \boldsymbol{x}_{\mathrm{f}}}=\boldsymbol{\lambda}_{\mathrm{f}} \tag{6-24}$$

$$\frac{\partial M_{\mathrm{J}}(\boldsymbol{x}_{\mathrm{f}},t_{\mathrm{f}})}{\partial t_{\mathrm{f}}}=-H_{\mathrm{f}} \tag{6-25}$$

根据式(6－19)，当状态量的终端值已知时可得$\delta\boldsymbol{x}_{\mathrm{f}}=0$。此时式(6－24)不再成立，因此协变量 λ 的终值为未知量。由上文中列举的远程火箭弹道优化指标可知，被动段射程、弹道高度、关机点速度等变量经常被选为优化指标并包含在弹道优化模型中；在多数弹道优化问题中，终端状态是反映性能指标的关键因素，故一般不会指定所有状态量的终值。因此，$\delta\boldsymbol{x}_{\mathrm{f}}=\boldsymbol{0}$ 的情况在弹道优化问题中很少出现，可以认为式(6－24)在弹道优化问题中成立。

最后，简要分析哈密顿函数的性质。哈密顿函数对时间的全导数为

$$\frac{\mathrm{d}H(\boldsymbol{x},\boldsymbol{u},\boldsymbol{\lambda},t)}{\mathrm{d}t}=\frac{\partial H}{\partial t}+\boldsymbol{u}^{\mathrm{T}}\frac{\partial H}{\partial \boldsymbol{u}}+\dot{\boldsymbol{x}}^{\mathrm{T}}\left(\frac{\partial H}{\partial \boldsymbol{x}}+\dot{\boldsymbol{\lambda}}\right) \tag{6-26}$$

结合式(6－22)和式(6－23)可得

$$\frac{\mathrm{d}H}{\mathrm{d}t}=\frac{\partial H}{\partial t} \tag{6-27}$$

如果哈密顿函数 H 不显含时间 t，则有

$$\frac{\mathrm{d}H}{\mathrm{d}t}=\frac{\partial H}{\partial t}=0\Rightarrow\begin{cases}H(\boldsymbol{x}^{*},\boldsymbol{u}^{*},\boldsymbol{\lambda}^{*},t)\equiv C_{\mathrm{H}}\\ \dfrac{\partial M_{\mathrm{J}}(\boldsymbol{x}_{\mathrm{f}},t_{\mathrm{f}})}{\partial t_{\mathrm{f}}}\equiv -C_{\mathrm{H}}\end{cases} \tag{6-28}$$

式中，C_{H} 为常数。若将终端时间 t_{f} 固定，则有 $C_{\mathrm{H}}=0$。

6.2.2　极小值原理

当约束条件作用于控制量即 $\boldsymbol{u}(t)$ 受到限制，或微分方程 $\boldsymbol{f}$ 不能保证对控制量 $\boldsymbol{u}(t)$ 充分可微时，相应的优化问题便无法采用变分法求解。为解决这一问题，苏联学者庞德里亚金在变分法的基础上提出了极小值原理。极小值原理有着严格、复杂的证明过程，涉及大量定理和引理，在此仅从应用的角度对其基本原理和过程进行阐述。

基于变分法，极小值原理依然采用式(6－21)～(6－25)。式(6－21)称为状态方程；式(6－22)称为伴随方程(又称协态方程或欧拉方程)；式(6－21)和式(6－22)并称为哈密顿方程组或正则方程；式(6－23)称为控制方程；式(6－24)称为横截条件，表示谐变量应满足的终端约束；式(6－25)称为终端条件，表示与终端时刻有关的约束条件。

1. 只考虑终端状态约束

设最优控制问题需要满足的终端状态约束为

$$\boldsymbol{N}(\boldsymbol{x}_{\mathrm{f}},t_{\mathrm{f}})=\mathbf{0} \tag{6-29}$$

式中,$\boldsymbol{N}$ 为连续可微函数,其维度不大于状态量 $\boldsymbol{x}$ 的维度。实际上,$\boldsymbol{N}$ 即为式(6－1)中的 $\boldsymbol{\psi}(\boldsymbol{x}_{\mathrm{f}},t_{\mathrm{f}})$。

当考虑 $\boldsymbol{N}$ 时,基于变分法中的拉格朗日乘子法可以得到如下泛函:

$$J=M_{\mathrm{J}}(\boldsymbol{x}_{\mathrm{f}},t_{\mathrm{f}})+\boldsymbol{\eta}^{\mathrm{T}}\boldsymbol{N}(\boldsymbol{x}_{\mathrm{f}},t_{\mathrm{f}})+\int_{t_0}^{t_f}[H(\boldsymbol{x},\boldsymbol{u},\boldsymbol{\lambda},t)-\boldsymbol{\lambda}^{\mathrm{T}}\dot{\boldsymbol{x}}]\mathrm{d}t \tag{6-30}$$

式中,$\boldsymbol{\eta}$ 为未知拉格朗日乘子,其维度等于 $\boldsymbol{N}$ 的维度。由于表示终端变量,故将 $\boldsymbol{\eta}^{\mathrm{T}}\boldsymbol{N}$ 加入到终值型指标 M_{J} 中。

参考式(6－21)～(6－25)的推导,此时横截条件变为

$$\frac{\partial M_{\mathrm{J}}(\boldsymbol{x}_{\mathrm{f}},t_{\mathrm{f}})}{\partial \boldsymbol{x}_{\mathrm{f}}}+\frac{\partial \boldsymbol{N}^{\mathrm{T}}(\boldsymbol{x}_{\mathrm{f}},t_{\mathrm{f}})}{\partial \boldsymbol{x}_{\mathrm{f}}}\eta=\boldsymbol{\lambda}_{\mathrm{f}} \tag{6-31}$$

终端时刻约束变为

$$\frac{\partial M_{\mathrm{J}}(\boldsymbol{x}_{\mathrm{f}},t_{\mathrm{f}})}{\partial t_{\mathrm{f}}}+\frac{\partial \boldsymbol{N}^{\mathrm{T}}(\boldsymbol{x}_{\mathrm{f}},t_{\mathrm{f}})}{\partial t_{\mathrm{f}}}\boldsymbol{\eta}=-H_{\mathrm{f}} \tag{6-32}$$

同时

$$\frac{\partial H}{\partial \boldsymbol{x}}=\frac{\partial L_{\mathrm{J}}}{\partial \boldsymbol{x}}+\boldsymbol{\lambda}^{\mathrm{T}}\frac{\partial \boldsymbol{f}}{\partial \boldsymbol{x}}=-\dot{\boldsymbol{\lambda}} \tag{6-33}$$

$$\frac{\partial H}{\partial \boldsymbol{u}}=\frac{\partial L_{\mathrm{J}}}{\partial \boldsymbol{u}}+\boldsymbol{\lambda}^{\mathrm{T}}\frac{\partial \boldsymbol{f}}{\partial \boldsymbol{u}}=\mathbf{0} \tag{6-34}$$

由于不像变分法一样要求微分方程 $\boldsymbol{f}$ 对控制量 $\boldsymbol{u}(t)$ 充分可微,在间接法中的控制方程表示为如下形式:

$$H(\boldsymbol{x}^*,\boldsymbol{u}^*,\boldsymbol{\lambda}^*,t)=\min_{\boldsymbol{u}\in\Omega_{\mathrm{u}}}H(\boldsymbol{x}^*,\boldsymbol{u}^*,\boldsymbol{\lambda}^*,t) \tag{6-35}$$

式中,Ω_{u} 表示控制量 $\boldsymbol{u}(t)$ 的受限范围,是一个有界闭集。若 $\partial H/\partial \boldsymbol{u}$ 不存在,则需要按照式(6－35)来判断 $\boldsymbol{u}^*(t)$ 是否为最优控制量。在多数远程火箭弹道优化问题中,$\partial H/\partial \boldsymbol{u}$ 的值都是可求的,因此可以用式(6－23)来近似代替式(6－35)。

参考式(6－28),如果哈密顿函数 H 不显含时间 t,则有

$$\frac{\mathrm{d}H}{\mathrm{d}t}=\frac{\partial H}{\partial t}=0\Rightarrow\begin{cases}H(\boldsymbol{x}^*,\boldsymbol{u}^*,\boldsymbol{\lambda}^*,t)\equiv C_{\mathrm{H}}\\ \dfrac{\partial M_{\mathrm{J}}(\boldsymbol{x}_{\mathrm{f}},t_{\mathrm{f}})}{\partial t_{\mathrm{f}}}+\dfrac{\partial \boldsymbol{N}^{\mathrm{T}}(\boldsymbol{x}_{\mathrm{f}},t_{\mathrm{f}})}{\partial t_{\mathrm{f}}}\boldsymbol{\eta}\equiv -C_{\mathrm{H}}\end{cases} \tag{6-36}$$

同理,若将终端时间 t_{f} 固定,则有 $C_{\mathrm{H}}=0$。

2. 只考虑控制等式约束

设最优控制问题需要满足的等式约束为

$$\boldsymbol{C}(\boldsymbol{x},\boldsymbol{u},t)=\mathbf{0} \tag{6-37}$$

式中,$\boldsymbol{C}$ 表示控制量 $\boldsymbol{u}(t)$ 和状态量 $\boldsymbol{x}$ 应满足的某种函数关系,如对控制过载提出如下要求:

$$n_{vy}^2 + n_{vz}^2 = 2.5 \tag{6-38}$$

式中，n_{vy} 和 n_{vz} 分别为速度系下的纵向过载和侧向过载。显然，$\boldsymbol{C}$ 属于式(6 - 1)中的$\boldsymbol{c}(\boldsymbol{x},\boldsymbol{u},\boldsymbol{p},t)$。

当考虑约束 $\boldsymbol{C}$ 时，引入拉格朗日乘子$\boldsymbol{\mu}$，构造增广哈密顿函数，即

$$H(\boldsymbol{x},\boldsymbol{u},\boldsymbol{\lambda},t) = L_{\mathrm{J}}(\boldsymbol{x},\boldsymbol{u},t) + \boldsymbol{\lambda}^{\mathrm{T}}\boldsymbol{f}(\boldsymbol{x},\boldsymbol{u},t) + \boldsymbol{\mu}^{\mathrm{T}}\boldsymbol{C} \tag{6-39}$$

相应的泛函形式如下：

$$J = M_{\mathrm{J}}(\boldsymbol{x}_{\mathrm{f}},t_{\mathrm{f}}) + \int_{t_0}^{t_{\mathrm{f}}}[H(\boldsymbol{x},\boldsymbol{u},\boldsymbol{\lambda},t) - \boldsymbol{\lambda}^{\mathrm{T}}\dot{\boldsymbol{x}} - \boldsymbol{\mu}^{\mathrm{T}}\boldsymbol{C}]\mathrm{d}t \tag{6-40}$$

由于表示过程变量，故将$\boldsymbol{\mu}^{\mathrm{T}}\boldsymbol{C}$ 加入到积分型指标 L_{J} 中；而此时泛函 J 的变分可表示为

$$\delta J = \delta\boldsymbol{x}_{\mathrm{f}}^{\mathrm{T}}\frac{\partial M_{\mathrm{J}}(\boldsymbol{x}_{\mathrm{f}},t_{\mathrm{f}})}{\partial\boldsymbol{x}_{\mathrm{f}}} + \delta t_{\mathrm{f}}\frac{\partial M_{\mathrm{J}}(\boldsymbol{x}_{\mathrm{f}},t_{\mathrm{f}})}{\partial t_{\mathrm{f}}} + \int_{t_0}^{t_{\mathrm{f}}}\left(\delta\boldsymbol{x}^{\mathrm{T}}\frac{\partial H}{\partial\boldsymbol{x}} + \delta\boldsymbol{u}^{\mathrm{T}}\frac{\partial H}{\partial\boldsymbol{u}} + \delta\boldsymbol{\lambda}^{\mathrm{T}}\frac{\partial H}{\partial\lambda} + \delta t\frac{\partial H}{\partial t} - \delta\boldsymbol{\lambda}^{\mathrm{T}}\dot{\boldsymbol{x}} - \delta\dot{\boldsymbol{x}}^{\mathrm{T}}\boldsymbol{\lambda} - \delta\boldsymbol{\mu}^{\mathrm{T}}\boldsymbol{C}\right)\mathrm{d}t \tag{6-41}$$

经整理得

$$\begin{aligned}\delta J = {} & \delta\boldsymbol{x}_{\mathrm{f}}^{\mathrm{T}}\left(\frac{\partial M_{\mathrm{J}}(\boldsymbol{x}_{\mathrm{f}},t_{\mathrm{f}})}{\partial\boldsymbol{x}_{\mathrm{f}}} - \boldsymbol{\lambda}_{\mathrm{f}}\right) + \delta t_{\mathrm{f}}\left(\frac{\partial M_{\mathrm{J}}(\boldsymbol{x}_{\mathrm{f}},t_{\mathrm{f}})}{\partial t_{\mathrm{f}}} + H_{\mathrm{f}}\right) + \\ & \int_{t_0}^{t_{\mathrm{f}}}\left[\delta\boldsymbol{x}^{\mathrm{T}}\left(\frac{\partial H}{\partial\boldsymbol{x}} + \dot{\boldsymbol{\lambda}}\right) + \delta\boldsymbol{u}^{\mathrm{T}}\frac{\partial H}{\partial\boldsymbol{u}} + \delta\boldsymbol{\lambda}^{\mathrm{T}}\left(\frac{\partial H}{\partial\boldsymbol{\lambda}} - \dot{\boldsymbol{x}}\right) - \delta\boldsymbol{\mu}^{\mathrm{T}}\boldsymbol{C}\right]\mathrm{d}t\end{aligned} \tag{6-42}$$

由于 $\boldsymbol{C}(\boldsymbol{x},\boldsymbol{u},t) = \boldsymbol{0}$，因此由式(6 - 42) 得到的控制方程、状态方程和协态方程在形式上与式(6 - 21) ~ (6 - 23) 一致，并且式(6 - 24)、式(6 - 25) 和式(6 - 28) 依然适用。

不同于式(6 - 33) 和式(6 - 34)，控制方程和协态方程的具体形式如下：

$$\frac{\partial H}{\partial\boldsymbol{x}} = \frac{\partial L_{\mathrm{J}}}{\partial\boldsymbol{x}} + \boldsymbol{\lambda}^{\mathrm{T}}\frac{\partial\boldsymbol{f}}{\partial\boldsymbol{x}} + \boldsymbol{\mu}^{\mathrm{T}}\frac{\partial\boldsymbol{C}}{\partial\boldsymbol{x}} = -\dot{\boldsymbol{\lambda}} \tag{6-43}$$

$$\frac{\partial H}{\partial\boldsymbol{u}} = \frac{\partial L_{\mathrm{J}}}{\partial\boldsymbol{u}} + \boldsymbol{\lambda}^{\mathrm{T}}\frac{\partial\boldsymbol{f}}{\partial\boldsymbol{u}} + \boldsymbol{\mu}^{\mathrm{T}}\frac{\partial\boldsymbol{C}}{\partial\boldsymbol{u}} = \boldsymbol{0} \tag{6-44}$$

需要注意的是，在很多情况下等式约束 $\boldsymbol{C}$ 中可能不显含控制量 $\boldsymbol{u}(t)$，即 $\boldsymbol{C}(\boldsymbol{x},t) = \boldsymbol{0}$。此时 $\partial\boldsymbol{C}/\partial\boldsymbol{u}$ 无法求出，无法直接得到控制方程和协态方程。针对这种情况，可以令

$$\frac{\mathrm{d}\boldsymbol{C}(\boldsymbol{x},t)}{\mathrm{d}t} = \frac{\partial\boldsymbol{C}}{\partial t} + \dot{\boldsymbol{x}}^{\mathrm{T}}\frac{\partial\boldsymbol{C}}{\partial\boldsymbol{x}} = \boldsymbol{0} \tag{6-45}$$

如果 $\dot{\boldsymbol{x}}$ 中显含 $\boldsymbol{u}(t)$，约束条件可改写为

$$\frac{\mathrm{d}\boldsymbol{C}(\boldsymbol{x},t)}{\mathrm{d}t} = \boldsymbol{0} \tag{6-46}$$

如果 $\dot{\boldsymbol{x}}$ 中依然不显含 $\boldsymbol{u}(t)$，可以继续求导

$$\boldsymbol{C}^{(r)}(\boldsymbol{x},\boldsymbol{u},t)=\frac{\mathrm{d}^r\boldsymbol{C}(\boldsymbol{x},t)}{\mathrm{d}t^r}=\boldsymbol{0} \tag{6-47}$$

式中，r 表示导数的阶次。此时式(6－47)称为 r 阶等式约束。

用式(6－47)替换约束条件表达式(6－37)完成后续推导，得到控制方程和协态方程的具体形式如下：

$$\frac{\partial H}{\partial \boldsymbol{x}}=\frac{\partial L_{\mathrm{J}}}{\partial \boldsymbol{x}}+\boldsymbol{\lambda}^{\mathrm{T}}\frac{\partial \boldsymbol{f}}{\partial \boldsymbol{x}}+\boldsymbol{\mu}^{\mathrm{T}}\frac{\partial \boldsymbol{C}^{(r)}}{\partial \boldsymbol{x}}=-\dot{\boldsymbol{\lambda}} \tag{6-48}$$

$$\frac{\partial H}{\partial \boldsymbol{u}}=\frac{\partial L_{\mathrm{J}}}{\partial \boldsymbol{u}}+\boldsymbol{\lambda}^{\mathrm{T}}\frac{\partial \boldsymbol{f}}{\partial \boldsymbol{u}}+\boldsymbol{\mu}^{\mathrm{T}}\frac{\partial \boldsymbol{C}^{(r)}}{\partial \boldsymbol{u}}=\boldsymbol{0} \tag{6-49}$$

另外，还需考虑如下方程组：

$$\begin{cases}\boldsymbol{C}^{(1)}(\boldsymbol{x},\boldsymbol{u},t)=\dfrac{\mathrm{d}\boldsymbol{C}(\boldsymbol{x},t)}{\mathrm{d}t}=\boldsymbol{0}\\[2ex]\boldsymbol{C}^{(2)}(\boldsymbol{x},\boldsymbol{u},t)=\dfrac{\mathrm{d}^2\boldsymbol{C}(\boldsymbol{x},t)}{\mathrm{d}t^2}=\boldsymbol{0}\\[2ex]\qquad\cdots\\[2ex]\boldsymbol{C}^{(r)}(\boldsymbol{x},\boldsymbol{u},t)=\dfrac{\mathrm{d}^r\boldsymbol{C}(\boldsymbol{x},t)}{\mathrm{d}t^r}=\boldsymbol{0}\end{cases} \tag{6-50}$$

设系统状态量 $\boldsymbol{x}$ 的维度为 n，约束 $\boldsymbol{C}$ 的维度为 p；使用式(6－50)可以将状态量 $\boldsymbol{x}$ 中未知量的数量减少至$(n-pr)$个，显然 $pr\leqslant n$。对于一个弹道优化问题来讲，如果 $\boldsymbol{C}$ 中不显含控制量 $\boldsymbol{u}(t)$，那么式(6－50)的推导将给弹道设计过程增加许多计算量；这样一来，相对直接法（直接打靶法、高斯伪谱法等）和智能算法（粒子群、蚁群、神经网络等）而言，间接法在收敛性和最优性上的优势将被削弱。因此，通常使用间接法来求解 $\boldsymbol{C}$ 中显含控制量 $\boldsymbol{u}(t)$ 的弹道优化问题。

3. 只考虑控制不等式约束

设最优控制问题需要满足的不等式约束为

$$C_i(\boldsymbol{x},\boldsymbol{u},t)<0,\quad i=1,2,\cdots,p \tag{6-51}$$

显然，$\boldsymbol{C}$ 属于式(6－1)中的 $\boldsymbol{d}(\boldsymbol{x},\boldsymbol{u},\boldsymbol{p},t)$，如对控制过载提出要求

$$n_{vy}^2+n_{vz}^2<4.5 \tag{6-52}$$

类似于等式约束，引入拉格朗日乘子 $\boldsymbol{\mu}$，构造增广哈密顿函数

$$H(\boldsymbol{x},\boldsymbol{u},\boldsymbol{\lambda},t)=L_{\mathrm{J}}(\boldsymbol{x},\boldsymbol{u},t)+\boldsymbol{\lambda}^{\mathrm{T}}\boldsymbol{f}(\boldsymbol{x},\boldsymbol{u},t)+\boldsymbol{\mu}^{\mathrm{T}}\boldsymbol{C} \tag{6-53}$$

此时泛函 J 变分的形式与式(6－42)一致，有

$$\begin{aligned}\delta J=&\delta\boldsymbol{x}_{\mathrm{f}}^{\mathrm{T}}\left(\frac{\partial M_{\mathrm{J}}(\boldsymbol{x}_{\mathrm{f}},t_{\mathrm{f}})}{\partial \boldsymbol{x}_{\mathrm{f}}}-\boldsymbol{\lambda}_{\mathrm{f}}\right)+\delta t_{\mathrm{f}}\left(\frac{\partial M_{\mathrm{J}}(\boldsymbol{x}_{\mathrm{f}},t_{\mathrm{f}})}{\partial t_{\mathrm{f}}}+H_{\mathrm{f}}\right)+\\&\int_{t_0}^{t_{\mathrm{f}}}\left[\delta\boldsymbol{x}^{\mathrm{T}}\left(\frac{\partial H}{\partial \boldsymbol{x}}+\dot{\boldsymbol{\lambda}}\right)+\delta\boldsymbol{u}^{\mathrm{T}}\frac{\partial H}{\partial \boldsymbol{u}}+\delta\boldsymbol{\lambda}^{\mathrm{T}}\left(\frac{\partial H}{\partial \boldsymbol{\lambda}}-\dot{\boldsymbol{x}}\right)-\delta\boldsymbol{\mu}^{\mathrm{T}}\boldsymbol{C}\right]\mathrm{d}t\end{aligned} \tag{6-54}$$

为保证 $\delta J=0$，则需要满足

$$\boldsymbol{\mu}=\mathbf{0} \tag{6-55}$$

同理，$\boldsymbol{C}<\mathbf{0}$ 中有可能不显含控制量 $\boldsymbol{u}(t)$，此时可以通过求导将 $\boldsymbol{C}(\boldsymbol{x},t)$ 转换为 $\boldsymbol{C}(\boldsymbol{x},\boldsymbol{u},t)$，相应方程组如式(6－50)所示。综上所述，将不同约束条件下，由极小值原理得到的泛函、状态方程、协态方程以及其他方程总结见表 6－1。

表 6－1　极小值原理总结

	哈密顿函数	泛函	备注
无约束	$H=L_J+\boldsymbol{\lambda}^{\mathrm{T}}\boldsymbol{f}$	$J=M_J(\boldsymbol{x}_f,t_f)+\int_{t_0}^{t_f}[H-\boldsymbol{\lambda}^{\mathrm{T}}\dot{\boldsymbol{x}}]\mathrm{d}t$	
有终端约束 $\boldsymbol{N}(\boldsymbol{x}_f,t_f)=\mathbf{0}$		$J=M_J(\boldsymbol{x}_f,t_f)+\nu^{\mathrm{T}}N(\boldsymbol{x}_f,t_f)+\int_{t_0}^{t_f}[H(\boldsymbol{x},\boldsymbol{u},\boldsymbol{\lambda},t)-\boldsymbol{\lambda}^{\mathrm{T}}\dot{\boldsymbol{x}}]\mathrm{d}t$	
有控制／状态约束 $\boldsymbol{C}(\boldsymbol{x},\boldsymbol{u},t)\leqslant\mathbf{0}$	$H=L_J+\boldsymbol{\lambda}^{\mathrm{T}}f+\boldsymbol{\mu}^{\mathrm{T}}\boldsymbol{C}$	$J=M_J(\boldsymbol{x}_f,t_f)+\int_{t_0}^{t_f}[H(\boldsymbol{x},\boldsymbol{u},\boldsymbol{\lambda},t)-\boldsymbol{\lambda}^{\mathrm{T}}\dot{\boldsymbol{x}}-\boldsymbol{\mu}^{\mathrm{T}}\boldsymbol{C}]\mathrm{d}t$	$\boldsymbol{C}<\mathbf{0}$ ↓ $\boldsymbol{\mu}=\mathbf{0}$
	状态方程	**协态方程**	**控制方程**	**备注**
无约束；有终端约束 $\boldsymbol{N}(\boldsymbol{x}_f,t_f)=\mathbf{0}$	$\dfrac{\partial H}{\partial \boldsymbol{\lambda}}=\boldsymbol{f}=\dot{\boldsymbol{x}}$	$\dfrac{\partial H}{\partial \boldsymbol{x}}=\dfrac{\partial L_J}{\partial \boldsymbol{x}}+\boldsymbol{\lambda}^{\mathrm{T}}\dfrac{\partial \boldsymbol{f}}{\partial \boldsymbol{x}}=-\dot{\boldsymbol{\lambda}}$	$\dfrac{\partial H}{\partial \boldsymbol{u}}=\dfrac{\partial L_J}{\partial \boldsymbol{u}}+\boldsymbol{\lambda}^{\mathrm{T}}\dfrac{\partial \boldsymbol{f}}{\partial \boldsymbol{u}}=\mathbf{0}$	
有控制／状态约束 $\boldsymbol{C}(\boldsymbol{x},\boldsymbol{u},t)\leqslant\mathbf{0}$		$\dfrac{\partial H}{\partial \boldsymbol{x}}=\dfrac{\partial L_J}{\partial \boldsymbol{x}}+\boldsymbol{\lambda}^{\mathrm{T}}\dfrac{\partial \boldsymbol{f}}{\partial \boldsymbol{x}}+\mu^{\mathrm{T}}\dfrac{\partial \boldsymbol{C}}{\partial \boldsymbol{x}}=-\dot{\boldsymbol{\lambda}}$	$\dfrac{\partial H}{\partial \boldsymbol{u}}=\dfrac{\partial L_J}{\partial \boldsymbol{u}}+\boldsymbol{\lambda}^{\mathrm{T}}\dfrac{\partial \boldsymbol{f}}{\partial \boldsymbol{u}}+\mu^{\mathrm{T}}\dfrac{\partial \boldsymbol{C}}{\partial \boldsymbol{u}}=\mathbf{0}$	$\boldsymbol{C}<\mathbf{0}$ ↓ $\boldsymbol{\mu}=\mathbf{0}$
	横截条件	**终端条件**	**H 显含时间 t**	**备注**
无约束	$\dfrac{\partial M_J(\boldsymbol{x}_f,t_f)}{\partial \boldsymbol{x}_f}=\lambda_f$	$\dfrac{\partial M_J(\boldsymbol{x}_f,t_f)}{\partial t_f}=-H_f$		
有终端约束 $\boldsymbol{N}(\boldsymbol{x}_f,t_f)=\mathbf{0}$	$\dfrac{\partial M_J(\boldsymbol{x}_f,t_f)}{\partial \boldsymbol{x}_f}+\dfrac{\partial \boldsymbol{N}^{\mathrm{T}}(\boldsymbol{x}_f,t_f)}{\partial \boldsymbol{x}_f}\nu_f=\lambda_f$	$\dfrac{\partial M_J(\boldsymbol{x}_f,t_f)}{\partial t_f}+\dfrac{\partial \boldsymbol{N}^{\mathrm{T}}(\boldsymbol{x}_f,t_f)}{\partial t_f}\nu_f=-H_f$	$H\equiv\begin{cases}C_H t_f & 自由\\ 0 t_f & 固定\end{cases}$	
有控制／状态约束 $\boldsymbol{C}(\boldsymbol{x},\boldsymbol{u},t)\leqslant\mathbf{0}$	$\dfrac{\partial M_J(\boldsymbol{x}_f,t_f)}{\partial \boldsymbol{x}_f}=\lambda_f$	$\dfrac{\partial M_J(\boldsymbol{x}_f,t_f)}{\partial t_f}=-H_f$		$\boldsymbol{C}$ 中可能不显含 $\boldsymbol{u}$

6.2.3 间接法求解方法

1. 间接法的解析求解方法

基于变分法和极小值原理,间接法的基本步骤如下:

(1) 维度确定。

(1a) 记系统状态量 $\boldsymbol{x}$ 的维度为 n,状态约束 $\boldsymbol{N}$ 的维度为 m;

(1b) 记控制/状态约束 $\boldsymbol{C}$ 的维度为 p,控制量 $\boldsymbol{u}$ 的维度为 q;

(1c) 当 $\boldsymbol{C}$ 中不显含控制量 $\boldsymbol{u}$ 时,记式(6-47)为 r 阶等式约束。

(2) 写出哈密顿函数 $H(\boldsymbol{x},\boldsymbol{u},\boldsymbol{\lambda},t)$。

(3) 建立方程组。

(3a) 根据正则方程,得到 $2n$ 个方程

$$\begin{cases}\dot{\boldsymbol{x}}^*(t)=\dfrac{\partial H(\boldsymbol{x},\boldsymbol{u},\boldsymbol{\lambda},t)}{\partial\lambda}\\ \dot{\boldsymbol{\lambda}}^*(t)=-\dfrac{\partial H(\boldsymbol{x},\boldsymbol{u},\boldsymbol{\lambda},t)}{\partial\boldsymbol{x}}\end{cases}\tag{6-56}$$

(3b) 根据横截条件,得到 n 个方程

$$\boldsymbol{\lambda}_{\mathrm{f}}^*=\frac{\partial M_{\mathrm{J}}(\boldsymbol{x}_{\mathrm{f}},t_{\mathrm{f}})}{\partial\boldsymbol{x}}+\frac{\partial\boldsymbol{N}^{\mathrm{T}}(\boldsymbol{x}_{\mathrm{f}},t_{\mathrm{f}})}{\partial\boldsymbol{x}}\boldsymbol{\eta}\tag{6-57}$$

式中,$\boldsymbol{\eta}$ 为 m 维未知量;若无约束条件 $\boldsymbol{N}$,则 $m=0$ 且上式第二项不存在。

(3c) 根据约束条件 $\boldsymbol{N}$,得到 m 个方程

$$\boldsymbol{N}(\boldsymbol{x}_{\mathrm{f}},t_{\mathrm{f}})=\boldsymbol{0}\tag{6-58}$$

(3d) 根据约束条件 $\boldsymbol{C}$,得到 p 个方程

$$\begin{cases}\boldsymbol{C}(\boldsymbol{x},\boldsymbol{u},t)=\boldsymbol{0}, & \boldsymbol{C}=\boldsymbol{0}\\ \boldsymbol{\mu}=\boldsymbol{0}, & \boldsymbol{C}<\boldsymbol{0}\end{cases}\tag{6-59}$$

对于 $\boldsymbol{C}$ 中不显含 $\boldsymbol{u}$ 的情况,可参考式(6-50)处理。

(3e) 若终端哈密顿函数 H 中不显含时间 t,可另外得到一个方程

$$\frac{\partial M_{\mathrm{J}}(\boldsymbol{x}_{\mathrm{f}},t_{\mathrm{f}})}{\partial t_{\mathrm{f}}}+\frac{\partial\boldsymbol{N}^{\mathrm{T}}(\boldsymbol{x}_{\mathrm{f}},t_{\mathrm{f}})}{\partial t_{\mathrm{f}}}\boldsymbol{\eta}=-H_{\mathrm{f}}\equiv\begin{cases}-C_{\mathrm{H}}, & t_{\mathrm{f}}\text{ 自由}\\ 0, & t_{\mathrm{f}}\text{ 固定}\end{cases}\tag{6-60}$$

(3f) 根据控制方程或极小值原理,得到 n 个方程

$$\frac{\partial H(\boldsymbol{x},\boldsymbol{u},\boldsymbol{\lambda},t)}{\partial\boldsymbol{u}}=\boldsymbol{0}\tag{6-61}$$

(4) 求解最优控制问题。

(4a) 从式(6-61)中的 n 个方程中求出 n 个未知数,即最优控制量 $\boldsymbol{u}^*$。

(4b) 当无约束条件 $\boldsymbol{N}$ 和 $\boldsymbol{C}$ 时:

(ⅰ) 由状态量 $\boldsymbol{x}(t)$ 的初值得到 n 个初始条件 $\boldsymbol{x}_0=\boldsymbol{x}(t_0)$,由式(6-57)得到

n 个终端条件 $\boldsymbol{\lambda}_{\mathrm{f}} = \boldsymbol{\lambda}(t_{\mathrm{f}})$。

（ⅱ）由 $2n$ 个已知条件和式（6－56）中的 $2n$ 个方程，构成一阶常微分方程组两点边值问题（TBVP）。

（ⅲ）根据控制量 $\boldsymbol{u}^*$ 求解上述 TBVP，得到最优状态量 $\boldsymbol{x}^*(t)$ 和最优协变量 $\boldsymbol{\lambda}^*(t)$。显然，协变量 λ 的引入使未知数从 n 个增加至 $2n$ 个。

（ⅳ）上述 $\boldsymbol{u}^*$ 中的自变量并非只有时间 t，还可能含有 t 和 n 个协变量 $\boldsymbol{\lambda}$。因此，需要将 $\boldsymbol{x}^*(t)$ 和 $\boldsymbol{\lambda}^*(t)$ 代回表达式 $\boldsymbol{u}^*$ 中，得到最优控制量 $\boldsymbol{u}^*(t)$。

（4c）当有约束条件 $\boldsymbol{N}$ 时：

（ⅰ）类似（4b），构建 TBVP 并根据 $\boldsymbol{u}^*$ 求解出 $\boldsymbol{x}^*$ 和 $\boldsymbol{\lambda}^*$，此时 $\boldsymbol{x}^*$ 和 $\boldsymbol{\lambda}^*$ 中的自变量并非只有时间 t，还可能含有 t 和 m 个拉格朗日乘子 $\boldsymbol{\eta}$。

（ⅱ）根据式（6－58）中的 m 个方程，从 $\boldsymbol{x}^*(t,\boldsymbol{\eta})$ 和 $\boldsymbol{\lambda}^*(t,\boldsymbol{\eta})$ 中求出 $\boldsymbol{x}^*(t)$ 和 $\boldsymbol{\lambda}^*(t)$，并从 $\boldsymbol{u}^*$ 中求出最优控制量 $\boldsymbol{u}^*(t)$。

（4d）当有约束条件 $\boldsymbol{C}$ 时：

（ⅰ）类似（4c），构建 TBVP 并根据 $\boldsymbol{u}^*$ 求解出 $\boldsymbol{x}^*$ 和 $\boldsymbol{\lambda}^*$，此时 $\boldsymbol{x}^*$ 和 $\boldsymbol{\lambda}^*$ 中的自变量并非只有时间 t，而是含有 t 和 p 个拉格朗日乘子 $\boldsymbol{\mu}$。

（ⅱ）若 $\boldsymbol{C} = \boldsymbol{0}$，根据式（6－59）中的 p 个方程，从 $\boldsymbol{x}^*(t,\boldsymbol{\mu})$ 和 $\boldsymbol{\lambda}^*(t,\boldsymbol{\mu})$ 中求出 $\boldsymbol{x}^*(t)$ 和 $\boldsymbol{\lambda}^*(t)$。

（ⅲ）若 $\boldsymbol{C} < \boldsymbol{0}$，则 p 个方程变为 $\boldsymbol{\mu} = \boldsymbol{0}$，同样可以从 $\boldsymbol{x}^*(t,\boldsymbol{\mu})$ 和 $\boldsymbol{\lambda}^*(t,\boldsymbol{\mu})$ 中求出 $\boldsymbol{x}^*(t)$ 和 $\boldsymbol{\lambda}^*(t)$。

（ⅳ）最终，根据 $\boldsymbol{x}^*(t)$ 和 $\boldsymbol{\lambda}^*(t)$ 从 $\boldsymbol{u}^*$ 中求出最优控制量 $\boldsymbol{u}^*(t)$。

2. 间接法的数值求解方法

由于远程火箭的弹道优化模型通常具有很强的非线性，实际计算中往往无法获得解析解 $\boldsymbol{x}^*(t)$、$\boldsymbol{\lambda}^*(t)$ 和 $\boldsymbol{u}^*(t)$，甚至无法推导出协态方程或横截条件的函数表达式。此时便需要借助数值方法完成最优控制量和状态量的求解。

根据求解方向，间接法的数值解法可分为正向法和反向法。正向法首先给出协变量的初值 $\boldsymbol{\lambda}_0$ 和 $\boldsymbol{u}(t)$ 的猜测值，然后正向积分得到终端状态，并根据终端条件修正猜测值 $\boldsymbol{\lambda}_0$ 和 $\boldsymbol{u}(t)$；而反向法猜测的是 $\boldsymbol{u}(t)$ 和终值 $\boldsymbol{\lambda}_{\mathrm{f}}$，然后反向积分得到初始状态，并根据初始条件修正猜测值 $\boldsymbol{\lambda}_{\mathrm{f}}$ 和 $\boldsymbol{u}(t)$。

以正向法为例，基于直接打靶法的数值求解基本步骤如下：

（1）给定初值 $\boldsymbol{\lambda}_0$ 和 $\boldsymbol{u}(t)$，其中 $\boldsymbol{u}(t)$ 包含参量（如 t_{f}）；

（2）积分状态方程 $\dot{\boldsymbol{x}}$ 和协态方程 $\dot{\boldsymbol{\lambda}}$；

（3）得到终值 $\boldsymbol{x}_{\mathrm{f}}$ 和 $\boldsymbol{\lambda}_{\mathrm{f}}$，以及性能指标 J；

（4）判断 $\boldsymbol{x}_{\mathrm{f}}$ 是否满足终端约束，$\boldsymbol{\lambda}_{\mathrm{f}}$ 是否满足横截条件，J 是否满足极小值原理；

(5) 若满足步骤(4)中的所有条件,则结束迭代并输出 $\boldsymbol{x}^*(t)$ 和 $\boldsymbol{u}^*(t)$;否则改变 λ_0 和 $\boldsymbol{u}(t)$,返回步骤(2)。

上述步骤相当于求解如下 NLP 问题:

$$\min J = M_{\mathrm{J}}(\boldsymbol{x}(t_{\mathrm{f}}), t_{\mathrm{f}}) + \int_{t_0}^{t_{\mathrm{f}}} L_{\mathrm{J}}(\boldsymbol{x}, \boldsymbol{u}, t)\,\mathrm{d}t$$

s. t.

$$\begin{aligned} &\dot{\boldsymbol{y}} = [\dot{\boldsymbol{x}}, \dot{\boldsymbol{\lambda}}]^{\mathrm{T}} = [\boldsymbol{f}(\boldsymbol{x}, \boldsymbol{u}, t), -\partial H(\boldsymbol{y}, \boldsymbol{u}, t)/\partial \boldsymbol{x}]^{\mathrm{T}} \\ &\boldsymbol{c}(\boldsymbol{x}, \boldsymbol{u}, t) \leqslant \mathbf{0} \\ &\boldsymbol{d}(\boldsymbol{x}, \boldsymbol{u}, t) \leqslant \mathbf{0} \end{aligned} \tag{6-62}$$

综上,当使用数值解法求解 TBVP 时,其关键在于:(1) λ_0 和 $\boldsymbol{u}(t)$ 的迭代和修正;(2) 给出猜测 λ_0 值和 $\boldsymbol{u}(t)$。前者可依靠成熟的 NLP 求解器求解,但对于 λ_0 和 $\boldsymbol{u}(t)$,如果猜测值选取不当,则很可能导致算法不收敛,因此初值猜测在间接法的数值求解过程中十分重要。然而,确定 λ_0 和 $\boldsymbol{u}(t)$ 的值并不容易,这也是间接法中始终存在的一个重要问题,相关问题描述如下:

(1) 由于并不像状态量一样具有明显的物理意义,确定协变量的取值范围与初值均非易事。

(2) 协变量取值范围的不确定进一步增加了 $\lambda(t_0)$ 的猜测难度。

(3) 为顺利求解上述优化问题,应保证 $\boldsymbol{u}(t) \approx \boldsymbol{u}^*(t)$,即猜测值接近最优值。但在很多优化问题中,最优控制量的变化规律是很难事先预知的,需要设计者具备丰富的设计经验或大量的试验结果。

(4) 有时 λ_0 和 $\boldsymbol{u}(t)$ 之间可能存在某种函数关系,此时只需针对 λ_0 或 $\boldsymbol{u}(t)$ 中的一个给出初值即可。

(5) 由式(6-59)可知,当 $\boldsymbol{\mu} = \mathbf{0}$ 时,$\boldsymbol{C}$ 对系统的作用无法体现;因此,基本间接法不适合处理过程约束,需进一步改进。

对于初值猜测问题,参数同伦法、混合算法以及智能算法等一系列算法为间接法提供了很好的解决方案,这些算法目前已在许多弹道优化问题中得到应用。

对于不等式约束,则可以使用混合优化算法来解决。例如,在计算最优主动段弹道时,可以先忽略不等式约束,用间接法求出最优弹道;然后以间接法得到的结果为初值,用直接法求出考虑不等式约束的最优弹道。

6.2.4 间接法应用实例

1. 主动段弹道优化——大气层外飞行段

一枚三级弹道导弹刚刚进入主动段三级飞行段,其推力 P 和质量 m 均为时间的已知函数。设导弹在发射系下的初始状态为 $\boldsymbol{x}_0 = [x_0, y_0]^{\mathrm{T}}$,$\boldsymbol{v}_0 = [v_{x0}, v_{y0}]^{\mathrm{T}}$。

设定终端约束为 $V_f = V_{fc}$ 且 $\theta_f = \theta_{fc}$，三级飞行时间为 t_3，无其他约束条件。忽略地球自转和扁率的作用，认为引力加速度大小为常值。利用间接法在发射系下的射面内优化主动段弹道，得到最优主动段俯仰角变化规律，使导弹的被动段射程最大。

设引力加速度大小为常值。由于终端速度和弹道倾角已知，被动段射程最大可等效为主动段关机点的最高高度，因此该优化问题的指标函数为

$$J = \frac{1}{h_f} \approx \frac{1}{y_f}$$

由于初始高度 y_0 已知，上述指标函数可进一步转化为

$$J = -\int_0^{t_3} v_y \mathrm{d}t$$

在二维平面内，主动段弹道方程即系统的状态方程可表示为

$$\dot{\boldsymbol{x}} = \boldsymbol{f} = \begin{bmatrix} \dot{x} \\ \dot{y} \\ \dot{v}_x \\ \dot{v}_y \end{bmatrix} = \begin{bmatrix} v_x \\ v_y \\ P\cos\varphi \\ P\sin\varphi - g \end{bmatrix}$$

式中，x、y、v_x 和 v_y 分别为发射系下位置和速度分量；φ 为俯仰角。

建立哈密顿函数 $H = L_J + \boldsymbol{\lambda}^{\mathrm{T}}\boldsymbol{f}$ 如下：

$$H = -v_y + \lambda_1 v_x + \lambda_2 v_y + \lambda_3 \frac{P\cos\varphi}{m} + \lambda_4\left(\frac{P\sin\varphi}{m} - g\right)$$

终端约束为

$$\boldsymbol{N}(\boldsymbol{x}_f, t_f) = \begin{bmatrix} \theta_f - \theta_{fc} \\ V_f - V_{fc} \end{bmatrix} = \begin{bmatrix} v_x(t_3) - V_{fc}\cos\theta_{fc} \\ v_y(t_3) - V_{fc}\sin\theta_{fc} \end{bmatrix} = \boldsymbol{0}$$

根据协态方程 $\dot{\boldsymbol{\lambda}} = -\partial H/\partial \boldsymbol{x}$ 可得

$$\begin{cases} \dot{\lambda}_1 = -\dfrac{\partial H}{\partial \boldsymbol{x}} = 0 \\ \dot{\lambda}_2 = -\dfrac{\partial H}{\partial y} = 0 \\ \dot{\lambda}_3 = -\dfrac{\partial H}{\partial v_x} = \lambda_1 \\ \dot{\lambda}_4 = -\dfrac{\partial H}{\partial v_y} = \lambda_2 - 1 \end{cases}$$

设控制量为俯仰角 φ，根据控制方程 $\partial H/\partial \boldsymbol{u} = \boldsymbol{0}$ 可得

$$-\lambda_3\sin\varphi + \lambda_4\cos\varphi = 0 \Rightarrow \phi^* = \arctan(\lambda_4/\lambda_3)$$

定义积分常数 $C_1 \sim C_4$，求解协态方程得到

$$\begin{cases}\lambda_1 = C_1 \\ \lambda_2 = C_2 \\ \lambda_3 = C_1 t + C_3 \\ \lambda_4 = (C_2 - 1)t + C_4\end{cases}$$

由横截条件 $\lambda_f^* = \partial M_J / \partial \boldsymbol{x} + (\partial \boldsymbol{N}^T / \partial \boldsymbol{x}) \boldsymbol{\eta}$ 可得 $C_1 = C_2 = 0$，因此

$$\begin{cases}\lambda_1 = 0 \\ \lambda_2 = 0 \\ \lambda_3 = C_3 \\ \lambda_4 = C_4 - t\end{cases}$$

上式说明：系统状态方程 $\boldsymbol{f}$ 中不显含控制量 $\boldsymbol{u}$ 的部分可不必考虑到泛函或哈密顿函数中，从而减小推导工作量（λ_1 和 λ_2 为 0）。

最优俯仰角的函数形式如下：

$$\tan\varphi^* = (C_4 - t)/C_3 = \tan\varphi_0^* - t/C_3$$

显然，最优俯仰角的正切值是时间的线性函数。

为了得到最优俯仰角，需要确定未知数 C_3 和 C_4。根据终端约束条件，在三级关机时刻有

$$\begin{cases}v_x(t_3) = \displaystyle\int_0^{t_3} \frac{P\cos\varphi^*}{m} \mathrm{d}t = V_{fc}\cos\theta_{fc} \\ v_y(t_3) = \displaystyle\int_0^{t_3} \left(\frac{P\sin\varphi^*}{m} - g\right) \mathrm{d}t = V_{fc}\sin\theta_{fc}\end{cases}$$

设发动机比冲为 I_{sp}，导弹初始质量为 m_0，令 $K_1 = P/(I_{sp} g)$，则有

$$\int_0^{t_3} \left(\frac{P}{m_0 - K_1 t} \frac{C_3}{\sqrt{(C_4 - t)^2 + C_3^2}}\right) \mathrm{d}t = V_{fc}\cos\theta_{fc} \int_0^{t_3} \left(\frac{P}{m_0 - K_1 t} \frac{C_4 - t}{\sqrt{(C_4 - t)^2 + C_3^2}}\right) \mathrm{d}t$$

$$= V_{fc}\sin\theta_{fc} + g t_3$$

积分以上两个方程，便可以求出 C_3 和 C_4，进而得到最优俯仰角 φ^*。

上述推导过程表明，在最优俯仰角的求解过程中并未用到初始导弹的状态 x_0 和 v_0，这说明最优俯仰角 $\boldsymbol{\phi}^*$ 不受初始位置和速度的影响；在导弹能力允许的条件下（上述关于 C_3 和 C_4 的方程组有解），可以选取三级飞行段中的任一时刻作为最优俯仰角的设计起点。

需要注意的是，上述拉格朗日乘子 $\boldsymbol{\lambda}$、$\boldsymbol{\eta}$ 和 $\boldsymbol{\mu}$ 不实际存在于系统中。远程火箭动力学和运动学模型中并不包含这些变量，引入这些变量是求解最优弹道的需要；在得到最优控制规律和最优弹道的条件下，$\boldsymbol{\lambda}$、$\boldsymbol{\eta}$ 和 $\boldsymbol{\mu}$ 中的未知量可以不予求解。例如，上述求解过程中，并未求出终端约束 $\boldsymbol{N}$ 对应的乘子 $\boldsymbol{\eta}$，最后也未给出

λ_3 和 λ_4 的表达式。

2. 主动段弹道优化——大气层内飞行段

一枚弹道导弹已完成程序转弯和跨声速段，此时该导弹在发射系下的运动状态记为 $\boldsymbol{x}_0=[x_0,y_0]^{\mathrm{T}}$ 和 $\boldsymbol{v}_0=[v_{x0},v_{y0}]^{\mathrm{T}}$。设推力 P 和质量 m 均为时间的已知函数，一级剩余飞行时间为 t_1。忽略地球自转和扁率，认为引力加速度大小为常值。给定一级关机点高度和当地弹道倾角，设计一级剩余段弹道，使一级关机速度最大。

对于处于大气层内飞行段的远程火箭来说，从防热和结构强度的角度出发，气动载荷约束是主动段弹道优化问题中必须考虑的因素；同时，从提高关机点速度的角度出发，还应对转弯速率进行控制。这是因为，转弯过慢会导致火箭在稠密大气层内飞行的时间过长，增大气动阻力产生的速度损失；而转弯过快则会使平均弹道倾角过大，增加引力产生的速度损失。

综上，建立过程约束和终端约束模型如下：

$$\begin{cases}\boldsymbol{C}(\boldsymbol{x},\boldsymbol{u},t)=q\,|\alpha|-\varepsilon_{\max}<\boldsymbol{0}\\ \boldsymbol{N}(\boldsymbol{x}_{\mathrm{f}},t_{\mathrm{f}})=\begin{bmatrix}\gamma_{\mathrm{f}}-\gamma_{\mathrm{fc}}\\ h_{\mathrm{f}}-h_{\mathrm{fc}}\end{bmatrix}=\boldsymbol{0}\end{cases}$$

式中，q 为动压；α 为攻角；$\varepsilon_{\max}$ 为允许的上限值。

设计弹道优化问题的性能指标函数为

$$J=-V_{\mathrm{f}}=-V(t_1)$$

同样考虑二维平面内的弹道优化问题，给出位置坐标系下的主动段弹道方程即系统的状态方程如下：

$$\dot{\boldsymbol{x}}=\boldsymbol{f}=\begin{bmatrix}\dot{V}\\ \dot{\gamma}\\ \dot{h}\end{bmatrix}=\begin{bmatrix}\dfrac{P\cos\alpha-c_{\mathrm{D}}qS_{\mathrm{ref}}}{m}-g\sin\gamma\\ \dfrac{P\sin\alpha+c_{\mathrm{L}}qS_{\mathrm{ref}}}{mV}-\left(\dfrac{g}{V}-\dfrac{V}{r}\right)\cos\gamma\\ V\sin\gamma\end{bmatrix}$$

式中，c_{D} 为阻力系数；c_{L} 为升力系数；S_{ref} 为导弹特征面积；V 为飞行速度；h 为飞行高度；γ 为飞行路径角；$r=a_{\mathrm{e}}+h$ 为导弹地心距。

建立哈密顿函数 $H=L_{\mathrm{J}}+\boldsymbol{\lambda}^{\mathrm{T}}\boldsymbol{f}+\boldsymbol{\mu}^{\mathrm{T}}\boldsymbol{C}$ 如下：

$$H=\lambda_1\left(\frac{P\cos\alpha-c_{\mathrm{D}}qS_{\mathrm{ref}}}{m}-g\sin\gamma\right)+\lambda_2\left(\frac{P\sin\alpha+c_{\mathrm{L}}qS_{\mathrm{ref}}}{mV}-\left(\frac{g}{V}-\frac{V}{r}\right)\cos\gamma\right)+\lambda_3V\sin\gamma+\mu(q\,|\alpha|-\varepsilon_{\max})$$

考虑 $q=0.5\rho V^2$，$\rho=\rho_0\mathrm{e}^{-\beta h}$ 且 $C<0$ 时 $\mu=0$，由协态方程 $\dot{\boldsymbol{\lambda}}=-\partial H/\partial\boldsymbol{x}$ 可得

$$
\begin{cases}
\dot{\lambda}_1 = -\dfrac{\partial H}{\partial V} = -\lambda_1 \dfrac{c_{\mathrm{D}} S_{\mathrm{ref}} \rho}{m} V + \lambda_2 \left(\dfrac{c_{\mathrm{L}} S_{\mathrm{ref}} \rho}{2m} + \dfrac{\cos \gamma}{r} + \dfrac{g}{V^2} \cos \gamma - \dfrac{P \sin \alpha}{m V^2} \right) + \lambda_3 \sin \gamma \\
\dot{\lambda}_2 = -\dfrac{\partial H}{\partial \gamma} = -\lambda_1 g \cos \gamma - \lambda_2 \sin \gamma \left(\dfrac{V}{r} - \dfrac{g}{V} \right) + \lambda_3 V \cos \gamma \\
\dot{\lambda}_3 = -\dfrac{\partial H}{\partial h} = \lambda_1 \dfrac{c_{\mathrm{D}} S_{\mathrm{ref}} \beta \rho}{2m} V^2 - \lambda_2 \left(\dfrac{c_{\mathrm{L}} S_{\mathrm{ref}} \beta \rho}{2mV} V^2 + \dfrac{V \cos \gamma}{r^2} \right)
\end{cases}
$$

由控制方程 $\partial H / \partial \boldsymbol{u} = \boldsymbol{0}$ 可得

$$
\frac{P \sin \alpha + q S_{\mathrm{ref}} c_{\mathrm{D}}^{\alpha}}{P \cos \alpha + q S_{\mathrm{ref}} c_{\mathrm{L}}^{\alpha}} V = \frac{\lambda_2}{\lambda_1}
$$

式中,c_{D}^{α} 为阻力系数相对攻角的导数;c_{L}^{α} 为升力系数相对攻角的导数。

由横截条件 $\lambda_{\mathrm{f}}^{*} = \partial M_{\mathrm{J}} / \partial \boldsymbol{x} + (\partial \boldsymbol{N}^{\mathrm{T}} / \partial \boldsymbol{x}) \boldsymbol{\eta}$ 可得

$$
\begin{cases}
\lambda_1(t_1) = -1 \\
\lambda_2(t_1) = \eta_1 \\
\lambda_3(t_1) = \eta_2
\end{cases}
$$

显然,上述 TBVP 依然无法得到解析解,需要通过数值算法完成求解。

6.2.5 小结

最后,将间接法的优缺点简要总结如下:

(1) 由于间接法的基础是极小值原理,因此它能够保证解的最优性,即使由数值解法得到的结果也十分贴近最优解。

(2) 对于一些简单问题,间接法可以很快求出最优控制量和状态量,因此收敛速度很快,可以用于在线弹道优化问题。

(3) 在许多弹道优化问题中,协态方程、横截条件以及 $\partial H / \partial \boldsymbol{u}$ 的推导过程十分复杂,甚至无法获得具体函数形式,由此限制了间接法的应用范围。

(4) 当使用数值方法求解 TBVP 时,还需要解决初值猜测问题,由此衍生了另一个复杂问题。

6.3 直接法

直接法比间接法早出现约 100 年,但因计算方法和计算工具等方面的不足并未获得快速发展。相比间接法,直接法对初值的敏感度更低,收敛域更大,能够处理更为复杂的约束条件。直接法首先将优化问题离散为典型 NLP 问题,然后借助数值算法求解 NLP 得到最优解。从离散方法上来看,可将直接法分为仅离散控制量、同时离散状态量和控制量和仅离散状态量三种方法。受篇幅限制,本

节侧重介绍弹道优化设计中常用到的两种方法:打靶法和伪谱法,其他算法的分类及特点可参考绪论部分或其他文献。

6.3.1　打靶法

1. 直接打靶法

直接打靶法属于只离散控制量的优化算法,是求解远程火箭弹道优化问题的常用算法之一。假设以时间 t 为自变量,直接打靶法在一系列离散的时间点上猜测控制量的值,然后以初始状态为起点正向积分,得到终端状态、过程状态和性能指标并修正各离散点上的控制量的值。顾名思义,直接打靶法通过反复设定一系列离散的控制量的值,在由诸多约束条件形成的可行域内寻找性能指标的最小值,正如“打靶”中根据弹着点和靶心间的偏差修正射向的过程。

用直接打靶法将有限维最优控制问题转化为有限维 NLP 问题的主要步骤如下:

(1) 参数化过程。

① 区间划分。将时间区间$[t_0,t_f]$划分为 N 个子区间,得到 $t_0<t_1<\cdots<t_{N-1}<t_N=t_f$。

② 控制变量参数化。在子区间$t\in[t_i,t_{i+1}]$内,将控制量$\boldsymbol{u}(t)$表示为分段线性函数,有

$$\boldsymbol{u}(t)=\boldsymbol{u}_i+\frac{t-t_i}{t_{i+1}-t_i}(\boldsymbol{u}_{i+1}-\boldsymbol{u}_i),\quad i=0,1,\cdots,N-1 \tag{6-63}$$

设控制量 $\boldsymbol{u}(t)$ 的维数为 n_u,优化参量 $\boldsymbol{p}$ 的维数为 n_p;由式(6-63)可知,控制量$\boldsymbol{u}(t)$中的第$j(j=1,2,\cdots,n_u)$个分量在$[t_0,t_f]$上的表达式可通过$(N+1)$个参数获得,即 $u_{0,j},u_{1,j},\cdots,u_{N,j}$。将这 $n_u\times(N+1)$ 个未知参数与优化参量合成一个含有$(n_u\times(N+1)+n_p)$个未知参数的向量(记为 $\boldsymbol{u}'$),即

$$\boldsymbol{u}'=[\boldsymbol{u}_0^T,\boldsymbol{u}_1^T,\cdots,\boldsymbol{u}_N^T,p^T]^T \tag{6-64}$$

其中

$$\begin{cases}\boldsymbol{u}_0=[u_{0,1},u_{0,2},\cdots,u_{0,n_u}]^T\\ \boldsymbol{u}_1=[u_{1,1},u_{1,2},\cdots,u_{1,n_u}]^T\\ \qquad\cdots\\ \boldsymbol{u}_N=[u_{N,1},u_{N,2},\cdots,u_{N,n_u}]^T\\ \boldsymbol{p}=[p_1,p_2,\cdots,p_{n_p}]^T\end{cases} \tag{6-65}$$

实际上,$\boldsymbol{u}'$ 即为优化算法需要求解的优化变量。

③ 性能指标参数化。所谓指标函数的参数化,即由 $\boldsymbol{u}'$ 的值得到 $\boldsymbol{u}(t)$,然后根据初始状态量 $\boldsymbol{x}_0$ 和系统状态方程 $\boldsymbol{f}$ 完成正向数值积分,得到性能指标 J。

由于 $\boldsymbol{u}'$ 和性能指标 J 是一一对应的,可以将 J 视为 $\boldsymbol{u}'$ 的函数;又由于指标 J 是根据参数化之后的控制量计算得到的,因此该过程也被称为指标函数的参数化。

④ 约束条件参数化。约束条件(包括等式约束和不等式约束)在弹道优化问题中普遍存在,而由上述间接法的基本解算步骤可知,约束条件的处理直接影响优化问题的求解计算量和难度。

对于直接法而言,为了完成从最优控制问题到 NLP 问题的转化,需要对表示约束条件的函数进行离散化。

同时如上文所述,设定阈值并将等式约束转化为不等式约束,将合并后的约束条件记为 $c(\boldsymbol{x},\boldsymbol{u}',t) \leqslant 0$。设等式约束和不等式约束共有 n_c 个,类似于控制量的离散方法,在 $(N+1)$ 个时间点 $t_i(i=0,1,\cdots,N)$ 上将约束条件离散化,即

$$\begin{cases} c_0(\boldsymbol{x},\boldsymbol{u}',t) = [c_{0,1},c_{0,2},\cdots,c_{0,n_c}]^{\mathrm{T}} \leqslant 0 \\ c_1(\boldsymbol{x},\boldsymbol{u}',t) = [c_{1,1},c_{1,2},\cdots,c_{1,n_c}]^{\mathrm{T}} \leqslant 0 \\ \quad \cdots \\ c_N(\boldsymbol{x},\boldsymbol{u}',t) = [c_{N,1},c_{N,2},\cdots,c_{N,n_c}]^{\mathrm{T}} \leqslant 0 \end{cases} \tag{6-66}$$

设原来的 n_c 个约束条件中,包含 n_f 个终端约束和 (n_c-n_f) 个过程约束。经上述离散化过程,NLP 问题中共有 $((n_c-n_f)(N+1)+n_f)$ 个约束条件。

使用上述参数化策略,最终有限维最优控制问题被转化为如下有限维 NLP 问题:

$$\begin{aligned} &\min\ J(\boldsymbol{u}') \\ &\text{s.t.} \\ &\dot{\boldsymbol{x}} = \boldsymbol{f}(\boldsymbol{x},\boldsymbol{u}',t) \\ &\boldsymbol{c}_i(\boldsymbol{x},\boldsymbol{u}',t) \leqslant \boldsymbol{0} \end{aligned} \tag{6-67}$$

不同于式(6-1),上述 NLP 问题描述的是离散形式的最优控制问题。

(2) 梯度信息计算。

在求解 NLP 问题的过程中,较为关键的一步便是对优化变量 $\boldsymbol{u}'$ 的迭代修正。为完成 $\boldsymbol{u}'$ 值的迭代修正,通常需要由 $\boldsymbol{u}'$ 计算出性能指标 $J(\boldsymbol{u}')$ 和约束条件 $\boldsymbol{c}_i(\boldsymbol{x},\boldsymbol{u}',t)$,然后求出性能指标和约束条件相对 $\boldsymbol{u}'$ 的梯度。

梯度可理解为一个向量(其维度等于 $\boldsymbol{u}'$ 的维度)。在 $\boldsymbol{u}'$ 的搜索空间中,$\boldsymbol{u}'$ 的值对应着一个空间点,而梯度则表示了该点的最优移动方向,性能指标函数的值沿着该方向变化最快;根据梯度信息,性能指标将随着 $\boldsymbol{u}'$ 的移动而不断接近最小值,如图 6-2 所示。

梯度计算在优化算法中是一个非常重要的问题。梯度信息的求解决定了算法的收敛速度和精度,不准确或错误的梯度信息可能会导致算法产生不当的迭

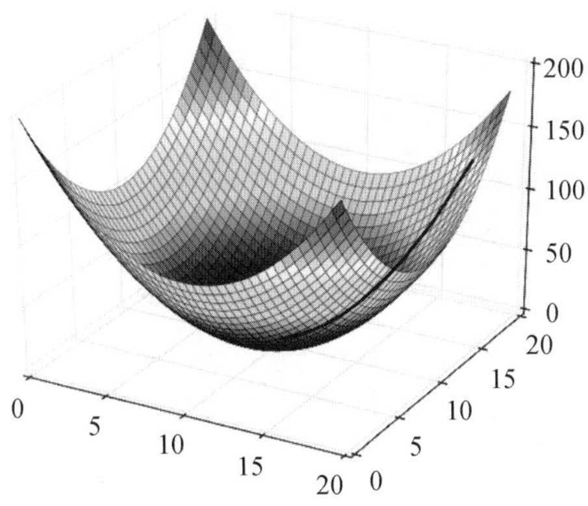

图 6－2　自变量沿梯度移动的示意图

代方向、不收敛①甚至出现病态②。目前，常用于计算梯度信息的方法包括数值法、解析法、反向传播法等。出于计算效率和可实施性等原因，数值方法常见于各种弹道优化问题的求解算法中，其中较为常用的一种即为有限差分（Finite Difference Approximation，FDA）法。令 $m = n_{\mathrm{u}} \times (N+1) + n_{\mathrm{p}}$，性能指标函数关于设计量 $\boldsymbol{u}'$ 的梯度可表示为

$$\nabla J(\boldsymbol{u}') = \left[\frac{\partial J}{\partial \boldsymbol{u}'_1}, \frac{\partial J}{\partial \boldsymbol{u}'_2}, \cdots, \frac{\partial J}{\partial \boldsymbol{u}'_m}\right]^{\mathrm{T}} \tag{6-68}$$

基于有限差分法可得

$$\begin{cases} \dfrac{\partial J}{\partial u'_1} = \dfrac{\Delta J}{\Delta u'_1} = \dfrac{J\left(\boxed{u'_1 + \Delta u'_1}, u'_2, u'_3, \cdots, u'_m\right) - J\left(\boxed{u'_1}, u'_2, u'_3, \cdots, u'_m\right)}{\Delta u'_1} \\ \dfrac{\partial J}{\partial u'_2} = \dfrac{\Delta J}{\Delta u'_2} = \dfrac{J\left(u'_1, \boxed{u'_2 + \Delta u'_2}, u'_3, \cdots, u'_m\right) - J\left(u'_1, \boxed{u'_2}, u'_3, \cdots, u'_m\right)}{\Delta u'_2} \\ \quad\cdots \\ \dfrac{\partial J}{\partial u'_m} = \dfrac{\Delta J}{\Delta u'_m} = \dfrac{J\left(u'_1, u'_2, u'_3, \cdots, \boxed{u'_m + \Delta u'_m}\right) - J\left(u'_1, u'_2, u'_3, \cdots, \boxed{u'_m}\right)}{\Delta u'_m} \end{cases} \tag{6-69}$$

式中，$\Delta u'_1, \Delta u'_2, \cdots, \Delta u'_m$ 为小量，一般可按照如下方式确定：

$$\Delta u'_j = \begin{cases} |u'_i|\sqrt{\varepsilon} \\ \sqrt{\varepsilon} \end{cases} \tag{6-70}$$

① 不满足所有约束条件，或性能指标为达到最优值。

② 很小的自变量变化导致非常大的因变量变化。

式中,$j=1,2,\cdots,m$;ε 表示小量,一般取双精度机器码。显然,上述差分计算需要执行$n_u\times(N+1)+n_p$ 次才能得到性能指标 J 对优化变量 $\boldsymbol{u}'$ 的梯度。

同样,约束条件对 $\boldsymbol{u}'$ 的梯度也可以通过上述方法来获得。根据有限差分法,在$(N+1)$ 个时间点 $t_i(i=0,1,\cdots,N)$ 上可得

$$\begin{cases} c_0(\boldsymbol{u}')=\left[\dfrac{\partial c_{0,1}}{\partial u'_1},\dfrac{\partial c_{0,2}}{\partial u'_2},\cdots,\dfrac{\partial c_{0,n_c}}{\partial u'_m}\right]^{\mathrm{T}} \\ c_1(\boldsymbol{u}')=\left[\dfrac{\partial c_{1,1}}{\partial u'_1},\dfrac{\partial c_{1,2}}{\partial u'_2},\cdots,\dfrac{\partial c_{1,n_c}}{\partial u'_m}\right]^{\mathrm{T}} \\ \cdots \\ c_N(\boldsymbol{u}')=\left[\dfrac{\partial c_{N,1}}{\partial u'_1},\dfrac{\partial c_{N,2}}{\partial u'_2},\cdots,\dfrac{\partial c_{N,n_c}}{\partial u'_m}\right]^{\mathrm{T}} \end{cases} \tag{6-71}$$

其中

$$\begin{cases} \dfrac{\partial c_{0,1}}{\partial u'_1}==\dfrac{\Delta c_{0,1}}{\Delta u'_1}=\dfrac{c_{0,1}\left(\boxed{u'_1+\Delta u'_1},u'_2,u'_3,\cdots,u'_m\right)-c_{0,1}\left(\boxed{u'_1},u'_2,u'_3,\cdots,u'_m\right)}{\Delta u'_1} \\ \dfrac{\partial c_{0,2}}{\partial u'_2}=\dfrac{\Delta c_{0,2}}{\Delta u'_2}=\dfrac{c_{0,2}\left(u'_1,\boxed{u'_2+\Delta u'_2},u'_3,\cdots,u'_m\right)-c_{0,2}\left(u'_1,\boxed{u'_2},u'_3,\cdots,u'_m\right)}{\Delta u'_2} \\ \cdots \\ \dfrac{\partial c_{0,n_c}}{\partial u'_m}=\dfrac{\Delta c_{0,n_c}}{\Delta u'_m}=\dfrac{c_{0,n_c}\left(u'_1,u'_2,u'_3,\cdots,\boxed{u'_m+\Delta u'_m}\right)-c_{0,n_c}\left(u'_1,u'_2,u'_3,\cdots,\boxed{u'_m}\right)}{\Delta u'_m} \\ \cdots \\ \dfrac{\partial c_{1,1}}{\partial u'_1}=\dfrac{\Delta c_{1,1}}{\Delta u'_1}=\dfrac{c_{1,1}\left(\boxed{u'_1+\Delta u'_1},u'_2,u'_3,\cdots,u'_m\right)-c_{1,1}\left(\boxed{u'_1},u'_2,u'_3,\cdots,u'_m\right)}{\Delta u'_1} \\ \cdots \\ \dfrac{\partial c_{N,1}}{\partial u'_1}=\dfrac{\Delta c_{N,1}}{\Delta u'_1}=\dfrac{c_{N,1}\left(\boxed{u'_1+\Delta u'_1},u'_2,u'_3,\cdots,u'_m\right)-c_{N,1}\left(\boxed{u'_1},u'_2,u'_3,\cdots,u'_m\right)}{\Delta u'_1} \\ \cdots \\ \dfrac{\partial c_{N,n_c}}{\partial u'_1}=\dfrac{\Delta c_{N,n_c}}{\Delta u'_1}=\dfrac{c_{N,n_c}\left(\boxed{u'_1+\Delta u'_1},u'_2,u'_3,\cdots,u'_m\right)-c_{N,n_c}\left(\boxed{u'_1},u'_2,u'_3,\cdots,u'_m\right)}{\Delta u'_1} \end{cases} \tag{6-72}$$

显然,上述差分计算需要执行$(N+1)\cdot[n_u\times(N+1)+n_p]$ 次才能得到约束条件 $\boldsymbol{c}$ 对优化变量 $\boldsymbol{u}'$ 的梯度。需要注意的是,在$[t_0,t_f]$ 中的每一时刻都应该满足约束条件$\boldsymbol{c}$,但根据式(6-66),在直接打靶法中只关注各时间点处的状态量和

控制量是否满足约束条件 $\boldsymbol{c}$。在直接法中，当时间点 $t_0 < t_1 < \cdots < t_N = t_f$ 间隔足够小时，可以认为在 t_i 和 t_{i+1} 处满足约束条件等同于在整个区间 $[t_i, t_{i+1}]$ 内满足约束条件。

直接打靶法的原理如图 6－3 所示，其中“优化算法”部分将在下文中叙述。由直接打靶法的基本原理可知，时间点 $t_0 < t_1 < \cdots < t_N = t_f$ 的划分决定了 NLP 问题的规模以及求解精度。

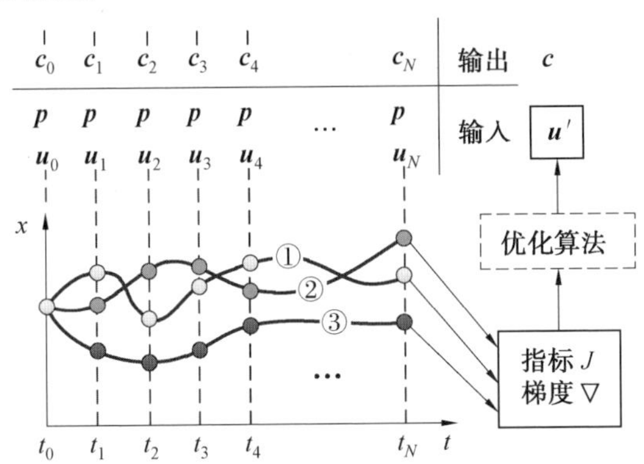

图 6－3　直接打靶法示意图

显然，时间区间 $[t_0, t_f]$ 划分越粗，NLP 问题中的约束条件数量越少，同时梯度计算次数越少；但由于区间 $[t_i, t_{i+1}]$ 内的控制量是由 u_i 和 u_{i+1} 线性拟合得出的，而实际的最优控制量未必满足这种线性关系，因此解的精度会相应降低；同时由过程约束的转化策略可知，时间节点过于稀疏可能会导致在区间 $[t_i, t_{i+1}]$ 内不满足约束条件。

反之，时间区间 $[t_0, t_f]$ 划分越细，经转化得到的 NLP 问题规模越大，求解计算量也越大，但精度也会有所提高。然而，对区间 $[t_0, t_f]$ 的划分并非越细越好，这是因为在很多优化问题中精确的梯度计算是非常困难的，随着梯度计算量的增加，无法保证每一次梯度计算都能得到对算法收敛有益的结果。

综上所述，如何对区间 $[t_0, t_f]$ 进行划分是一个很重要的问题，许多文献和研究成果都对这一问题有所研究。例如，对于许多不等式约束（如动压、驻点热流、最大攻角等）而言，通常只关注区间 $[t_0, t_f]$ 上的最大值，并不需要知道每一个时间节点 t_i 上的约束条件满足情况；因此可以在设计经验或理论分析的基础上，只针对部分区间建立离散约束模型①，从而降低优化问题的求解计算量。另外，还可以针对优化变量 $\boldsymbol{u}'$ 中的各变量分别采用不同的时间区间划分方式，即在不同维度上进行离散化处理，从而实现计算量和计算精度间的动态平衡。在远程火

① 例如，对于传统弹道导弹或运载火箭，最大动压一般出现在初始转弯段。

箭的弹道优化问题中，一般可以采用等分的方式划分时间区间$[t_0,t_f]$，设计每一个区间$[t_i,t_{i+1}]$的长度等于数值积分步长，并令$\boldsymbol{u}'$中的各优化变量均采用该划分结果。这种划分方式简单便捷，易于理解，适用于多数弹道优化问题。

2. 多重打靶法

多重打靶法又称多射法。基于直接打靶法，多重打靶法将时间区间$[t_0,t_f]$划分为几个子区间，然后在各个子区间内用非线性函数拟合控制量或像直接打靶法一样进行进一步细分，如图 6 - 4 所示。

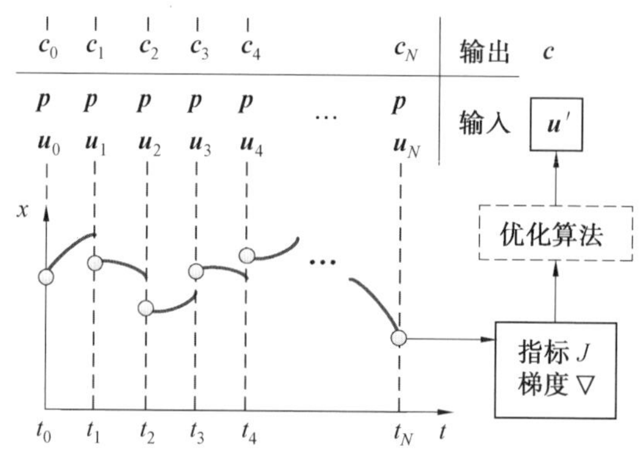

图 6 - 4　多重打靶法示意图

多重打靶法的基本步骤如下：

(1) 将区间$[t_0,t_f]$划分成N个子区间：$t_0 < t_1 < \cdots < t_{N-1} < t_N = t_f$。

(2) 参数化。在各节点$t_0 < t_1 < \cdots < t_N$处完成参数化，得到$u_0,u_1,\cdots,u_N$。

(3) 子区间打靶。在区间$[t_i,t_{i+1}]$(其中$i=0,1,\cdots,N-1$)的起点t_i处给系统的状态变量赋初值，记为$\tilde{\boldsymbol{x}}(t_i)$(其中$x(t_0)$为已知初值，而$x(t_N)$中的部分或全部为已知终端值)。

(4) 匹配条件。为保证运动状态的连续性，由$\tilde{\boldsymbol{x}}(t_i)$、$f$和$u_i$等条件在$[t_i,t_{i+1}]$终点$t_{i+1}$处计算出的状态$x(t_{i+1})$，应等于区间$[t_{i+1},t_{i+2}]$起点$t_{i+1}$处的初值$\tilde{\boldsymbol{x}}(t_{i+1})$。

(5) 转化为 NLP 问题。相比直接打靶法，多重打靶法额外需要对状态$\tilde{\boldsymbol{x}}(t_1),\tilde{\boldsymbol{x}}(t_2),\cdots,\tilde{\boldsymbol{x}}(t_{N-1})$的初值进行猜测。但数学上已严格证明，多重打靶法在稳定性和精度上均优于直接打靶法，因此很多复杂的弹道优化问题都可以采用多重打靶法解决，如约束条件较多的滑翔段弹道优化，飞行时间较长的深空探测转移轨道优化，以及飞行阶段较多的天地往返全程弹道优化等。

6.3.2　伪谱法

配点法用一系列基函数的组合来近似系统的状态量，是求解偏微分方程的

一种常用数值方法。类似于打靶法，配点法需要将自变量区间划分成多个子区间，而相应的中间划分点则称为配点。一般来说，配点法包括有限元法（finite element method）和谱方法（spectral method）两类，其中有限元法将基函数应用于各个子区间并完成分段近似，而谱方法则将基函数应用于整个求解域（如$[t_0, t_f]$或$[-1,1]$）并完成全局近似。

谱方法将真实解（包括状态量和控制量）展开成光滑函数的有限级数展开式，例如用 $N+1$ 个全局基函数的加权求和来近似某连续函数，有

$$y(x) \approx \tilde{y}(x) = \sum_{i=0}^{N} (a_i \phi_i(x)) \tag{6-73}$$

式中，y 为原函数；$\tilde{y}$ 为近似函数；a_i 为加权系数；ϕ_i 为基函数。

不同于打靶法，谱方法通常需要将自变量区间（如$[t_0, t_f]$）转换到$[-1,1]$上，并采用非等分的方式选取配点（正交多项式的零点）且完成子区间划分；图 6－5 给出了基于 Legendre－Gauss－Lobatto 多项式的配点分布。由于谱方法中的子区间分布类似于光线中的波长分布，故称之为谱方法。

由式（6－73）可知，谱方法的任务是确定一系列系数 a_i 使某种准则下 y 和 $\tilde{y}$ 之间的残差最小，其精度一般取决于展开式的项数 N；当通过调整配点使残差达到最小值时，称该配点分布为最佳配点，相应的谱方法则称为伪谱法。

综上，伪谱法（pseudo-spectral method）源于配点法，是一种同时离散控制量和状态量的算法。根据配点选择方式的不同，伪谱法又可分为勒让德伪谱法、切比雪夫伪谱法、拉道伪谱法和高斯伪谱法等几种。

确定配点后，伪谱法采用全局差值多项式近似状态量和控制量，而不同算法中可能采取不同的差值基函数。如图 6－6 所示，高斯伪谱法采用 Lagrange（拉格朗日）多项式来逼近状态和控制变量，而切比雪夫伪谱法则采用 Chebyshev 多项式。

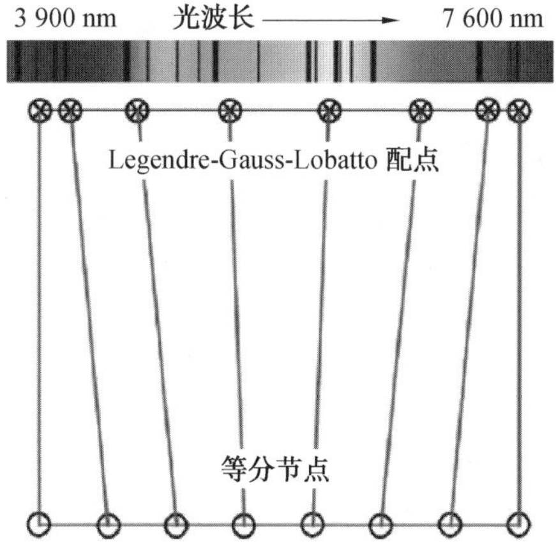

图 6－5　Legendre－Gauss－Lobatto 配点

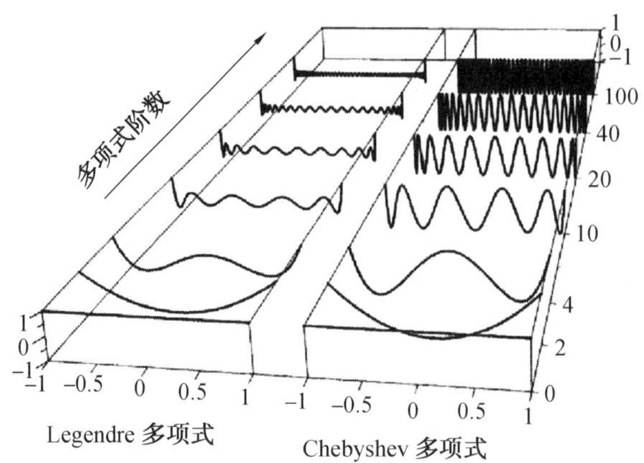

图 6 - 6　Legendre 多项式和 Chebyshev 多项式

设有 $N+1$ 个均匀分布的节点,用 n 次 Legendre 多项式差值完成状态量近似。从表面上看,N 和 n 越大则逼近精度越高,但德国科学家 Carl Runge 在 1901 年测试一个简单的一元函数 $y=1/(1+25x^2)$ 时,发现这一说法并不成立;随着 N 和 n 的增大,残差$(y-\tilde{y})$ 的值反而在区间$[-1,1]$ 的端点处急剧增大,该现象也被称为 Runge 现象。

Runge 现象说明,等分区间的离散方式可能会在区间过密的情况下使端点处的逼近误差发散,继而导致算法不收敛或精度过低。而伪谱法中采用非均匀分布的配点完成子区间划分的方式,则可以从很大程度上解决 Runge 现象。如图 6 - 7 所示,配点在区间$[-1,1]$ 的两端较为密集,而在中间区域较为稀疏,这样便可以平衡多项式差值点的数量和拟合精度。因此从整体上看,伪谱法在初值敏感度、收敛性、计算量和计算精度等方面均优于打靶法。

在诸多伪谱法中,高斯伪谱法较其他伪谱法而言具有很多优势,其中最重要的一点就是它能够满足协态映射定理,因此解的最优性能够保证。本节主要针对高斯伪谱法展开叙述。

1. 高斯伪谱法

高斯伪谱法(Gauss Pseudo-spectral Method,GPM)根据 Legendre - Gauss 多项式的零点确定配点,并在配点上离散状态量和控制量,然后基于配点构造 Lagrange 插值多项式 $\boldsymbol{y}(\boldsymbol{x})$ 和 $\boldsymbol{y}(\boldsymbol{u})$ 来逼近状态量 $\boldsymbol{x}$ 和控制量 $\boldsymbol{u}$,同时用状态插值多项式的导数 $\boldsymbol{y}'(\boldsymbol{x})$ 来近似系统的状态方程 $\boldsymbol{f}$。

显然,伪谱法不像打靶法一样积分状态方程 $\boldsymbol{f}$ 从而获得各时间点对应的状态变量,而是通过多项式差值来近似状态变量。同时,为了保证最终优化出的状态量 $\boldsymbol{x}$ 和控制量 $\boldsymbol{u}$ 符合原系统变化规律,伪谱法在各配点处建立了关于状态方程 $\boldsymbol{f}$ 的等式约束。下面将介绍伪谱法的基本离散过程。

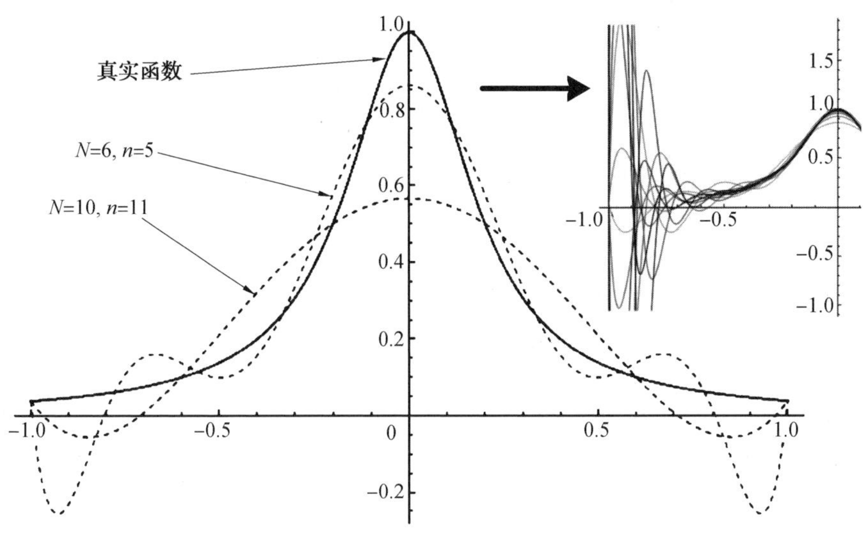

图 6－7　等分区间的 Runge 现象

首先，将上文中建立的一般连续最优控制问题模型列出如下：

$$\min \quad J = M_{\mathrm{J}}(\boldsymbol{x}_{\mathrm{f}}, t_{\mathrm{f}}) + \int_{t_0}^{t_{\mathrm{f}}} L_{\mathrm{J}}(\boldsymbol{x}, \boldsymbol{u}, t)\,\mathrm{d}t$$

$$\begin{aligned} \text{s.t.} \quad & \\ & \dot{\boldsymbol{x}} = \boldsymbol{f}(\boldsymbol{x}, \boldsymbol{u}, t) \\ & \boldsymbol{c}(\boldsymbol{x}, \boldsymbol{u}, t) \leqslant \boldsymbol{0} \\ & \boldsymbol{E}(\boldsymbol{x}_0, t_0, \boldsymbol{x}_{\mathrm{f}}, t_{\mathrm{f}}) = \boldsymbol{0} \end{aligned} \tag{6-74}$$

式中，$\boldsymbol{E}$ 表示边界条件，是初始条件和终端条件的整合。

将时间区间$[t_0, t_{\mathrm{f}}]$转换到$[-1,1]$，完成时间的值域变换，有

$$\tau = \frac{2t}{t_{\mathrm{f}} - t_0} - \frac{t_{\mathrm{f}} + t_0}{t_{\mathrm{f}} - t_0} \tag{6-75}$$

在区间$[-1,1]$上，根据 N 次 Legendre－Gauss 多项式（记为 $P_N(\tau)$）的零点得到 N 个配点（Collocations），记为 $\tau_1, \tau_2, \cdots, \tau_N$，可得

$$P_N(\tau) = \frac{1}{2^N N!} \frac{\mathrm{d}^N}{\mathrm{d}\tau^N} (\tau^2 - 1)^N = 0 \Rightarrow \tau_1, \tau_2, \cdots, \tau_N \tag{6-76}$$

计算上述多项式的零点并不容易，因此可以使用如下递推公式来确定函数 $P_N(\tau)$ 的具体形式，然后再求解零点：

$$\begin{cases} P_0(x) = 1 \\ P_1(x) = 0 \\ (n+1)P_{n+1}(x) = (2n+1)xP_n(x) - nP_{n-1}(x), \quad n = 2,3,\cdots,N \end{cases} \tag{6-77}$$

由于实际问题中存在边界约束，引入端点 $\tau_0 = -1$ 和 $\tau_f = \tau_{K+1} = 1$，与配点一起构成 $(N+2)$ 个节点（Nodes），记为 $\tau_0, \tau_1, \tau_2, \cdots, \tau_N, \tau_{N+1}$。

定义 $L_i(\tau)N$ 次 Legendre 插值多项式为

$$L_i(\tau) = \prod_{j=0, j\neq i}^{N} \frac{\tau - \tau_j}{\tau_i - \tau_j} \tag{6-78}$$

显然在节点 τ_j 处有

$$L_i(\tau_j) = \begin{cases} 1, & j = i \\ 0, & j \neq i \end{cases} \tag{6-79}$$

不同伪谱法的配点选择见表 6-2。

表 6-2　不同伪谱法的配点选择

伪谱法类别	多项式	在区间(-1,1)内
切比雪夫	Chebyshev - Gauss - Lobatto 多项式	$\dot{P}_{N-1}$ 的 $N-2$ 个实根以及 -1 和 1
拉道	Legendre - Gauss - Radau 多项式	$(P_N + P_{N-1})$ 的 N 个实根以及 -1 或 1
高斯	Legendre - Gauss 多项式	P_N 的 N 个实根

(1) 状态量离散化。

高斯伪谱法将状态变量在前 $(N+1)$ 个节点处离散，并用 $(N+1)$ 个 Lagrange 插值多项式来完成状态量近似，有

$$\boldsymbol{x}(\tau) \approx \tilde{\boldsymbol{x}}(\tau) = \sum_{i=0}^{N} L_i(\tau)\boldsymbol{x}(\tau_i) \tag{6-80}$$

对于第 $(N+1)$ 个节点处的状态量即终端时刻的状态变量，可通过数值积分得到，具体计算方法后面会提到。

(2) 控制量离散化。

当已知各离散点上的控制量时，还需要通过某种方式完成控制量的近似。一般来讲，控制量 $\boldsymbol{u}$ 不像状态量 $\boldsymbol{x}$ 一样需要用到差值多项式的导数信息，因此对控制量的近似方法较对状态量的近似方法而言要求低，并且只需在配点上完成离散。

高斯伪谱法将控制量在区间(-1,1)内的 N 个配点处离散；为了形式上的统一并适应控制量可导的情况，仍采用 Lagrange 插值多项式近似控制量，有

$$\boldsymbol{u}(\tau) \approx \tilde{\boldsymbol{u}}(\tau) = \sum_{i=1}^{N} L_i(\tau)\boldsymbol{u}(\tau_i) \tag{6-81}$$

为满足系统状态方程 $\boldsymbol{f}$，应保证在各离散点处使 $\tilde{\boldsymbol{x}}(\tau)$ 的导数等于 $\boldsymbol{f}$，由此可以将状态方程约束转化为一系列等式约束。

基于式(6－80)，在各节点处 $\tilde{\boldsymbol{x}}(\tau)$ 的导数可表示为

$$\dot{\tilde{\boldsymbol{x}}}(\tau_k) = \sum_{i=0}^{N} \dot{L}_i(\tau_k)\tilde{\boldsymbol{x}}(\tau_i) = \sum_{i=0}^{N} D_{k,i+1}\tilde{\boldsymbol{x}}(\tau_i) \tag{6-82}$$

式中，$\tau_k \in \{\tau_1,\tau_2,\cdots,\tau_k\}$ 而 $\tau_i \in \{\tau_0,\tau_1,\cdots,\tau_k\}$；$\boldsymbol{D}_{N\times(N+1)}$ 为微分矩阵，其表达式为

$$D_{k,i+1} = \dot{L}_i(\tau_k) = \begin{cases} \dfrac{(1+\tau_k)\dot{P}_N(\tau_k) + P_N(\tau_k)}{(\tau_k - \tau_i)[(1+\tau_i)\dot{P}_N(\tau_i) + P_N(\tau_i)]}, & i \neq k \\ \dfrac{(1+\tau_i)\ddot{P}_N(\tau_i) + 2\dot{P}_N(\tau_i)}{2[(1+\tau_i)\dot{P}_N(\tau_i) + P_N(\tau_i)]}, & i = k \end{cases} \tag{6-83}$$

根据式(6－75)可得

$$\frac{\mathrm{d}x}{\mathrm{d}\tau} = \frac{t_\mathrm{f} - t_0}{2} f(\tilde{\boldsymbol{x}},\tilde{\boldsymbol{u}},\tau) \tag{6-84}$$

因此，各配点处应满足的代数方程为

$$\sum_{i=0}^{N} D_{k,i+1}(\tau_k)\tilde{\boldsymbol{x}}(\tau_i) - \frac{t_\mathrm{f} - t_0}{2}\boldsymbol{f}(\tilde{\boldsymbol{x}}(\tau_k),\tilde{\boldsymbol{u}}(\tau_k),\tau_k) = \boldsymbol{0} \tag{6-85}$$

状态微分矩阵 $\boldsymbol{D}_{N\times(N+1)}$ 可以事先计算出来，此时式(6－85)的左侧部分便成为状态量 $\tilde{\boldsymbol{x}}$ 的线性组合，这有助于提高优化问题的求解效率。

(3) 过程约束离散化。

类似于打靶法，伪谱法同样需要对过程约束进行离散化，并且只需在各配点处满足过程约束即可，即

$$c_k(\tilde{\boldsymbol{x}}_k,\tilde{\boldsymbol{u}}_k,\tau_k) \leqslant 0,\quad k = 1,2,\cdots,N \tag{6-86}$$

同时，若对过程变量的变化率也有所约束，如要求 $\dot{\boldsymbol{u}} \leqslant \boldsymbol{\zeta}$，类似式(6－85)，可以将 $\dot{\boldsymbol{u}}$ 在各配点处离散化，得

$$\dot{\boldsymbol{u}}(\tau_k) \approx \dot{\tilde{\boldsymbol{u}}}(\tau_k) = \sum_{i=1}^{K} \dot{\tilde{L}}_i(\tau_k)\tilde{\boldsymbol{u}}(\tau_i) = \sum_{i=1}^{K} D'_{ki}(\tau_k)\tilde{\boldsymbol{u}}(\tau_i) \leqslant \boldsymbol{\zeta} \tag{6-87}$$

式中，约束微分矩阵 $\boldsymbol{D}'_{N\times N}$ 同样可以事先计算出来。

(4) 性能指标离散化。

对于如下性能指标函数的离散化：

$$J = M_\mathrm{J}(\boldsymbol{x}_\mathrm{f},t_\mathrm{f}) + \int_{t_0}^{t_\mathrm{f}} L_\mathrm{J}(\boldsymbol{x},\boldsymbol{u},t)\,\mathrm{d}t \tag{6-88}$$

终值型指标 M_{J} 可根据终端状态直接求出,积分型指标可采用高斯积分公式完成,即

$$\begin{aligned}\int_{t_0}^{t_{\mathrm{f}}} L_{\mathrm{J}}(\boldsymbol{x},\boldsymbol{u},t)\,\mathrm{d}t &= \frac{t_{\mathrm{f}}-t_0}{2}\int_{-1}^{1} L_{\mathrm{J}}(\tilde{\boldsymbol{x}}(\tau_k),\tilde{\boldsymbol{u}}(\tau_k),\tau_k)\,\mathrm{d}\tau \\ &= \frac{t_{\mathrm{f}}-t_0}{2}\sum_{k=1}^{N} w_k L_{\mathrm{J}}(\tilde{\boldsymbol{x}}(\tau_k),\tilde{\boldsymbol{u}}(\tau_k),\tau_k)\end{aligned} \tag{6-89}$$

式中,w_k 为积分权重,同样可以事先计算出来,如下:

$$w_k = \frac{2}{(1-\tau_k^2)\dot{P}_N^2(\tau_k)} \tag{6-90}$$

(5) 终端约束离散化。

最优控制问题往往包含终端状态约束,但 Lagrange 插值多项式公式中并未定义终端状态。同样采用高斯积分公式,终端状态约束可表示为

$$\begin{aligned}\boldsymbol{x}_{\mathrm{f}} &= \boldsymbol{x}_{N+1} \\ &= \boldsymbol{x}_0 + \frac{t_{\mathrm{f}}-t_0}{2}\int_{-1}^{1}\boldsymbol{f}(\tilde{\boldsymbol{x}},\tilde{\boldsymbol{u}},\tau)\,\mathrm{d}\tau \\ &= \boldsymbol{x}_0 + \frac{t_{\mathrm{f}}-t_0}{2}\sum_{k=1}^{N} w_k \boldsymbol{f}(\tilde{\boldsymbol{x}},\tilde{\boldsymbol{u}},\tau)\end{aligned} \tag{6-91}$$

上式属于非线性约束,如果能够将其转化为线性约束,则有利于 NLP 问题的求解。数学上已经证明,式(6-91)等价于如下表达式:

$$\boldsymbol{x}_{\mathrm{f}} - \boldsymbol{x}_0 - \sum_{i=0}^{N}\tilde{\boldsymbol{x}}\cdot\sum_{k=1}^{N} w_k D_{k,i+1} = \boldsymbol{0} \tag{6-92}$$

综上所述,状态量是在前($N+1$)个节点 $\tau_0,\tau_1,\tau_2,\cdots,\tau_N$ 处离散的,而控制量、微分方程和过程约束均是在配点 $\tau_1,\tau_2,\cdots,\tau_N$ 处离散的;另外,积分型指标和终端状态是基于配点 $\tau_1,\tau_2,\cdots,\tau_N$ 处的离散结果经高斯积分得到的。

最终,高斯伪谱法将连续最优控制问题转化为如下 NLP 问题:

$$J = M_{\mathrm{J}}(x_{\mathrm{f}},\tau_{\mathrm{f}}) + \frac{t_{\mathrm{f}}-t_0}{2}\sum_{k=1}^{N} w_k L_{\mathrm{J}}(\tilde{\boldsymbol{x}}(\tau_k),\tilde{\boldsymbol{u}}(\tau_k),\tau_k)$$

s. t.

$$\begin{aligned}&\sum_{i=0}^{N} D_{k,i+1}(\tau_k)\tilde{\boldsymbol{x}}(\tau_i) - \frac{t_{\mathrm{f}}-t_0}{2}f(\tilde{\boldsymbol{x}}(\tau_k),\tilde{\boldsymbol{u}}(\tau_k),\tau_k) = \boldsymbol{0} \\ &c_k(\tilde{\boldsymbol{x}}_k,\tilde{\boldsymbol{u}}_k,\tau_k) \leqslant 0 \\ &\boldsymbol{E}(\boldsymbol{x}_0,t_0,\boldsymbol{x}_{\mathrm{f}},t_{\mathrm{f}}) = \boldsymbol{0} \\ &\boldsymbol{x}_{\mathrm{f}} - \boldsymbol{x}_0 - \sum_{i=0}^{N}\tilde{\boldsymbol{x}}\cdot\sum_{k=1}^{N} w_k D_{k,i+1} = \boldsymbol{0}\end{aligned} \tag{6-93}$$

2. hp 自适应伪谱法

伪谱法虽然简单高效，但仍存在一些问题，如随着离散点数量的增加，转化后的 NLP 问题将愈发复杂。因此，类似于多重打靶法，人们试图采用分段优化的方式来保证伪谱法的计算效率和精度，其中以结合了拉道伪谱法与 hp 型有限元法优点的 hp 自适应伪谱法（hp-adaptive pseudo-spectral method）最具代表性。

hp 自适应伪谱法首先将区间[-1,1]划分为多个子区间，然后在各子区间内划分配点并应用拉道伪谱法；由于能够在各区间内对配点数（h）和全局插值多项式阶次（p）进行自适应调整，故称为 hp 自适应伪谱法。

hp 自适应伪谱法不但不需要通过一味地加密网格来提高精度，而且能够获得稀疏形式的状态微分矩阵 $\boldsymbol{D}_{N\times(N+1)}$，可以有效降低 NLP 问题的规模，同时能够在保证收敛速度的同时降低初值敏感度。

需要注意的是，由于对自变量区间进行了初步划分，所以在划分节点处应满足连续性条件；如表 6-2 所示，拉道伪谱法可以产生 -1 或 1 处的配点，因此 hp 自适应伪谱法是基于拉道伪谱法产生的，而不是基于高斯伪谱法。

在离散化过程方面，hp 自适应伪谱法与高斯伪谱法类似，其主要特点在于有限元网格的划分以及网格内插值多项式阶次的选择。

设定系统状态方程近似误差的最大容许值为 ε_c，如果第 k 个网格内的最大误差 $\varepsilon_{\max}^{k}$ 大于 ε_c，则需对该网格进行重新细化。细化方法有两种：① 增加网格内部插值多项式的阶次 p；② 再插入 h 个中间网点，从而将第 k 个网格细分为（$h+1$）个小网格。

因此，当误差不满足要求时，首先要判定应该增加 p 还是增加 h。在第 k 个网格内，系统第 i 个状态分量的曲率函数可表示为

$$\kappa_i^{(k)}(\tau)=\frac{|\ddot{x}_i^{(k)}(\tau)|}{|[1+(\dot{x}_i^{(k)}(\tau))^2]^{3/2}|} \tag{6-94}$$

式中，x_i 表示状态量 $\boldsymbol{x}$ 的第 i 个分量。

设所有网格中，曲率的最大值和平均值分别为 $\kappa_{\max}^{(k)}$ 和 $\bar{\kappa}^{(k)}$，令

$$r_k=\frac{\kappa_{\max}^{(k)}}{\bar{\kappa}^{(k)}} \tag{6-95}$$

若 $r_k<r_{k\max}$（$r_{k\max}$ 为设定阈值），则增加 p，否则增加 h。

（1）若增加 p，则新的插值多项式的阶次 p_1 为

$$p_1=p_0+\text{ceil}[\lg(\varepsilon_{\max}^{k}/\varepsilon_c)]+p_A \tag{6-96}$$

式中，p_0 为更新前的插值多项式阶次；ceil( ) 为向上取整；p_A 为预设值。

(2) 若增加 h，则新增网点数 h_1 为

$$h_1 = \text{ceil}[P_B \cdot \lg(\varepsilon_{\max}^k / \varepsilon_c)] \tag{6-97}$$

式中，P_B 为自定义参数。

实际上，在进行最优控制问题求解时，无论是高斯伪谱法、直接打靶法还是 hp 自适应伪谱法，其离散化过程都不是只执行一次，而是需要随着每一次控制量或状态量的更新反复离散化。以使用 hp 自适应伪谱法求解优化问题为例，其基本步骤如图 6-8 所示。

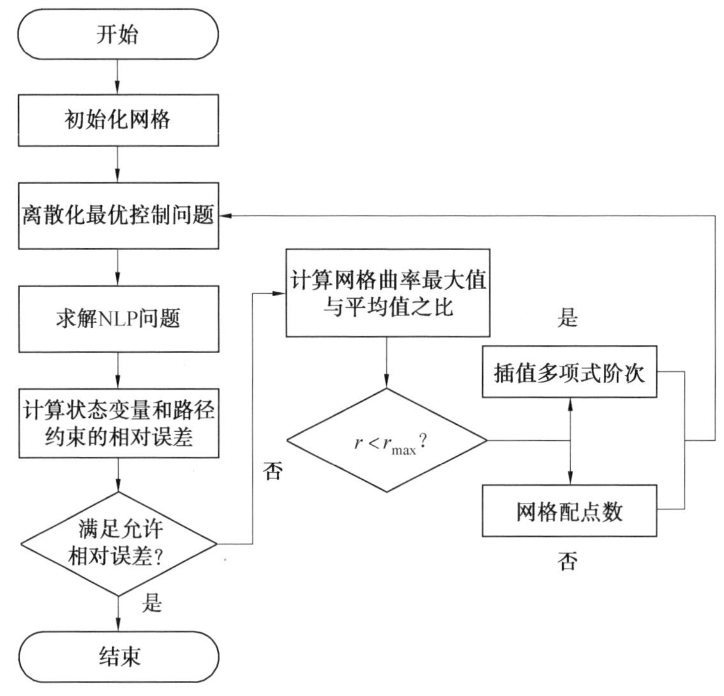

图 6-8　hp 自适应伪谱法流程图

6.3.3 NLP 问题的求解

设有限维最优控制问题被转化为如下有限维 NLP 问题：

$$\begin{aligned} &\min J(\boldsymbol{u}) \\ &\text{s.t.} \\ &\dot{\boldsymbol{x}} = \boldsymbol{f}(\boldsymbol{x}, \boldsymbol{u}, t) \\ &c_i(\boldsymbol{x}, \boldsymbol{u}, t) \leqslant 0 \end{aligned} \tag{6-98}$$

1. 最优性条件

设 $\boldsymbol{x}^*$ 为问题(6-98)的局部最优解，约束条件 c_i 在 $\boldsymbol{x}^*$ 处可微。若 c_i 线性无

关，则存在向量组 $\boldsymbol{x}^*$ 和 $\boldsymbol{\lambda}^*$ 满足

$$\begin{cases}\nabla \boldsymbol{f}(\boldsymbol{x}^*) + \sum_{i=1}^{N}[\boldsymbol{\lambda}_i^* \nabla \boldsymbol{c}_i(\boldsymbol{x}^*)] = \boldsymbol{0} \\ c_i(\boldsymbol{x}^*) \leqslant 0, \quad \boldsymbol{\lambda}_i \leqslant \boldsymbol{0} \text{ 且 } \lambda_i c_i(\boldsymbol{x}^*) = 0\end{cases} \tag{6-99}$$

上式称为 Kuhn - Tucker 一阶必要条件（KT 条件），即指标 J 取极小值的必要条件。满足 KT 条件的 $\boldsymbol{x}^*$ 称为 KT 点，而 $\boldsymbol{x}^*$ 和 $\boldsymbol{\lambda}^*$ 称为 KT 对；其中 $\boldsymbol{\lambda}$ 为拉格朗日乘子向量，其维度等于约束 $\boldsymbol{c}_i$ 的维度。

当使用数值算法求解 NLP 问题时，得到的结果应满足 KT 条件。从应用的角度出发，本节只针对 NLP 问题的求解过程进行叙述，具体证明和推导过程不予叙述。

2. SQP 方法

(1) 有约束问题的拟牛顿法。

首先考虑只含有等式约束条件的 NLP 问题如下：

$$\begin{aligned}&\min J(\boldsymbol{x}) \\ &\text{s. t.} \quad \boldsymbol{c}(\boldsymbol{x}) = \boldsymbol{0}\end{aligned} \tag{6-100}$$

设约束条件 $\boldsymbol{c}(\boldsymbol{x})$ 的维度为 m，状态量 $\boldsymbol{x}$ 的维度为 n；定义问题(6 - 100) 的拉格朗日函数为

$$L(\boldsymbol{x},\lambda) = J(\boldsymbol{x}) + \sum_{i=1}^{m}\lambda_i c_i \tag{6-101}$$

拉格朗日函数关于 x 的梯度向量和 Hessian 矩阵分别为

$$\nabla_x L(\boldsymbol{x},\lambda) = \nabla J(\boldsymbol{x}) + \sum_{i=1}^{m}(\lambda_i \cdot \nabla c_i) \tag{6-102}$$

$$\nabla_x^2 L(\boldsymbol{x},\lambda) = \nabla^2 J(\boldsymbol{x}) + \sum_{i=1}^{m}(\lambda_i \cdot \nabla^2 c_i) \tag{6-103}$$

向量 $\boldsymbol{c}(\boldsymbol{x})$ 在点 $\boldsymbol{x}$ 处的雅可比矩阵为

$$\nabla \boldsymbol{c}(\boldsymbol{x}) = \begin{bmatrix}\dfrac{\partial c_1(\boldsymbol{x})}{\partial x_1} & \dfrac{\partial c_1(\boldsymbol{x})}{\partial x_2} & \cdots & \dfrac{\partial c_1(\boldsymbol{x})}{\partial x_n} \\ \dfrac{\partial c_2(\boldsymbol{x})}{\partial x_1} & \dfrac{\partial c_2(\boldsymbol{x})}{\partial x_2} & \cdots & \dfrac{\partial c_2(\boldsymbol{x})}{\partial x_n} \\ \vdots & \vdots & & \vdots \\ \dfrac{\partial c_m(\boldsymbol{x})}{\partial x_1} & \dfrac{\partial c_m(\boldsymbol{x})}{\partial x_2} & \cdots & \dfrac{\partial c_m(\boldsymbol{x})}{\partial x_n}\end{bmatrix} \tag{6-104}$$

记拉格朗日函数关于 $\boldsymbol{x}$ 和 $\boldsymbol{\lambda}$ 的梯度向量和 Hessian 矩阵分别为 $\nabla L(\boldsymbol{x},\boldsymbol{\lambda})$ 和 $^2L(\boldsymbol{x},\boldsymbol{\lambda})$，有

$$\nabla L(\boldsymbol{x},\boldsymbol{\lambda})=\begin{bmatrix} J(\boldsymbol{x})+\nabla \boldsymbol{c}(\boldsymbol{x})^{\mathrm{T}}\boldsymbol{\lambda} \\ \boldsymbol{c}(\boldsymbol{x}) \end{bmatrix} \tag{6-105}$$

$$\nabla^2 L(\boldsymbol{x},\boldsymbol{\lambda})=\begin{bmatrix} {}^2_x L(\boldsymbol{x},\boldsymbol{\lambda}) & \nabla \boldsymbol{c}(\boldsymbol{x}) \\ \nabla \boldsymbol{c}(\boldsymbol{x})^{\mathrm{T}} & \boldsymbol{0} \end{bmatrix} \tag{6-106}$$

函数$\nabla L(\boldsymbol{x},\boldsymbol{\lambda})$在$(\boldsymbol{x}^k,\boldsymbol{\lambda}^k)$处的一阶泰勒展开为

$$\nabla L(\boldsymbol{x},\boldsymbol{\lambda})=L(\boldsymbol{x}^k,\boldsymbol{\lambda}^k)+\nabla^2 L(\boldsymbol{x}^k,\boldsymbol{\lambda}^k)\begin{bmatrix} \boldsymbol{x}-\boldsymbol{x}^k \\ \boldsymbol{\lambda}-\boldsymbol{\lambda}^k \end{bmatrix} \tag{6-107}$$

拉格朗日函数$L(\boldsymbol{x},\boldsymbol{\lambda})$取极小值的必要条件为$L(\boldsymbol{x},\boldsymbol{\lambda})=\boldsymbol{0}$,因此

$$\begin{bmatrix} \nabla_x^2 L(\boldsymbol{x}^k,\boldsymbol{\lambda}^k) & \boldsymbol{c}(\boldsymbol{x}^k) \\ \nabla \boldsymbol{c}(\boldsymbol{x}^k)^{\mathrm{T}} & \boldsymbol{0} \end{bmatrix}\begin{bmatrix} \boldsymbol{x}-\boldsymbol{x}^k \\ \boldsymbol{\lambda}-\boldsymbol{\lambda}^k \end{bmatrix}=-\begin{bmatrix} J(\boldsymbol{x}^k)+\nabla \boldsymbol{c}(\boldsymbol{x}^k)^{\mathrm{T}}\boldsymbol{\lambda}^k \\ \boldsymbol{c}(\boldsymbol{x}^k) \end{bmatrix} \tag{6-108}$$

上式即为关于拉格朗日函数$L(\boldsymbol{x},\boldsymbol{\lambda})$的牛顿迭代公式。由式(6-108)可得

$$\nabla_x^2 L(\boldsymbol{x}^k,\boldsymbol{\lambda}^k)(\boldsymbol{x}-\boldsymbol{x}^k)+\nabla \boldsymbol{c}(\boldsymbol{x}^k)^{\mathrm{T}}(\boldsymbol{\lambda}-\boldsymbol{\lambda}^k)=-(\nabla J(\boldsymbol{x}^k)+\nabla \boldsymbol{c}(\boldsymbol{x}^k)^{\mathrm{T}}\boldsymbol{\lambda}^k) \tag{6-109}$$

可写成

$$\nabla_x^2 L(\boldsymbol{x}^k,\boldsymbol{\lambda}^k)(\boldsymbol{x}-\boldsymbol{x}^k)+\nabla \boldsymbol{c}(\boldsymbol{x}^k)^{\mathrm{T}}\boldsymbol{\lambda}=-\nabla J(\boldsymbol{x}^k) \tag{6-110}$$

故式(6-108)又可写成

$$\begin{bmatrix} \nabla_x^2 L(\boldsymbol{x}^k,\boldsymbol{\lambda}^k) & \nabla c(\boldsymbol{x}^k) \\ \nabla \boldsymbol{c}(\boldsymbol{x}^k)^{\mathrm{T}} & \boldsymbol{0} \end{bmatrix}\begin{bmatrix} \boldsymbol{d} \\ \boldsymbol{\lambda} \end{bmatrix}=\begin{bmatrix} -\nabla J(\boldsymbol{x}^k) \\ -\boldsymbol{c}(\boldsymbol{x}^k) \end{bmatrix} \tag{6-111}$$

式中,$\boldsymbol{d}=\boldsymbol{x}-\boldsymbol{x}^k$。

若矩阵$\boldsymbol{B}^k$是Hessian矩阵${}^2_x L(\boldsymbol{x}^k,\boldsymbol{\lambda}^k)$的良好近似,则式(6-111)可进一步改写为

$$\begin{bmatrix} \boldsymbol{B}^k & \nabla \boldsymbol{c}(\boldsymbol{x}^k) \\ \nabla \boldsymbol{c}(\boldsymbol{x}^k)^{\mathrm{T}} & \boldsymbol{0} \end{bmatrix}\begin{bmatrix} \boldsymbol{d} \\ \boldsymbol{\lambda} \end{bmatrix}=\begin{bmatrix} -\nabla J(\boldsymbol{x}^k) \\ -\boldsymbol{c}(\boldsymbol{x}^k) \end{bmatrix} \tag{6-112}$$

显然,式(6-112)即为如下二次规划问题的KT条件:

$$\begin{aligned} \min \quad & J=\frac{1}{2}\boldsymbol{d}^{\mathrm{T}}\boldsymbol{B}^k\boldsymbol{d}+\nabla J(\boldsymbol{x}^k)^{\mathrm{T}}\boldsymbol{d} \\ \text{s.t.} \quad & \nabla \boldsymbol{c}(\boldsymbol{x}^k)^{\mathrm{T}}\boldsymbol{d}+\boldsymbol{c}(\boldsymbol{x}^k)=\boldsymbol{0} \end{aligned} \tag{6-113}$$

利用迭代公式(6-112),如果能够不断更新$\boldsymbol{B}^k$,同时保证$\boldsymbol{B}^k$是Hessian矩阵$\nabla_x^2 L(\boldsymbol{x}^k,\lambda^k)$的良好近似,则可以通过反复求解式(6-113)所示的二次规划问题(设该问题的解为$\boldsymbol{d}^k$)进而得到问题(6-100)的解,即

$$\boldsymbol{x}^{k+1}=\boldsymbol{x}^k+\boldsymbol{d}^k \tag{6-114}$$

上述方法不直接求解指定的NLP问题,而是通过构造并求解与原问题相似的二次规划问题,间接地获得原问题的最优解。这种反复求解二次规划子问题

的方式被称为序列二次规划法（Sequential Quadratic Programming，SQP）。

（2）矩阵 $\boldsymbol{B}^k$ 的更新。

矩阵 $\boldsymbol{B}^k$ 的初值一般取为单位阵，即 $\boldsymbol{B}^0=\boldsymbol{I}$。

对于矩阵 $\boldsymbol{B}^k$ 的更新，一方面应保证 $\boldsymbol{B}^k$ 是 Hessian 矩阵 $\nabla_x^2 L(\boldsymbol{x}^k,\lambda^k)$ 的良好近似，另一方面应保持 $\boldsymbol{B}^k$ 的对称正定性，即使相应二次规划子问题是一个严格凸的问题。

通常可以将矩阵 $\boldsymbol{B}^k$ 近似表示为

$$\boldsymbol{B}^{k+1}=\boldsymbol{B}^k+\frac{\tilde{\boldsymbol{y}}^k(\tilde{\boldsymbol{y}}^k)^{\mathrm{T}}}{(\tilde{\boldsymbol{y}}^k)^{\mathrm{T}}\boldsymbol{s}^k}-\frac{\boldsymbol{B}^k\boldsymbol{s}^k(\boldsymbol{s}^k)^{\mathrm{T}}\boldsymbol{B}^k}{(\boldsymbol{s}^k)^{\mathrm{T}}\boldsymbol{B}^k\boldsymbol{s}^k} \tag{6-115}$$

其中

$$\boldsymbol{s}^k=\boldsymbol{x}^{k+1}-\boldsymbol{x}^k \tag{6-116}$$

$$\tilde{\boldsymbol{y}}^k=\begin{cases}\boldsymbol{y}^k, & (\boldsymbol{s}^k)^{\mathrm{T}}\boldsymbol{y}^k\geqslant 0.2(\boldsymbol{s}^k)^{\mathrm{T}}\boldsymbol{B}^k\boldsymbol{s}^k\\ \theta^k\boldsymbol{y}^k+(1-\theta^k)\boldsymbol{B}^k\boldsymbol{s}^k, & \text{其他}\end{cases} \tag{6-117}$$

$$\boldsymbol{y}^k=\nabla J(\boldsymbol{x}^{k+1})-\nabla J(\boldsymbol{x}^k)+\sum_{i=1}^{m}\lambda_i^{k+1}[\nabla c_i(\boldsymbol{x}^{k+1})-\nabla c_i(\boldsymbol{x}^k)] \tag{6-118}$$

$$\theta^k=\frac{0.8(\boldsymbol{s}^k)^{\mathrm{T}}\boldsymbol{B}^k\boldsymbol{s}^k}{(\boldsymbol{s}^k)^{\mathrm{T}}\boldsymbol{B}^k\boldsymbol{s}^k-(\boldsymbol{s}^k)^{\mathrm{T}}\boldsymbol{y}^k} \tag{6-119}$$

（3）罚函数和一维搜索。

通常采用罚函数法和一维搜索相结合的方式来保证其整体的收敛性。其中，罚函数法为结合内点法和外点法优点而提出的一种罚函数法，称为恰当罚函数法。

记罚函数为 $F_{\mathrm{r}}(\boldsymbol{x})$，一般可采用如下方式确定 $F_{\mathrm{r}}(\boldsymbol{x})$：

$$F_{\mathrm{r}}(\boldsymbol{x})=J(\boldsymbol{x})+r\left[\sum_{i=1}^{m_1}|c_i(\boldsymbol{x})|+\sum_{i=m_1+1}^{m}|\max\{\boldsymbol{0},c_i(\boldsymbol{x})\}|\right] \tag{6-120}$$

$$r=\begin{cases}\max\{|\lambda_i^{k+1}|\}+\rho, & \bar{r}<\max\{|\lambda_i^{k+1}|\};i=1,2,\cdots,m\\ \bar{r}, & \text{其他}\end{cases} \tag{6-121}$$

式中，r 为罚因子，其初值应为正常数；ρ 为正的常数；$\bar{r}$ 为上一次迭代时使用的罚因子；m_1 表示各元素均不满足约束条件的约束项 $\boldsymbol{c}_i(\boldsymbol{x})$ 的数量。

上述方法理论上只具有局部收敛性，为保证整体收敛性，式（6-114）应写成

$$\boldsymbol{x}^{k+1}=\boldsymbol{x}^k+\alpha\boldsymbol{d}^k \tag{6-122}$$

式中，$\alpha\in(0,1]$ 为搜索步长，相应的搜索条件为

$$F_{\mathrm{r}}(\boldsymbol{x}^{k+1})<F_{\mathrm{r}}(\boldsymbol{x}^k)+\beta\alpha[\bar{F}_{\mathrm{r}}(\boldsymbol{x}^k,\boldsymbol{d}^k)-F_{\mathrm{r}}(\boldsymbol{x}^k)] \tag{6-123}$$

式中，$0 < \beta < 1$，$\bar{F}_r(\boldsymbol{x}^k,\boldsymbol{d}^k)$ 的计算方式如下：

$$\begin{aligned}\bar{F}_r(\boldsymbol{x}^k,\boldsymbol{d}^k) = J(\boldsymbol{x}^k) + \nabla J(\boldsymbol{x}^k)^{\mathrm{T}}\boldsymbol{d}^k + \frac{1}{2}(\boldsymbol{d}^k)^{\mathrm{T}}\boldsymbol{B}^k\boldsymbol{d}^k + \\ r\sum_{i=1}^{m_e}\left|\boldsymbol{c}_i(\boldsymbol{x}^k) + \nabla \boldsymbol{c}_i(\boldsymbol{x}^k)^{\mathrm{T}}\boldsymbol{d}^k\right| + \\ r\sum_{i=m_e+1}^{m}\left|\max\{\boldsymbol{0}, c_i(\boldsymbol{x}^k) + \nabla c_i(\boldsymbol{x}^k)^{\mathrm{T}}\boldsymbol{d}^k\}\right|\end{aligned} \tag{6-124}$$

为了得到拟牛顿法本来具有的超1次收敛性，若能采取 $\alpha = 1$ 的步长是最好不过的，于是可以构成下述简单的一维步长搜索方法：

① 令 $\alpha^* = 1$；

② 若式(6-123)成立，则令 $\alpha = \alpha^*$ 并结束搜索，否则执行步骤③；

③ 令 $\alpha^* = \gamma\alpha^*$，返回步骤②，其中 $0 < \gamma < 1$。

(4) 子问题无解的情况。

如果初值选取不当，则即使原问题存在可行解，在某次迭代中其二次规划子问题也可能无解，这时可以用另一个二次规划子问题来代替原子问题，从而完成该步求解，即

$$\begin{aligned}&\min \quad J = \frac{1}{2}\boldsymbol{d}^{\mathrm{T}}\boldsymbol{B}^k\boldsymbol{d} + \nabla J(\boldsymbol{x}^k)^{\mathrm{T}}\boldsymbol{d} + r\Big[\sum_{i=1}^{m_1}(\boldsymbol{\xi}_i + \boldsymbol{\eta}_i) + \sum_{i=m_1+1}^{m}\boldsymbol{\zeta}_i\Big] \\ &\text{s.t.} \\ &\qquad \nabla c_i(\boldsymbol{x}^k)^{\mathrm{T}}\boldsymbol{d} + c_i(\boldsymbol{x}^k) + \boldsymbol{\xi}_i - \boldsymbol{\eta}_i = \boldsymbol{0}, \quad i = 1,2,\cdots,m_1 \\ &\qquad \nabla c_i(\boldsymbol{x}^k)^{\mathrm{T}}\boldsymbol{d} + c_i(\boldsymbol{x}^k)^{\mathrm{T}} - \zeta_i \leqslant 0, \quad i = m_1+1,\cdots,m \\ &\qquad \boldsymbol{\xi}_i \geqslant \boldsymbol{0}, \boldsymbol{\eta}_i \geqslant \boldsymbol{0}, \quad i = 1,2,\cdots,m_1 \\ &\qquad \zeta_i \geqslant 0, \quad i = m_1+1, m_1+2,\cdots,m\end{aligned} \tag{6-125}$$

式中，$\boldsymbol{\xi}_i$、$\boldsymbol{\eta}_i$ 和 ζ_i 为预设变量。

(5) Maratos 效应。

实际中总存在一些问题，使得当 $\boldsymbol{x}^k$ 接近非常弯曲的可行域边界时，由式(6-123)确定的步长 α 的值非常小，导致 $\boldsymbol{x}^k$ 停滞不前，这种现象称为 Maratos 效应。

为解决 Maratos 效应，Chamberlain 等人于1982年提出了一种“Watchdog”方法；该方法按“标准搜索”与“松弛搜索”完成步长更新。两种搜索方式的判据如下：

① 标准搜索：

$$F_r(\boldsymbol{x}^{k+1}) \leqslant F_r(\boldsymbol{x}^k) - \beta[F_r(\boldsymbol{x}^k) - F_r(\boldsymbol{x}^{k+1})] \tag{6-126}$$

② 松弛搜索：

$$F_r(\boldsymbol{x}^{k+1}) < F_r(\boldsymbol{x}^k) \tag{6-127}$$

(6) 迭代收敛条件。

设 SQP 算法的收敛条件为

$$\begin{cases} |\boldsymbol{x}^{k+1} - \boldsymbol{x}^k| < \varepsilon_1 \\ \left|\nabla J(\boldsymbol{x}^{k+1}) + \sum_{i=1}^{m} \lambda_i^{k+1} \nabla \boldsymbol{c}_i(\boldsymbol{x}^{k+1})\right| \leqslant \varepsilon_2 \\ |c_i(\boldsymbol{x}^{k+1})| \leqslant \varepsilon_3, \quad i = 1,2,\cdots,m \end{cases} \tag{6-128}$$

式中，ε_1、ε_2 和 ε_3 为收敛阈值。

综上所述，SQP 算法求解优化问题的具体步骤如下：

① 给定初值 $\boldsymbol{x}^0$、正定对称矩阵 $\boldsymbol{B}^0$、罚因子 $r = 0$，并令 $k = 0$；

② 计算目标函数及约束函数；

③ 计算各种偏导数；

④ 判断算法是否收敛，若收敛则结束算法，否则执行下一步；

⑤ 解二次规划子问题，得到 $\boldsymbol{d}^k$ 和 $\boldsymbol{\lambda}^{k+1}$；

⑥ 更新罚因子 r，确定步长 α；

⑦ 由式(6-122) 更新自变量，得到 $\boldsymbol{x}^{k+1}$；

⑧ 令 $k = k + 1$，更新矩阵 $\boldsymbol{B}^k$，返回步骤 ②。

6.3.4　直接打靶法应用实例

设一枚三级运载火箭准备由载机投放发射，其总体参数如表 6-3 所示，气动参数采用经验公式计算。忽略地球自转和扁率的影响，在发惯系下优化主动段弹道。

表 6-3　总体参数表

名称	一级	二级	三级
各级起飞质量 /kg	20 000	5 400	1 300
各级发动机推力 /kN	485	125	35
各级发动机秒耗量 /(kg · s^{-1})	165	45	15
各级发动机工作时间 /s	72	71.5	64.5
特征面积 /m^2	1.25	1.25	1.25

设初始运动状态为：高度 9 000 m、当地弹道倾角 0°、速度 250 m/s，此时火箭在发惯系下的初始位置为 $[0, 9\,000, 0]^{\mathrm{T}}$ m，初始速度为 $[250, 0, 0]^{\mathrm{T}}$ m/s。设主动段关机点约束为：高度 90 km、当地弹道倾角 3°；设过程约束为：法向过载小于

4.0，动压小于 90 kPa；选取性能指标为终端速度最大。

设计主动段程序角模式如下：

(1) 载机分离段($0 \sim t_0$)。

设点火时刻 $t_0 = 4.0$ s，火箭在该阶段无动力下降，攻角为常值 α_0。α_0 的设计原则是：当 $t = t_0$ 时，火箭的弹道倾角变化率为零，即

$$\dot{\theta}(t_0) = \frac{P + L\sin\alpha_0}{m(t_0)V(t_0)} - \left(\frac{g}{V(t_0)} - \frac{V(t_0)}{r(t_0)}\right)\cos\theta(t_0) = 0$$

式中，t_0 时刻的质量即为初始质量，引力加速度取常值；根据牛顿第二定律，速度和弹道倾角的计算方式如下：

$$\begin{cases} V(t_0) = \sqrt{(gt_0)^2 + V_1^2} \\ \theta(t_0) = -\arctan\dfrac{gt_0}{V_1} \end{cases}$$

式中，V_1 为初始速度，即 250 m/s。

因此

$$P + L\sin\alpha = mV\left(\frac{g}{V} - \frac{V}{r}\right)\cos\theta \Rightarrow \alpha_1$$

由于弹道优化设计是从一级发动机点火时刻开始的，因此可以将 $0 \sim t_0$ 这段时间内的弹道事先算好，将 t_0 时刻的状态作为初始运动状态。经计算，可得空射火箭的初始运动状态为：$x_0 = [1\ 000, 8\ 765, 0]^{\mathrm{T}}$ m 和 $v_0 = [250, -40, 0]^{\mathrm{T}}$ m/s。

(2) 一级飞行段。

采用线性攻角可得

$$\alpha_c = \alpha_0 + k_1 t, \quad 0 \leqslant t \leqslant t_1$$

式中，为 k_1 攻角变化率，设计变量即为 k_1。

(3) 二级飞行段。

采用分段线性俯仰角有

$$\varphi_c = \begin{cases} \varphi_{c1}, & t_1 < t \leqslant t_1 + 2 \\ \varphi_{c1} + k_2 t, & t_1 + 2 < t \leqslant t_2 - 2 \\ \varphi_{c2}, & t_2 - 2 < t \leqslant t_2 \end{cases}$$

式中，φ_{c1} 为一级结束时的俯仰角；t_1 为一级关机时刻；φ_{c2} 为二级结束时的俯仰角；t_2 为二级关机时刻；k_2 为俯仰角变化率。

上述变量间存在如下关系：

$$k_2 = \frac{\varphi_{c2} - \varphi_{c1}}{t_2 - t_1}$$

因此，设计变量可选为 ϕ_{c2}。

(4) 三级飞行段。

采用分段线性俯仰角有

$$\varphi_c = \begin{cases} \varphi_{c2}, & t_2 < t \leqslant t_2 + 2 \\ \varphi_{c2} + k_{31}t, & t_2 + 2 < t \leqslant t_2 + 2 + \Delta t \\ \varphi_{c31} + k_{32}t, & t_2 + 2 + \Delta t < t \leqslant t_2 + 2 + 2\Delta t \\ \varphi_{c32} + k_{33}t, & t_2 + 2 + 2\Delta t < t \leqslant t_3 - 2 \\ \varphi_{c3}, & t_3 - 2 < t \leqslant t_3 \end{cases}$$

式中,t_3 为三级关机时刻;$\Delta t = (t_3 - t_2 - 4)/3$;$\varphi_{c31}$、$\varphi_{c32}$ 和 φ_{c3} 分别为 $t_2 + 2 + \Delta t$、$t_2 + 2 + 2\Delta t$ 和 t_3 时刻的俯仰角;k_{31}、k_{32} 和 k_{33} 为俯仰角变化率。

上述变量间存在如下关系:

$$\begin{cases} k_{31} = \dfrac{\varphi_{c31} - \varphi_{c2}}{\Delta t} \\ k_{32} = \dfrac{\varphi_{c32} - \varphi_{c31}}{\Delta t} \\ k_{33} = \dfrac{\varphi_{c3} - \varphi_{c32}}{\Delta t} \end{cases}$$

因此,设计变量可选为 φ_{c31}、φ_{c32} 和 φ_{c3}。

综上,空射火箭的主动段程序角设计变量为

$$\boldsymbol{u} = [k_1, \varphi_{c2}, \varphi_{c31}, \varphi_{c32}, \varphi_{c3}]^{\mathrm{T}}$$

采用直接打靶法 + SQP 求解主动段最优弹道,最终得到计算结果如图 6 - 9 ~ 6 - 14 所示。结果表明,终端约束和过程约束均得到满足,关机点速度为7 222 m/s。

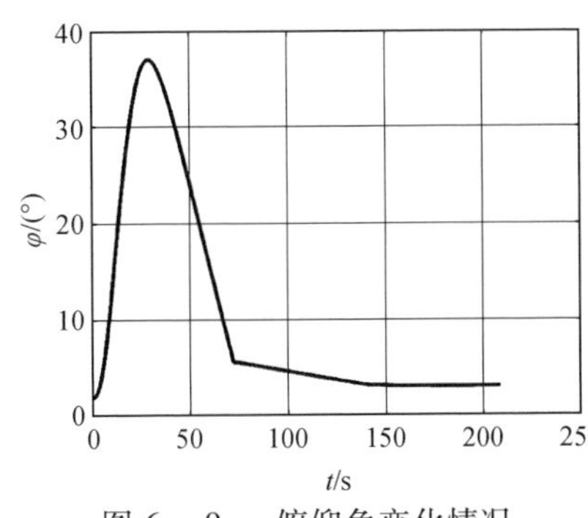

图 6 - 9　俯仰角变化情况

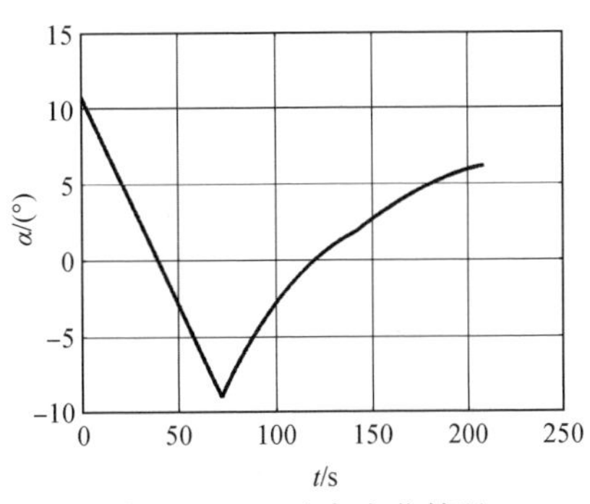

图 6 - 10　攻角变化情况

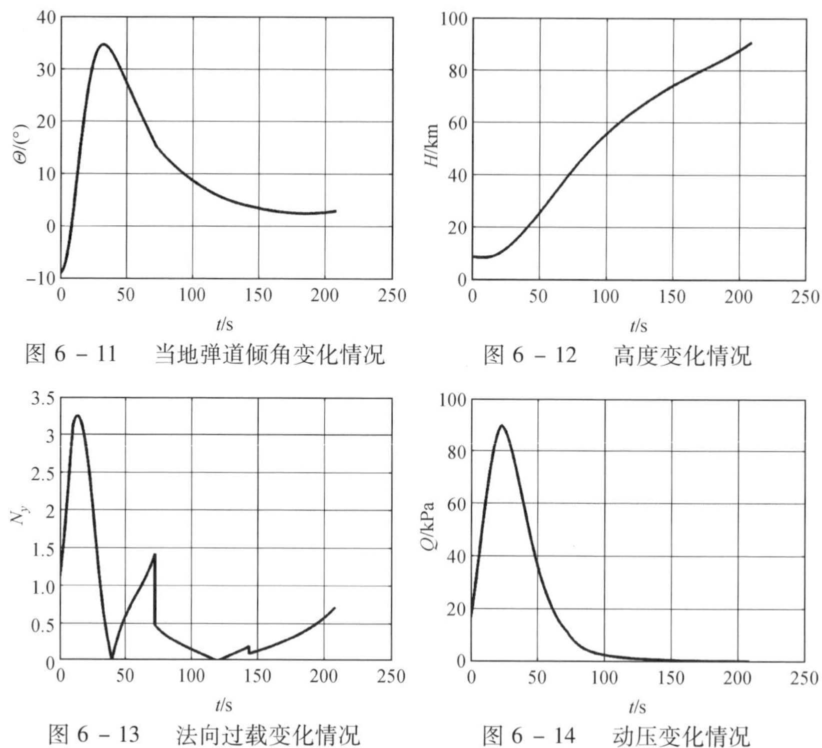

图 6－11 当地弹道倾角变化情况

图 6－12 高度变化情况

图 6－13 法向过载变化情况

图 6－14 动压变化情况

6.3.5 hp 自适应伪谱法应用实例

1. 传统弹道导弹主动段弹道优化

设一枚三级弹道导弹正准备发射，其总体参数如表6－4所示，气动参数采用经验公式计算。忽略地球自转和扁率的影响，在发惯系下优化主动段弹道。

由于伪谱法不像打靶法一样需要实现设计程序角形式，而是直接对控制量和状态量进行离散化，因此，应首先计算出导弹从起飞到亚声速段结束时（t_2 时刻）的弹道，并以 t_2 时刻的状态作为优化初始状态；其中，重力转弯段的最大负攻角的绝对值为5°，指数公式中的系数取 $k_\alpha = 0.3$。

表6－4 总体参数表

名称	一级	二级	三级
各级起飞质量/kg	40 000	12 000	3 000
各级发动机推力/kN	950	350	98
各级发动机秒耗量/($kg \cdot s^{-1}$)	380	140	40
各级发动机工作时间/s	64	60	53
各级直径/m	2.0	2.0	1.5

设主动段关机点约束为：高度200 km、当地弹道倾角10°；设过程约束为：法

向过载小于 5.0，动压小于 90 kPa；选取性能指标为终端速度最大。

仿真结果如图 6－15～6－22 所示。结果表明，终端约束和过程约束均得到满足，关机点速度为 6 541 m/s。图 6－16 表明，攻角的绝对值在二级飞行段中一度快速增大至 55°。虽然攻角的绝对值略大，但此时导弹已飞出稠密大气层，气动载荷影响很小，同时图 6－21 表明此时的法向过载满足约束条件。

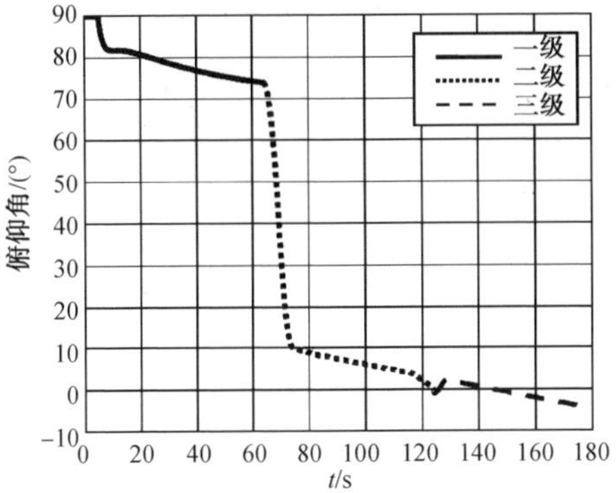

图 6－15　俯仰角变化情况

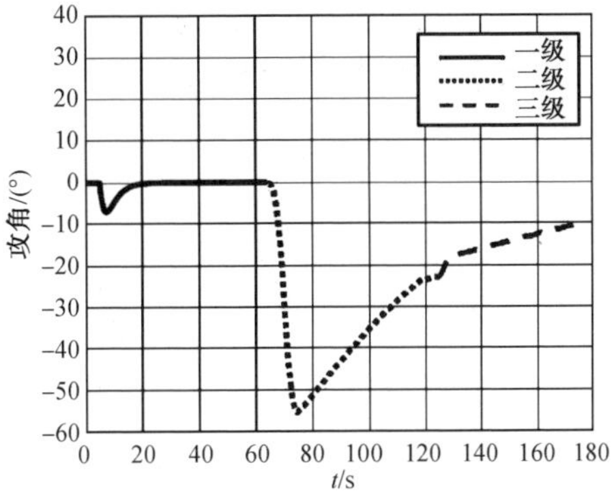

图 6－16　攻角变化情况

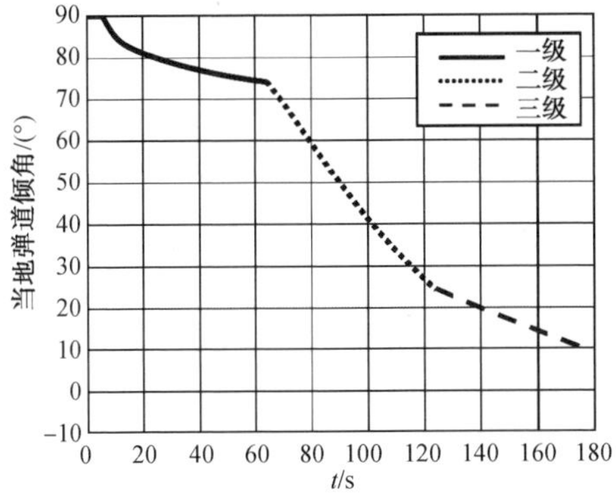

图 6－17　当地弹道倾角变化情况

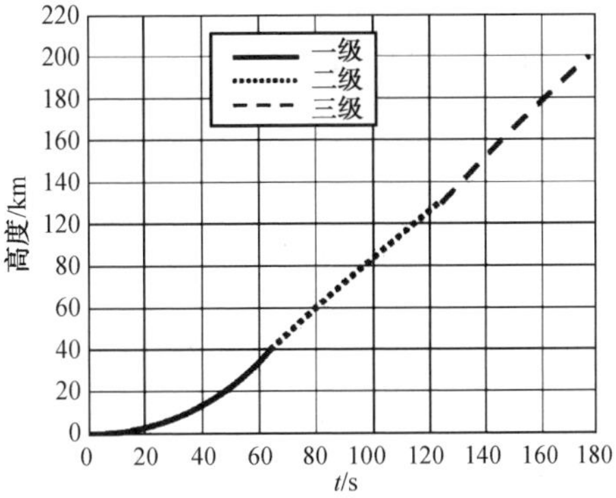

图 6－18　高度变化情况

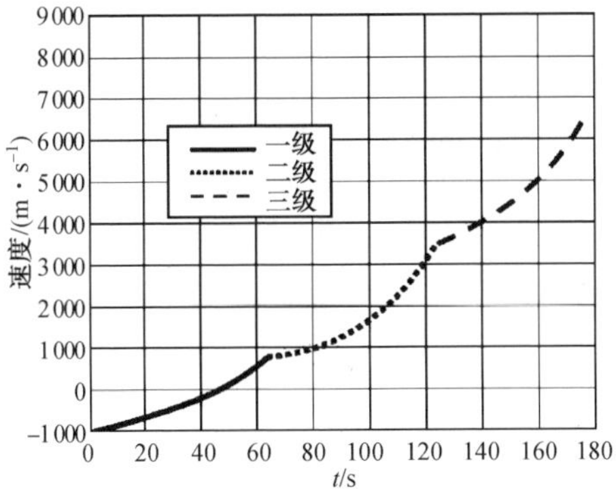

图 6－19　速度变化情况

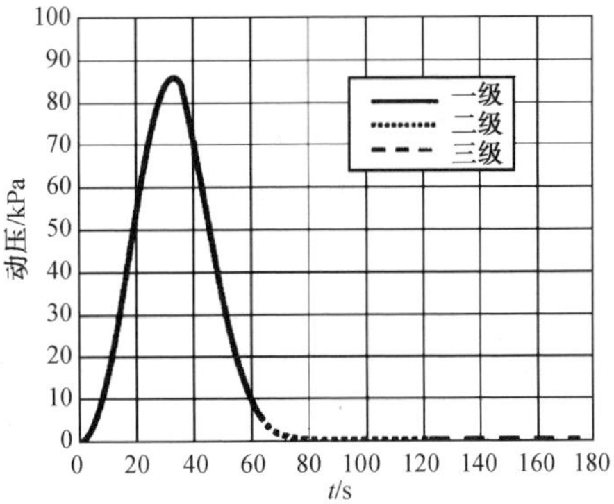

图 6－20　动压变化情况

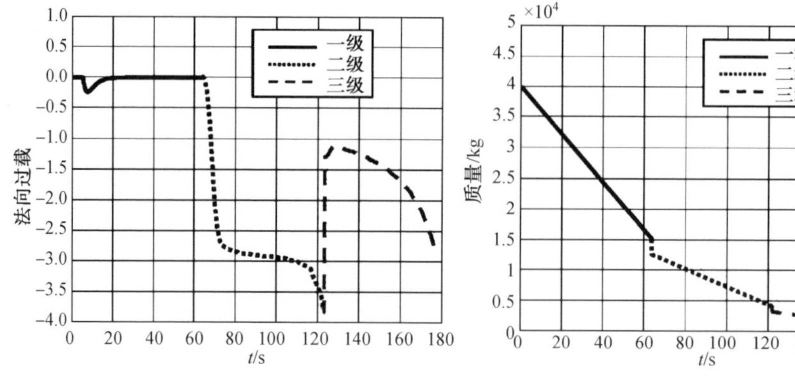

图 6－21　法向过载变化情况　　　图 6－22　质量变化情况

2. 组合动力飞行器主动段弹道优化

设一架可重复使用飞行器刚刚从跑道上水平起飞，准备将上面级飞行器送入预定分离点。

单位发动机捕获面积上，TBCC 发动机的推力和比冲为

$$\begin{cases} P = 109 - 12Ma - 4.7h + 70Ma^2 - 0.88h \cdot Ma - 6Ma^3 - 1.7h^2 \cdot Ma^2 \\ I_{sp} = 3\ 794 - 212.6Ma + 0.192h \end{cases}$$

单位发动机捕获面积上，RBCC 发动机的推力和比冲为

$$\begin{cases} P = T_{max} K \\ I_{sp} = I_{max}(1 - K) \end{cases}$$

式中，T_{max} 和 I_{max} 分别为可输出的最大推力和比冲，取 $T_{max} = 360$ kN，$I_{max} = 3\ 000$ s；$K \in [0,1]$ 为相对流量，表示火箭发动机所占比重。计算出推力和比冲后，乘以发动机捕获面积（记为 S_C）即得到实际推力和比冲。

同时，飞行器的气动系数模型如下：

$$\begin{cases} c_D = 0.014 + 0.04\alpha + 0.4Ma - 0.104Ma^2 + 0.007Ma^3 - 0.002\alpha Ma \\ c_L = 0.485 + 0.11\alpha + 0.3Ma - 0.157Ma^2 + 0.012Ma^3 + \\ \quad 0.028\alpha Ma - 0.003\alpha Ma^2 \end{cases}$$

设飞行器特征面积 63 m²，发动机捕获面积 17 m²，起飞质量 355 000 kg；设初始运动状态为：高度 100 m、当地弹道倾角 0°、速度 100 m/s；设主动段关机点约束为：高度 60 km、当地弹道倾角 0°。选取 TBCC 段性能指标为燃料消耗最少，RBCC 段性能指标为终端速度最大。另外，对于吸气式飞行器，为防止发动机熄火还需对攻角进行约束；结合动压和法向过载约束，设置过程约束条件如表 6－5 所示。

表 6 - 5　仿真过程约束设定

飞行阶段	攻角 /(°)	法向过载	动压 /kPa	飞行路径角 /(°)
TBCC	- 30 ~ 30	< 4.0	< 100	- 30 ~ 30
RBCC	- 10 ~ 10	< 2.0	< 80	- 20 ~ 20

忽略 TBCC 及 RBCC 内部模态切换过程，设 TBCC 在飞行器达到一定高度和速度后切换到 RBCC，记切换的高度马赫数分别为 h_{qh} 和 M_{qh}。因此，优化变量为攻角 α 和发动机相对流量 K，优化参量为 h_{qh} 和 M_{qh}。

基于 hp 自适应伪谱法进行主动段弹道优化仿真，得到结果如图 6 - 23 ~ 6 - 28 所示。最终，主动段终端速度达到 4 951 m/s，其中 TBCC 段飞行 108 s，消耗燃料 14 037 kg；RBCC 段飞行 300 s。结果表明最优弹道满足过程约束和终端约束，结果合理可行。图6 - 23 显示攻角在动力切换时发生了突变，这是由于仿真中并未按照攻角变化率进行约束；而法向过载是与攻角有关的量，因此在同一时刻也产生了突变。这种突变可通过引入攻角变化率约束来解决。

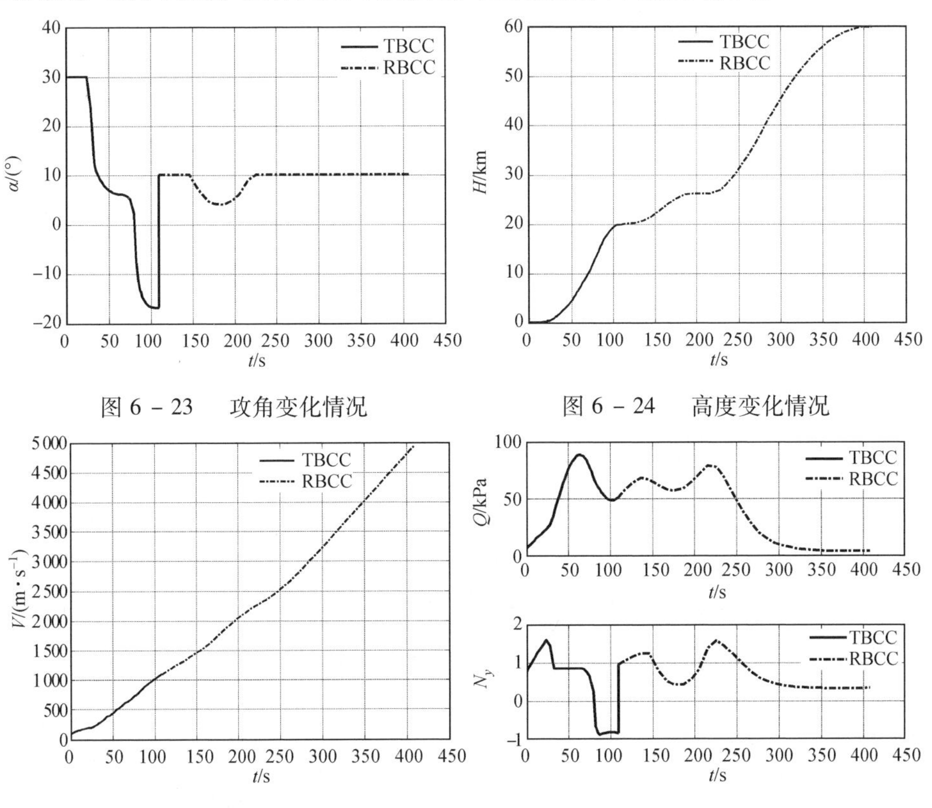

图 6 - 23　攻角变化情况

图 6 - 24　高度变化情况

图 6 - 25　速度变化情况

图 6 - 26　过程约束变化情况

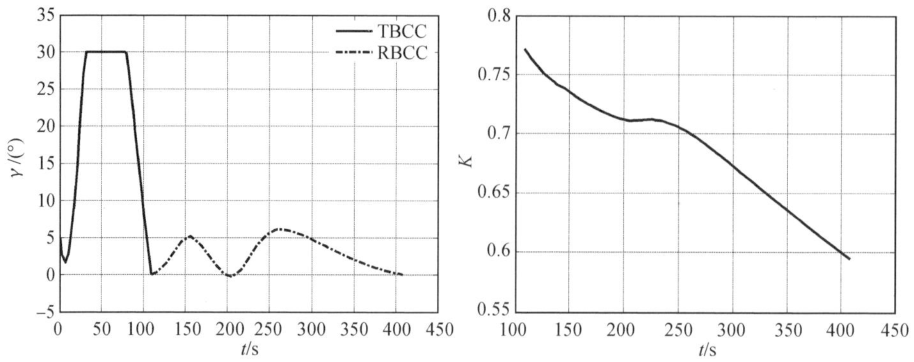

图 6 – 27 飞行路径角变化情况　　图 6 – 28 流量 K 变化情况

最后指出,在求解弹道优化问题时,由伪谱法求出的结果与算法的初始设置相关,包括控制量和状态量的初值、控制量和状态量的取值范围、初始网格划分、初始差值多项式阶次等。不同的参数设置可能得到完全不同的结果。而直接打靶法则通常不会出现这种情况,当初值位于可行域内时,直接打靶法通常会收敛至同一位置,即得到同样的弹道优化结果。

6.4 智能算法

20 世纪 90 年代起,一些以自然现象和统计物理为基础的现代启发式算法(又称智能算法)开始逐渐受到关注并被应用到最优控制问题中,如遗传算法、粒子群优化算法、蜂群算法、鱼群算法、模拟退火算法、蚁群算法、人工势场算法以及神经网络等。

相比智能算法,之前提到的优化算法都依托于严格的数学推导或假设,属于纯数学方法;而智能算法以自然现象和统计物理为基础,并且通常具有随机性。由前面关于间接法和直接法的相关内容可知,确定性方法比较依赖梯度信息的求解以及初值的选取;相比之下,智能算法对初值和梯度信息的需求更低,很多情况下甚至无须初值猜测或微分计算,避免了许多复杂的数学推导和假设。因此智能算法适用性更广、收敛域更宽,为解决复杂优化问题提供了新的思路和方法,受到了广泛关注。

本节仅以较为典型的两种智能算法:遗传算法和粒子群优化算法为例,介绍其算法原理和基本流程。

6.4.1 遗传算法

遗传算法(Genetic Algorithm,GA)是基于达尔文生物进化论和孟德尔基因

遗传理论提出的一种优化算法；它主要模拟自然界中物种进化、自然选择、优胜劣汰现象，依靠染色体编码、种群初始化、适应度函数构造、遗传操作等过程完成对设计变量的寻优。遗传算法本质上是一种有导向的随机搜索算法，相对间接法和直接法而言具有全局寻优能力，并且具有通用性、隐并行性、扩展性等优点。

遗传算法的基本步骤如下所示。

1. 基因编码方式

参照生物自然选择过程，遗传算法用基因编码表示优化向量。采用十进制编码方式，每个个体均有自己的基因编码，对应着该优化问题的一个潜在解；而该个体对应的指标函数通常被称为“适应度函数”，其函数值则被称为“适应度”。

基因编码长度一般等于优化向量的维度。设优化向量的维度为 n，参考优化变量的形式，个体基因编码可表示为一维向量，即

$$\boldsymbol{x} = [x_1, x_2, \cdots, x_n]^{\mathrm{T}} \tag{6-129}$$

2. 初始种群生成

遗传算法用一群基因各异的个体在优化变量的值域内对其进行寻优。设优化变量 $x_1, x_2, \cdots, x_n$ 的值域分别为 $R^1, R^2, \cdots, R^n$。设种群规模为 N(即用 N 个个体进行寻优)，分别在 $R^1, R^2, \cdots, R^n$ 内随机生成 N 个随机数，由此完成种群基因的初始化。

一般来说，种群规模 N 越大则基因多样性越好，同时最优个体对应的适应度可能会更小；但随着种群规模的增大，算法的计算量也会大大增加。因此，为兼顾运算效率和计算精度，需要合理选取种群规模。

3. 适应度函数

遗传算法用适应度来表示个体的优劣，反映了个体对生存环境的适应能力。适应度决定了每个个体的基因遗传到下一代的概率，对种群的遗传和进化行为具有重要影响。将指标函数映射到适应值函数的过程称为标定。

4. 选择操作

模拟生物自然选择过程，遗传算法通过选择操作完成对种群中个体的优胜劣汰。根据适应度，选择操作会选择对生存环境适应能力较强的个体并将其基因遗传到下一代；同时，适应度较低的个体也可能具有个别优良基因，因此选择操作还应避免优良基因的丢失。

选择方法是影响遗传算法计算效率和精度的关键，其中最基础、最常用的便是适应度比例法或称轮盘赌选择法(图6－29)。在该方法中，个体被选择的概率

与其适应度成比例。设个体 $i(i=1,2,\cdots,N)$ 的适应度为 $f(x_i)$,它被选择的概率为

$$P_i=\frac{f_i}{\sum_{i=1}^{N}f_i} \tag{6-130}$$

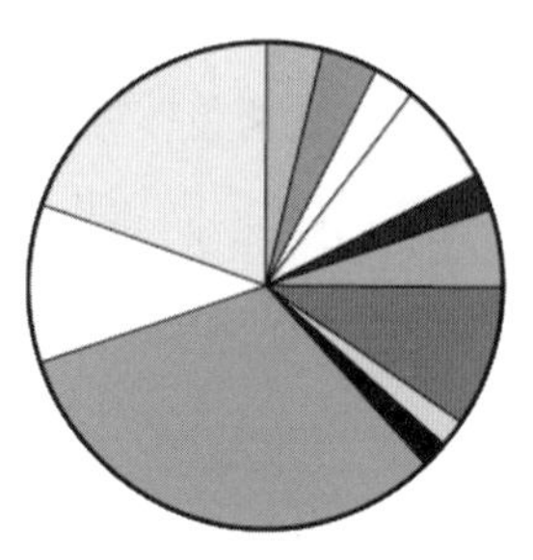
图 6-29　选择操作示意图

5. 交叉操作

交叉操作在遗传算法中的地位至关重要。一方面,它在一定程度上保持了原群体中优良个体的优秀基因;另一方面,它促使种群去探索新的基因空间,从而保证种群多样性。

在自然界中,基因的重组与变异均为生物进化的关键,而交叉算子在遗传算法中也起到类似的作用,是决定遗传算法搜索能力的关键。所谓交叉,即将两个父代个体的部分基因进行替换重组,进而生成新的个体,如图 6-30 所示。典型的交叉方式有单点交叉和两点交叉两种。

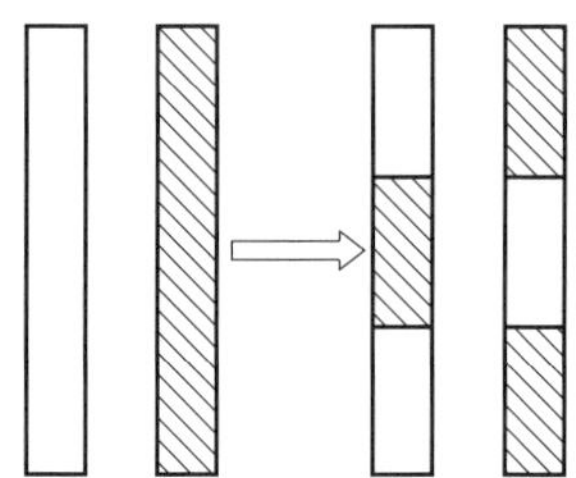
图 6-30　交叉操作示意图

(1) 单点交叉。

单点交叉又叫简单交叉,其具体操作是在个体的基因序列中选取一个交叉点,然后针对两个个体,将交叉点之前或之后的基因互换,并由此生成两个新的个体。交叉点一般是随机设定的,当基因长度为 N 时,有 $N-1$ 个可能的交叉点,对应 $N-1$ 种不同的交叉结果。

如图 6-31 所示,设两个个体(A 和 B) 的基因组分别为

$$\begin{cases}\boldsymbol{x}_{\mathrm{A}}=[1,1,0,1,0,0,1,1]^{\mathrm{T}}\\ \boldsymbol{x}_{\mathrm{B}}=[0,1,1,0,1,0,1,0]^{\mathrm{T}}\end{cases} \tag{6-131}$$

将交叉点设置在第 5 个基因和第 6 个基因之间,令两个个体在交叉点之后的基因进行互换。由此,个体 A 的 1 ~ 5 号基因与个体 B 的 6 ~ 10 号基因组成了新的基因 C,而个体 B 的 1 ~ 5 号基因与个体 A 的 6 ~ 10 号基因组成了新的基因 D,即

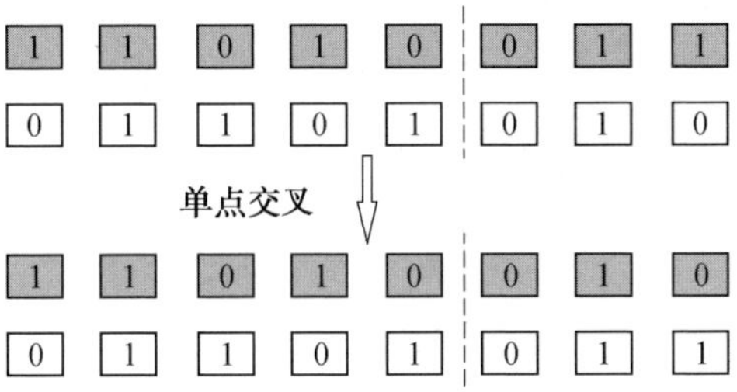

1 1 0 1 0 | 0 1 1

0 1 1 0 1 | 0 1 0

单点交叉

1 1 0 1 0 | 0 1 0

0 1 1 0 1 | 0 1 1

图 6－31　单点交叉示意图

$$\begin{cases} \boldsymbol{x}_{\mathrm{C}} = [1,1,0,1,0,0,1,0]^{\mathrm{T}} \\ \boldsymbol{x}_{\mathrm{D}} = [0,1,1,0,1,0,1,1]^{\mathrm{T}} \end{cases} \tag{6-132}$$

(2) 两点交叉。

两点交叉与单点交叉类似,不同之处在于两点交叉随机设置两个交叉点,因此,长度为 N 的基因对应有($N-2$)($N-3$) 个可能的交叉点。

如图6－32 所示,将两个交叉点分别设定在第3个基因和第4个基因之间,以及第5 个基因和第 6 个基因之间,然后将两个个体在交叉点之后的基因进行互换。由此,个体 A 的1 ~2 号基因以及6 ~8 号基因与个体 B 的3 ~5 号基因组成了新的基因 C,个体 B 的1 ~2 号基因以及6 ~8 号基因与个体 A 的3 ~5 号基因组成了新的基因 D,即

$$\begin{cases} \boldsymbol{x}_{\mathrm{C}} = [1,1,1,0,1,0,1,1]^{\mathrm{T}} \\ \boldsymbol{x}_{\mathrm{D}} = [0,1,0,1,0,0,1,0]^{\mathrm{T}} \end{cases} \tag{6-133}$$

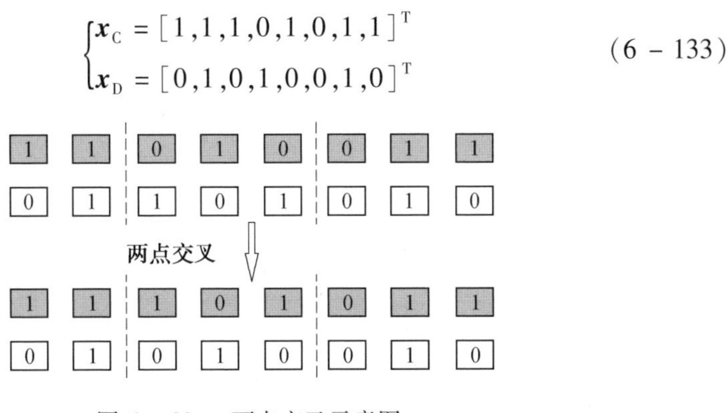

图 6－32　两点交叉示意图

6. 变异操作

变异操作的基本内容是对某个个体的某个基因进行改变。如图6－33 所示,其基本步骤为:(1) 在群体中随机确定基因位置;(2) 对这些基因进行变异,如在一定范围内编码进行随机扰动。

相对影响全局搜索能力的交叉操作,变异操作主要用于提升算法的局部搜索能力,因此又被称为辅助算子。变异操作的作用有两个:一是提高算法的局部

搜索能力，使算法在搜索末期能够快速收敛；二是维持种群多样性，防止算法早熟。

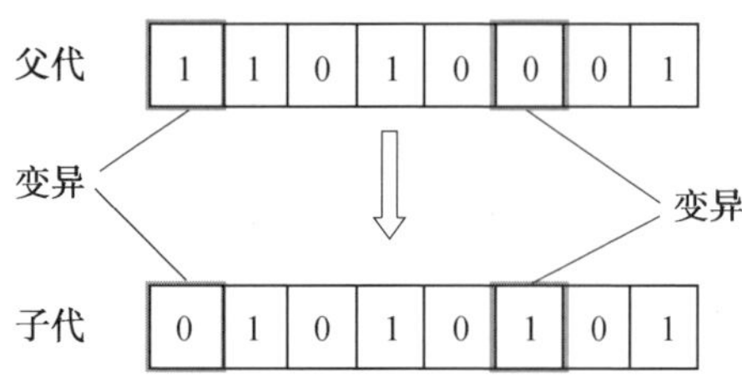

图 6 - 33　变异操作示意图

7. 进化终止条件

当遗传算法进化达到最大遗传代数时，遗传算法终止并输出最优个体的基因作为最优设计变量。其他条件也可以作为遗传算法的终值条件，如指标函数值低于某阈值、指标函数值的变化幅度小于某阈值等。

需要注意的是，上述基本遗传算法并未对约束条件的处理方法展开叙述。约束处理是智能算法中经常遇到的问题，罚函数法、可行域法、混合算法等都可以从不同程度上解决约束处理问题。

最后指出，由于不需要初值且能够快速搜索出近优解，遗传算法常作为间接法或直接法的初值求解器，或直接用于求解 TBVP 或 NLP 问题。

6.4.2　粒子群优化算法

PSO 算法使用粒子在搜索空间中对最优解进行搜索，每个粒子都代表优化问题的一个潜在解，其对应的性能指标称为“适应度”。假设有 M_{pso} 个粒子在空间中对 D_{pso} 个优化参数进行搜索，则第 $i(i=1,2,\cdots,M_{\text{pso}})$ 个粒子在 D_{pso} 维搜索空间中的位置矢量和速度矢量分别为

$$\begin{cases}\boldsymbol{x}_i=[x_{i,1},x_{i,2},\cdots,x_{i,D_{\text{pso}}}]^{\mathrm{T}}\\ \boldsymbol{v}_i=[v_{i,1},v_{i,2},\cdots,v_{i,D_{\text{pso}}}]^{\mathrm{T}}\end{cases} \tag{6-134}$$

记第 i 个粒子从算法开始至今搜索到的最佳位置为 $\boldsymbol{p}_i$，其对应的适应度为 p_{best}；相应地，记所有粒子搜索到的最佳位置为 $\boldsymbol{p}_{\text{g}}$，其对应的适应度为 g_{best}。

$$\begin{cases}\boldsymbol{p}_i=[p_{i,1},p_{i,2},\cdots,p_{i,D_{\text{pso}}}]^{\mathrm{T}}\\ \boldsymbol{p}_{\text{g}}=[p_{\text{g},1},p_{\text{g},2},\cdots,p_{\text{g},D_{\text{pso}}}]^{\mathrm{T}}\end{cases} \tag{6-135}$$

在基本 PSO 算法中，整个群体按照如下方式进化：

$$v_{i,j}^{l+1}=wv_{i,j}^{l}+c_1r_1(p_{i,j}-x_{i,j}^{l})+c_2r_2(p_{g,j}-x_{i,j}^{l}) \tag{6-136}$$

$$x_{i,j}^{l+1}=x_{i,j}^{l}+v_{i,j}^{l+1} \tag{6-137}$$

式中,上标“l” 表示当前迭代次数;w 称为惯性权重,$0 < w < 1$;c_1 和 c_2 称为学习因子,一般在 0 ~ 4 间取值;r_1 和 r_2 是 0 ~ 1 间的随机数,每代随机产生。

各变量的主要意义如下:

(1)w 表示粒子位置受速度的影响,使粒子保持与其他同伴不同的运动特性(种群多样性);

(2)c_1 决定了粒子受个体经验影响的程度,引导粒子向 $\boldsymbol{p}_i$ 靠近;

(3)c_2 决定了粒子受群体经验影响的程度,引导粒子向 $\boldsymbol{p}_g$ 靠近。

实际问题中,各优化参数均有各自的取值范围,因此 PSO 算法中各粒子的位置在搜索空间中应被限制在一定范围内,即

$$x_{Lj} \leqslant x_{i,j} \leqslant x_{Uj} \tag{6-138}$$

式中,x_{Uj} 和 x_{Lj} 粒子位置(优化变量) 分别为第 j 维空间的上/下届。

相应地,粒子在第 j 维空间中的速度也被限制在一定范围内,以防粒子在下一次迭代中跳出空间边界,即

$$x_{Lj} - x_{Uj} \leqslant v_{i,j} \leqslant x_{Uj} - x_{Lj} \tag{6-139}$$

设最大迭代次数为 l_{max},当 $l > l_{max}$ 时 PSO 算法终止。

1. 基本 PSO 收敛性分析

定义 $\phi_1 = c_1r_1 + c_2r_2$,$\phi_2 = c_1r_1p_{i,j} + c_2r_2p_{g,j}$,由 PSO 算法进化公式可得

$$x_{i,j}^{l+2} + (\phi_1 - w - 1)x_{i,j}^{l+1} + wx_{i,j}^{l} = \phi_2 \tag{6-140}$$

将粒子的移动视为一个连续过程,则上式是一个不含速度项的经典非齐次二阶微分方程。上式说明PSO算法可以“避开” 概念,从而避免设置速度边界,使种群进化过程更为简明。

设 $p_{i,j} = p$ 和 $p_{g,j} = g$ 为常值,令 $c_1 = c_2 = \tilde{c}$;用符号 $\hbar_E$ 表示期望,则有

$$\begin{cases} \hbar_E(r_1) = \hbar_E(r_2) = 0.5 \\ \hbar_E(\phi_1) = \tilde{c} \\ \hbar_E(\phi_2) = 0.5\tilde{c}(p + g) \end{cases} \tag{6-141}$$

根据式(6-140) 可得

$$\hbar_E(x_{i,j}^{l+2}) = [1 + w - \hbar_E(\phi_1)]\hbar_E(x_{i,j}^{l+2}) - w\hbar_E(x_{i,j}^{l}) + \hbar_E(\phi_2) \tag{6-142}$$

当 PSO 算法收敛时,有 $\hbar_E(x_{i,j}^{l+2}) = \hbar_E(x_{i,j}^{l+1}) = \hbar_E(x_{i,j}^{l})$,因此

$$\hbar_E(\phi_1) \cdot \hbar_E(x_{i,j}^{l}) = \hbar_E(\phi_2) \tag{6-143}$$

故 PSO 算法某粒子在某维度中将收敛于如下位置:

$$\hbar_E^* = \hbar_E(x_{i,j}^{l}) \Rightarrow \frac{\hbar_E(\phi_2)}{\hbar_E(\phi_1)} = \frac{p + g}{2} \tag{6-144}$$

上式表明,当 $\phi_1 - w - 1 > 0$ 时,粒子 i 在第 j 维空间中将收敛于 $\hbar_E^*$。该结论

是在 $p_{i,j}$ 和 $p_{g,j}$ 为常值的假设下获得的，而实际上它们是动态变化的，故粒子的实际运动是由多个二阶微分方程共同描述的。PSO 算法创始人 Kennedy 指出，$x_{i,j}$ 在 $w=1$ 时将按正弦规律变化，并在进化过程中不断从一个正弦波跳到另一个正弦波上；受随机数影响，实际上 $x_{i,j}$ 将绕 $\hbar_E^*$ 做螺旋运动。

设式(6－140)表示的二阶系统的阻尼为 ξ_n，频率为 ω_n，则有

$$\begin{cases}\omega_n=\sqrt{w}\\ \xi_n=\dfrac{\phi_1-w-1}{2\sqrt{w}}\end{cases} \tag{6-145}$$

设算法在相对误差小于 2% 时收敛，令收敛时间为 t_s，则有

(1) 当 $0<\xi_n<1$ 时，式(6－140)是一个欠阻尼系统，收敛时间为

$$t_s=\frac{4-\ln(1-\xi_n^2)}{\omega_n\xi_n} \tag{6-146}$$

(2) 由于 ξ_n 中的 ϕ_1 项具有随机性，故 $\xi_n=1$ 几乎不会发生，因此可认为不会出现临界阻尼系统。

(3) 当 $\xi_n>1$ 时，式(6－140)是一个过阻尼系统，收敛时间为

$$t_s=\frac{1}{\omega_n(\xi_n-\sqrt{\xi_n^2-1})}\ln\frac{25}{\sqrt{\xi_n^2-1}(\xi_n-\sqrt{\xi_n^2-1})} \tag{6-147}$$

在 PSO 算法中，通常取 $c_1=c_2=2.0$，因此 $\hbar_E(\phi_1)=2$。取 $\phi_1=2$，将式(6－145)分别代入式(6－146)、式(6－147)并用惯性权重取代频率和阻尼，得到 $x_{i,j}$ 收敛于 $\hbar_E^*$ 所需时间与惯性权重间的关系如图 6－34 所示。可以看出，在多数情况下 $x_{i,j}$ 均处于欠阻尼状态，且收敛时间与惯性权重正相关。需要注意的是，PSO 算法中的粒子运动是以迭代次数描述的，并非时间，因此图 6－34 中的结果并非实际收敛时间，仅为收敛性分析提供参考。

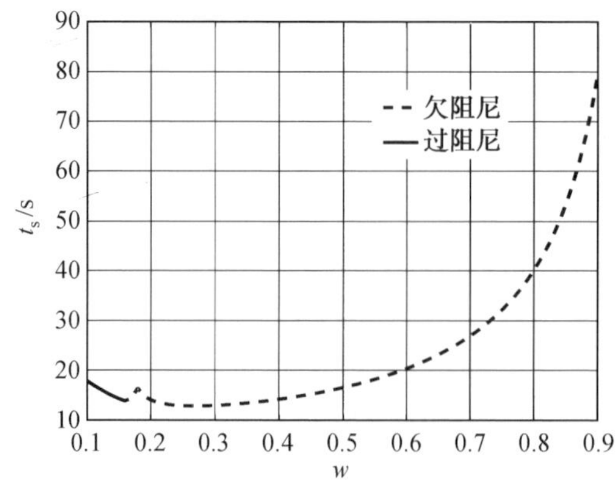

图 6－34　收敛时间与惯性权重的关系

2. PSO 搜索能力改进

PSO 算法的性能主要体现在收敛精度和收敛速度上。设 $\boldsymbol{p}_i$ 和 $\boldsymbol{p}_g$ 构成的收敛中心为 $\boldsymbol{\hbar}_E^* = [\boldsymbol{\hbar}_{E,1}^*, \boldsymbol{\hbar}_{E,2}^*, \cdots, \boldsymbol{\hbar}_{E,D_{pso}}^*]$；随着群体进化的进行，有 $\boldsymbol{p}_i \to \boldsymbol{p}_g$ 且 $\boldsymbol{\hbar}_E^* \to \boldsymbol{p}_g$。为提高精度，必须使 $\boldsymbol{\hbar}_E^*$ 尽可能趋近于理论最优位置（记为 $\boldsymbol{\hbar}_E^\dagger$）；为提高收敛速度，一是要保证粒子快速"飞向"$\boldsymbol{\hbar}_E^*$，二是要尽早发现 $\boldsymbol{\hbar}_E^\dagger$。

改善 PSO 算法搜索能力的方法有很多，在此仅以常见的扰动变异操作为例进行介绍。

首先，将式(6－140)改写成如下形式：

$$x_{i,j}^{t+2} + [(\phi_1) - (w - r_3)]x_{i,j}^{t+2} + (w + r_4)x_{i,j}^t = \phi_2 \qquad (6-148)$$

式中，r_3 和 r_4 是 0～1 间的随机数。

此时二阶系统的收敛条件变为 $\phi_1 - 1 - w + r_3 > 0$。相比式(6－140)，式(6－148)在原二阶系统的频率和阻尼中分别增加了一个随机数，使粒子运动受到随机扰动，从而更充分地在空间中进行搜索，同时提高种群多样性。

上述方法是希望让粒子在运动的过程中发现更好的位置，但这种方式可能达不到理想效果——由于 $\boldsymbol{p}_g$ 是粒子的主要运动和聚集方向，若随机初始化产生的 $\boldsymbol{p}_g$ 距 $\boldsymbol{\hbar}_E^\dagger$ 较远，群体将很难发现 $\boldsymbol{\hbar}_E^\dagger$。因此，为了使粒子充分搜索空间，必须改变其运动规律。

定义第 l 代中的种群多样性为

$$\delta_{swarm}^l = \frac{1}{M_{pso}} \sum_{i=1}^{M_{pso}} \sqrt{\sum_{j=1}^{D_{pso}} \left(\frac{x^l - \bar{x}^l}{x_{Uj} - x_{Lj}} \right)^2} \qquad (6-149)$$

式中，$\bar{x}_j^t$ 为所有粒子在第 j 维中的平均位置。$\delta_{swarm}^l \in (0,1)$ 的计算考虑到了不同优化参数在取值范围上的差异。

记进化至第 l 代时 $\boldsymbol{p}_g$ 的值为 $\boldsymbol{p}_g^l$，而 $\boldsymbol{p}_i$ 的值为 $\boldsymbol{p}_i^l$；分别计算如下式：

$$\begin{cases} \Delta_g = \dfrac{1}{l_g} \displaystyle\sum_{k=l-l_g}^{l} \| \boldsymbol{p}_g^l - \boldsymbol{p}_g^k \|_2 \\ \Delta_i = \dfrac{1}{l_i} \displaystyle\sum_{k=l-l_i}^{l} \| \boldsymbol{p}_i^l - \boldsymbol{p}_i^k \|_2 \\ \Delta_\delta = \dfrac{1}{l_\delta} \displaystyle\sum_{k=l-l_\delta}^{l} | \delta_{swarm}^l - \delta_{swarm}^k | \end{cases} \qquad (6-150)$$

式中，l_g、l_i 和 l_δ 为计算 Δ_g、Δ_i 和 Δ_δ 时所考虑的进化代数，可以取 $l_g = l_{max}/4$、$l_i = l_{max}/5$、$l_\delta = l_{max}/4$ 以及 $l_D = l_{max}/6$。

对群体的扰动操作原理如图 6－35 所示，扰动执行标准与方式如下：

(1) $\delta_{swarm}^l < \varepsilon_\delta$ 且 $l < l_{max}/2$。

此时群体过早地聚集在一起，选取前 20% 的粒子进行扰动操作，有

$$\boldsymbol{x}_i = \boldsymbol{x}_i\left(1 + r_5 \frac{l_{\max} - l}{l_{\max}}\right) \tag{6-151}$$

式中，r_5 是0～2间的随机数。上式表明粒子变异幅度随迭代次数增加而降低，这有利于在进化后期加速收敛于 $\boldsymbol{\hbar}_{\mathrm{E}}^*$。

(2)$\Delta_{\mathrm{g}} < \varepsilon_{\mathrm{g}}$

此时全局最优点 $\boldsymbol{p}_{\mathrm{g}}$ 在过去 l_{g} 代已经停滞，根据 $\boldsymbol{p}_{\mathrm{g}}$ 的历史对其进行强制更新，有

$$\bar{\boldsymbol{p}}_{\mathrm{g}} = \boldsymbol{f}_{\mathrm{p}}(\boldsymbol{p}^{l-l_{\mathrm{g}}}, \boldsymbol{p}_{\mathrm{g}}^{l-l_{\mathrm{g}}+1}, \cdots, \boldsymbol{p}_{\mathrm{g}}^{l}) \tag{6-152}$$

式中，$\boldsymbol{f}_{\mathrm{p}}$ 表示的计算函数 $\bar{\boldsymbol{p}}_{\mathrm{g}}$，如三次样条插值函数。

若 $\bar{\boldsymbol{p}}_{\mathrm{g}}$ 优于 $\boldsymbol{p}_{\mathrm{g}}$，令 $\boldsymbol{p}_{\mathrm{g}} = \bar{\boldsymbol{p}}_{\mathrm{g}}$，否则 $\boldsymbol{p}_{\mathrm{g}}$ 不变。

(3)$\Delta_i < \varepsilon_i$。

此时个体极值在过去 l_i 代中已经停滞，对第 i 个粒子进行反向变异，有

$$\bar{\boldsymbol{p}}_i = -\boldsymbol{p}_i \tag{6-153}$$

同理，若 $\bar{\boldsymbol{p}}_i$ 优于 $\boldsymbol{p}_i$，则令 $\boldsymbol{p}_i = \bar{\boldsymbol{p}}_i$，否则保持 $\boldsymbol{p}_i$。

(4)$\Delta_\delta < \varepsilon_\delta$ 且 $l > l_{\max} < 2$。

此时群体多样性并未得到改善，需大幅改变粒子运动状态。选取前10%粒子使其呈发散运动(使 $\phi_1 - w - 1 < 0$)，发散持续代数按如下方式计算：

$$l_{\mathrm{D},k} = \frac{\Delta_i}{\sum_{i_{\mathrm{D}}=1}^{N_{\mathrm{D}}} \Delta_{i_{\mathrm{D}}}} l_{\mathrm{D}} \tag{6-154}$$

式中，N_{D} 为被选取的粒子数量；$l_{\mathrm{D},k}$ 为被选取的粒子中第 k 个粒子的发散持续代数；l_{D} 为最大发散持续代数。

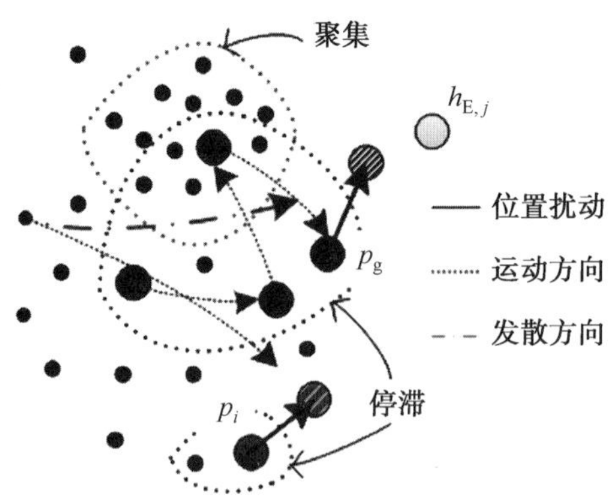

图6－35　粒子运动示意图

3. PSO约束条件处理

基本PSO只能用于求解无约束优化问题，因此还需通过改造使PSO能够处

理约束条件。常见的约束处理方法有罚函数法、可行域法、混合算法等,在此仅介绍3.3.2 中借助不可行粒子的约束条件处理方法。

记满足所有约束条件的粒子为可行粒子,反之为不可行粒子。通过简单比较便可对约束条件进行处理。当比较两个粒子时:

(1) 若二者均可行,则比较适应值,适应值小者胜出;

(2) 若一个可行而另一个不可行,则可行粒子胜出;

(3) 若二者均不可行,则

(3a) 设不可行粒子总数为 D,定义约束违反函数为

$$f_{\text{vio}}^{(i)}=\frac{u_{\text{vio}}^{(i)}}{\sum_{i=1}^{D}u_{\text{vio}}^{(i)}} \tag{6-155}$$

式中,$i=1,2,\cdots,D$,即需要对 D 个不可行粒子分别计算其约束违反函数;$u_{\text{vio}}^{(i)}$ 表示不可行粒子 i 的约束违反程度,令 $u_{\text{vio}}^{(i)}=|\tilde{\boldsymbol{c}}(\boldsymbol{x}_i)|$,其中 $\tilde{\boldsymbol{c}}$ 为经无量纲化处理的约束条件。

(3b) 约束违反函数值更小者胜出。

上述比较原则用于在群体中选择 $\boldsymbol{p}_{\text{g}}$。如图 6-36 所示,当比较3个不可行粒子时,虽然粒子 A 违反的约束更多,但它离可行域更近,因此被认为更优。不同于常用的罚函数法,这种比较方法借助粒子与可行域间的关系,充分利用了所有粒子,使不可行解同样能够为群体整体寻优提供帮助,在解决约束条件的同时保证了算法效率。

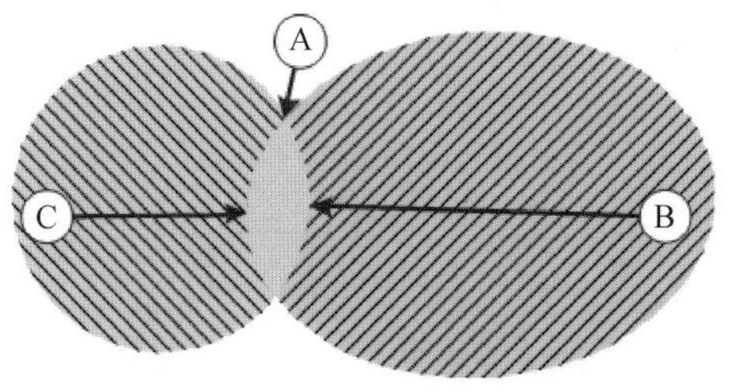

图 6-36　PSO 约束处理机制

6.4.3　PSO 算法应用实例

1. 主动段弹道优化

设一架可重复使用飞行器刚刚从跑道上水平起飞,准备将上面级飞行器送入预定分离点。

TBCC 发动机的推力和比冲为

$$\begin{cases}P = S_c(76.3 - 8.4Ma - 3.3h + 49Ma^2 - 0.62h \cdot Ma - 4.2Ma^3 - 1.2h \cdot Ma^2)\\ I_s = 3\ 790 - 211Ma + 20h\end{cases}$$

式中，S_c 为发动机进气道捕获面积。

RBCC 发动机的推力和比冲为

$$P = 2S_c E_p C_p I_{sp} g\rho^{0.3} V$$

$$I_{sp} = \begin{cases}4\ 000 - 200(Ma - 3), & 3 \leqslant Ma < 6\\ 3\ 400 - 250(Ma - 6), & 6 \leqslant Ma < 12\\ 1\ 900 - 820(Ma - 12), & 12 \leqslant Ma < 14\\ 260, & 14 \leqslant Ma\end{cases}$$

式中，E_p 和 C_p 为发动机参数，取 $C_p = 0.3$，$E_p = 0.029$。

同时，飞行器的气动系数模型如下：

$$\begin{cases}c_D = 0.059 + 0.018\ 3\alpha + 0.133\ 2\exp(-0.2Ma)\\ c_L = 0.088 + 0.001\ 5\alpha^2 + 0.54\exp(-0.4Ma)\end{cases}$$

设飞行器特征面积为 110 m^2，发动机捕获面积为 25 m^2，起飞质量为 130 000 kg。设初始运动状态为：高度 6 km、当地弹道倾角 0°、速度200 m/s；设主动段关机点约束为：高度90 km、当地弹道倾角 0 ~ 5°、速度 6 500 m/s。设过程约束为：法向过载小于 5.0，动压小于 200 kPa，攻角小于 30°；选取性能指标为燃料消耗最少。

设发动机模态由 TBCC 切换至 RBCC 的切换点为：高度达到 16 km 同时速度达到1 500 m/s，即 $h_{qh} = 16$ km 且 $V_{qh} = 1\ 500$ m/s。参考 5.1 节中的“基于攻角 - 速度剖面的弹道设计方法”，将区间 $[V_0, V_{qh}]$ 等分为 N 段，将区间 $[V_{qh}, V_{fc}]$ 等分为 M 段，各节点处的速度为

$$V_i = \begin{cases}V_0 = \dfrac{V_{qh} - V_0}{N}i, & i = 0, 1, \cdots, N\\ V_{qh} + \dfrac{V_{fc} - V_{qh}}{M}(i - N), & i = N+1, N+2, \cdots, N+M\end{cases}$$

式中，V_{fc} 为期望的终端速度；V_0 为初始速度；显然 $V_N = V_{qh}$ 且 $V_{N+M} = V_{fc}$。

如图 6 - 37 所示，以速度为自变量，弹道优化参数如下所示：

$$\boldsymbol{u}_h = [h_1, h_2, \cdots, h_{N-1}, h_{N+1}, \cdots, h_{M+N-1}]^T$$

为了从状态 $[V_0, h_0]$ 到达状态 $[V_1, h_1]$，根据动力学方程可得

$$\frac{mV\sin\gamma}{P\cos\alpha - D - mg\sin\gamma} = \frac{h_1 - h_0}{V_1 - V_0} = \frac{h_1 - h}{V_1 - V} \tag{6 - 156}$$

因此

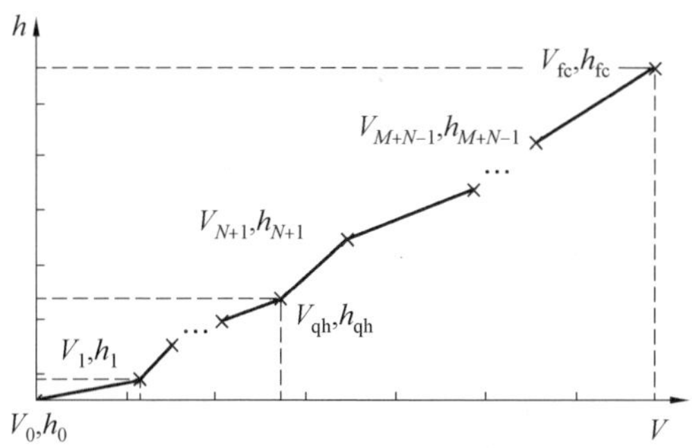

图6－37　主动段高度－速度剖面

$$P\cos\alpha - D = \left(\frac{V_1 - V}{h_1 - h}V + g\right) m\sin\gamma \Rightarrow \alpha \tag{6－157}$$

采用PSO算法搜索$\boldsymbol{u}_{\mathrm{h}}$，设粒子数为30，最大迭代次数为20。在速度－高度剖面中，取$N=2$，$M=3$，因此共有三个优化参数。由于PSO算法具有随机性，执行20次独立仿真，结果如表6－6所示。

表6－6　PSO算法进行20次仿真的结果

项目	最优值	最差值	平均值	标准差
性能指标	0.721 6	0.765 1	0.733 3	0.02
燃料消耗/kg	93 808	99 458	95 328	2 195

以20次仿真中性能指标最好的一次为例，$\boldsymbol{u}_{\mathrm{h}}=[8\,028,26\,416,58\,168]^{\mathrm{T}}$m，消耗燃料93 808 kg；相应仿真结果如图6－38～6－43所示。图6－38显示攻角在剖面上各节点$V=V_i$处产生了突变。这是由于在剖面节点处高度随速度的变化率是不连续的，即图5－9所示的分段线性函数的一阶导数并不连续；由攻角计算公式可知，攻角在此处将产生突变。同理，法向过载也随之产生突变。

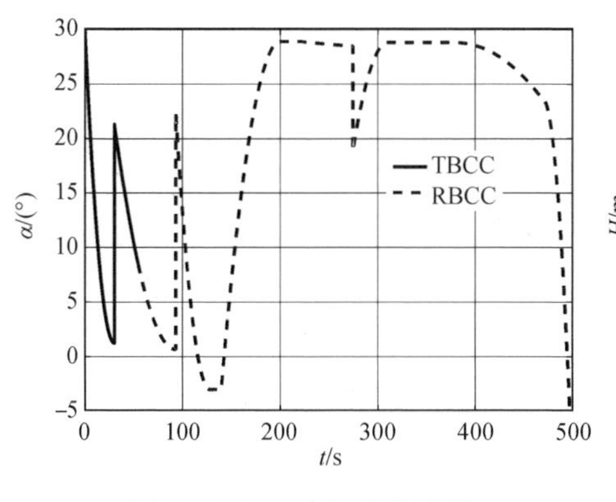

图6－38　攻角变化情况

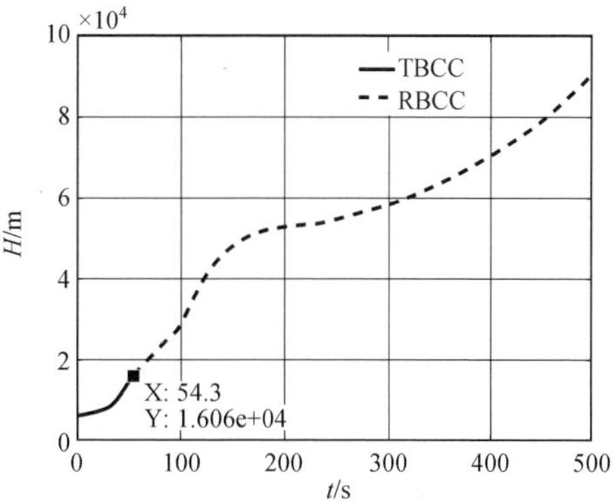

图6－39　高度变化情况

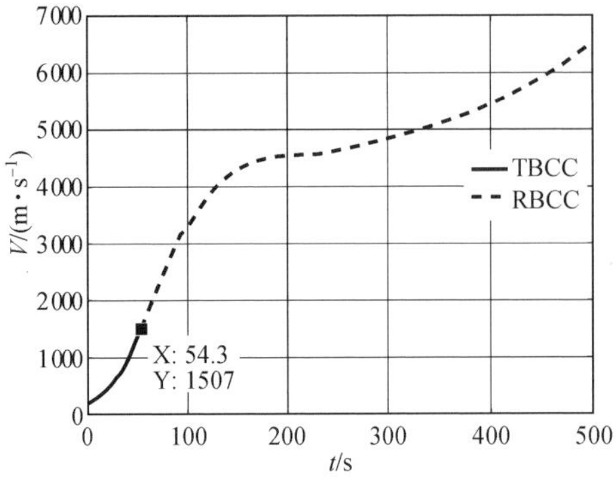

图 6 - 40　速度变化情况

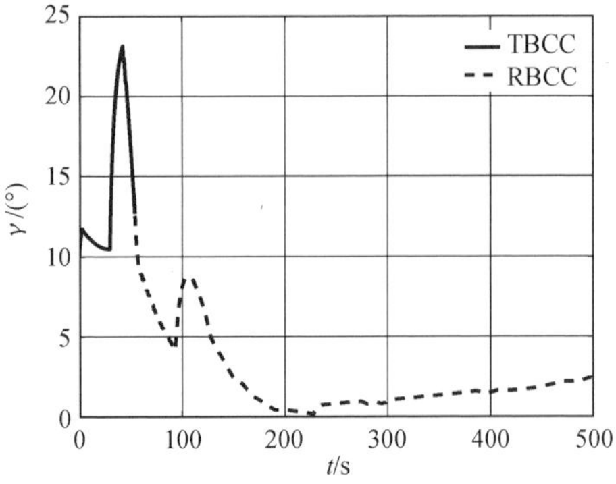

图 6 - 41　飞行路径角变化情况

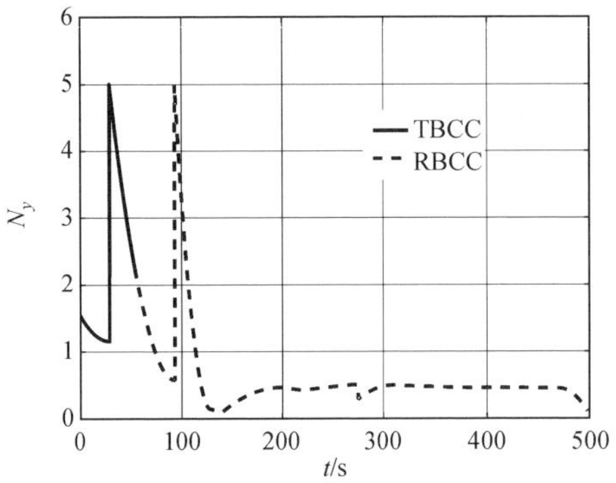

图 6 - 42　法向过载变化情况

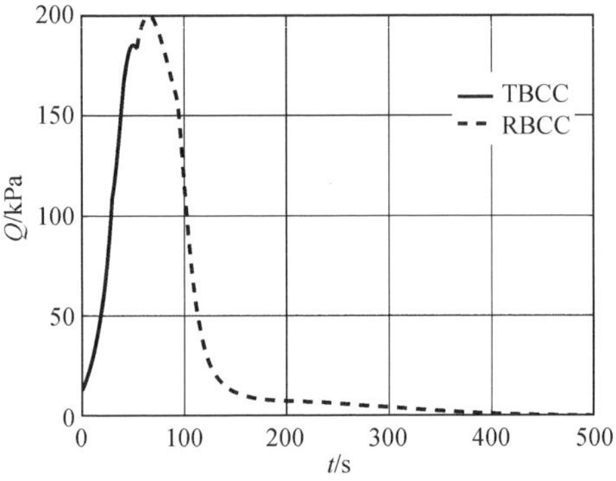

图 6 - 43　动压变化情况

2. 滑翔段弹道优化

设一枚助推滑翔弹刚刚再入大气层并进入滑翔状态。设飞行器特征面积为 1.5 m^2，质量为 900 kg。参考 5.4 节中的“基于剩余航程的滑翔段弹道设计”，设计飞行高度为剩余航程的函数为

$$h=f(R_{\mathrm{L}})=-\frac{1}{\beta}\ln F(R_{\mathrm{L}})$$

其余公式推导见 5.4 节。最终，滑翔段剖面的设计参数为

$$\boldsymbol{U}=[h_1,h_2]^{\mathrm{T}}$$

设滑翔段初始运动状态为：高度 55 km、飞行路径角 -2.0°、速度 5 500 m/s；设滑翔段终端约束为：高度 25 km、飞行路径角 -2.0°、速度 900 m/s；初始位置位于(E45，N40)；终端位置位于(E70，N20)，总航程约为3 256 km。设过程约束为：法向过载小于 3.0，动压小于 50 kPa，攻角小于 15°，倾侧角小于 40°，倾侧角变化率小于 20(°)/s。选取性能指标为高度 - 剩余航程剖面的曲率最小，有

$$\min J=\int\frac{|\mathrm{d}f/\mathrm{d}R_{\mathrm{L}}|}{\sqrt{[1+(\mathrm{d}^2f/\mathrm{d}R_{\mathrm{L}}^2)^2]^3}}\mathrm{d}R_{\mathrm{L}}$$

同样，执行 20 次独立仿真并以其中最好的一次给出结果，相应仿真结果如图 6 – 44 ～6 – 49 所示，滑翔段三维轨迹如图 6 – 50 所示。终端高度、终端位置、终端飞行路径角和过程约束均得到满足；终端速度为 908 m/s（相对误差约 1%）。

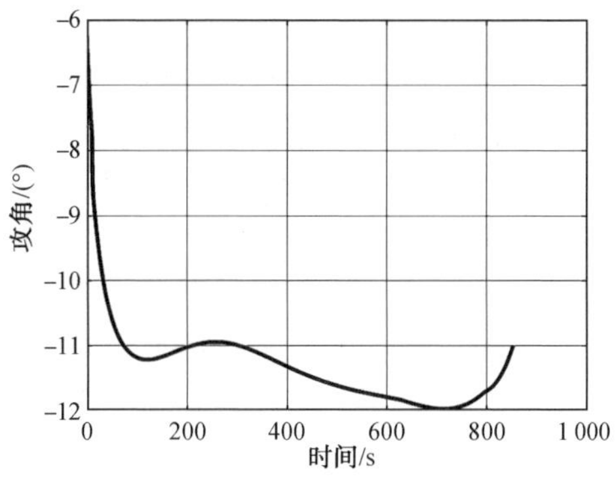

图 6 – 44　攻角变化情况

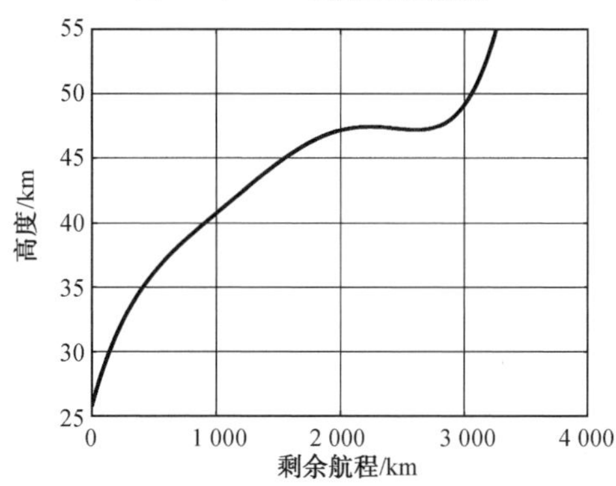

图 6 – 45　高度 – 剩余航程剖面

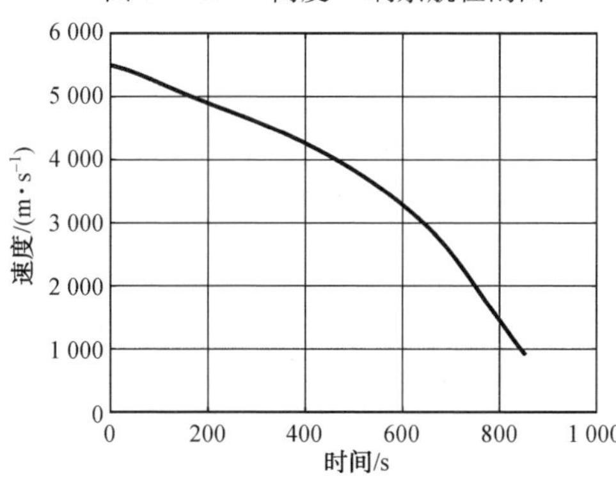

图 6 – 46　速度变化情况

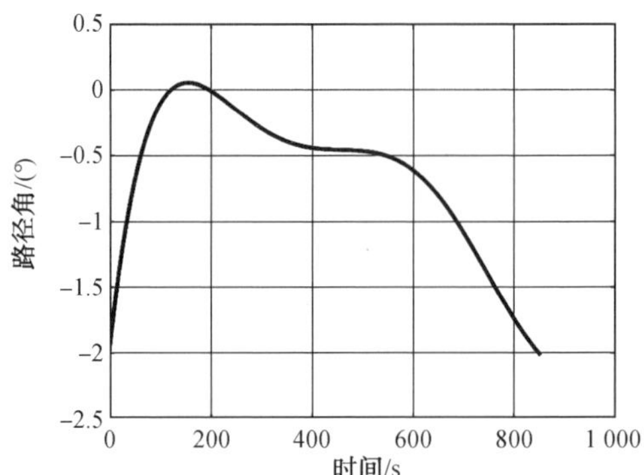

图 6－47　飞行路径角变化情况

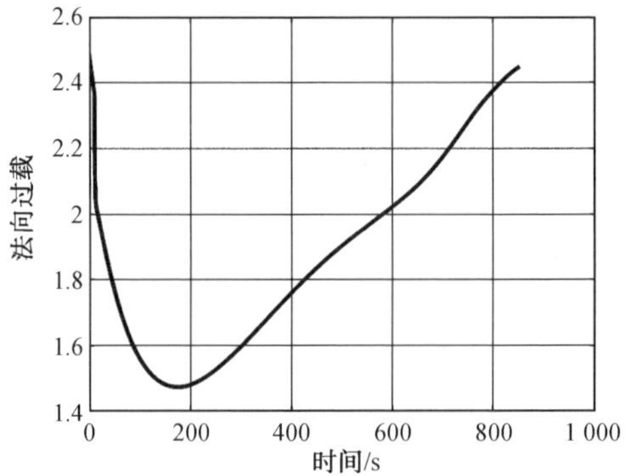

图 6－48　法向过载变化情况

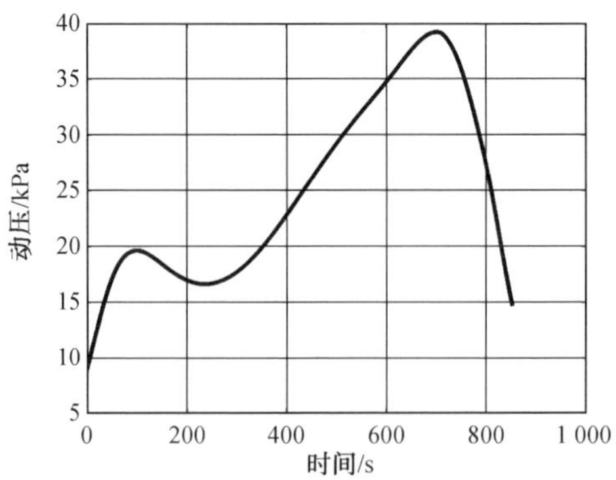

图 6－49　动压变化情况

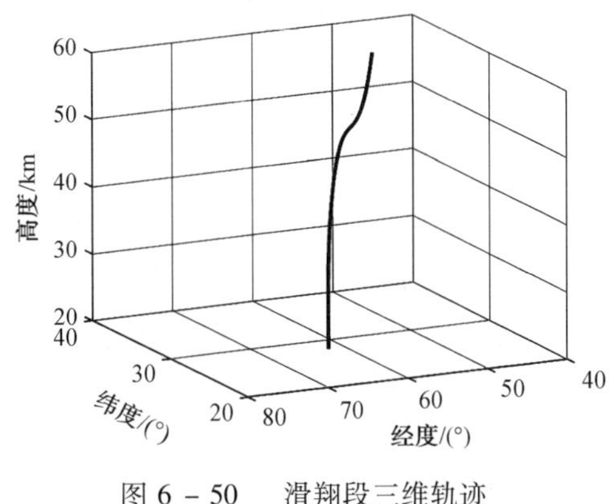

图 6 - 50　滑翔段三维轨迹

本章小结

弹道设计方法仅仅给出了弹道设计中需要考虑的约束条件、设计指标和设计变量等基本元素，而如何根据弹道设计方案和弹道微分方程计算出满足设计要求的弹道便是本章的介绍重点。本章从最优控制问题的起源出发，着重介绍了弹道学中常见的几种优化算法，包括间接法、直接法和智能算法。同时，针对远程火箭的不同飞行阶段，分别给出了弹道优化设计的实例，供读者参考。

参考文献

[1] 唐国金，罗亚中，雍恩米. 航天器轨迹优化理论方法及应用[M]. 北京：科学出版社，2016.

[2] 王丽英，张友安，黄诘. 带约束的末制导律与伪谱法轨迹优化[M]. 北京：国防工业出版社，2015.

[3] 雷刚. 弹道与轨道力学基础[M]. 北京：北京航空航天大学出版社，2016.

[4] 贾沛然，陈克俊，何力. 远程火箭弹道学[M]. 长沙：国防科技大学出版社，2009.

[5] 陈克俊，刘鲁华，孟云鹤. 远程火箭飞行动力学与制导[M]. 北京：国防工业出版社，2014.

[6] 赵文策，高家智. 运载火箭弹道与控制理论基础[M]. 北京：机械工业出版社，2020.

[7] 钱杏芳，林瑞雄，赵亚男. 导弹飞行力学[M]. 北京：北京理工大学出版社，2011.

[8] 刘家騑，李晓敏，郭桂萍. 航天技术概论[M]. 2版. 北京：北京航空航天大学出版社，2018.

[9] 杨炳渊. 航天技术导论[M]. 北京：中国宇航出版社，2009.

[10] 陈小前，颜力，黄伟. 高超声速飞行器多学科设计优化理论及应用[M]. 北京：科学出版社，2020.

[11] 罗世彬. 高超声速飞行器机体/发动机一体化设计及多学科设计优化[M]. 北京：科学出版社，2019.

[12] 王志刚，施志佳. 远程火箭与卫星轨道力学基础[M]. 西安：西北工业大学出版社，2006.

[13] 秦伟伟，刘刚，赵欣. 临近空间高超声速飞行器控制系统基本原理[M]. 北京：北京航空航天大学出版社，2018.

[14] 王保国，黄伟光. 高超声速气动热力学[M]. 北京：科学出版社，2014.

[15] 陈洁，沈如松，宋超，等. 近空间高超声速飞行器容错控制及制导技术[M]. 北京：北京航空航天大学出版社，2017.

[16] 蔡国飙，徐大军. 高超声速飞行器技术[M]. 北京：科学出版社，2012.

[17] 冯志高，关成启，张红文. 高超声速飞行器概论[M]. 北京：北京理工大学出版社，2016.

[18] 刘继忠，高磊，王晓东. 弹道导弹[M]. 北京：国防工业出版社，2014.

[19] 何麟书，徐大军. 固体弹道导弹与运载火箭概念设计[M]. 北京：北京航空航天大学出版社，2017.

[20] 张雅声. 弹道与轨道基础[M]. 北京：国防工业出版社，2019.

[21] 刘林. 卫星轨道力学算法[M]. 南京：南京大学出版社，2019.

[22] CURTIS H D. 轨道力学[M]. 周建华，徐波，冯全胜，译. 北京：科学出版社，2017.

[23] 张雅声，徐艳丽，杨庆. 航天器轨道理论与应用[M]. 北京：清华大学出版社，2020.

[24] 闻新. 航天器系统工程[M]. 北京:科学出版社，2019.

[25] 陈小前，袁建平. 航天器在轨服务技术[M]. 北京：中国宇航出版社，2009.

[26] 赵育善，师鹏. 航天器飞行动力学建模理论与方法[M]. 北京：北京航空航天大学出版社，2012.

[27] 包子阳，余继周，杨杉. 智能优化算法及其 MATLAB 实例[M]. 2 版. 北京：电子工业出版社，2018.

[28] 马良，刘勇，魏欣. 智能优化算法[M]. 上海：上海人民出版社，2019.

[29] 余胜威. MATLAB 优化算法案例分析与应用[M]. 北京：清华大学出版社，2015.

[30] 邢立宁，陈英武，向尚. 学习型智能优化算法及其应用[M]. 北京：清华大学出版社，2019.

[31] 孙家泽，王曙燕. 群体智能优化算法及其应用[M]. 北京：科学出版社，2020.

[32] 韦增欣，陆莎. 非线性优化算法[M]. 北京：科学出版社，2019.

[33] 雍恩米，陈磊，唐国金. 飞行器轨迹优化数值方法综述[J]. 宇航学报，2008，29(2)：397-407.

[34] 黄国强，陆宇平，南英. 南京航空航天大学飞行器轨迹优化数值算法综述[J]. 中国科学：技术科学，2012，42(9)：1016-1036.

[35] 于秀萍，刘涛. 制导与控制系统[M]. 哈尔滨：哈尔滨工程大学出版社，2014.

[36] 李鸿儒，李辉，李永军. 导弹制导与控制原理[M]. 北京：科学出版社，2019.

[37] 宋海涛，张涛，张国良. 飞行器制导控制一体化技术[M]. 北京：国防工业出版社，2017.

[38] 卢晓东，周军，刘光辉. 导弹制导系统原理[M]. 北京：国防工业出版社，2015.

名词索引

N

P

Q

R

S

X

Y

Z